Heidelberger Taschenbücher Band 102

W. Franz

Quantentheorie

Mit 38 Abbildungen

Springer-Verlag Berlin · Heidelberg · New York 1971

Professor Dr. W. Franz
Institut für Theoretische Physik der Universität
Münster i. W.

ISBN 3-540-05623-8 Springer-Verlag Berlin · Heidelberg · New York
ISBN 0-387-05623-8 Springer-Verlag New York · Heidelberg · Berlin

Unveränderter Nachdruck der 1970 in gebundener Form erschienenen Ausgabe mit der

ISBN 3-540-04825-1 Springer-Verlag Berlin · Heidelberg · New York
ISBN 0-387-04825-1 Springer-Verlag New York · Heidelberg · Berlin

Vorwort

Dem vorliegenden Lehrbuch der nichtrelativistischen Quantentheorie liegen Kursvorlesungen in Münster, Hamburg und Newark (Delaware, USA) zugrunde. Dies allein rechtfertigt es jedoch nicht, den vielen vorhandenen Lehrbüchern ein weiteres hinzuzufügen. Daß derzeit allmonatlich ein neues Lehrbuch über Quantentheorie erscheint, darf man wohl nicht allein dem Umstand zuschreiben, daß so viele Vorlesungen über Quantentheorie gehalten werden; vielmehr wird aus einem Teil dieser Bücher ein verbreitetes Unbehagen über den Zustand der Lehrbuchliteratur erkennbar, welches auch mich zur Abfassung des vorliegenden Bandes veranlaßt hat. Die üblichen Lehrbücher — auch neuen Datums — kultivieren noch immer die Grundzüge von Sommerfelds „Atombau und Spektrallinien", d. h. Behelfsvorstellungen, mit denen man eine damals noch unverstandene Quantenphysik in die klassische Physik einfügte; hieraus ergibt sich die unzulängliche und z. T. sogar falsche statistische Interpretation, welche insbesondere in Lehrbüchern der statistischen Mechanik verbreitet ist. Die wenigen Bücher, welche hiervon seit längerer Zeit auszunehmen sind, nämlich die von Dirac, v. Neumann und G. Ludwig, fanden in das Bewußtsein der Physiker und damit auch der Physikstudenten kaum Eingang, weil ihre abstrakt-mathematische Darstellung den Normal-Physiker nicht direkt anspricht. Hier eine Brücke zu schlagen durch ein einführendes Lehrbuch, welches möglichst frei von historischem Ballast und doch physikalisch ist, war meine Absicht.

Um bei diesem Brückenschlag trotz der unvermeidlichen Anforderungen an das Abstraktionsvermögen dem Bedürfnis nach physikalischer Anschauung entgegen zu kommen, ist der allgemeinen Theorie (Kap. II) ein heuristisches Kapitel I vorangestellt. Die folgenden Kapitel III—V sollen die typischen Methoden der Anwendung an den wichtigsten Beispielen demonstrieren. Als einigendes Band der verschiedenartigen Teile des Buches kann zweierlei angesehen werden: Einmal wird die gesamte Quantenmechanik aus einer geodätischen Formulierung der klassischen Mechanik abgeleitet; man erreicht damit, daß von Anfang an Energie und Impuls, Potential und Vektorpotential symmetrisch auftreten, daß Bild- und Eichtransformationen sofort aus der Einführung der Quantentheorie fließen. Der zweite einigende Gesichtspunkt ist die Fundierung aller statistischen Aussagen auf dem statistischen Operator (s. vor allem §§ 21, 22, 23), und die ausführliche Diskussion der Streuung im Zusammenhang mit dem Zerfall. Zentrales Beispiel hierfür ist die Behandlung des Zerfalls mittels des statistischen Operators (§ 48).

Bei der ständigen Weiterentwicklung meiner Vorlesungen, welche schließlich zu diesem Buch geführt hat, kamen mir viele Diskussionen mit Mitarbeitern und Studenten sehr zugute; in besonderem Maße hat mir dabei Herr Dozent Dr. J. Kamphusmann geholfen, dem hierfür herzlich gedankt sei. Weiter gilt mein Dank Herrn F. Zörn für das Mitlesen der Korrekturen, sowie dem Springer-Verlag für seine verständnisvolle Zusammenarbeit bei der Herstellung des Buches.

Münster i. W., Januar 1970 Walter Franz

Inhalt

Kapitel III. Quantentheorie atomarer Systeme

Kapitel IV. Streuung und Zerfall

Kapitel V. Feldquantisierung

Einleitung

I. Erfahrung, Evolution und Revolution in der physikalischen Wissenschaft

Die Quantentheorie bedeutet — wie die Relativitätstheorie oder noch mehr als diese — eine Revolution des physikalischen Denkens. Um ihre Stellung im Rahmen der Entwicklung der Erfahrungswissenschaft Physik würdigen zu können, versuchen wir uns zunächst ganz allgemein Rechenschaft abzulegen, inwieweit in einer Erfahrungswissenschaft überhaupt Revolutionen möglich sind. Das Prinzip der Empirie, welches der modernen Naturwissenschaft zugrunde liegt, bedeutet keineswegs, daß ihre einzige Aufgabe darin besteht, Erfahrungen anzuhäufen — dies wäre keine Wissenschaft. Wissenschaft muß zumindest aus Erfahrung lernen; doch reicht auch dies nicht aus. Das Sprichwort: „Erfahrung macht klug" ist primitiv und mißverständlich, denn „nur der Kluge macht Erfahrung" — oder noch anders ausgedrückt: „Nur im Lichte bestimmter Ideen ist Erfahrung möglich." Genau hier liegt der Angelpunkt möglicher Revolutionen. Doch kann in einer exakten Erfahrungswissenschaft eine Revolution niemals einen völligen Umsturz, einen völligen Neubeginn bedeuten; denn das Erfahrungsmaterial bleibt für alle Zeiten gültig — es können jedoch alte Erfahrungen durch verfeinerte Messungen präzisiert oder als Folge neuer Ideen anders interpretiert werden. Die Revolutionen der exakten Wissenschaften sind gewissermaßen konservativ: Jede neue Theorie muß alle bekannten Erfahrungen folgern lassen.

Die Wissenschaft schreitet in Stufen fort. Jede Stufe wird eingeleitet durch eine neue revolutionierende Idee; es folgt sodann eine Periode relativ ruhiger Entwicklung, in der soweit wie möglich die Folgerungen aus der Grundidee gezogen werden, bis, auf Grund neuer Erfahrungen, wieder eine Revolution notwendig wird, welche die nächste Entwicklungsstufe einleitet.

Es liegt in der Natur dieser stufenweisen Entwicklung, bei welcher der menschliche Geist stets neue und bessere Modellvorstellungen auffindet, daß nicht mit einem Schlage sämtliche Fragen der Naturphilosophie beantwortet und sämtliche Schwierigkeiten beseitigt werden können. In einer Art Notwehr-Reaktion werden stets gewisse Denkschwierigkeiten aus dem Bewußtsein verdrängt; Ideen, welche bei der augenblicklichen Arbeit stören, gewöhnt man sich ab. Gerade solche verdrängten Denkschwierigkeiten können den Ausgangspunkt für eine Revolution und für den Eintritt in eine neue fruchtbare Entwicklungsstufe sein. Wir wollen dies an einigen Beispielen erläutern.

Denken wir zunächst an die naturwissenschaftliche Auffassung von Raum und Zeit. In Newtons „principia“ lesen wir, daß der Raum absolut und ruhend ist und daß die Zeit „absolut und unveränderlich dahinfließt“. In einem Nachsatz weist Newton daraufhin, daß der „vulgus“, also das ungebildete Volk, dazu neigt, den absoluten Raum und die absolute Zeit mit dem gemessenen Raum und der gemessenen Zeit zu verwechseln. Unsere heutige Auffassung ist genau die des Newtonschen vulgus — wir haben uns klar gemacht, daß es sinnlos ist, Worte zu gebrauchen, deren Bedeutung prinzipiell nicht nachprüfbar ist; daß es also keinen Sinn hat, von einem anderen als dem gemessenen oder meßbaren Raum, und von einer anderen als der meßbaren oder gemessenen Zeit zu sprechen. Ganz bestimmt war Newton fähig, sich zu überlegen, daß sein absoluter Raum und seine absolute Zeit sich prinzipiell der experimentellen Prüfung entziehen — diese Schwierigkeit wird von ihm jedoch dogmatisch verdrängt, weil er glaubt, die absoluten Begriffe für den axiomatischen Aufbau seiner mechanischen Prinzipien zu benötigen. — Auf dem Boden der Newtonschen Prinzipien wird die Mechanik weiter entwickelt und findet in der Mitte des 19. Jahrhunderts ihre Vollendung in der analytischen Mechanik von Lagrange und Hamilton. Erst gegen Ende des 19. Jahrhunderts wird — vor allem durch Ernst Mach — Kritik an den Grundlagen laut. Man wird sich darüber klar, daß man nur dann von einem ruhenden Raum sprechen kann, wenn es gelingt, durch Experimente ein ruhendes Bezugssystem zu bestimmen. Michelson versuchte, durch seinen berühmten Interferenzversuch die absolute Bewegung der Erde aus Unterschieden in der Lichtgeschwindigkeit festzustellen, jedoch ohne Erfolg. Dies schien nicht nur den absoluten Raum zu entthronen, sondern sogar der Denknotwendigkeit zu widersprechen — inzwischen waren nämlich die Newtonsche Begriffe von Raum und Zeit durch Kant philosophisch untermauert und als „Kategorien unseres Denkens“ zum Ausgangspunkt der Naturerkenntnis erklärt worden.

Es war Einstein, der — fußend auf der Erkenntniskritik von Ernst Mach — den Weg, der von physikalischen Messungen zu Begriffen führt, sorgfältig analysierte und zeigte, daß das Ergebnis des Michelson-Versuches keineswegs absurd ist, sondern dazu zwingt, nicht nur den absoluten ruhenden Raum abzuschaffen, sondern auch den Begriff einer universellen Zeit; er kehrt damit im Grunde zur Auffassung des

Newtonschen „vulgus" zurück, daß „Raum" das ist, was man mit dem Lineal ausmessen kann, und „Zeit", was mit der Uhr gemessen wird. — Das Beispiel zeigt, daß die Wissenschaft, um fortschreiten zu können, Probleme und Schwierigkeiten, zu deren Lösung sie noch nicht reif ist, beiseite schiebt und durch Dogmen ersetzt (hier die Dogmen des absoluten Raumes und der absoluten Zeit); diese Dogmen haben die gleiche Funktion wie die Naturgottheiten, welche alle menschlichen Kulturen eingeführt haben, weil sie die Rätsel der Natur nicht zu lösen vermochten. Genau wie mit dem Fortschreiten der Erkenntnis gelegentlich die alten Götter gestürzt und durch neue ersetzt wurden, müssen auch in der heutigen Naturwissenschaft immer wieder alte Dogmen weichen, um das Tor für eine neue Entwicklungsstufe zu öffnen. — Die *naturphilosophischen Fragestellungen* sind wohl *so alt wie der denkende Mensch*; die Antworten und deren Begründung jedoch wechseln immer wieder. Die naturphilosophischen Grundfragen führen alle, wenn man sie durch reines Denken zu beantworten versucht, zu einem Dilemma — in diesem Dilemma liegt die Wurzel für den Wechsel der Antwort. Bereits das denkende Kind fühlt sich genötigt zu fragen: Wo ist die Welt zu Ende — und was ist jenseits dieses Endes? Wann begann die Zeit und wann endet sie; und was war vorher, was nachher? — Das Dilemma, welches eigentlich zur Quantentheorie hingeführt hat, ist die Frage nach der Teilbarkeit der Substanz: Woraus besteht die Substanz, was sind ihre letzten Teile? — Können aber diese Teile überhaupt unteilbar sein, müssen sie nicht selbst wieder aus Substanz bestehen? — Durch Jahrtausende haben sich Philosophen vieler Völker bemüht, durch Denken die Antwort auf diese Frage zu finden; doch war der Erfolg lediglich eine Klassifizierung der Philosophen nach Schulen, wie etwa Atomisten und Gegnern des Atomismus. Erst das systematische Experiment gibt naturphilosophischen Aussagen einen echten, prüfbaren Inhalt. Die bausteinartige Struktur der Materie, entsprechend den Vorstellungen des Atomismus, wurde durch die Untersuchungen der Chemiker und später der Physiker immer mehr bewiesen, und dies führte zum Endstadium einer deterministisch-mechanistischen Physik, welche sogar — vor allem in Gestalt des Haeckelschen Materialismus — zu einer Art (geistig nicht sehr anspruchsvoller) Naturreligion erhoben wurde. Das *Hauptdogma* dieser Weltanschauung ist die völlige *Determiniertheit* alles Geschehens — ihr *Dilemma* die Frage nach dem *freien Willen*. Auch diese Frage ist uralt: Wo bleibt Verantwortung, Verdienst und Schuld, wenn alles Geschehen vorbestimmt ist und als Schicksal, als Kismet unbeeinflußbar abläuft? Die Deterministen schieben dieses Dilemma beiseite, verdrängen es dogmatisch, indem sie den freien Willen als Fiktion bezeichnen. Befreit man die Fragestellung von ihrer weltanschaulichen Färbung, so bleibt doch, rein naturphilosophisch gesehen, ein Dilemma des Kausalitätsbegriffs übrig. Die Naturwissenschaft fragt nach Ursache und Wirkung; der Materialismus glaubt diese Frage damit beantwortet zu haben, daß alles Geschehen determiniert ist. Dies bedeutet jedoch, daß alle Vorgänge in der gesamten Welt genauso ablaufen, wie sie ablaufen müssen, daß also kein einziges Ereignis anders hätte geschehen können, als es geschah. In einer solchen Welt bleibt nichts mehr zu verursachen! Daß es das Verhältnis Ursache und Wirkung wirklich gibt, ist uns jedoch *aus persönlicher Erfahrung gewiß*: Wir fassen den *Entschluß* einen Stein zu werfen und beobachten als *Folge dieses Entschlusses* den fliegenden Stein. Deshalb wissen wir, daß wir den Vorgang verursacht und seine Folgen verschuldet haben. Wenn der Materialismus leugnet, daß wir uns auch anders hätten entscheiden können, wird unsere Schuld zu einer Scheinschuld und die Kausalität zu einer Scheinkausalität degradiert. Hätten alle Experimente die Folgerungen der deterministischen Auffassung voll bestätigt, so hätte man sich damit zufrieden geben müssen. Man erkannte jedoch im Laufe der Zeit, daß die Antworten der Natur anders ausfielen; dies war der Anlaß zu einer neuen Revolution, zur Einleitung einer neuen Entwicklungsstufe, der Quantenphysik. Sie wahrt den atomistischen, deterministischen und materialistischen Charakter der Physik, soweit er durch Erfahrung bestätigt wurde, nämlich im makroskopischen Bereich. Im mikroskopischen Bereich dagegen gilt der Determinismus, wie auch der Bausteincharakter der Materie nur teilweise.

II. Entstehung der Quantenphysik

Blicken wir auf die Physik des 19. Jahrhunderts zurück, so sehen wir, daß einerseits die Bausteinmechanik immer mehr zu einem vollständigen Abschluß unserer physikalischen Erkenntnis zu führen schien, daß aber anderseits schon der Keim zur Auflösung dieses Weltbilds gelegt war, vor allem durch die Experimente von Faraday und die Aufstellung der Maxwellschen Gleichungen. Man hatte zwar längere Zeit versucht, als Träger des elektromagnetischen Feldes einen Äther einzuführen, der aus Bausteinen aufgebaut sein und durch mechanische Gesetze beherrscht sein sollte. Man konnte sich jedoch immer weniger der Einsicht entziehen, daß das durch die Maxwellschen Gleichungen beschriebene *Kontinuum* die vollständige und einzig angemessene Darstellung des Tatbestandes ist. Damit standen sich eigentlich zwei Bereiche der Physik fremd gegenüber, nämlich die völlig kontinuierliche Elektrodynamik auf der einen Seite und die rein korpuskular-mechanische Baustein-Materie. Daß beide Auffassungen unzulänglich sind, mußte man aus thermodynamischen Erfahrungen entnehmen. Die klassische Bausteinthermodynamik führte zu dem Gleichverteilungssatz, nach welchem im thermischen Gleichgewicht auf jeden kinematischen Freiheitsgrad eines Systems die gleiche kinetische Energie entfällt, nämlich $\frac{1}{2}kT$ (k = Boltzmannkonstante, T = absolute Temperatur). Dieser Satz war per se wurmstichig, er trug ein mehrfaches Dilemma in sich selbst: Das kontinuierliche Maxwellsche Feld entzog sich ihm von vornherein, da es ja als Kontinuum in jedem endlichen Volumen bereits unendlich viele kinematische Freiheitsgrade besitzt und somit nach dem klassischen Gleichverteilungssatz unendlich hohe thermische Energie enthalten müßte. Zum anderen zeigte sich bereits aus den spezifischen Wärmen der Gase, daß nicht alle kinematischen Freiheitsgrade der in den Molekülen enthaltenen Atome ihren Energieanteil $\frac{1}{2}kT$ erhalten.

Der unmittelbare Anlaß für die Aufstellung der Quantenhypothese durch Max Planck im Jahre 1900 war das Versagen der klassischen Statistik bei der Herleitung des Strahlungsgesetzes. Wendet man den Gleichverteilungssatz auf die Freiheitsgrade der elektromagnetischen Strahlung in einem geschlossenen Kasten vom Volumen V an, so gelangt man zu dem Ergebnis, daß jede Eigenschwingung, die in dem Kasten möglich ist, im Mittel die Energie kT besitzen muß, wovon $\frac{1}{2}kT$ auf die elektrische und $\frac{1}{2}kT$ auf die magnetische Energie entfällt. Zwischen zwei Wänden im Abstand L sind alle jene Schwingungen als Eigenschwingungen möglich, für welche $L = n\lambda/2$; n kann dabei alle Werte von 1 bis ∞ durchlaufen. Es gibt daher unendlich viele Eigenschwingungen, und die Gesamtenergie der Schwingungen des Hohlraumes müßte — wie oben bereits bemerkt — unendlich sein. Zählt man die Anzahl der stehenden Wellen ab, welche in einem dreidimensionalen Kasten pro Volumeneinheit im Wellenlängenbereich von λ bis $\lambda + d\lambda$ enthalten sind, so erhält man dafür den Ausdruck

$$\frac{8\pi}{\lambda^4}\,d\lambda.$$

Schreibt man jedem dieser Freiheitsgrade des Hohlraumes eine mittlere Energie kT zu, so erhält man für die Energiedichte des Hohlraumes pro $d\lambda$

$$\varrho(\lambda) = \frac{8\pi}{\lambda^4}\,kT \quad \text{(Rayleigh-Jeans)}. \tag{0.1}$$

Die Erfahrung zeigt, daß dieses Gesetz bei langen Wellen recht gut erfüllt ist, daß aber nach kleinen Wellenlängen die Energiedichte der Hohlraumstrahlung exponentiell abfällt, entsprechend dem Wienschen Gesetz:

$$\varrho(\lambda) = \frac{c_1}{c}\,\frac{8\pi}{\lambda^5}\,e^{-\frac{c_2}{\lambda T}} \quad \text{(Wien)}. \tag{0.2}$$

c ist darin die Lichtgeschwindigkeit und c_1, c_2 sind die beiden Strahlungskonstanten, zwischen welchen empirisch die Beziehung gilt

$$c_1 = c\,k\,c_2. \tag{0.3}$$

Planck fand zunächst eine Interpolationsformel auf, welche als Grenzfälle die Formeln von Rayleigh-Jeans und Wien enthält:

$$\varrho(\lambda) = \frac{c_1}{c} \cdot \frac{8\pi}{\lambda^5} \Big/ \left(e^{\frac{c_2}{\lambda T}} - 1\right) \quad \text{(Planck)}. \tag{0.4}$$

Für kleine Wellenlängen und Temperaturen geht dies offensichtlich in das Wiensche Gesetz über. Für $\lambda T \gg c_2$ kann man die Exponentialfunktion entwickeln und erhält wegen Gl. (0.3) das Gesetz von Rayleigh und Jeans. Zur theoretischen Begründung seiner Interpolationsformel stellte Planck die Quantenhypothese auf, nach welcher Hohlraumschwingungen nicht mit beliebig kleinen Energiemengen belegt sein können; vielmehr besitzt jede Eigenschwingung ein charakteristisches Energiequant E_λ und vermag Energien $< E_\lambda$ nicht aufzunehmen. Man sollte nach dieser Hypothese erwarten, daß eine Schwingung, für welche $E_\lambda > kT$ ist, die Energie Null besitzt, also völlig eingefroren ist, während sie für $n E_\lambda < kT < (n+1) E_\lambda$ den Energiebetrag $n E_\lambda$ enthält.

Eine genauere Betrachtung muß aber berücksichtigen, daß die klassische Statistik *nur im Mittel* eine Energie kT pro Eigenschwingung fordert, daß gelegentlich die Einzelindividuen alle möglichen Energien enthalten. Die Verteilung wird gegeben durch den Boltzmannschen Faktor

$$W(E) = \frac{1}{kT} e^{-\frac{E}{kT}}.$$

Der Nenner sorgt dafür, daß

$$\int_0^\infty W(E)\, dE = 1;$$

während andererseits die mittlere Energie gegeben ist durch

$$\int_0^\infty E\, W(E)\, dE = kT.$$

Die beiden Abb. 1 und 2 zeigen den Verlauf von $W(E)$ und $E \cdot W(E)$. Wir fassen $E \cdot W(E)\, dE$ auf als den Energiebetrag, welcher einer Hohlraumschwingung vom übrigen System in Portionen E bis $E + dE$ angeboten wird. Die Schwingung nimmt im Falle der klassischen Physik diesen Betrag vollständig ab, nach der Planckschen Quantenhypothese dagegen nur in ganzen Vielfachen des Energiequants E_λ; ein Zusatzbetrag, der kleiner als E_λ ist, wird nicht akzeptiert. Die angenommene Energie errechnet sich dann zu

$$\overline{E}(\lambda) = E_\lambda \int_{E_\lambda}^\infty W(E)\, dE + E_\lambda \int_{2E_\lambda}^\infty W(E)\, dE + \cdots$$

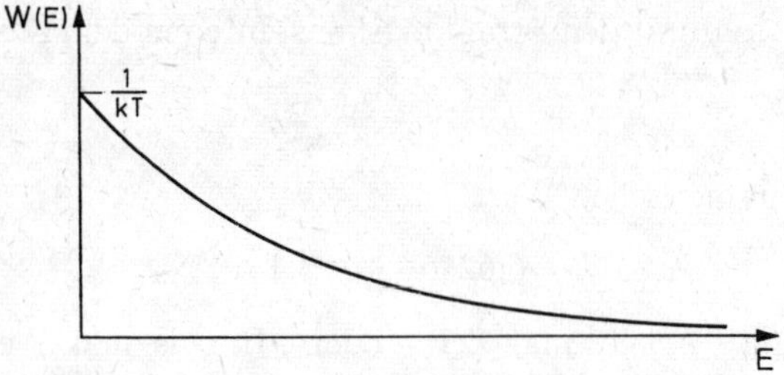

Abb. 1. Energieangebot einer Umgebung im Temperaturgleichgewicht

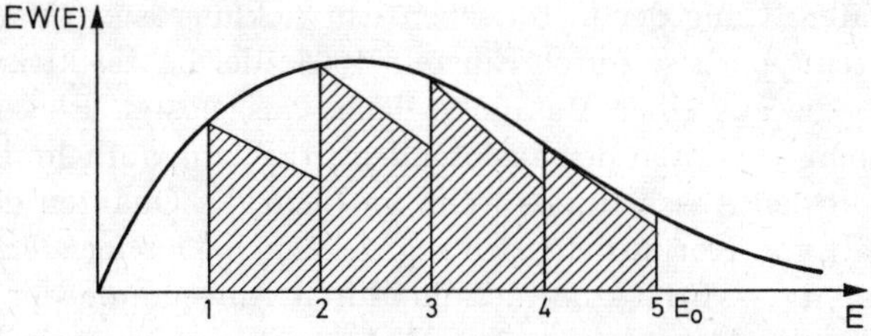

Abb. 2. Energieaufnahme des Strahlungsoszillators

oder

$$\overline{E}(\lambda) = E_\lambda \left\{ e^{-\frac{E_\lambda}{kT}} + e^{-2\frac{E_\lambda}{kT}} + \cdots \right\};$$

oder schließlich, wenn wir die geometrische Reihe summieren

$$\overline{E}(\lambda) = E_\lambda \Big/ \left(e^{\frac{E_\lambda}{kT}} - 1 \right). \tag{0.5}$$

Setzen wir dies an Stelle von kT in das Rayleigh-Jeanssche Gesetz ein, so folgt

$$\varrho(\lambda) = \frac{8\pi}{\lambda^4} \frac{E_\lambda}{e^{E_\lambda/kT} - 1}. \tag{0.6}$$

Dies hat genau die Gestalt der Planckschen Interpolationsformel. Der Vergleich der Konstanten ergibt:

$$E_\lambda = \frac{k c_2}{\lambda}; \qquad E_\lambda = \frac{c_1}{c\lambda}. \tag{0.7}$$

Die empirische Beziehung (0.3) folgt also aus dieser Theorie. Das Energiequant ergibt sich umgekehrt proportional zur Wellenlänge oder — was dasselbe ist — proportional zur Frequenz:

$$E_\lambda = h\nu. \tag{0.8}$$

Den Proportionalitätsfaktor nennt man das *Plancksche Wirkungsquantum*. Es steht mit den Strahlungskonstanten in dem Zusammenhang

$$h = \frac{k c_2}{c} = \frac{c_1}{c_2^2}, \tag{0.9}$$

und hat den numerischen Wert

$$h = 6{,}6256 \times 10^{-34} \text{ J sec}. \tag{0.10}$$

Die Dimension „Arbeit mal Zeit" oder „Impuls mal Weg", genannt „Wirkung", ist bereits in der klassischen Mechanik von großer Bedeutung; wir werden sehen, daß auf einer Wirkungsgröße der Übergang zur Quantentheorie beruht.

Der weitere Gang der historischen Entwicklung ist: Aufstellung der Lichtquantenhypothese durch Einstein 1905; der lichtelektrische Effekt zeigte, daß die aus einer Metalloberfläche ausgelösten Elektronen nur einzelne Energiequanten der auslösenden Strahlung aufnehmen können. Dies erweckt den Anschein, als wenn im Licht die Quanten der Energie $h\nu$ in Gestalt von Korpuskeln, den sog. *Lichtquanten* oder *Photonen*, vorhanden wären. — 1911 konnte Bohr durch Anwendung der Quantenidee auf die im Atom kreisenden Elektronen die Balmersche Serienformel des Wasserstoffs herleiten. 1924 sprach de Broglie den Gedanken aus, daß nicht nur das Licht gleichzeitig Wellen- und Korpuskularstrahlung ist, sondern daß dies auch für Kathodenstrahlen gilt, wobei der Korpuskularimpuls zur Wellenlänge in demselben Zusammenhang stehen soll wie beim Licht, nämlich

$$\lambda = h/p. \tag{0.11}$$

Dies wurde quantitativ bestätigt im Jahre 1927 in den Experimenten von Davisson und Germer, welchen erstmalig die Beugung von Kathodenstrahlen an Kristallen gelang, in voller Analogie zur Beugung der Röntgenstrahlen. Wir können nach allen experimentellen Befunden — gewonnen an Licht, Schall und Korpuskularstrahlen aller Art — davon ausgehen, daß *jede* Strahlung gleichzeitig Wellen- und Korpuskelnatur hat; man nennt diesen Sachverhalt *Dualismus*. 1925 stellten Born, Heisenberg und Jordan die Quantenmechanik auf, 1926 Schrödinger seine Wellenmechanik, 1928 schließlich fand Dirac die relativistische Theorie des Kreisel-Elektrons.

KAPITEL I

Heuristische Einführung in die Quantentheorie

§ 1. Die Prinzipien der klassischen Mechanik

Galilei und Newton gehen bei ihrer Formulierung der klassischen Mechanik davon aus, daß sich die Physik in einem dreidimensionalen Raum abspielt, in dem alle Punkte und alle Richtungen gleichberechtigt sind, und daß es eine universelle Zeit gibt, die an allen Orten und für alle Beobachter eindeutig festliegt und „gleichmäßig dahin fließt", so daß alle Zeitpunkte gleichberechtigt sind. In diesem Rahmen läßt sich das *Trägheitsgesetz* formulieren: Ein sich selbst überlassener Körper bewegt sich mit konstanter Geschwindigkeit auf einer geraden Linie. Dies bedeutet, daß die Bahn eine gerade Linie in einem *vier*dimensionalen Raum ist, dessen Koordinaten die drei Raumkoordinaten x, y, z und die Zeit t sind. Im dreidimensionalen Raum sind wir gewohnt, die gerade Linie als die kürzeste Verbindung zweier Punkte zu definieren, d.h. als geodätische Linie der dreidimensionalen Geometrie. Es liegt deshalb nahe auch das Trägheitsgesetz *geometrisch* zu interpretieren, mit anderen Worten: die Bahn eines freien Massenpunktes als geodätische Linien im vierdimensionalen Raum aufzufassen. Dazu ist es freilich notwendig, einer raumzeitlichen Verschiebung dx, dy, dz, dt eine *mechanische Länge* dS zuzuordnen. Wegen der Homogenität und Isotropie des Raumes und der Gleichberechtigung aller Zeitpunkte (d.h. der Homogenität der Zeit) ist es schon aus Gründen der Symmetrie einleuchtend, daß die geodätischen Linien nur Gerade sein können. Den Beweis hierfür werden wir im nächsten Paragraphen kennenlernen.

Die geometrische Interpretation der Mechanik ist jedoch nur dann von praktischem Wert, wenn sie auch auf die Bewegung von Körpern angewandt werden kann, welche unter äußerem Einfluß stehen; dies ist tatsächlich der Fall. Wir wollen deshalb die gesamte Mechanik aufbauen auf dem *geodätischen Prinzip*: *Alle Bahnkurven der Mechanik sind geodätische Linien einer geeigneten Geometrie des Raumzeitkontinuums.*

Wie in der Einleitung besprochen, teilt die heutige Physik die Vorstellungen Newtons von Raum und Zeit nicht mehr. An die Stelle der Newtonschen absoluten Raum-Zeit tritt das *Inertialsystem*: Wir abstrahieren aus der Erfahrung, was wir als Postulat an die Spitze der mechanischen Theorie stellen: *Es gibt ein Inertialsystem,* d. h. ein raumzeitliches Koordinatensystem, in welchem für alle physikalischen Beobachtungen Raum und Zeit homogen und der Raum isotrop ist. Das Trägheitsgesetz lautet dann, vorsichtig formuliert: „Es gibt Körper; diese erleiden in einem Inertialsystem keine andere Veränderung als eine Translation mit konstanter Geschwindigkeit". So betrachtet, kann man als Körper — oder sagen wir Partikel — im Sinne der klassischen Mechanik bzw. im Sinne des Trägheitsgesetzes nur absolut stabile und unveränderliche Gebilde bezeichnen, z.B. *völlig stabile Elementarteilchen* oder *Atome in ihrem Grundzustand,* genausogut aber auch etwa ein kompliziertes Molekül im Grundzustand oder ein Stück Idealkristall in seinem energetisch tiefsten Zustand, also bei der Temperatur $T = 0$.

Die angegebene Definition des Inertialsystems zeigt, daß es Koordinatentransformationen gibt, die wieder zu einem Inertialsystem führen, wie räumliche und zeitliche Translationen und räumliche Drehungen. Das Trägheitsgesetz an sich läßt noch viel mehr Transformationen zu, nämlich all diejenigen, welche gerade Linien wieder in gerade Linien transformieren, d. h. beliebige lineare Transformationen des Raum-Zeit-Kontinuums. Die meisten dieser Transformationen zerstören jedoch die Isotropie des Raumes und ändern die Gestalt der physikalischen Gesetze. Man benötigt ein *Relativitätsprinzip,* welches festlegt, durch welche raumzeitlichen linearen Transformationen ein Inertialsystem in ein gleichberechtigtes anderes Inertialsystem übergeführt wird. Nach dem *Galileischen Relativitätsprinzip* sind Bezugssysteme gleichberechtigt, welche relativ zueinander mit konstanter Geschwindigkeit parallel verschoben werden. Das *Einsteinsche Relativitätsprinzip* dagegen läßt, entsprechend dem Ergebnis des Michelson-Versuchs, nur solche lineare Transformationen des Raum-Zeit-Kontinuums zu, welche die Lichtgeschwindigkeit invariant lassen.

Geodätisches Prinzip und Relativitätsprinzip legen weitgehend die Gestalt der mechanischen Gesetze fest, wie wir im folgenden sehen werden. Das wichtigste mathematische Hilfsmittel zur Beschreibung der Mechanik ist die Theorie der geodätischen Linien, der wir uns nunmehr zuwenden.

§ 2. Geodätische Linien

Ein Raum von endlich vielen Dimensionen sei beschrieben durch Koordinaten q^k. Man kann in einem solchen Raum eine Differentialgeometrie (genannt *Finsler-Geometrie*) einführen, indem man jedem infinitesimalen Verschiebungsvektor dq^k eine infinitesimale Länge dS

zuordnet mittels einer Beziehung

$$dS = dS(q, dq). \tag{2.1}$$

Dabei soll einem Verschiebungsvektor λdq^k die Länge $|\lambda|\, dS$ zukommen. Es muß also gelten

$$dS(q, \lambda dq) = \lambda dS(q, dq); \qquad \lambda \geqq 0. \tag{2.2}$$

dS muß mit anderen Worten in den Variablen dq^k *homogen vom ersten Grade* sein; dies ist, wohlgemerkt, nicht gleichbedeutend mit Linearität — z.B. ist der Ausdruck $dq^1 \cdot dq^2/dq^3$ homogen vom ersten Grade, jedoch nicht linear.

Eine Linie in unserem Raum können wir mit Hilfe eines Kurvenparameters τ beschreiben, der längs der Linie monoton zunimmt. Die Kurve wird dann mathematisch dargestellt durch Funktionen $q^k(\tau)$, und die Länge eines Kurvenstückes zwischen den beiden Parameterwerten τ_1, τ_2 ist gegeben durch

$$S(\tau_2, \tau_1) = \int_1^2 dS(q, dq). \tag{2.3}$$

Falls die betrachtete Linie eine geodätische ist, dann ist sie kürzer als jede andere Kurve (mindestens in einer gewissen Nachbarschaft), welche die Punkte 1 und 2 verbindet. Wir müssen deshalb die Länge der ursprünglichen Kurve vergleichen mit der Länge benachbarter Kurven, die wir dadurch erhalten, daß wir zu den Funktionen $q^k(\tau)$ infinitesimale Zusatzfunktionen hinzunehmen, welche an den Punkten 1 und 2 verschwinden. Am einfachsten ordnen wir den Punkten 1 und 2 dieselben Parameter τ_1, τ_2 zu wie bei der ursprünglichen Kurve. Dann haben wir als Nachbarkurven

$$q^k(\tau) + \delta q^k(\tau); \qquad \delta q^k(\tau_1) = \delta q^k(\tau_2) = 0. \tag{2.4}$$

Die Verschiebungs-Vektoren längs der Kurve werden abgeändert zu

$$dq^k(\tau) + d\,\delta q^k(\tau), \tag{2.5}$$

und die Länge der veränderten Kurve ist

$$S + \delta S = \int_1^2 dS(q + \delta q, dq + d\,\delta q). \tag{2.6}$$

Da die Zusätze (Variationen) δq^k infinitesimal klein sein sollen, können wir die rechte Seite entwickeln und erhalten für die Änderung der Bogenlänge (wir benützen die Einstein-Konvention: über doppelt auftretende Indizes wird summiert):

$$\delta S = \int_1^2 \left(\frac{\partial dS}{\partial q^k}\, \delta q^k + \frac{\partial dS}{\partial dq^k}\, d\,\delta q^k \right). \tag{2.7}$$

Formen wir die rechte Seite um mittels der Identität

$$d\left(\frac{\partial dS}{\partial dq^k}\,\delta q^k\right)=\delta q^k d\,\frac{\partial dS}{\partial dq^k}+\frac{\partial dS}{\partial dq^k}\,d\,\delta q^k,$$

so ergibt sich schließlich

$$\delta S=\int_1^2\left(\frac{\partial dS}{\partial q^k}-d\,\frac{\partial dS}{\partial dq^k}\right)\delta q^k+\left[\frac{\partial dS}{\partial dq^k}\,\delta q^k\right]_1^2. \qquad (2.8)$$

Der ausintegrierte Teil verschwindet wegen (2.4), so daß die Änderung der Bogenlänge allein durch das Integral gegeben wird. Soll die Ausgangskurve geodätisch sein, so darf δS bei keiner Wahl der Funktionen $\delta q^k(\tau)$ positiv werden. Dies bedeutet, daß

$$d\,\frac{\partial dS}{\partial dq^k}=\frac{\partial dS}{\partial q^k}. \qquad (2.9)$$

Andernfalls könnten wir nämlich die Funktionen δq^k an allen Stellen vorzeichengleich mit den Klammerausdrücken wählen, und δS ergäbe sich positiv.

Wir wollen diese Gleichungen sofort anwenden auf die Bewegung des freien Massenpunktes. Nach dem geodätischen Prinzip haben wir im (x, y, z, t)-Raum eine Bogenlänge entsprechend Gl. (2.1) zu definieren. Da Raum und Zeit im Inertialsystem homogen sind, kann dS von den Koordinaten q^k explizit nicht abhängen. Deshalb verschwindet die rechte Seite von Gl. (2.9). Dies bedeutet, daß die Größen

$$p_k\equiv\frac{\partial dS}{\partial dq^k} \qquad (2.10)$$

sich längs der geodätischen Linie nicht ändern. Da dS homogen vom ersten Grade ist, ergibt sich p_k als homogen vom nullten Grade, d. h. als *Funktion* der Steigungsverhältnisse oder *der Richtung*. Die p_k sind genau dann alle unveränderlich, wenn sich die Richtung längs der geodätischen Linie nicht ändert, diese also eine Gerade ist. Das Trägheitsgesetz *folgt* somit aus dem geodätischen Prinzip und der Homogenität von Raum und Zeit. — Da die Anzahl der unabhängigen Richtungen um eins geringer ist als die Dimensionszahl des Raumes, muß zwischen den Richtungsfunktionen p_k eine lineare Abhängigkeit bestehen. Diese ergibt sich in der Tat sofort aus der Homogenitätsbeziehung (2.2). Differenziert man diese nach λ und setzt dann $\lambda=1$, so erhält man die sog. Eulersche Gleichung für homogene Funktionen ersten Grades

$$\frac{\partial dS}{\partial dq^k}\,dq^k=dS; \qquad (2.11)$$

oder, mit der Abkürzung (2.10)

$$p_k\,dq^k=dS. \qquad (2.11\,\text{a})$$

Diese Gleichung ist — im Gegensatz zu der Gl. (2.9), welche nur für die geodätischen Linien gilt — eine *Identität* zwischen den funktionalen Ausdrücken für dS und p_k. Bildet man das Differential von (2.11a), so erhält man eine lineare Beziehung zwischen den Gln. (2.9):

$$\left(dp_k - \frac{\partial dS}{\partial q^k}\right) dq^k = 0. \tag{2.12}$$

Deshalb ist eine von den Gln. (2.9) der geodätischen Linien entbehrlich.

§ 3. Dynamik eines abgeschlossenen Systems wechselwirkender Massenpunkte

Wir haben bisher den allgemeinen Rahmen für eine Punktmechanik abgesteckt, und wollen nunmehr zusehen, welche konkreten Aussagen wir hieraus über ein System von Partikeln erhalten können, welche sich gegenseitig beeinflußen, jedoch von der Außenwelt völlig abgeschlossen sind. Unser System bestehe aus N-Partikeln mit den Lagevektoren $\boldsymbol{r}_\nu$, welche sich als Funktionen der Zeit t ändern. Wir befinden uns damit in einem Raum R_{3N+1}, dessen Koordinaten q^k die $3N$ Lagekoordinaten der Partikeln und die Zeit sind. Entsprechend dem geodätischen Prinzip führen wir eine Differentialgeometrie ein, indem wir ein „mechanisches Längenelement"

$$dS = dS(q, dq) \tag{3.1}$$

postulieren. Die Wahl dieser Differentialform (Funktion der Koordinaten und Differentiale) wird eingeschränkt durch die Postulate des Inertialsystems und der Relativität: Die Physik muß invariant sein gegen die folgenden Transformationen.

1. Verschiebung der Zeitachse, Parallelverschiebung des dreidimensionalen räumlichen Bezugssystems.

2. Drehung des räumlichen Bezugssystems.

3. Übergang zu einem gleichförmig bewegten Bezugssystem (Galileisches Relativitätsprinzip).

Um diese Forderungen mathematisch zu formulieren, benützen wir zunächst die Homogenitätsbeziehung (2.2), und schreiben das mechanische Linienelement in folgender Weise um:

$$dS(\boldsymbol{r}, t, d\boldsymbol{r}, dt) \equiv L\left(\boldsymbol{r}, t, \frac{d\boldsymbol{r}}{dt}\right) dt. \tag{3.2}$$

L ist die sog. *Lagrange-Funktion*, welche von den Lagekoordinaten der Partikeln $\boldsymbol{r}_\nu$, von der Zeit t und von den Geschwindigkeiten $\boldsymbol{v}_\nu = d\boldsymbol{r}_\nu/dt$ abhängt. Entsprechend unserer Forderung 1 darf sich die Lagrange-Funktion bei einer Parallelverschiebung des raumzeitlichen Koordinatensystems nicht ändern. Sie muß also invariant sein gegen die Transformationen

$$t \to t + \varepsilon; \qquad \boldsymbol{r}_\nu \to \boldsymbol{r}_\nu + \varepsilon \boldsymbol{a}. \tag{3.3}$$

Im Limes $\varepsilon \to 0$ folgt hieraus wegen der Willkürlichkeit des Vektors $\boldsymbol{a}$

$$\frac{\partial L}{\partial t} = 0; \qquad \sum_{\nu=1}^{N} \frac{\partial L}{\partial \boldsymbol{r}_\nu} = 0. \tag{3.4}$$

Die Lagrange-Funktion darf also nicht von der Zeit explizit abhängen, und nur von relativen Lagekoordinaten der Körper, die wir etwa wählen können als

$$\boldsymbol{r}_\nu^{\text{rel}} = \boldsymbol{r}_\nu - \boldsymbol{r}_N; \qquad \nu = 1, 2, \ldots N-1. \tag{3.5}$$

Als nächstes betrachten wir das Galileische Relativitätsprinzip. Die mechanischen Gesetze dürfen sich nicht ändern unter der Transformation

$$\boldsymbol{v}_\nu \to \boldsymbol{v}_\nu + \boldsymbol{v}_0; \qquad \boldsymbol{r}_\nu \to \boldsymbol{r}_\nu + \boldsymbol{v}_0 t, \tag{3.6}$$

wenn $\boldsymbol{v}_0$ irgendein fester Vektor ist. Für sehr kleine Werte von $\boldsymbol{v}_0$ ergibt sich für die Änderung der Lagrange-Funktion $\left[\text{beachte, daß wegen (3.4) } \boldsymbol{v}_0 t \cdot \sum_\nu \frac{\partial L}{\partial \boldsymbol{r}_\nu} = 0!\right]$

$$\boldsymbol{v}_0 \cdot \sum_{\nu=1}^{N} \frac{\partial L}{\partial \boldsymbol{v}_\nu}. \tag{3.7}$$

Es ist nun *nicht nötig*, daß dieser Ausdruck *verschwindet*. Es genügt vielmehr, wenn durch den Zusatz zur Lagrange-Funktion die geodätischen Linien nicht geändert werden. Dies ist genau dann der Fall, wenn das Integral

$$\int_1^2 \sum_{\nu=1}^{N} \frac{\partial L}{\partial \boldsymbol{v}_\nu} \, dt \tag{3.8}$$

auf allen Linien, welche die Punkte 1 und 2 verbinden, gleich ist, wenn also der Integrand ein vollständiges Differential ist:

$$\sum_{\nu=1}^{N} \frac{\partial L}{\partial \boldsymbol{v}_\nu} \, dt = \text{vollständiges Differential.} \tag{3.9}$$

Um aus dieser Beziehung Folgerungen zu ziehen, machen wir nunmehr auch von der Forderung 2 (Isotropie des Raumes) Gebrauch, derzufolge die Lagrange-Funktion von den Geschwindigkeiten nur in drehinvarianter Weise, d. h. über Skalarprodukte von Vektoren abhängen kann, also über die Größen $\boldsymbol{v}_\nu \cdot \boldsymbol{v}_\mu$, $\boldsymbol{v}_\nu \cdot \boldsymbol{r}_\mu^{\text{rel}}$. Wegen der Beziehung

$$(\boldsymbol{v}_\nu - \boldsymbol{v}_\mu)^2 = \boldsymbol{v}_\nu^2 + \boldsymbol{v}_\mu^2 - 2\boldsymbol{v}_\nu \cdot \boldsymbol{v}_\mu$$

können wir als Argumente der Lagrange-Funktion die Größen

$$\boldsymbol{v}_\nu^2, \ (\boldsymbol{v}_\nu - \boldsymbol{v}_\mu)^2, \ \boldsymbol{v}_\nu \cdot \boldsymbol{r}_\mu^{\mathrm{rel}}$$

wählen. Dann entsteht aus (3.9)

$$\begin{aligned}\sum_\nu \frac{\partial L}{\partial \boldsymbol{v}_\nu}\, dt &= \sum_\nu 2 \frac{\partial L}{\partial (\boldsymbol{v}_\nu^2)}\, d\boldsymbol{r}_\nu + \sum_{\nu,\mu} \boldsymbol{r}_\mu^{\mathrm{rel}} \frac{\partial L}{\partial (\boldsymbol{v}_\nu \cdot \boldsymbol{r}_\mu^{\mathrm{rel}})}\, dt \\ &= \text{vollständiges Differential.}\end{aligned} \tag{3.10}$$

Alle drei Komponenten dieser vektoriellen Differentialform müssen vollständige Differentiale sein. Wegen der Faktoren $\boldsymbol{r}_\mu^{\mathrm{rel}}$ kann dies für die letzte Summe nur gelten, wenn die Koeffizienten der Vektoren verschwinden, wenn also

$$\sum_\nu \frac{\partial L}{\partial (\boldsymbol{v}_\nu \cdot \boldsymbol{r}_\mu^{\mathrm{rel}})} = 0. \tag{3.11}$$

Dies heißt, daß L sich nicht ändert, wenn man in den sämtlichen Skalarprodukten $\boldsymbol{v}_\nu \cdot \boldsymbol{r}_\mu^{\mathrm{rel}}$ zu allen $\boldsymbol{v}_\nu$ einen gleichen infinitesimalen Vektor $\boldsymbol{u}$ hinzufügt; mit anderen Worten: wenn in diesen Skalarprodukten nur Relativgeschwindigkeiten $\boldsymbol{v}_\nu^{\mathrm{rel}} = \boldsymbol{v}_\nu - \boldsymbol{v}_N$ auftreten. Dann bleibt von (3.10) noch die Forderung

$$\sum_\nu \frac{\partial L}{\partial (\boldsymbol{v}_\nu^2)}\, d\boldsymbol{r}_\nu = \text{vollständiges Differential.} \tag{3.12}$$

Die x- bzw. y-Komponente dieser Gleichung lautet

$$\begin{aligned}\sum_\nu \frac{\partial L}{\partial (\boldsymbol{v}_\nu^2)}\, dx_\nu &= \text{vollständiges Differential;} \\ \sum_\nu \frac{\partial L}{\partial (\boldsymbol{v}_\nu^2)}\, dy_\nu &= \text{vollständiges Differential.}\end{aligned} \tag{3.12a}$$

Die Funktionen, deren vollständiges Differential diese Ausdrücke sein sollen, dürfen somit nur von den x- bzw. y-Komponenten abhängen; d. h., daß die Größen $\partial L/\partial(\boldsymbol{v}_\nu^2)$ *weder* von den y- *noch* von den z-Komponenten, noch auch von den x-Komponenten abhängen dürfen — sie müssen Konstante sein, welche wir als $m_\nu/2$ bezeichnen wollen. Wir gelangen somit zu dem Ergebnis

$$\frac{\partial L}{\partial (\boldsymbol{v}_\nu^2)} = \frac{m_\nu}{2} = \text{const.} \tag{3.13}$$

Die Lagrange-Funktion muß also die folgende Gestalt haben

$$L = \sum_{\nu=1}^{N} \frac{m_\nu}{2} \boldsymbol{v}_\nu^2 + \text{Funktion}\,(\boldsymbol{r}_\nu^{\mathrm{rel}}, \boldsymbol{v}_\nu^{\mathrm{rel}}). \tag{3.14}$$

Setzen wir dies in (3.2) ein, so erhalten wir schließlich für das mechanische Längenelement

$$dS = \sum_{\nu} \frac{m_\nu}{2} \frac{d\boldsymbol{r}_\nu \cdot d\boldsymbol{r}_\nu}{dt} - dW(\boldsymbol{r}, d\boldsymbol{r}, dt). \tag{3.15}$$

dW ist der Wechselwirkungsanteil des Linienelements, der nur von den Relativkoordinaten und Relativverschiebungen abhängen darf, was man mathematisch ausdrücken kann durch

$$\sum_{\nu=1}^{N} \frac{\partial dW}{\partial \boldsymbol{r}_\nu} = 0; \qquad \sum_{\nu=1}^{N} \frac{\partial dW}{\partial d\boldsymbol{r}_\nu} = 0. \tag{3.16}$$

Wir sind in dieser Weise von den Postulaten des Inertialsystems und dem Relativitätsprinzip zu der allgemeinen Gestalt der Galilei-Newtonschen Mechanik gelangt, was noch klarer wird, wenn wir die Bewegungsgleichungen aufsuchen. Zunächst erhalten wir nach (2.10)

$$\boldsymbol{p}_\nu = m_\nu \frac{d\boldsymbol{r}_\nu}{dt} - \frac{\partial dW}{\partial d\boldsymbol{r}_\nu} \tag{3.17}$$

und

$$p_t = -\sum_{\nu} \frac{m_\nu}{2} \left(\frac{d\boldsymbol{r}_\nu}{dt}\right)^2 - \frac{\partial dW}{\partial dt}. \tag{3.18}$$

Der erste Summand von (3.17) entspricht der Newtonschen Definition des Impulses, wenn man die Integrationskonstante m_ν als Masse interpretiert. In p_t tritt, mit dem negativen Zeichen, die Summe der kinetischen Energien auf. Die von dW herrührenden Zusätze stellen potentielle Anteile, d. h. eine negative potentielle Energie und potentielle Impulse dar. Um dies klar zu sehen, schreiben wir die Bewegungsgleichungen an, welche, entsprechend dem geodätischen Prinzip, mit den Gleichungen der geodätischen Linien (2.9) übereinstimmen sollen. Sie lauten deshalb

$$d\boldsymbol{p}_\nu = \frac{\partial dS}{\partial \boldsymbol{r}_\nu}; \qquad dp_t = \frac{\partial dS}{\partial t} \tag{3.19}$$

oder explizit

$$d\boldsymbol{p}_\nu = \frac{\partial dW}{\partial \boldsymbol{r}_\nu}; \qquad dp_t = 0 \tag{3.19a}$$

p_t ist somit konstant, $\partial dW/\partial\, dt$ ist also gemäß (3.18) tatsächlich die potentielle Energie. Die Größen $\boldsymbol{p}_\nu$ sind im allgemeinen nicht konstant, es sei denn, daß die Differentialform dW der Wechselwirkung von $\boldsymbol{r}_\nu$ nicht explizit abhängt. Dagegen ist wegen der ersten Gl. (3.16) die *Summe* aller $\boldsymbol{p}_\nu$ eine Konstante der Bewegung:

$$\boldsymbol{p} = \sum_{\nu=1}^{N} \boldsymbol{p}_\nu = \text{const.} \tag{3.20}$$

Führen wir für $\boldsymbol{p}_\nu$ den Ausdruck (3.17) ein und benützen die zweite Gl. (3.16), so ergibt sich

$$\boldsymbol{p} = \sum_\nu m_\nu \boldsymbol{v}_\nu = \text{const.} \tag{3.21}$$

Die Summe der kinetischen Impulse, definiert nach Newton, ist somit eine Konstante der Bewegung; die Summe aller Impulsänderungen, welche durch die Wechselwirkung an den einzelnen Teilchen hervorgerufen werden, ist Null. Dies ist die Newtonsche Aussage „actio est reactio". Da unter „actio" dabei die Impulsänderung zu verstehen ist, ist die nach außen sichtbare Wirkung, nämlich die Geschwindigkeitsänderung, bei gegebener „actio" um so kleiner, je größer die Masse ist. Man kann deshalb aus den Geschwindigkeitsänderungen bei Stoßversuchen die Verhältnisse von Massen bestimmen.

§ 4. Offenes Einteilchen-System

Steht eine einzelne Partikel in Wechselwirkung mit einer Umwelt, deren Massen sehr groß sind, dann ist nach (3.21) die Rückwirkung dieses Teilchens auf die Umwelt sehr klein; sieht man von ihr ganz ab und betrachtet dementsprechend die Koordinaten und Geschwindigkeiten der Umwelt als gegebene Funktionen der Zeit, so erscheint die mechanische Länge dS von Gl. (3.15) als Funktion des Lagevektors $\boldsymbol{r}$ dieses einen Teilchens und seiner Änderung $d\boldsymbol{r}$, sowie der Zeit. Durch die vorgegebene und unter Umständen zeitlich veränderliche Lage der Umwelt wird eine explizite Abhängigkeit der Größe dS sowohl von der Zeit wie von der Lage $\boldsymbol{r}$ hervorgerufen. Das offene System ist deswegen nicht mehr den Postulaten der Homogenität, Isotropie und Relativität unterworfen. Es bleibt jedoch, da für die Gesamtwelt in Strenge diese Postulate gelten sollen, die allgemeine Gestalt (3.15) für dS erhalten:

$$dS = \frac{m}{2} \frac{d\boldsymbol{r} \cdot d\boldsymbol{r}}{dt} - dW(\boldsymbol{r}, t, d\boldsymbol{r}, dt). \tag{4.1}$$

Die Unterscheidung zwischen dem kinetischen und dem potentiellen Term in dS hat nun an sich keinen Sinn mehr, da dW keinen einschränkenden Bedingungen mehr unterworfen ist. Wir erhalten eine solche Einschränkung jedoch, wenn wir die Erfahrung berücksichtigen, daß der Beschleunigungsterm der Newtonschen Bewegungsgleichung ausschließlich aus dem kinetischen Anteil von dS herrührt, oder anders ausgedrückt, daß die Wechselwirkung nicht zur Trägheit beisteuert. Dies bedeutet nichts anderes, als daß die potentiellen Impulse nicht von der Geschwindigkeit abhängen, oder, wegen (3.17), daß der Wechselwirkungsanteil dW nicht nur *homogen* vom ersten Grade, sondern sogar *linear* in den Differentialen ist, also die Gestalt hat

$$dW = -\boldsymbol{A}(\boldsymbol{r}, t) \cdot d\boldsymbol{r} + V(\boldsymbol{r}, t)\, dt. \tag{4.2}$$

Damit wird

$$dS = \frac{m}{2} \frac{d\boldsymbol{r} \cdot d\boldsymbol{r}}{dt} + \boldsymbol{A}(\boldsymbol{r}, t) \cdot d\boldsymbol{r} - V(\boldsymbol{r}, t)\, dt. \tag{4.3}$$

Für den Impuls des Teilchens ergibt sich nach Gl. (2.10)

$$\boldsymbol{p} \equiv \frac{\partial dS}{\partial d\boldsymbol{r}} = m\boldsymbol{v} + \boldsymbol{A}; \tag{4.4}$$

und für die Energie

$$E \equiv -p_t \equiv -\frac{\partial dS}{\partial dt} = \frac{m}{2} \boldsymbol{v}^2 + V. \tag{4.5}$$

Der Koeffizient von dt in der Linearform der Wechselwirkung ist somit die potentielle Energie, der Koeffizient von $-d\boldsymbol{r}$ der potentielle Impuls. Die Bewegungsgleichungen lauten nach (2.9)

$$d\boldsymbol{p} = \frac{\partial dS}{\partial \boldsymbol{r}}; \qquad dp_t = \frac{\partial dS}{\partial t}; \tag{4.6}$$

oder explizit

$$d\boldsymbol{p} = \frac{\partial}{\partial \boldsymbol{r}} \boldsymbol{A} \cdot d\boldsymbol{r} - \frac{\partial V}{\partial \boldsymbol{r}}\, dt; \tag{4.7}$$

$$dE = -\frac{\partial \boldsymbol{A}}{\partial t} \cdot d\boldsymbol{r} + \frac{\partial V}{\partial t}\, dt. \tag{4.8}$$

Die Änderung der *kinetischen* Impulse erhalten wir, indem wir (4.4) und (4.5) einsetzen und die Änderung der potentiellen Anteile auf die Verschiebung zurückführen:

$$d(m\boldsymbol{v}) = d\boldsymbol{r} \times \boldsymbol{B} + \boldsymbol{F}\, dt; \tag{4.9}$$

$$d\left(\frac{m}{2} \boldsymbol{v}^2\right) = \boldsymbol{F} \cdot d\boldsymbol{r}; \tag{4.10}$$

wobei wir die folgenden Abkürzungen benützt haben

$$\boldsymbol{F} \equiv -\frac{\partial \boldsymbol{A}}{\partial t} - \frac{\partial V}{\partial \boldsymbol{r}}; \qquad \boldsymbol{B} \equiv \frac{\partial}{\partial \boldsymbol{r}} \times \boldsymbol{A} = \operatorname{rot} \boldsymbol{A}. \tag{4.11}$$

Durch Gl. (4.9) werden die ursprünglichen dynamischen Ideen von Galilei und Newton etwas korrigiert. Sie glaubten nach den damaligen Erfahrungen, daß eine Wechselwirkung grundsätzlich eine Beschleunigung hervorruft, oder genauer gesagt, daß die Beschleunigung oder auch die Impulsänderung *pro Zeit* als Funktion der Lagekoordinaten vorgegeben ist; die durch die Wechselwirkung hervorgerufene *zeitliche* Impulsänderung bezeichnet man ja als die Kraft und beschreibt dementsprechend die Wechselwirkung durch die *Kraft*, welche von ihr ausgeübt wird. Nach dieser Vorstellung sollte die Impulsänderung proportional zu dem Ablauf der Zeit, also zu dt sein. In Gl. (4.9) zeigt nur der letzte Summand dieses Verhalten, während der erste eine Impulsänderung proportional zu der *räumlichen* Verschiebung ist. Wenn man trotzdem bei der lieben Gewohnheit bleibt, die *zeitliche* Änderung des Impulses für wesentlich anzusehen, so bringt man (4.9) in die Gestalt

$$\frac{d(m\boldsymbol{v})}{dt} = \boldsymbol{v} \times \boldsymbol{B} + \boldsymbol{F} \equiv \boldsymbol{K}; \tag{4.9a}$$

und spricht von einer geschwindigkeitsabhängigen Kraft $\boldsymbol{K}$. Man zerstört damit jedoch die Durchsichtigkeit und tiefere Bedeutung der Bewegungsgleichung (4.9): (4.9) und (4.10), sowie (4.11) zeigen, daß im Fall elektromagnetischer Kräfte nicht nur — wie üblicherweise festgestellt wird — Ladung mal elektrisches Potential die potentielle Energie des Teilchens ist, sondern auch Ladung mal Vektorpotential der potentielle Impuls. Das elektrische Feld übt im Newtonschen Sinne eine Kraft aus, d. h. es bewirkt eine Impulsänderung proportional zu dt, während das magnetische Feld eine Impulsänderung proportional $d\boldsymbol{r}$ hervorruft, welche nur gewaltsam unter dem Bild einer Kraft verstanden werden kann.

Die Änderung der kinetischen Energie ist von der Bewegungsgleichung für den Impuls nicht unabhängig, vielmehr ergibt sich (4.10), indem man (4.9) mit $d\boldsymbol{r}$, bzw. (4.9a) mit der Geschwindigkeit $\boldsymbol{v}$ skalar multipliziert:

$$\frac{d\left(\frac{m}{2}\boldsymbol{v}^2\right)}{dt} = \boldsymbol{K} \cdot \boldsymbol{v}. \tag{4.10a}$$

Daß Energie und Impuls nicht unabhängig sind, folgt aus der Beziehung (2.11a), welche für unser Einteilchensystem explizit lautet

$$dS = \boldsymbol{p} \cdot d\boldsymbol{r} - E\,dt. \tag{4.12}$$

Dividiert man diese Gleichung durch dt, so erhält sie die Gestalt

$$E = \boldsymbol{p} \cdot \boldsymbol{v} - L(\boldsymbol{r}, t, \boldsymbol{v}). \tag{4.13}$$

Drückt man auf der rechten Seite die Geschwindigkeit durch die Impulse aus, so erhält man eine Beziehung, welche die Energie als Funktion der Koordinaten und Impulse angibt

$$E = H(\boldsymbol{r}, \boldsymbol{p}, t). \tag{4.14}$$

Diese Funktion nennt man bekanntlich die *Hamiltonfunktion*. Es ist wichtig, daß wir bereits hier *unterscheiden zwischen der funktionalen Abhängigkeit* (4.14) *der Energie von den Koordinaten und räumlichen Impulsen* und ihrer *Definition*:

$$E \equiv -\frac{\partial dS}{\partial dt}. \tag{4.15}$$

2*

Die Beziehungen (4.14) und (4.15) bilden, wie wir in Kürze sehen werden, den Ausgangspunkt für die Wellenmechanik.

Wegen (4.4) und (4.5) ist H für das offene Einteilchensystem

$$H = \frac{(\boldsymbol{p} - \boldsymbol{A})^2}{2m} + V. \tag{4.16}$$

§ 5. Eichtransformationen

Wir haben bei der Anwendung des Relativitätsprinzips besprochen, daß man zu der Definition des mechanischen Längenelements dS ein beliebiges vollständiges Differential einer Koordinatenfunktion hinzufügen kann, ohne die Mechanik — d. h. den Ablauf der Bewegung von Partikeln — zu ändern. Man nennt eine derartige Änderung der Formulierung eine *Eichtransformation*. Für ein einzelnes Teilchen hat sie die Gestalt

$$dS' = dS + dK(\boldsymbol{r}, t). \tag{5.1}$$

Da das Integral über dK gleich der Differenz der Funktionswerte von K an den beiden Endpunkten ist, werden die geodätischen Linien, also die Bahnkurven, durch die Transformation nicht geändert. Setzen wir den expliziten Ausdruck

$$dK(\boldsymbol{r}, t) = \frac{\partial K}{\partial \boldsymbol{r}} \cdot d\boldsymbol{r} + \frac{\partial K}{\partial t} dt \tag{5.2}$$

in Gl. (4.3) ein, so erkennen wir, daß die Eichtransformation gleichbedeutend ist mit einer Änderung der potentiellen Energie und des potentiellen Impulses:

$$\boldsymbol{A}' = \boldsymbol{A} + \frac{\partial K}{\partial \boldsymbol{r}}; \qquad V' = V - \frac{\partial K}{\partial t}. \tag{5.3}$$

Aus Gl. (4.11) liest man explizit ab, daß die Vektoren $\boldsymbol{F}$ und $\boldsymbol{B}$, welche die Impulsänderungen bestimmen, durch die Eichtransformationen nicht berührt werden.

Die Struktur der Eichtransformation wird klarer, wenn man ohne Auszeichnung der Zeit von der allgemeinen Gestalt

$$dS'(q, dq) = dS(q, dq) + d\,K(q) \tag{5.4}$$

ausgeht und dS entspr. Gl. (4.3) in einen kinetischen und potentiellen Anteil aufspaltet gemäß

$$dS = d\hat{S} + A_k(q)\,dq^k. \tag{5.5}$$

Das Zeichen $\hat{}$ soll dabei immer die kinetischen Anteile markieren. Die Bewegungsgleichung (2.9) wird dann

$$d(\hat{p}_k + A_k) = \frac{\partial A_l}{\partial q^k} dq^l; \tag{5.6}$$

oder, wenn man dA_k durch die Koordinatendifferentiale ausdrückt

$$d\hat{p}_k = F_{kl}\, dq^l; \tag{5.7}$$

mit der Abkürzung

$$F_{kl} \equiv \frac{\partial A_l}{\partial q^k} - \frac{\partial A_k}{\partial q^l}. \tag{5.8}$$

Der schiefsymmetrische „Krafttensor" F_{kl} ist die Rotation des potentiellen Impulsvektors. Er bildet gemäß Gl. (5.7) den Verschiebungsvektor dq auf die Änderung $d\hat{p}$ des kinetischen Impulsvektors ab.

Die Eichtransformation (5.4) fügt dem potentiellen Impuls einen Gradienten hinzu:

$$A'_k = A_k + \frac{\partial K}{\partial q^k}. \tag{5.9}$$

Führt man dies in (5.8) ein, so sieht man, daß der Krafttensor sich bei der Transformation nicht ändert, weil die Rotation eines Gradienten verschwindet, oder mit anderen Worten, weil Ableitungen nach unabhängigen Koordinaten vertauschbar sind:

$$\frac{\partial}{\partial q^l} \frac{\partial K}{\partial q^k} - \frac{\partial}{\partial q^k} \frac{\partial K}{\partial q^l} = 0. \tag{5.10}$$

§ 6. Invarianzen und Erhaltungssätze

Wir haben in § 3 gesehen, daß die Größen

$$p_k \equiv \frac{\partial dS}{\partial dq^k} \tag{6.1}$$

(die partiellen Ableitungen der mechanischen Differentialform nach den Verschiebungen) eng mit dem Newtonschen Begriff des Impulses zusammenhängen; sie enthalten außer diesem „kinetischen" Impuls noch einen potentiellen Anteil. Man bezeichnet sie als „kanonische Impulse". Die Bewegungsgleichung [gemäß (2.9)]

$$dp_k = \frac{\partial dS}{\partial q^k} \tag{6.2}$$

sagt aus, daß sich der Impuls p_k nur dann längs der Bahn ändert, wenn das „Längenelement" dS von der zugehörigen Koordinate q^k explizit abhängt; andernfalls ist p_k eine Konstante der Bewegung. Man nennt herkömmlicherweise eine Koordinate q^k, von welcher dS nicht abhängt, „zyklische Koordinate". Die Aussage, daß Impulse zu zyklischen Koordinaten Konstante der Bewegung sind, läßt sich verallgemeinern zu dem sog. *Noetherschen Theorem: Jeder Invarianz entspricht ein Erhaltungssatz.* Hängt das Wirkungselement von einer Koordinate q^k nicht ab, dann ist es invariant gegen eine Änderung dieser Koordinate, speziell gegen die infinitesimale Transformation $q^k \rightarrow q^k + \delta q^k$; diese Invarianz hat gemäß (6.2) die Erhaltung der Größe p_k zur Folge. Beispiele kennen wir bereits: Die Erhaltung des räumlichen kanonischen Impulses folgt aus der Homogenität des Raumes, die Erhaltung der Energie aus der Homogenität der Zeit. *In der klassischen Mechanik gilt das Noethersche Theorem für alle infinitesimalen Koordinatentransformationen* und, als Folge dessen, *für zusammenhängende kontinuierliche Transformationsgruppen, gegen welche die Physik invariant ist.* Eine kontinuierliche Menge von Transformationen, welche die Identität enthalten, sei gegeben durch

$$q'^k = q'^k(q^1, q^2, \ldots q^k; \varepsilon); \qquad q'^k(q; 0) \equiv q^k. \tag{6.3}$$

Die infinitesimale Nachbarschaft der Identität, der wir den Parameter $\varepsilon = 0$ zugeordnet haben, nennt man eine infinitesimale Transformation:

$$q'^k = q'^k(q; 0) + \varepsilon \frac{\partial q'^k}{\partial \varepsilon}(q; 0). \tag{6.4}$$

Indem wir für die Koeffizienten-Funktionen von ε die neue Bezeichnung Q^k einführen, erhalten wir

$$q'^k = q^k + \varepsilon Q^k(q). \tag{6.5}$$

Der Verschiebungsvektor transformiert sich dabei gemäß

$$d q'^k = d q^k + \varepsilon d Q^k(q). \tag{6.6}$$

Führt man diese Transformation in das mechanische Längenelement dS ein, so folgt

$$dS' = dS + \varepsilon Q^k \frac{\partial dS}{\partial q^k} + \varepsilon d Q^k \frac{\partial dS}{\partial d q^k}. \tag{6.7}$$

Falls die betrachtete Transformation dS invariant läßt, so folgt

$$Q^k \frac{\partial dS}{\partial q^k} + dQ^k \frac{\partial dS}{\partial d q^k} = 0. \tag{6.8}$$

Dies ist, wohlgemerkt, eine *Identität für die Differentialform* dS als Funktion der Koordinaten q^k und ihrer Verschiebungen dq^k. Wenden wir die Gleichung nun auf eine mechanische Bahn (also auf eine geodätische Linie der Geometrie) an, so können wir Gl. (6.2) benützen und erhalten

$$d(Q^k p_k) = 0 \text{ längs der Bahn.} \tag{6.9}$$

Aus der Invarianz gegen die Transformation (6.5) folgt also

$$Q^k p_k = \text{Konstante der Bewegung.} \tag{6.10}$$

Wir wollen dies auf die uns bereits bekannten Beispiele, nämlich die fundamentalen Invarianzen anwenden, welche wir in § 3 postuliert haben.

1. *Homogenität.* Die *Homogenität der Zeit* bedeutet Invarianz gegen die Transformation

$$t' = t + \varepsilon. \tag{6.11}$$

Gl. (6.5) lehrt uns, daß wir hierfür nur eine einzige von Null verschiedene Größe Q^k haben, nämlich $Q^t = 1$. Somit folgt aus (6.10), daß

$$p_t = -E = \text{Konstante der Bewegung.} \tag{6.12}$$

Die *Homogenität des Raumes* bedeutet Invarianz gegen die Transformation

$$\boldsymbol{r}'_\nu = \boldsymbol{r}_\nu + \varepsilon \boldsymbol{a}. \tag{6.13}$$

ν soll dabei wieder die Teilchen des betrachteten Systems numerieren. Entsprechend Gl. (6.5) haben wir nunmehr für jedes Teilchen einen Vektor $\boldsymbol{Q}_\nu$, und all diese Vektoren sind gleich dem einen konstanten Vektor $\boldsymbol{a}$. Die Erhaltungsgröße ist deswegen nach (6.10)

$$\boldsymbol{a} \cdot \sum_\nu \boldsymbol{p}_\nu \equiv \boldsymbol{a} \cdot \boldsymbol{p} = \text{Konstante der Bewegung} \tag{6.14}$$

$\boldsymbol{p}$ ist der Gesamtimpuls, und (6.14) sagt aus, daß die *Invarianz gegenüber einer Verschiebung* in der Richtung $\boldsymbol{a}$ eine *Erhaltung* der hierzu parallelen Komponente *des Gesamtimpulses* bedeutet. Ist dS gegen beliebige Verschiebungen invariant (der Raum homogen), so sind sämtliche Komponenten des Impulses Konstante der Bewegung.

2. *Isotropie.* Isotropie des Raumes heißt Invarianz gegen alle infinitesimalen Drehungen. Eine solche ist charakterisiert durch einen Vektor $\boldsymbol{a}$ in Richtung der Drehachse und läßt sich schreiben als die Transformation

$$\boldsymbol{r}'_\nu = \boldsymbol{r}_\nu + \varepsilon \boldsymbol{a} \times \boldsymbol{r}_\nu. \tag{6.15}$$

Die Größen Q^k sind nunmehr durch die Vektoren $\boldsymbol{Q}_\nu = \boldsymbol{a} \times \boldsymbol{r}_\nu$ gegeben, somit gilt nach (6.10)

$$\sum_\nu \boldsymbol{a} \times \boldsymbol{r}_\nu \cdot \boldsymbol{p}_\nu = \boldsymbol{a} \cdot \sum_\nu \boldsymbol{r}_\nu \times \boldsymbol{p}_\nu = \text{Konstante der Bewegung.} \tag{6.16}$$

Die zur Drehachse $\boldsymbol{a}$ parallele Komponente des Drehimpulses

$$\boldsymbol{J} \equiv \sum_\nu \boldsymbol{J}_\nu; \qquad \boldsymbol{J}_\nu \equiv \boldsymbol{r}_\nu \times \boldsymbol{p}_\nu; \tag{6.17}$$

bleibt erhalten, wenn dS invariant ist gegen Drehungen bezüglich der Achse $\boldsymbol{a}$. Bei Isotropie bleiben sämtliche Komponenten des Drehimpulses erhalten.

Das dritte uns bekannte Invarianzprinzip ist das Galileische Relativitätsprinzip. Hierauf läßt sich jedoch die Formel (6.10) nicht anwenden, da die Transformation

$$\boldsymbol{r}'_\nu = \boldsymbol{r}_\nu + \varepsilon \boldsymbol{v}_0 t \tag{6.18}$$

dS nicht ungeändert läßt, sondern ein vollständiges Differential hinzufügt:

$$dS' = dS + \varepsilon dK. \tag{6.19}$$

Der Zusatz ist, nach Gl. (3.15) und (6.18)

$$\begin{aligned} \varepsilon dK &= \sum_\nu \frac{m_\nu}{2} \frac{(d\boldsymbol{r}_\nu + \varepsilon \boldsymbol{v}_0 dt)^2}{dt} - \sum \frac{m_\nu}{2} \frac{d\boldsymbol{r}_\nu^2}{dt} \\ &= \varepsilon \boldsymbol{v}_0 \cdot \sum_\nu m_\nu d\boldsymbol{r}_\nu + \varepsilon^2 \frac{\boldsymbol{v}_0^2}{2} \sum_\nu m_\nu dt. \end{aligned} \tag{6.20}$$

Im Limes $\varepsilon \to 0$ hat man also

$$K = \boldsymbol{v}_0 \cdot \sum_\nu m_\nu \boldsymbol{r}_\nu. \tag{6.21}$$

Man kann nun das Noethersche Theorem auch für den Fall beweisen, daß eine infinitesimale Transformation dS um ein vollständiges Differential dK verändert, gemäß Gl. (6.19). Man erhält dann anstelle von (6.9) die Beziehung

$$d(Q^k p_k) = dK \text{ längs der Bahn;} \tag{6.22}$$

d. h. also

$$Q^k p_k - K = \text{Konstante der Bewegung.} \tag{6.23}$$

Für die Galileische Relativitätstransformation (6.18) sind die Größen Q^k gegeben durch die Vektoren $\boldsymbol{Q}_\nu = \boldsymbol{v}_0 t$, und wir haben

$$\boldsymbol{v}_0 \cdot \left[t \sum_\nu \boldsymbol{p}_\nu - \sum_\nu m_\nu \boldsymbol{r}_\nu \right] = \text{Konstante der Bewegung.}$$

Da diese Gleichung für beliebige Vektoren $\boldsymbol{v}_0$ gelten muß, folgt

$$\sum_\nu m_\nu \boldsymbol{r}_\nu = t \sum_\nu \boldsymbol{p}_\nu + \text{const.} \tag{6.24}$$

Dies beschreibt ersichtlich die gleichförmige Bewegung des Massenmittelpunkts unseres Teilchensystems.

Rückblickend erkennen wir, daß das Noethersche Theorem unmittelbar aus dem geodätischen Prinzip folgt. — In der klassischen Mechanik gilt das Theorem, wie bereits bemerkt, nur für *infinitesimale* Transformationen. Dies ändert sich in der Quantentheorie; dort ist jede Invarianz mit einem Erhaltungssatz verbunden, insbesondere auch Invarianzen gegen räumliche oder zeitliche Spiegelungen.

Zum Abschluß sei das Ergebnis dieses § in folgender Weise formuliert: Gibt es eine infinitesimale Transformation

$$q^k(\varepsilon) = q^k(0) + \varepsilon \frac{\partial q^k}{\partial \varepsilon}(0), \tag{6.25}$$

bei welcher sich dS nicht ändert; dann ist

$$P \equiv \frac{\partial q^k}{\partial \varepsilon}(0) \frac{\partial dS}{\partial dq^k} = \text{Konstante der Bewegung.} \tag{6.26}$$

Speziell: *Raumtranslation*, Verschiebung des Koordinatenursprungs um $-\boldsymbol{\varepsilon}$: $\boldsymbol{P}$ = Linearimpuls.

Zeittranslation: Verschiebung des Zeitnullpunkts um $-\varepsilon$: $P = -$ Energie.

Räumliche Drehung: Drehung des Bezugssystems um $-\boldsymbol{\varepsilon}$: $\boldsymbol{P}$ = Drehimpuls.

§ 7. Zusammenhang zwischen klassischer Wirkung und quantenmechanischer Phase

Die Homogenitätsbeziehung für die mechanische Länge läßt sich entsprechend (2.11) in der Gestalt schreiben

$$dS = p_k dq^k. \tag{7.1}$$

Für einen einzelnen Massenpunkt lautet dies

$$dS = \boldsymbol{p} \cdot d\boldsymbol{r} - E\, dt. \tag{7.2}$$

dS hat die physikalische Dimension „Impuls mal Länge" oder, was das Gleiche ist, „Energie mal Zeit", welche man auch als „Wirkung" bezeichnet. Deshalb nennt man die mechanische Länge S einer raumzeitlichen Systembahn auch die Wirkung der betreffenden Bahn. Das geodätische Prinzip der Mechanik wird dabei zu einem „*Prinzip der kleinsten Wirkung*"; so wurde es von C. F. Gauß — wenn auch in etwas anderer mathematischer Gestalt — benannt. Unsere Formulierung ist mathematisch gleichbedeutend mit dem sog. *Hamiltonschen Prinzip*, lediglich, daß Hamilton eine bezüglich Raum- und Zeitkoordinaten unsymmetrische Gestalt benützt.

Die Deutung der Wirkung als einer mechanischen Weglänge leitet in einfacher Weise von der klassischen Punktmechanik zu der sog. *Wellenmechanik* über. Nach den Ideen von de Broglie, welche durch die Elektronenbeugungsexperimente von Davisson und Germer bestätigt wurden, besitzt jede Strahlung gleichzeitig Korpuskular- und Wellencharakter. Man kann an einem Kathodenstrahl durch geeignete Experimente die Eigenschaft der einzelnen Teilchen (Elektronen) messen;

man kann aber genausogut mit ihm Interferenzversuche durchführen. Dies entspricht der viel älteren Einsteinschen Hypothese der *Lichtquanten*; nach ihr sollte das Licht, dessen Wellennatur durch die Fresnelschen Interferenzversuche nachgewiesen war, gleichzeitig aus Korpuskeln bestehen, deren Eigenschaften im photoelektrischen Effekt und im Comptoneffekt zutage treten. Dieser „Dualismus" läßt sich mit den gewohnten anschaulichen Vorstellungen nicht vereinbaren. Er bedeutet, daß sowohl das Teilchen- wie auch das Wellenbild Modelle mit beschränktem Anwendungsbereich sind. Keinesfalls kann man die Aussage von der Doppelnatur der Strahlung, welche ja aus dem *Experiment* entnommen ist, als absurd bezeichnen; vielmehr hat man sich klarzumachen, daß „gewohnte Vorstellungen" nur angewöhnte Vorstellungen sind, welche man sich nun, da die Natur sie nicht bestätigt, *abgewöhnen* muß.

Wie der Zusammenhang zwischen Korpuskularstrahlung und Wellenstrahlung auszusehen hat, ist seit langer Zeit wohlvertraut. Vor den Fresnelschen Versuchen war nicht klar, ob das Licht aus Teilchen besteht, welche in Richtung der Lichtausbreitung fliegen, oder aus Wellen, deren Wellenfronten zu dieser Richtung, d. h. zu den Lichtstrahlen, senkrecht sind. Unabhängig davon kann man die Strahlenoptik durch das Fermatsche Prinzip beschreiben, nach welchem der optische Weg längs eines Strahls ein Minimum ist. Man führt damit ein optisches Wegelement ein (welches bekanntlich gleich der geometrischen Weglänge mal dem Berechnungsindex ist) und erhält die Lichtstrahlen als die geodätischen Linien einer Geometrie. Bei der wellenoptischen Beschreibung sind die Wellenflächen (= Orthogonalflächen des Strahlenbündels) Flächen konstanter Phase des Schwingungsfelds; die Wellennormalen haben also die Richtung des Phasengradienten, und die Strahlen sind diejenigen Linien, auf welchen sich die Phase am raschesten ändert, welche also auf kürzestem Weg die Phasenänderung (den Übergang zu einer anderen Wellenfläche) erreichen. Hieraus ergibt sich eine unmittelbare Korrespondenz zwischen optischer Phase und optischem Weg: sie unterscheiden sich lediglich, da sie ja nach verschiedenen Vorschriften gemessen werden, durch eine dimensionsbehaftete Konstante. In genau derselben Weise erhalten wir einen zwanglosen Übergang von der mechanischen Weglänge dS zu einer wellenmechanischen Phasenänderung $d\Phi$ mittels einer Beziehung

$$dS = \hbar\, d\Phi. \tag{7.3}$$

Die universelle Konstante $\hbar$ läßt sich mit Hilfe eines Interferenzversuches messen. Man hat dazu im Prinzip zwei Strahlen zur Interferenz zu bringen, um ihre Phasendifferenz zu bestimmen; und weiter ihre korpuskularen Eigenschaften zu messen, um aus Gl. (7.2) ihre mechanische Wegdifferenz zu ermitteln. Hierauf gehen wir gleich näher ein, nehmen aber zunächst das Ergebnis vorweg: $\hbar$ ist die *Plancksche Konstante*

$$\hbar = 1{,}0545 \times 10^{-34}\ \text{Jsec.} \tag{7.4}$$

Ursprünglich bezeichnete man als Plancksche Konstante die Größe

$$h = 2\pi\hbar = 6{,}6256 \times 10^{-34}\ \text{Jsec.} \tag{7.5}$$

Wir kehren nun zu der Frage zurück, wie wir durch Messung der korpuskularen und Welleneigenschaften eines Kathodenstrahls die Plancksche Konstante ermitteln können. Eine sich ausbreitende Welle ist charakterisiert durch die Schwingungsdauer T und die Wellenlänge λ. T ist die Zeit, welche vergehen muß, bis an einem festen Ort die Phase sich um 2π ändert; nach Gl. (7.3) ist dies äquivalent zu einer Änderung der Wirkung S um ein Plancksches Wirkungsquant h. Somit erhält man aus (7.2)

$$ET = h. \tag{7.6}$$

Führt man statt der Schwingungsdauer T die Frequenz $\nu = 1/T$ ein, so folgt die *Einsteinsche Beziehung*

$$E = h\nu. \tag{7.7}$$

Die Wellenlänge λ ist diejenige Strecke, um die man zu einem festen Zeitpunkt längs des Strahls fortschreiten muß, um eine Phasenänderung 2π, d. h. eine Wirkungsänderung h zu erhalten. Die Strahlrichtung ist dabei gegeben als diejenige Richtung, in welcher die Phase am schnellsten wächst, sie ist also nach Gl. (7.2) parallel zum Impuls $\boldsymbol{p}$. Damit erhält man aus (7.2) die *de Brogliesche Beziehung*

$$p\lambda = h. \tag{7.8}$$

Natürlich kann man den Zusammenhang (7.7) und (7.8) zwischen den korpuskular-mechanischen Größen und den Bestimmungsstücken der Welle nur herstellen, wenn E während der betrachteten Schwingungsdauer konstant ist, und wenn der Impuls $\boldsymbol{p}$ längs der Wellenlänge sich nicht ändert. Im Fall einer allgemeineren Abhängigkeit der Phase von Zeit und Raum führt man statt der Begriffe Schwingungsdauer und Wellenlänge die Größen „Kreisfrequenz" ω und „Wellenzahlvektor" $\boldsymbol{k}$ ein. Sie sind definiert durch

$$\omega = -\frac{\partial \Phi}{\partial t}; \qquad \boldsymbol{k} = \frac{\partial \Phi}{\partial \boldsymbol{r}}. \tag{7.9}$$

Wegen (7.3) und (7.2) erhält man hieraus

$$E = \hbar\omega; \qquad \boldsymbol{p} = \hbar\boldsymbol{k}. \tag{7.10}$$

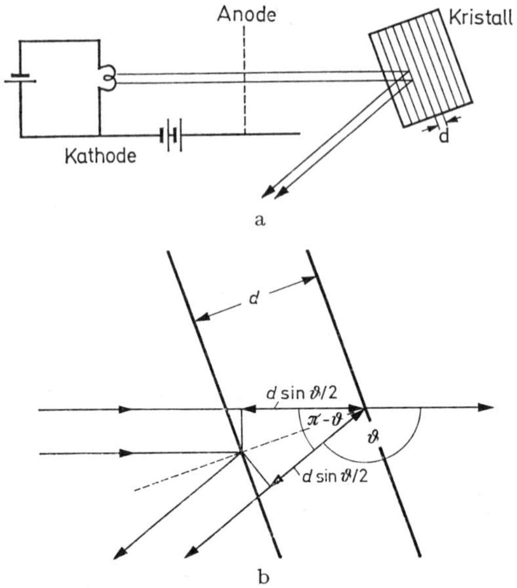

Abb. 3. Messung der Planckschen Konstanten

Diese Gleichungen führen für konstantes E bzw. $\boldsymbol{p}$ zurück auf die Gln. (7.7) und (7.8), weil dann

$$\omega = 2\pi\nu; \qquad k = 2\pi/\lambda \tag{7.11}$$

ist.

Wir können nun angeben, durch welches Experiment die Plancksche Konstante bestimmt werden kann. Wir wissen, daß ein Kathodenstrahl aus Elektronen besteht, deren Masse μ und Ladung e gemessen ist. Läßt man die aus einer Glühkathode mit geringer Geschwindigkeit austretenden Elektronen eine hohe Beschleunigungsspannung U durchlaufen, so ist ihre Energie in guter Näherung durch $E = eU$ gegeben, und der Betrag ihres Impulses durch $p = \sqrt{2\mu e U}$. Fällt der Kathodenstrahl auf einen Kristall (Davisson und Germer), so beobachtet man die aus der Röntgenbeugung bekannten Reflexe, welche der spiegelnden Reflexion an bestimmten Netzebenenscharen zuzuschreiben sind; diese bestehen aus parallelen, mit Gitterpunkten besetzten Ebenen, deren Abstand d wohl bekannt ist. Ein Reflex kommt zustande, wenn die an zwei aufeinanderfolgenden Netzebenen reflektierten Strahlen einen Gangunterschied aufweisen, der ein ganzzahliges vielfaches der Wellenlänge ist.

Damit erhält man gemäß Abb. 3 die von-Lauesche Bedingung

$$2d \sin\frac{\vartheta}{2} = n\lambda; \qquad n \text{ ganz.} \tag{7.12}$$

Hat man den Ablenkungswinkel ϑ gemessen und durch Analyse des Beugungsdiagramms die Ordnungszahl n ermittelt, so kann man aus (7.12) die Wellenlänge entnehmen. Man erhält schließlich die Plancksche Konstante aus

$$h = p\lambda = \sqrt{2\mu e U}\,\frac{2d}{n}\sin\frac{\vartheta}{2}. \tag{7.13}$$

Es liegt in der Natur des Interferenzversuches, daß man *nur Wellenlängen*, aber *nicht Frequenzen* der beteiligten Schwingungen *messen* kann. Genauer besehen, kann man *nicht einmal die Wellenlänge selbst* messen: Um die Wellenlänge zu bestimmen, müßte man eigentlich die Phasendifferenz zwischen zwei Punkten *eines* Strahles ermitteln; man mißt jedoch im Interferenzversuch nur den *Unterschied* zwischen den Phasendifferenzen *zweier Strahlen*, welche beide von dem selben Punkt 1 ausgehen und sich in einem Punkte 2 wieder treffen. Die Wellenlänge erhält man hieraus nur unter der Annahme, daß sie auf beiden Strahlen konstant und gleich ist. Eine solche Annahme ist im Falle der Optik vernünftig, und für langwellige elektromagnetische Strahlung sogar durch Ausmessung der Amplituden des Wellenfeldes (der elektrischen oder magnetischen Feldstärken) nachprüfbar. Im Falle der Materiewellen, z.B. des Kathodenstrahls, dagegen wäre eine solche Aussage weder nachprüfbar noch sinnvoll. Die mechanische Länge dS ist ja nur bis auf eine Eichtransformation bestimmt; bei einer solchen ändern sich über die Ausdrücke für Energie und Impuls bzw. nach Gl. (7.7) und (7.8): Frequenz und Wellenlänge. Bei dem Versuch von Davisson und Germer bewegen sich die Elektronen — vor und nach der Streuung an einem Gitterpunkt — frei und geradlinig, und man kann vereinbaren, daß man nur den kinetischen Anteil von dS verwendet, also potentielle Energie und potentiellen Impuls gleich Null setzt. Dann ist die Wellenlänge nach (7.8) nur durch den wohldefinierten kinetischen Impuls mv bestimmt und auf beiden Strahlen gleich, man kann Gl. (7.13) zur Bestimmung der Planckschen Konstante verwenden. Über die Wellenlänge λ selbst hat man aber wenig ausgesagt; man erhält nämlich denselben Wert für die Plancksche Konstante, wenn man dS einer Eichtransformation unterwirft, also das vollständige Differential einer Raum-Zeit-Funktion hinzufügt — das Integral über dS zwischen zwei Punkten 1 und 2 erhält dann einen Zusatz, der auf allen Wegen der gleiche ist und beim Interferenzversuch nicht in Erscheinung tritt.

Wie sieht nun ein Interferenzversuch aus, wenn die beiden interferierenden Strahlen auf ihrem Weg einer äußeren Einwirkung unterworfen werden? Der Phasenunterschied der beiden Strahlen, zu einem festen Zeitpunkt betrachtet, ist nach (7.2) und (7.3) gegeben durch

$$\hbar\Delta\Phi = \Delta\int_1^2 \boldsymbol{p}\cdot d\boldsymbol{r} = \Delta\int_1^2 \mu\boldsymbol{v}\cdot d\boldsymbol{r} + \Delta\int_1^2 \boldsymbol{A}\cdot d\boldsymbol{r}. \tag{7.14}$$

Um den Sinn dieser Beziehung ganz klarzustellen, müssen wir uns über die experimentelle Situation Rechenschaft ablegen. Sie ist schematisch in Abb. 4 dargestellt. Wir lassen von einem Punkt 1 die Strahlung ausgehen, wobei die Teilchenbahnen, bzw. die Strahlen durch irgendwelche äußere Einwirkung gekrümmt werden mögen, z.B. durch elektrische und magnetische Felder. Durch eine Blende mit zwei feinen Löchern sondern wir zwei Strahlenbündel aus und nehmen an, daß innerhalb jedes dieser Bündel an einem gegebenem Orte $\boldsymbol{r}$ nur Teilchen eines bestimmten Impulses $\boldsymbol{p}(\boldsymbol{r})$ auftreten; damit ist innerhalb des

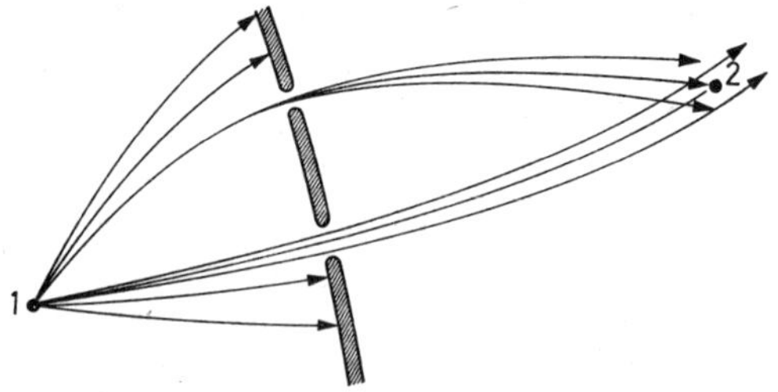

Abb. 4. Schema der Zweistrahl-Interferenz

Strahlungsfeldes die Ortsfunktion $\boldsymbol{p}(\boldsymbol{r})$ vorgegeben. Die äußere Einwirkung auf die fliegenden Partikeln sei nach Gl. (4.2) durch die Raum-Zeit-Funktion $\boldsymbol{A}(\boldsymbol{r}, t)$, $V(\boldsymbol{r}, t)$ gegeben. Die Integrale (7.14) sind dann zu nehmen über zwei Strahlen, welche beide von 1 ausgehen, durch je eine der beiden Öffnungen führen und sich im Punkte 2 treffen. Die Phasendifferenz besteht aus einem kinetischen Teil, der durch die meßbaren lokalen Geschwindigkeiten eindeutig bestimmt ist, und einem potentiellen Anteil, welcher gleich der Differenz der Linienintegrale über dem potentiellen Impuls $\boldsymbol{A}$ ist. Da dieser von der Eichung abhängt, sind die beiden Integrale von 1 nach 2 auf je einem dieser Strahlen nicht eindeutig gegeben; ihre Differenz dagegen ändert sich bei einer Eichtransformation nicht, da diese zu $\boldsymbol{A}$ den Gradienten einer Ortsfunktion hinzufügt, so daß das zusätzliche Integral vom Weg unabhängig wird.

§ 8. Fokussierung von Elektronenstrahlen

Mit Hilfe von Strahlung verschiedener Art kann man Abbildungen erzeugen. Die Bedingung dafür, daß ein Punkt 1 in einen Punkt 2 abgebildet wird, lautet für einen Korpuskularstrahl: alle von 1 ausgesandten Korpuskeln treffen in Punkt 2 zusammen; wellenoptisch kommt die Abbildung dadurch zustande, daß die in 1 entspringenden Wellenflächen sich auf den Punkt 2 kontrahieren, daß also auf sämtlichen

Strahlen des Bündels dieselbe Anzahl Wellenlängen liegt, somit die Phasendifferenz zwischen Punkt 1 und 2 auf allen Strahlen des Bündels die gleiche ist. Da, wie besprochen, jede Strahlung sowohl korpuskular wie wellenoptisch beschreibbar ist, müssen die beiderlei Abbildungs-Bedingungen äquivalent sein. Im Grunde ist die Äquivalenz durch Gl. (7.3) bereits gegeben, wenn man gleichzeitig das Fermatsche Prinzip und das geodätische Prinzip heranzieht. Ein Strahl ist nach dem Fermatschen Prinzip als der Weg mit der kleinsten Phasenänderung (bei fester Zeit), nach dem geodätischen Prinzip als der Weg mit der kleinsten Wirkung gekennzeichnet. Die Fokussierung eines von einem Punkt 1 ausgehenden (wenn auch nur infinitesimalen) Strahlenbündels tritt dann ein, wenn außer einem Zentralstrahl auch noch eine Schar benachbarter Bahnen, die von 1 nach 2 führen, geodätisch ist. Dies bedeutet, daß die Variationen der Bogenlänge für den Zentralstrahl (gleichgültig, ob man sie als Wellenphase oder als korpuskularmechanische Wirkung definiert), nicht nur in erster Ordnung verschwindet (dies ist die Bedingung, daß der *Zentralstrahl* eine geodätische Linie ist), sondern für gewisse Variationen mindestens noch in zweiter Ordnung (dann gibt es auch geodätische Nachbarstrahlen). Wir wollen nun an den beiden einfachsten Beispielen, nämlich den Prototypen der elektrischen und magnetischen Abbildung, zeigen, wie die Äquivalenz zwischen dem korpuskularen und dem wellenoptischen Bild zustande kommt.

Eine reelle elektrische Abbildung erzeugt man durch ein elektrisches Feld, das die Kathodenstrahlen zur optischen Achse zurücktreibt. Wir führen Zylinderkoordinaten z, ϱ, φ ein und legen die z-Achse in die optische Achse des Systems. Das einfachste Potential einer zur Achse rücktreibenden Kraft hat die Gestalt

$$V = \frac{\mu}{2} a^2 \varrho^2. \tag{8.1}$$

Wir könnten statt dessen auch ein Potential der Gestalt $\frac{\mu}{2} a^2 (\varrho^2 - 2z^2)$ wählen, um die Potentialgleichung $\Delta V = 0$ zu erfüllen; dies würde lediglich die Rechnung komplizieren, ohne etwas wesentlich zu ändern. — Die Bewegungsgleichungen zu dem Potential (8.1) lauten

$$\frac{d^2 \varrho}{dt^2} = -a^2 \varrho; \qquad \frac{d^2 z}{dt^2} = 0; \qquad \frac{d}{dt}\left(\varrho^2 \frac{d\varphi}{dt}\right) = 0. \tag{8.2}$$

Betrachten wir nun Strahlen, welche mit einer fest vorgegebenen Geschwindigkeit v_1 unter Winkeln $\vartheta \ll 1$ gegen die Achse den Punkt 1 verlassen, so erhalten wir für ihre Bahn

$$z = z_1 + v_1 t \cos\vartheta; \qquad \varrho = \frac{v_1 \sin\vartheta}{a} \sin(at); \qquad \varphi = \text{const.} \tag{8.3}$$

Die Strahlen treffen die Achse $\varrho = 0$ wieder an der Stelle

$$z_1 + \pi \frac{v_1}{a} \cos\vartheta \approx z_1 + \pi \frac{v_1}{a} \equiv z_2 . \tag{8.4}$$

Die Schnittweite ist von dem Bündelparameter ϑ in erster Näherung unabhängig; dies ist die korpular-optische Bedingung für die Fokussierung eines infinitesimalen Strahlenbündels im Punkt 2. — Wellenoptisch kommt die Fokussierung dadurch zustande, daß es ein Bündel von Kurven gibt, welche von Punkt 1 zu Punkt 2 führen und bis zu Größen *zweiter* Ordnung in ϑ phasengleich sind. Es muß somit das Integral

$$S_{12} = \int_1^2 dS = \int_1^2 (p_\varrho \, d\varrho + p_z \, dz) \tag{8.5}$$

auf allen Strahlen des Bündels das gleiche sein. p_ϱ und p_z sind als Funktionen des Ortes über die Gln. (8.3) gegeben:

$$p_\varrho = \mu \, v_1 \sin\vartheta \cos\left[\frac{a(z-z_1)}{v_1 \cos\vartheta}\right]; \qquad p_z = \mu \, v_1 \cos\vartheta . \tag{8.6}$$

Dabei spielt ϑ lediglich die Rolle eines Parameters, welcher durch die Beziehung

$$\varrho = \frac{v_1 \sin\vartheta}{a} \sin\left[\frac{a(z-z_1)}{v_1 \cos\vartheta}\right] \tag{8.7}$$

implizit als Ortsfunktion bestimmt wird. Damit sind p_ϱ und p_z im Integranden von (8.5) als Ortsfunktionen festgelegt. Wir müssen noch die Gleichung für die Strahlen des Bündels finden, um $d\varrho$ durch dz ausdrücken zu können. Die Gl. (8.7) des korpuskularen Bahnen ist dazu nicht geeignet, da diese sich nicht in Strenge im Punkt 2 treffen. Wir

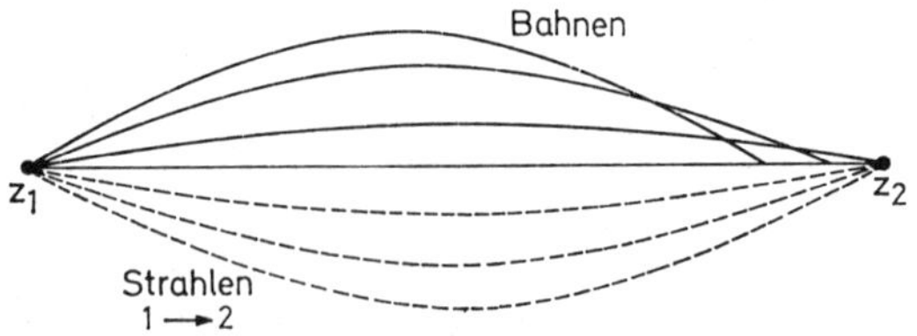

Abb. 5. Korpuskelbahnen und geodätische Strahlen bei der elektrischen Fokussierung

ändern deswegen diese Beziehung ganz wenig ab, indem wir einen neuen Bündelparameter u wählen und die Strahlen durch

$$\varrho = \frac{v_1 \sin u}{a} \sin\left[\frac{a(z-z_1)}{v_1}\right]. \tag{8.8}$$

darstellen. Wir können nunmehr zeigen, daß auf allen diesen Strahlen das Integral (8.5) bis zur Ordnung u^2 denselben Wert hat. Zunächst schreiben wir

$$S_{12} = \int_{z_1}^{z_2} \left(p_\varrho \frac{d\varrho}{dz} + p_z \right) dz .$$

Aus (8.6) und (8.8) ergibt sich

$$S_{12} = \mu v_1 \int_{z_1}^{z_2} \left\{ \sin\vartheta \cos\left[\frac{a(z-z_1)}{v_1 \cos\vartheta} \right] \sin u \cos\left[\frac{a(z-z_1)}{v_1} \right] + \cos\vartheta \right\} dz . \tag{8.9}$$

Um dies berechnen zu können, müssen wir ϑ mittels (8.7) und (8.8) als Funktion von z ausdrücken, wohlgemerkt bei festgehaltenem Strahlparameter u. Die Gln. (8.7) und (8.8) zeigen, daß (selbstverständlich) in erster Näherung $\vartheta \approx u$ ist. Dies bedeutet aber, daß wir den Integranden von (8.9) bis zu Gliedern zweiten Grades in u korrekt erhalten, wenn wir überall ϑ durch u ersetzen; im Argument des Cosinus dürfen wir sogar $\cos\vartheta = 1$ setzen. Damit erhalten wir korrekt bis zu Gliedern zweiter Ordnung

$$S_{12} = \mu v_1 \int_{z_1}^{z_2} \left\{ \sin^2 u \cos^2 \left[\frac{a(z-z_1)}{v_1} \right] + \cos u \right\} dz . \tag{8.10}$$

Die Integrationsvariable z tritt nur mehr im Argument von $\cos^2$ auf; da dieses Argument im Integrationsintervall von Null bis π wächst, liefert das Integral über den $\cos^2$: $(z_2 - z_1)/2$. Wir erhalten damit

$$S_{12} = \mu v_1 (z_2 - z_1) \left[\cos u + \tfrac{1}{2} \sin^2 u \right] \approx \mu v_1 (z_2 - z_1) + 0(u^4) . \tag{8.11}$$

Dies zeigt, daß in der Tat alle Strahlen des betrachteten Bündels bis zur zweiten Ordnung im Bündelparameter u phasengleich sind. Da der Zentralstrahl kürzer ist als die anderen Strahlen des Bündels, bedeutet die Phasengleichheit, daß die Wellenlänge auf dem Zentralstrahl am kürzesten ist, oder — wegen der de Broglieschen Beziehung (7.8) —, daß auf den schrägen Strahlen der Impuls kleiner ist als auf den Zentralstrahlen; tatsächlich wird ja auf den schiefen Strahlen ein Teil der kinetischen Energie in positive potentielle Energie verwandelt. Die Geschwindigkeitsabnahme der zur Achse schrägen Strahlen ermöglicht also die wellenoptische Deutung der elektrischen Abbildung.

Bei der Abbildung mittels einer magnetischen Linse, d. h. also unter der alleinigen Einwirkung von Magnetfeldern, tritt eine derartige Geschwindigkeitsänderung nicht ein. Deshalb kann die Längendifferenz zwischen dem Zentralstrahl und einem achsenschrägen Strahl nicht durch eine *kinetisch* bedingte Wellenlängenänderung ausgeglichen werden. Vielmehr ist es notwendig, daß diese *Gangdifferenz durch den poten-*

tiellen Anteil des Ausdrucks (7.14) *kompensiert wird.* Wir wollen auch dies explizit untersuchen. Als fokussierendes Feld benützen wir ein homogenes Magnetfeld $\boldsymbol{H}$ parallel zu der optischen Achse, welche wieder z-Achse eines Systems von Zylinderkoordinaten z, ϱ, φ sei. Bezeichnen wir Ladung $e \times$ magnetische Feldstärke $\boldsymbol{H}$ mit $\boldsymbol{B}$, dann können wir wählen

$$dS = \frac{\mu}{2} \frac{dz^2 + d\varrho^2 + \varrho^2 d\varphi^2}{dt} - \frac{1}{2} B \varrho^2 d\varphi. \tag{8.12}$$

Für die kanonischen Impulse erhalten wir

$$\begin{gathered} p_z = \mu \frac{dz}{dt}; \quad p_\varrho = \mu \frac{d\varrho}{dt}; \quad p_\varphi = \mu \varrho^2 \frac{d\varphi}{dt} - \frac{B}{2} \varrho^2 \\ -p_t \equiv E = \frac{\mu}{2} \left[\left(\frac{dz}{dt}\right)^2 + \left(\frac{d\varrho}{dt}\right)^2 + \varrho^2 \left(\frac{d\varphi}{dt}\right)^2 \right]. \end{gathered} \tag{8.13}$$

Der dritte Ausdruck, der Drehimpuls bezüglich der z-Achse, enthält einen potentiellen Anteil $-\frac{B}{2}\varrho^2$.

Wir wissen, daß die vier Impulse nicht unabhängig sind, daß vielmehr einer von ihnen entbehrlich ist. Dementsprechend brauchen wir auch nicht vier, sondern nur drei Bewegungsgleichungen. Wir suchen uns die drei bequemsten aus; dies sind die Gleichungen für p_z, p_φ und p_t, da die Koordinaten z, φ und t zyklisch sind, d. h. nicht explizit in (8.12) auftreten; die drei zugehörigen Impulse sind Konstante der Bewegung. Aus den Anfangsbedingungen

$$t=0\colon \; \varrho = 0; \quad z = z_1; \quad \frac{dz}{dt} = v_1 \cos\vartheta; \quad \frac{d\varrho}{dt} = v_1 \sin\vartheta; \tag{8.14}$$

ergibt sich

$$p_z = \mu \frac{dz}{dt} = \mu v_1 \cos\vartheta; \quad p_\varphi = 0; \quad E = \frac{\mu}{2} v_1^2; \tag{8.15}$$

Die Bahn ist gegeben durch

$$z = z_1 + v_1 t \cos\vartheta; \quad \varrho = \frac{2\mu v_1}{B} \sin\vartheta \sin\left(\frac{Bt}{2\mu}\right); \quad \varphi = \varphi_1 + \frac{B}{2\mu} t. \tag{8.16}$$

Man sieht, daß sämtliche von Punkt 1 ausgehenden Strahlen zur Zeit $t = 2\pi\mu/B$ wieder zur Achse zurückkehren, und zwar bei

$$z = z_1 + 2\pi \frac{\mu v_1}{B} \cos\vartheta \approx z_1 + 2\pi \frac{\mu v_1}{B} \equiv z_2. \tag{8.17}$$

Da sich dies in erster Näherung nicht mit ϑ ändert, ist die korpuskulare Bedingung für die Fokussierung des Strahles bei z_2 erfüllt. Wellenoptisch müßten wir ein Strahlenbündel auffinden, für welches der Ausdruck

$$S_{12} = \int_1^2 dS = \int_1^2 (p_z\, dz + p_\varrho\, d\varrho + p_\varphi\, d\varphi) \tag{8.18}$$

bis zur zweiten Ordnung des Parameters konstant ist. Wir drücken, um dies zu untersuchen, zunächst die Impulse in unserem Strahlenbündel als Funktionen des Ortes aus:

$$p_z = \mu\, v_1 \cos\vartheta; \qquad p_\varrho = \mu\, v_1 \sin\vartheta \cos\left[\frac{B(z-z_1)}{2\mu\, v_1 \cos\vartheta}\right]. \tag{8.19}$$

ϑ ist implizit als Ortsfunktion gegeben durch die Gleichung

$$\varrho = \frac{2\mu\, v_1}{B} \sin\vartheta \sin\left[\frac{B(z-z_1)}{2\mu\, v_1 \cos\vartheta}\right]. \tag{8.20}$$

Das Strahlenbündel von 1 nach 2 erhalten wir wieder dadurch, daß wir die korpuskularen Bahnen geringfügig so abändern, daß sie sämtliche in dem Punkt 2 einlaufen:

$$\varrho = \frac{2\mu\, v_1}{B} \sin u \cdot \sin\left[\frac{B(z-z_1)}{2\mu\, v_1}\right]; \qquad \varphi = \varphi_1 + \frac{B}{2\mu\, v_1}(z-z_1). \tag{8.21}$$

Führen wir dies in (8.18) ein, so folgt

$$S_{12} = \mu\, v_1 \int_1^2 \left\{\cos\vartheta + \sin\vartheta \cos\left[\frac{B(z-z_1)}{2\mu\, v_1 \cos\vartheta}\right] \sin u \cdot \cos\left[\frac{B(z-z_1)}{2\mu\, v_1}\right]\right\} dz. \tag{8.22}$$

Dies gleicht völlig dem Ausdruck (8.9). Wir können wieder in zweiter Ordnung exakt ϑ durch u ersetzen und gelangen zu dem Ergebnis (8.11). Die Fokussierungsbedingung ist also erfüllt. Dies wäre nicht der Fall, wenn wir in (8.18) nur die kinetischen Impulse berücksichtigt hätten. Wir hätten dann nämlich statt $p_\varphi = 0$ den kinetischen Drehimpuls $\mu \varrho \dot{\varphi}^2 = B \varrho^2$ eingesetzt, und somit ein zusätzliches Integral erhalten

$$\begin{aligned} \int_1^2 B\, \varrho^2\, d\varphi &= \mu\, v_1^2 \sin^2 u \int_1^2 \sin^2\left[\frac{B(z-z_1)}{2\mu\, v_1}\right] dz \\ &= \mu\, v_1^2 (z_2 - z_1) \frac{\sin^2 u}{2} = O(u^2). \end{aligned} \tag{8.23}$$

Die Fokussierung kommt also, wie wir eingangs vorausgesehen haben, in der Tat *dadurch zustande, daß der Unterschied in den räumlichen Weglängen* zwischen Zentralstrahl und schrägem Strahl *durch den potentiellen Anteil der Phasendifferenz kompensiert* wird. Diese Kompensation kommt in unserem Beispiel dadurch zustande, daß der kinetische Drehimpuls durch den potentiellen Drehimpuls kompensiert und damit der kanonische Drehimpuls dauernd auf dem Wert Null gehalten wird.

§ 9. Beugung am Doppelspalt, Indeterminismus

In dem Experiment von Davisson und Germer gab die Natur selbst eine überraschende Antwort auf die alte Frage der Naturphilosophie, welche wir in der Einleitung besprochen haben: Besteht die Substanz aus „Atomen", oder ist sie ein Kontinuum? Weder Anhänger noch Gegner des „Atomismus" erzielen durch pures Denken eine befriedigende Naturphilosophie: Die Gegner des Atomismus stehen mit Unbehagen der Frage gegenüber, wie die kontinuierliche Substanz aufgebaut ist, was ihre Bausteine sind; die Atomisten hinwiederum finden keine Antwort auf die Frage nach der Struktur ihrer letzten unteilbaren Substanzbausteine. Erst die experimentelle Naturwissenschaft der Neuzeit führte die Frage einer Prüfung und damit Entscheidung näher. Fresnel wies durch seine Interferenzversuche die Kontinuumsnatur des Lichtes, bzw. der ihm zugrunde liegenden Substanz nach; die Chemie und Physik der Jahrhundertwende stellte sicher, daß die Materie aus Atomen aufgebaut ist. Niemand zweifelte jedoch daran, daß die Natur sowohl im Fall des Lichtes wie auch des Aufbaus der Materie, eine *entweder-oder-Frage* eindeutig beantwortet hatte; d. h. also, daß das Licht nicht aus Teilchen besteht, sondern aus Wellen in einem kontinuierlichen Substrat; daß die Materie nicht kontinuierlich aufgebaut ist, sondern atomar. Das bedeutete auf der anderen Seite aber auch, daß das prinzipielle Dilemma, nämlich die Frage nach der Struktur des Kontinuums, bzw. nach der Substanz, aus welcher die Atome bestehen, damit nicht aus der Welt geschafft war. Die Experimente der Kathodenstrahlbeugung zeigten mit einem Schlage, daß die Frage seit jeher falsch gestellt worden war: Auf die Frage nach dem *entweder-oder* gibt die Natur die Antwort *sowohl-als auch!* Soll man hieraus schließen, daß die Natur nicht logischen Gesetzen folgt? — Keineswegs. Wir müssen uns vielmehr klarmachen, daß die menschliche entweder-oder-Frage *keiner Notwendigkeit,* sondern *nur der Gewöhnung* entspringt. Unsere Denkgewohnheiten haben sich aus den Erfahrungen des normalen menschlichen Alltags entwickelt und können nicht ohne weiteres in andere — hier mikroskopische — Bereiche extrapoliert werden. Wir können nicht die Erfahrungen, d. h. die Auskünfte der Natur selbst, mit den Maßstäben unserer Denkgewohnheiten messen, sondern wir müssen umgekehrt *unsere Denkgewohnheiten nach den Erfahrungen umgestalten.*

Um zu erkennen, in welcher Richtung wir umzudenken haben, betrachten wir einen prinzipiell besonders einfachen Interferenzversuch, nämlich die Beugung an einem Doppelspalt. Wir denken uns entsprechend Abb. 6 eine ebene bzw. zylinder-symmetrische Anordnung, enthaltend eine Strahlungsquelle Q, eine Blende mit zwei spaltförmigen

Öffnungen und einen Auffangschirm bzw. eine photographische Platte. Geht von der Quelle eine Wellenstrahlung mit der Wellenlänge λ aus, so beobachtet man auf dem Schirm eine Folge von Interferenz-Maxima und -Minima; die Intensitäten seien hinter dem Schirm horizontal aufgetragen. Man erhält Maxima dort, wo die beiden Strahlen von der Quelle über Spalt 1 bzw. 2 zum Schirm eine Phasendifferenz Null oder Vielfaches von 2π besitzen, d. h., wo ihre Weglänge sich um ein ganzes Vielfaches der Wellenlänge unterscheidet; wo dagegen die Wegdifferenz ein halbzahliges Vielfaches von λ ist, ergeben sich Minima. Die geo-

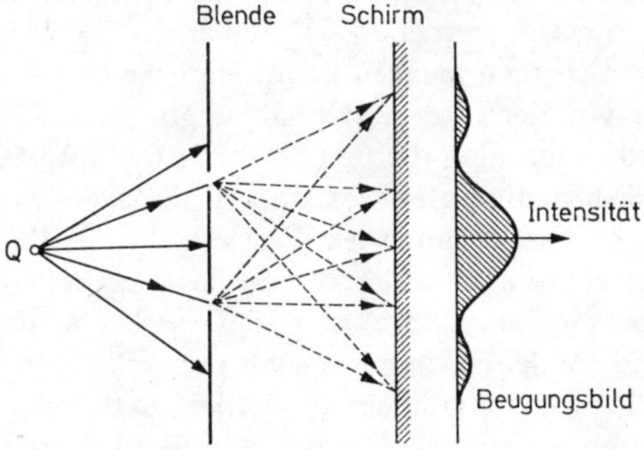

Abb. 6. Beugung am Doppelspalt

metrische Beziehung dieser Maxima und Minima zu der verwendeten Apparatur weist eindeutig auf den Vorgang einer Wellenausbreitung hin. Nun wissen wir aber, daß die Strahlung gleichwohl aus fliegenden Korpuskeln besteht; wir können diese Korpuskeln sogar einzeln nachweisen, indem wir anstelle der Photoplatte einen Szintillationsschirm setzen und die Intensität so weit schwächen, daß wir die einzelnen Szintillationen bei der Ankunft eines Teilchens an einer bestimmten Stelle des Schirms beobachten können. Wir können stattdessen ein Feld kleiner Teilchenzähler anbringen, mit deren Hilfe wir genau registrieren, wann an welcher Stelle ein Teilchen angekommen ist. Setzen wir dies solange fort, bis alle Zähler eine erhebliche Anzahl Teilchen gezählt haben, so gibt am Schluß die Teilchenstatistik genau das Interferenzbild, welches wir auf einer photographischen Platte photographieren würden. Anderseits kann aber ein einzelnes Teilchen *als punktförmiges Gebilde* nur *entweder* durch den Spalt 1 *oder* durch den Spalt 2 getreten sein. Wie kommt es dann, daß eine besonders große Anzahl Teilchen von solchen Zählern registriert wird, zu welchen die Differenz der beiderlei mechanischen Wege (Wirkungen) ein ganzes Vielfaches der Planckschen Konstanten h ist? Rein beschreibend können wir sagen, es sieht so aus, als wenn ein Teilchen, welches durch den ersten

Spalt tritt, besonders „gern“ zu einem Zähler weiterläuft, den es auf dem anderen Wege mit einer Wirkung erreicht hätte, die um ein ganzes Vielfaches von h größer oder kleiner ist. Nun, Teilchen, welche eine freie Entscheidungsmöglichkeit haben und manches „lieber“, anderes „ungern“ mögen, passen schlecht in das gewohnte Bild der Physik. Man wird deshalb versuchen, ob man nicht eine deterministische „kausale“ Erklärung dafür finden kann, *weshalb* mehr Teilchen zu einem und weniger Teilchen zu einem anderen Zähler gehen. Kann dies nicht durch irgendeine Wechselwirkung der Teilchen untereinander, oder der Teilchen mit dem Apparat, d. h. durch *Kräfte*, welche die Teilchen treiben, verursacht werden? — Daß man Kräfte zwischen den Teilchen nicht verantwortlich machen kann, folgt daraus, daß die Güte der Interferenzfigur von der Intensität unabhängig ist, daß die Interferenz genausogut wird, wenn man die Strahlen so schwächt, daß fast niemals zwei Teilchen gleichzeitig unterwegs sind. Eine lage- oder geschwindigkeits-abhängige Wechselwirkung der Teilchen *mit der Blende* ist äußerst unplausibel; wie sollte man erklären, daß das Ergebnis dieser Wechselwirkung unabhängig von dem Material der Blende, unabhängig von geometrischen Einzelheiten, immer genau der wellenoptischen Deutung entspricht — für diese ist ja allein wesentlich, daß Teilchen, welche die Blende treffen, absorbiert werden; es kommt also auf eine Wechselwirkung mit demjenigen Teil des Strahls an, welcher den Schirm *nicht* erreicht! Dagegen findet eine Wechselwirkung mit den durchtretenden Strahlen überhaupt nicht statt. De Broglie selbst versucht das Dilemma zu lösen, indem er neben den fliegenden Teilchen eine „Führungswelle“ annimmt, welche die Teilchen geleitet. Man sieht leicht ein, daß dies praktisch gleichbedeutend mit der Aussage ist, daß die Teilchen „Vorliebe“ und „Abneigung“ für gewisse Zähler haben, nur daß man „Vorliebe“ oder „Abneigung“ mathematisch aus einer „Führungswelle“ errechnet.

Mit Unbehagen schreibt man dabei einem Teilchen so etwas wie einen „freien Willen“ zu, eine freie Entscheidungsmöglichkeit. Man muß sich jedoch über zweierlei klar sein: Einmal, daß jedes *Modell* für die physikalische Wirklichkeit immer mit einem „als ob“ zu versehen ist; wir können also lediglich sagen, unsere Erfahrungen sehen so aus, *als ob* die Natur durch dieses und jenes Modell beschrieben werden könnte. Zum zweiten aber müssen wir erkennen, daß *alle unsere Modellvorstellungen* bis zu einem gewissen Grade *anthropromorph*, d. h. auf unsere inneren, menschlichen Erfahrungen bezogen sind. Wenn wir ein Elementarteilchen sich so benehmen sehen „als ob“ es einen freien Willen hätte, so ist dies nicht so grundsätzlich verschieden von den klassisch-physikalischen Vorstellungen über die Wechselwirkung zwischen Partikeln. Wenn wir sagen, ein Teilchen „übt eine Kraft“ auf ein anderes Teilchen ,,aus", so wird unsere Anschauung gerade deswegen angesprochen, weil wir die Tätigkeit des Teilchens mit unserer eigenen Tätigkeit, mit unserem eigenen Kraftgefühl vergleichen. Wir verstehen, daß das Teilchen im Grunde genommen das gleiche tut, was wir mit unseren Muskeln bewußt bewerkstelligen; keineswegs bedeutet das jedoch, daß wir dem Teilchen damit nun etwa Muskeln oder Muskelbetätigung zuschreiben. Genausowenig dürfen wir die Aussage, daß ein Teilchen sich so benimmt als ob es einen freien Willen hätte, dahin deuten, daß wir ihm eine seelische oder verständnismäßige Organisation, wie unsere eigene, zuzuschreiben wünschen.

Das Nebeneinander von Wellen- und Korpuskelnatur — als ,,Dualismus" bezeichnet — nötigt uns zu einer sehr kritischen Handhabung naturwissenschaftlicher Erkenntnis. Wir müssen uns darauf beschränken, diejenigen Aussagen zu machen, die tatsächlich beobachtet, bzw. im Prinzip beobachtbar sind. Bei dem Zweispaltversuch von Abb. 6 können wir prinzipiell nicht beobachten, wie ein Teilchen durch den Spalt Nr. 1 oder durch den Spalt Nr. 2 zu einem Beugungsmaximum oder -minimum sich bewegt; sobald wir nämlich die Teilchen im Spalt 1 abfangen, können sie auf diesem Wege den Schirm nicht mehr erreichen, und der Teilchenstrom durch Spalt 2 zeigt keine Interferenzerscheinung mehr. Damit hat es keinen Sinn, sich die Gesamtheit der auf dem Schirm ankommenden Teilchen in zwei Gruppen zerlegen zu wollen, von denen die eine durch Spalt 1, die andere durch Spalt 2 gekommen ist. Es müßten ja dann die Teilchen der ersten Gruppe eine ,,Kenntnis" besessen haben von der Geometrie des zweiten Strahls, auf dem sie sich gar nicht bewegt haben.

Dies wird noch klarer, wenn wir den Zweistrahl-Interferenzversuch bei gleichzeitiger Anwesenheit eines äußeren Magnetfeldes $\boldsymbol{H}$ betrachten, das auf die fliegenden Elektronen eine geschwindigkeitsabhängige Kraft entsprechend dem ersten Summanden aus Gl. (4.9a) ausübt; dabei ist $\boldsymbol{B} = e\boldsymbol{H} = \operatorname{rot} \boldsymbol{A}$ der Kraftvektor, $\boldsymbol{A}$ = potentieller Impuls. Der Wirkungsunterschied der beiden Strahlen durch die Spalte 1 und 2 ist nach Gl. (7.14) durch einen kinetischen und einen potentiellen Anteil bestimmt. Der letzte ist

$$\Delta \int_Q^P \boldsymbol{A} \cdot d\boldsymbol{r};$$

wobei wir das Integral diesmal vom Quellpunkt bis zum Bildpunkt P auf dem Schirm zu nehmen haben, auf den Wegen durch Spalt 1 und 2. Die Differenz dieser beiden Integrale ist nichts anderes als ein Umlaufintegral, etwa der zweite Weg vorwärts, der erste rückwärts durchlaufen; also nach dem Gaußschen Satz

$$\Delta \int_Q^P \boldsymbol{A} \cdot d\boldsymbol{r} = \oint \boldsymbol{A} \cdot d\boldsymbol{r} = \int \boldsymbol{B} \cdot d^2\boldsymbol{r} = e \int \boldsymbol{H} \cdot d^2\boldsymbol{r}. \tag{9.1}$$

Man erhält also Ladung mal den magnetischen Fluß durch die von den beiden Wegen eingeschlossene Fläche als potentielle Gangdifferenz. Man kann nun innerhalb dieser Fläche im Prinzip einen magnetischen Fluß erzeugen, ohne daß auf die fliegenden Teilchen, auf die beiden Strahlen irgendeine Kraft ausgeübt wird. Dieser Versuch wurde — angeregt durch eine Arbeit von Aharonow und Bohm[1] — tatsächlich durchgeführt[2], und zeigt in der Tat eine Änderung des Gangunterschiedes, eine Verschiebung der Interferenzstreifen genau entsprechend Gl. (9.1). Das Ergebnis dieses sehr schwierigen und hochinteressanten Experiments ist im Grunde genommen selbstverständlich; ohne den potentiellen Anteil zur Phasenverschiebung wäre ja die wellenmechanische Deutung der magnetischen Abbildung nicht möglich. Hier zeigt sich noch eindringlicher, daß man nicht von Dingen sprechen soll, die man prinzipiell nicht beobachten kann; also nicht von denjenigen Teilchen, welche auf dem Weg 1 oder 2 den Punkt P erreichen — nicht nur, daß jedes Teilchen über die Geometrie des von ihm nicht benützten Weges „Bescheid wissen" müßte, man müßte ihm sogar noch eine Kenntnis des Magnetfeldes an einer von ihm nicht berührten Stelle des Raumes zuschreiben. Auch die wellenmechanische Beschreibung des Beugungsversuchs mit eingeschlossenem Magnetfeld ist nicht ohne Problematik. Der Wellenstrahl findet ebenfalls auf seinem gesamten Weg die magnetische Feldstärke Null; er „bemerkt" jedoch, daß das Schleifenintegral über das magnetische Vektorpotential auf den von ihm benützten Wegen von Null verschieden ist. Es „sieht" also gewissermaßen das Vektorpotential. Auch hier muß man sich weise erkenntniskritische Beschränkung auferlegen; es hat keinen Sinn, von einer „physikalischen Realität des Vektorpotentials" zu sprechen, wenn es nicht möglich ist, dieses Vektorpotential *zu messen*; tatsächlich wird aber entsprechend Gl. (9.1) durch die Phasenverschiebung der interferierenden Strahlen *nicht das Vektorpotential, sondern der magnetische Fluß gemessen.* Das Vektorpotential ist also bei dem vorliegenden Versuch genausowenig oder genausoviel real wie bei jedem anderen magnetischen Experiment. Überdies ist es gar nicht so ungewöhnlich, wie es auf den ersten Blick erscheinen mag, daß ein physikalisches System einen magnetischen Fluß registriert, von dem es an keiner Stelle berührt wird: eine supraleitende Schleife tut genau dasselbe. Führt man durch eine supraleitende stromfreie Schleife eine Spule, erzeugt sodann in der Spule ein magnetisches Feld, gegen welches die supraleitende Schleife völlig abgeschirmt ist, so wird doch diese Schleife jederzeit registrieren, wie groß der eingeschlossene Magnetfluß ist, weil

1 Aharonow, Y., Bohm, D.: Phys. Rev. **115**, 485 (1959).

2 Boersch, H., et al.: Z. Physik **165**, 79 (1961); **169**, 263 (1962). Möllenstedt, G., Bay, W.: Physik. Bl. **18**, 299 (1962).

nämlich bei jeder Änderung des Magnetflusses eine elektrische Randspannung (Induktionsstoß) in der supraleitenden Schleife auftritt, welche den Strom verändert. Dies ist das typische Verhalten eines *idealen Diamagneten.* Die potentielle Phasendifferenz in Gl. (7.14) zeigt somit, daß das *Wellenfeld*, welches man einem Kathodenstrahl zuzuordnen hat, *ideal diamagnetisch* ist. Es ändert seinen Zustand bei der Veränderung eines magnetischen Flusses in diamagnetischer Weise, der Feldzustand wird durch die induzierte elektrische Randspannung verschoben.

Die Erfahrung des Dualismus zwingt uns, einen gewissen Indeterminismus in die Beschreibung der Natur aufzunehmen. Wir müssen zur Kenntnis nehmen, daß manche Voraussagen *prinzipiell nicht streng determiniert* sind, sondern *Wahrscheinlichkeitscharakter* haben, und daß gewisse Ereignisse *so, aber auch anders* ablaufen können. Dies sieht auf den ersten Blick so aus, wie eine Abschaffung der Kausalität. Im Grunde genommen aber wird *durch den Indeterminismus die Kausalität* im eigentlichen Sinne *erst ermöglicht*; dies wurde bereits in der Einleitung näher ausgeführt. *Ursache* kann nur *ein Ereignis* sein, *welches auch hätte unterbleiben können*, also nicht völlig determiniert war. Hierin liegt ein echtes Dilemma des klassischen Kausalbegriffs, über welches man nur — selbstzufrieden und gedankenlos — meistens hinwegsieht. Es ist also keineswegs so, daß der Dualismus und der Indeterminismus der Quantenphysik absurd ist, oder zu Denkschwierigkeiten führt, sondern ganz im Gegenteil: Er löst uralte Denkschwierigkeiten auf, die man nur nicht gewohnt ist zu sehen. Erst wenn man gelernt hat, diesen blinden Fleck der überlieferten Denkgewohnheiten zu bemerken, kann man beginnen, die Bedeutung und den Inhalt der Quantentheorie zu verstehen.

§ 10. Schrödinger-Gleichung

Bisher haben wir die Materiewellen rein *strahlenoptisch* behandelt; zu einer exakten Beschreibung benötigen wir eine *wellenoptische* Theorie. Für einen homogenen Kathodenstrahl, der aus Elektronen besteht, welche alle mit der gleichen Geschwindigkeit im derselben Richtung fliegen, ist eine mathematische Beschreibung der Wellenausbreitung rasch gefunden. Nach (7.3), (7.9) und (7.10) schreiben wir der Welle eine Phase zu

$$\Phi = \boldsymbol{k} \cdot \boldsymbol{r} - \omega t; \tag{10.1}$$

wobei $\boldsymbol{k}$ und ω konstante Größen — entsprechend Gl. (7.11) — sind. Außer der Phase hat ein Wellenfeld noch eine Amplitude. Um die Interferenzversuche zu erklären, muß man die Intensität quadratisch von der gesamten, amplituden- und phasenbehafteten, Wellenfunktion abhängen lassen. Nun zeigt aber schon die klassische Mechanik, daß die *Wellenfunktion* selbst *keine meßbare Größe* ist, denn die Phase ist — genau wie die klassische Wirkung — nicht eindeutig festgelegt; man kann sie durch eine Eichtransformation ändern, ohne daß die physikalischen Konsequenzen berührt werden. Meßbar sind lediglich Phasendifferenzen. — Eine Größe, für welche nur Amplitude und Phasen*differenzen* Bedeutung haben, beschreibt man am bequemsten durch ein komplexes Vektordiagramm, wie es in der Elektrotechnik üblich ist. Deshalb ordnen wir einem homogenen Kathodenstrahl eine Wellenfunktion zu der Gestalt

$$\psi = a \times e^{i(\boldsymbol{k}\cdot\boldsymbol{r}-\omega t)}. \tag{10.2}$$

a ist dabei eine konstante, im allgemeinen komplexe, Amplitude.

Wir betrachten nun ein komplizierteres System, welches zwar noch aus frei fliegenden Teilchen einer bestimmten festen Energie besteht, so daß die Frequenz ω nach wie vor festgehalten wird; aber wir lassen zu, daß sich verschiedene Teilchen in verschiedenen Richtungen bewegen. Ein Feld dieser Art haben wir z.B., wenn zwei homogene Kathodenstrahlen interferieren. Alle Wellenfunktionen der Art (10.2) genügen ein und derselben Wellengleichung

$$(\Delta + k^2)\,\psi = 0; \tag{10.3}$$

wobei k durch die Energie festgelegt ist:

$$k^2 = \frac{2\mu E}{\hbar^2}. \tag{10.4}$$

Gl. (10.3) ist die aus der Wellenoptik bzw. Akustik wohlbekannte *Wellengleichung*. Sie gilt auch, wenn k^2 nicht konstant ist, sondern von den räumlichen Koordinaten abhängt. In der *Optik* beschreibt man dies durch einen Brechungsindex n, indem man $k = n\,k_0$ setzt, wobei k_0 die Wellenzahl der betreffenden Schwingung im Vakuum ist. Wenn in der *Mechanik* ein Teilchen nicht frei, sondern einer potentiellen Energie V unterworfen ist, dann gilt statt (10.4)

$$k^2 = \frac{2\mu(E-V)}{\hbar^2}. \tag{10.5}$$

Setzen wir dies in Gl. (10.3) ein, so erhalten wir eine spezielle Form der *zeitunabhängigen Schrödinger-Gleichung*:

$$\left[\Delta + \frac{2\mu}{\hbar^2}(E-V)\right]\psi = 0. \tag{10.6}$$

Dies wollen wir weiter verallgemeinern, indem wir einen Kathodenstrahl annehmen, welcher aus Anteilen verschiedener Energien zusammengesetzt ist. Wir können nun leicht eine Gleichung für eine Überlagerung solcher Wellen finden, wenn wir beachten, daß nach (10.2) in Gl. (10.6) die Energie E auch durch den Differentialoperator $-\frac{\hbar}{i}\,\partial/\partial t$ substituiert werden kann. In dieser Weise ergibt sich in spezieller Gestalt die *zeitabhängige Schrödinger-Gleichung*:

$$\left[-\frac{\hbar^2}{2\mu}\Delta+V\right]\psi=-\frac{\hbar}{i}\frac{\partial\psi}{\partial t}. \tag{10.7}$$

Die beiden wesentlichen Schritte bei der Ableitung waren: der Übergang von (10.2) zu (10.3), von (10.6) zu (10.7). Wir haben dabei benützt, daß wegen der Gestalt (10.2) einer ebenen Welle ein Faktor k^2 durch den Laplaceoperator und ein Faktor ω durch zeitliche Differentiation erzeugt werden kann. Dies ist gleichbedeutend damit, daß wir Energie und Impuls durch Differentialoperatoren ersetzt haben in der folgenden Weise

$$E=-\frac{\hbar}{i}\frac{\partial}{\partial t};\qquad \boldsymbol{p}=\frac{\hbar}{i}\frac{\partial}{\partial\boldsymbol{r}}. \tag{10.8}$$

Die Schrödinger-Gleichung ist dann identisch mit der Beziehung (4.14) zwischen der Energie und dem räumlichen Impuls (d. h. der Homogenitätsbedingung für dS), wenn man darin E und $\boldsymbol{p}$ durch die Operatoren (10.8) ersetzt und den entstehenden Operator auf die Wellenfunktion anwendet:

$$H(\boldsymbol{r},\boldsymbol{p},t)\,\psi=E\psi. \tag{10.9}$$

Man hat hier erneut wohl zu unterscheiden zwischen der *Definition der Energie*, gegeben durch (10.8) und ihrem *funktionalen Zusammenhang mit dem Impuls*, dargestellt durch die Hamiltonfunktion; da wir die physikalischen Größen durch Operatoren ersetzt haben, sprechen wir vom *Hamiltonoperator*. Wenn wir in (10.9) unter Energie und Impuls die *kanonischen* Größen verstehen und dementsprechend H aus (4.16) entnehmen, so erhalten wir die *allgemeine Form der Schrödinger-Gleichung für ein Teilchen*:

$$\left[\frac{1}{2\mu}\left(\frac{\hbar}{i}\frac{\partial}{\partial\boldsymbol{r}}-\boldsymbol{A}(\boldsymbol{r},t)\right)^2+V(\boldsymbol{r},t)\right]\psi(\boldsymbol{r},t)=-\frac{\hbar}{i}\frac{\partial\psi(\boldsymbol{r},t)}{\partial t}. \tag{10.10}$$

Daß wir nicht die kinetischen, sondern tatsächlich die *kanonischen* Impulse für den Übergang von der klassischen zur Wellenmechanik benützen müssen, ist aus den Betrachtungen von § 8 über die Fokussierung von Kathodenstrahlen wohl klar geworden; doch dürfen wir nicht übersehen, daß wir die Schrödinger-Gleichung auf einem *lediglich plausiblen* heuristischen Wege gefunden haben. Eine bessere Rechtfertigung für die Einführung der Schrödinger-Gleichung werden wir in Kürze kennenlernen: wir werden sehen, daß uns die Schrödingersche Theorie in Strenge zur klassischen Mechanik zurückführt, wenn wir den

Limes $\hbar \to 0$ durchführen; daß also die klassische Mechanik sich immer ergibt, wenn Wirkungen von der Größe des Planckschen Wirkungsquantums vernachlässigbar klein sind. Dies wird, wie gesagt, die Benützung der Schrödingerschen Theorie rechtfertigen. Dagegen ist es im Grunde *nicht möglich, die Quantentheorie aus der klassischen Physik herzuleiten.* Die *klassische Physik* ist ein *Grenzfall der Quantenphysik, aber nicht umgekehrt.*

§ 11. Erwartungswerte für physikalische Größen

Heuristische Überlegungen haben uns zur Schrödingerschen Wellengleichung hingeführt; ihre Stellung und Bedeutung im Rahmen der Physik ist uns dabei aber in verschiedenerlei Hinsicht noch nicht klar geworden. Der Kathodenstrahl, unser leitendes Beispiel, besteht aus einer großen Zahl von Elektronen; korpuskularmechanisch haben wir die Schar ihrer Bahnen als das Strahlenbündel des Kathodenstrahls interpretiert und deren Verlauf unter den Einfluß äußerer elektromagnetischer Kräfte nach der klassischen Mechanik berechnet. Es ist sicher nur eine Vereinfachung, daß wir die Coulombsche Abstoßung zwischen den einzelnen Elektronen nicht in die Theorie einbezogen und die Bahn jedes fliegenden Teilchens für sich als Einteilchensystem behandelt haben. Der Fehler, den wir dabei machen, ist um so kleiner, je geringer die Intensität des Kathodenstrahls ist; wir denken uns idealisierend, sie sei so gering, daß *ein* Teilchen nach dem *anderen* seine Bahn durchläuft, somit niemals zwei Teilchen gleichzeitig unterwegs sind. Unsere Betrachtungen über den Doppelspaltversuch (§ 7) haben gezeigt, daß im Grunde genommen auch das Interferenzexperiment mit Kathodenstrahlen diesen idealisierten Grenzfall betrifft: Die Intensitäten des Wellenfeldes geben an, mit welcher relativen Wahrscheinlichkeit wir die einzelnen, nacheinander emittierten Elektronen in Zählern wiederfinden werden, welche am Ort des Auffangschirms untergebracht sind: Es sieht so aus „als ob“ die einzelnen Teilchen die Orte bevorzugen, welche sie auf dem anderen Weg mit derselben Phase hätten erreichen können; die Wellentheorien liefern somit Wahrscheinlichkeitsaussagen über die unabhängigen und nicht wechselwirkenden Einzelteilchen. Scheint dies soweit klar, so zwingt sich doch die Gegenfrage auf: Soll die Amplitude des Wellenfeldes denn nicht genau, wie man dies vom Licht gewohnt ist, mit einer Intensität verknüpft sein, welche beim Kathodenstrahl als Teilchenstrom gemessen werden sollte, d. h. als Anzahl der Elektronen, welche pro Zeit und pro Fläche auftreffen? — Die Antwort hierauf lautet folgendermaßen: Die klassische korpuskulare Optik, ebenso wie die klassische Wellenoptik sind Grenzfälle der quantenmechanischen Beschreibung. Gehen wir von der korpuskularen Optik aus, d. h. also von der klassischen Mechanik, dann führt uns die „Quantisierung" auf die Schrödinger-Gleichung; diese beschreibt ein Wellenfeld, dessen Amplitudenquadrate Wahrscheinlichkeiten dafür geben, bestimmte korpuskulare Eigenschaften aufzufinden. Genausogut können wir aber auch von der klassischen wellenoptischen Beschreibung des Kathodenstrahls ausgehen und die Quadrate der Amplituden mit der Strahlintensität verknüpfen. Wenden wir die Regeln der Quantentheorie auf dieses System an, dann ergibt sich ein diskontinuierlicher Charakter des an sich kontinuierlichen Wellenfeldes, man findet Teilchen als Quanten des Feldes. Wir werden hierauf erst sehr viel später, in Kapitel V, genauer eingehen können; wir greifen hier nur vor, um klarzustellen, daß zwei verschiedene Betrachtungsweisen des Kathodenstrahls als Wellenstrahlung legitim nebeneinander bestehen: Nämlich einerseits das klassische Wellenfeld, dessen Intensität, wenn es gequantelt wird, proportional zu dem Teilchenstrom ist und daher einem Vielteilchensystem mit einer großen Anzahl von Feldquanten als Teilchen entspricht — andererseits das Schrödinger-Feld, welches durch Quantisierung der Einteilchenmechanik entstanden ist, und dessen Intensität Wahrscheinlichkeiten für das Einzelteilchen angibt. Für die Feldquantisierung wird häufig die irreführende Bezeichnung „zweite Quantisierung" verwendet; sie soll andeuten, daß man durch eine erste Quantisierung aus der Korpuskularmechanik ein Wellenfeld erhält und dann, wenn man dieses Wellenfeld nochmals quantisiert, auf die Feldquanten geführt wird. Tatsächlich ist die Quantisierung ein symmetrischer Prozeß: man wird von der klassischen Korpuskularmechanik durch Quantisierung zu einem Wellenfeld geführt, ebenso, wie man von der klassischen Feldtheorie durch Quantisierung zu einer Korpuskularmechanik kommt. Man quantelt also in zwei zueinander entgegengesetzten Richtungen, man hat *zwei zueinander reziproke Quantisierungen*, und nicht etwa eine Hierarchie von erster, zweiter und womöglich dritter und höherer Quantisierung.

Wir stellen uns zunächst auf den Standpunkt einer klassischen Wellentheorie, deren Wellengleichung die Schrödingersche Gestalt (10.10) hat. Daß sie explizit die imaginäre Einheit i enthält, braucht nicht zu stören: wir können Realteil und Imaginärteil von ψ zu klassischen Feldstärken deklarieren; Gl. (10.10) ist dann ein gekoppeltes Differentialgleichungssystem für diese beiden Funktionen, deren Quadratsumme $=\psi^*\psi$ ist. Es fragt sich, ob man $\psi^*\psi$ in der Tat (wie dies durch die Interferenzversuche nahegelegt wird) mit der Teilchenzahl und der Teilchendichte in Zusammenhang bringen kann. Multiplizieren wir (10.10) mit ψ^*, so ergibt sich

$$\psi^* \left[\frac{1}{2\mu}\left(\frac{\hbar}{i}\frac{\partial}{\partial \boldsymbol{r}} - \boldsymbol{A}\right)^2 + V\right]\psi = -\frac{\hbar}{i}\psi^* \frac{\partial \psi}{\partial t}. \qquad (11.1)$$

Gehen wir zum konjugiert Komplexen über, so folgt

$$\psi^* \left[\frac{1}{2\mu}\left(-\frac{\hbar}{i}\frac{\overleftarrow{\partial}}{\partial \boldsymbol{r}} - \boldsymbol{A}\right)^2 + V\right]\psi = \frac{\hbar}{i}\frac{\partial \psi^*}{\partial t}\psi. \tag{11.2}$$

Wir haben dabei noch die Faktorreihenfolge vertauscht; durch Pfeile über den Differentialoperatoren deuten wir an, ob diese auf die rechten oder linken Faktoren wirken. Ziehen wir die beiden Gleichungen voneinander ab, so ergibt sich (man sieht dies am einfachsten, indem man von beiden linken Seiten zuerst die Größe

$$\psi^* \frac{1}{2\mu}\left(-\frac{\hbar}{i}\frac{\overleftarrow{\partial}}{\partial \boldsymbol{r}} - \boldsymbol{A}\right)\cdot\left(\frac{\hbar}{i}\frac{\overrightarrow{\partial}}{\partial \boldsymbol{r}} - \boldsymbol{A}\right)\psi$$

subtrahiert):

$$\frac{\partial}{\partial \boldsymbol{r}}\left[\frac{\hbar}{2\mu i}\left(\psi^*\frac{\partial \psi}{\partial \boldsymbol{r}} - \psi\frac{\partial \psi^*}{\partial \boldsymbol{r}}\right) - \frac{1}{\mu}\boldsymbol{A}\psi^*\psi\right] + \frac{\partial}{\partial t}(\psi^*\psi) = 0. \tag{11.3}$$

Dies hat die Gestalt einer hydrodynamischen Kontinuitätsgleichung

$$\operatorname{div}\boldsymbol{j} + \frac{\partial \varrho}{\partial t} = 0; \tag{11.4}$$

mit einer Dichte ϱ und Stromdichte $\boldsymbol{j}$:

$$\varrho \equiv \psi^*\psi; \quad \boldsymbol{j} \equiv \frac{\hbar}{2\mu i}\left(\psi^*\frac{\partial \psi}{\partial \boldsymbol{r}} - \frac{\partial \psi^*}{\partial \boldsymbol{r}}\psi\right) - \frac{1}{\mu}\boldsymbol{A}\psi^*\psi. \tag{11.5}$$

Dies sind zunächst Dichte und Strömung für das *Wellenfeld* des Kathodenstrahls; nehmen wir zur Kenntnis, daß er Teilchen (Elektronen) enthält, wie wir sie später aus der Quantisierung des Feldes erhalten werden, dann können wir ϱ mit der Teilchendichte, $\boldsymbol{j}$ mit dem Teilchenstrom identifizieren, ohne mit der Teilchenerhaltung in Konflikt zu kommen. Integriert man nämlich (11.4) über ein endliches Volumen, so ergibt sich mittels des Gaußschen Satzes der Vektoranalysis

$$\int \boldsymbol{j}\cdot d^2\boldsymbol{r} + \frac{d}{dt}\int \varrho\, d^3\boldsymbol{r} = 0. \tag{11.6}$$

$d^2\boldsymbol{r}$ ist das orientierte Oberflächenelement des Volumens, das erste Integral somit die gesamte Strömung, welche das Volumen nach außen verläßt. Da das zweite Integral die Zunahme der Teilchenzahl in dem Volumen ist, besagt (11.6), daß die Teilchenzahl sich nur dadurch verändert, daß Teilchen durch die Oberfläche des Volumens strömen. Ist das gesamte Feld nur in einem endlichen Volumen von Null verschieden, so können wir die Integrale von (11.6) über ein Volumen nehmen, an dessen Oberfläche $\boldsymbol{j}$ verschwindet, und erhalten dann die Erhaltung der gesamten Teilchenzahl:

$$\frac{dn}{dt} = 0; \quad n \equiv \int_{(\infty)} \psi^*\psi\, d^3\boldsymbol{r}. \tag{11.7}$$

Wir bleiben im Augenblick bei dem Bild vieler, voneinander unabhängiger und nicht wechselwirkender Teilchen (wir haben ja keinerlei solche Wechselwirkung in unserer Schrödinger-Gleichung). Wir können dann über den Zustand der einzelnen Teilchen keine unmittelbare Aussage machen, denn wir haben verschiedene Teilchen an verschiedenen Orten; sie können mit verschiedenen Impulsen in verschiedene Richtungen fliegen, sie können verschiedene Energien haben. Die Wellentheorie kann uns jedoch Auskunft über gewisse Mittelwerte geben. So können wir die Lage des Schwerpunktes als Mittelwert der Lagekoordinaten berechnen:

$$\bar{\boldsymbol{r}} = \frac{1}{n}\int \psi^* \boldsymbol{r}\, \psi\, d^3\boldsymbol{r}. \tag{11.8}$$

In derselben Weise sollten wir jedoch auch Mittelwerte von Impuls und Energie berechnen können; wir denken uns ja die Welle aus Anteilen bestimmten Impulses und bestimmter Energie der Gestalt (10.2) zusammengesetzt, so daß wir einen Faktor, der gleich dem Impuls bzw. der Energie ist, erhalten, indem wir die Differentialoperationen (10.8) auf die Wellenfunktionen anwenden. Wir sollten demnach erwarten, daß wir die mittlere Energie eines Wellenfeldes und den mittleren Impuls eines Wellenfeldes berechnen können mittels

$$\bar{E} = \frac{1}{n}\int \psi^* \left(-\frac{\hbar}{i}\frac{\partial}{\partial t}\right) \psi\, d^3\boldsymbol{r}; \quad \bar{\boldsymbol{p}} = \frac{1}{n}\int \psi^* \left(\frac{\hbar}{i}\frac{\partial}{\partial \boldsymbol{r}}\right) \psi\, d^3\boldsymbol{r}. \tag{11.9}$$

Da beide Größen reell sein müssen, sollte dann aber auch gelten

$$\bar{E} = \frac{1}{n}\int \psi\, \frac{\hbar}{i}\frac{\partial \psi^*}{\partial t}\, d^3\boldsymbol{r}; \quad \bar{\boldsymbol{p}} = \frac{1}{n}\int \psi \left(-\frac{\hbar}{i}\frac{\partial \psi^*}{\partial \boldsymbol{r}}\right) d^3\boldsymbol{r}. \tag{11.10}$$

Diese beiderlei Ausdrücke sind in der Tat, wegen Gl. (11.7), bzw. wegen des Gaußschen Satzes äquivalent, soferne die Wellenfunktion ψ an der Oberfläche des Integrationsgebiets verschwindet, wir also die Integration über ein Volumen erstrecken, welches das gesamte System umfaßt. Nun sollte nach den Aussagen der klassischen Mechanik Schwerpunktslage und Gesamtimpuls nicht unabhängig, vielmehr Masse mal Schwerpunktsgeschwindigkeit gleich dem kinetischen Gesamtimpuls sein:

$$\mu \frac{d\bar{\boldsymbol{r}}}{dt} = \overline{\boldsymbol{p} - \boldsymbol{A}}. \tag{11.11}$$

Um dies zu prüfen, berechnen wir die Schwerpunktsgeschwindigkeit mit Hilfe der Schrödinger-Gleichung:

$$\begin{aligned}
\frac{d}{dt}\bar{\boldsymbol{r}} &= \frac{1}{n}\int \left(\frac{\partial \psi^*}{\partial t}\boldsymbol{r}\,\psi + \psi^* \boldsymbol{r}\frac{\partial \psi}{\partial t}\right) d^3\boldsymbol{r} \\
&= \frac{i}{\hbar}\frac{1}{n}\int \psi^* \left[\frac{1}{2\mu}\left(-\frac{\hbar}{i}\frac{\overleftarrow{\partial}}{\partial \boldsymbol{r}} - \boldsymbol{A}\right)^2 + V\right] \boldsymbol{r}\,\psi\, d^3\boldsymbol{r} \\
&\quad - \frac{i}{\hbar}\frac{1}{n}\int \psi^* \boldsymbol{r} \left[\frac{1}{2\mu}\left(\frac{\hbar}{i}\frac{\overrightarrow{\partial}}{\partial \boldsymbol{r}} - \boldsymbol{A}\right)^2 + V\right] \psi\, d^3\boldsymbol{r}.
\end{aligned}$$

Nach partieller Integration ergibt sich hieraus

$$\frac{d\bar{\boldsymbol{r}}}{dt} = \frac{1}{n}\frac{i}{2\mu\hbar}\int \psi^*\left(-\frac{\hbar}{i}\frac{\overleftarrow{\partial}}{\partial \boldsymbol{r}} - \boldsymbol{A}\right)\cdot\left(\frac{\hbar}{i}\frac{\overrightarrow{\partial}}{\partial \boldsymbol{r}} - \boldsymbol{A}\right)\boldsymbol{r}\,\psi\, d^3\boldsymbol{r}$$
$$- \frac{1}{n}\frac{i}{2\mu\hbar}\int \psi^*\boldsymbol{r}\left(-\frac{\hbar}{i}\frac{\overleftarrow{\partial}}{\partial \boldsymbol{r}} - \boldsymbol{A}\right)\cdot\left(\frac{\hbar}{i}\frac{\overrightarrow{\partial}}{\partial \boldsymbol{r}} - \boldsymbol{A}\right)\psi\, d^3\boldsymbol{r}.$$

Die beiden Integrale unterscheiden sich nur durch die Stellung des Ortsvektors $\boldsymbol{r}$ im Integranden, deshalb fallen alle Summanden weg außer denen, in welchen $\boldsymbol{r}$ differenziert wird:

$$\frac{d\bar{\boldsymbol{r}}}{dt} = \frac{1}{n\mu}\int \psi^*\left(-\frac{\hbar}{2i}\frac{\overleftarrow{\partial}}{\partial \boldsymbol{r}} + \frac{\hbar}{2i}\frac{\overrightarrow{\partial}}{\partial \boldsymbol{r}} - \boldsymbol{A}\right)\psi. \tag{11.12}$$

Dies ist aber in der Tat mit Gl. (11.11) identisch; für den Mittelwert des kanonischen Impulses erhalten wir dabei die halbe Summe der beiden Ausdrücke (11.9) und (11.10).

Wie wir an den Beispielen (11.8) bis (11.10) sehen, führt die wellenmechanische Beschreibung eines Systems ziemlich zwangsläufig zu der folgenden Methode der Mittelwertbildung: wir beschreiben den Zustand des Wellenfeldes durch eine Wellenfunktion ψ, und eine physikalische Größe durch einen „Operator" P, welcher auf ψ angewandt wird. Das Wort „Operator" soll dabei nichts anderes bedeuten, als das Symbol für eine Vorschrift, wie an der Funktion ψ zu „operieren" ist, oder konkret ausgedrückt, wie diese Funktion zu verändern ist. Die Veränderung kann dadurch geschehen, daß man differenziert, wie bei der Operation $\boldsymbol{p} = \frac{\hbar}{i}\,\partial/\partial\boldsymbol{r}$; oder daß man mit einer gegebenen Funktion multipliziert, etwa mit dem Ortsvektor $\boldsymbol{r}$; mit anderen Worten: Man bildet die Funktion ψ auf eine andere Funktion $P\psi$ ab (mit den vektoriellen Symbolen $\boldsymbol{p}$ bzw. $\boldsymbol{r}$ haben wir dabei je drei Operatoren p_x, p_y, p_z bzw. x, y, z zusammengefaßt). Den Mittelwert bildet man dadurch, daß man die so mittels des Operators transformierte Funktion mit $\frac{1}{n}\psi^*$ multipliziert und über den gesamten Raum integriert. Nach dieser Vorschrift kann man nun für jede beliebige physikalische Größe einen Mittelwert berechnen; denn alle physikalischen Eigenschaften des Systems sind Funktionen der Koordinaten und Impulse — es genügt sogar, sich dabei auf die räumlichen Impulse zu beschränken, da die Energie über die Hamiltonfunktion von den räumlichen Impulsen abhängt. Für das Einzelteilchen können wir also jede physikalische Größe P darstellen als Funktion von $\boldsymbol{r}, t, \boldsymbol{p}$; wir kennen somit die Abbildung $P(\boldsymbol{r}, t, \boldsymbol{p})\,\psi$ jeder Wellenfunktion ψ. Den Mittelwert berechnen wir dann nach der Formel

$$\overline{P(t)} = \frac{1}{n}\int d^3\boldsymbol{r}\,\psi^*(\boldsymbol{r}, t)\; P(\boldsymbol{r}, t, \boldsymbol{p})\,\psi(\boldsymbol{r}, t). \tag{11.13}$$

Wir haben von den vier Impulsen den zeitlichen, nämlich die Energie, mit Hilfe der Hamiltonfunktion eliminiert, so daß unter den in (11.13) definierten Mittelwerten der der Energie in der Gestalt (11.9) und (11.10) nicht mehr erhalten ist. Die *Zeit* ist aber *auch insofern* vor den räumlichen Koordinaten *ausgezeichnet*, als in Gl. (11.13) nur über die räumlichen Koordinaten, *nicht über die Zeit integriert* wird; wir fragen nach den Mittelwerten, welche die physikalischen Größen zu einem festen *Zeitpunkt* annehmen. Dadurch wird die *Zeit* zu einem *bloßen Parameter*, während *alle anderen Koordinaten* als *Transformationen* der Wellenfunktionen aufgefaßt werden.

Soweit waren alle physikalischen Größen und ihre Mittelwerte Eigenschaften des Wellenfeldes; wollen wir Aussagen über die Teilchen machen, dann haben wir die Fragestellung: Wenn eine Wellenfunktion ψ uns den Zustand des Systems angibt, mit welcher Wahrscheinlichkeit werden wir ein Teilchen an einem bestimmten Orte innerhalb des Volumelements $d^3\boldsymbol{r}$ finden; mit welcher Wahrscheinlichkeit hat das Teilchen einen bestimmten Impuls; welchen Impuls $\overline{\boldsymbol{p}}$ können wir im Mittel bei einer Messung erwarten? — Wir wissen aus unseren Betrachtungen über die Beugung am Doppelspalt, daß wir grundsätzlich nur *Wahrscheinlichkeits*voraussagen über die Eigenschaften eines Teilchens machen können; wir dürfen uns aber *nicht* verleiten lassen, dies dahin zu interpretieren, daß wir mit jedem *einzelnen Teilchen Statistik* treiben — *Statistik* hat es *grundsätzlich* immer mit der großen Zahl, mit einer großen *Gesamtheit* (Ensemble) von Einzelfällen zu tun. Voraussagen für das Einzelteilchen entnehmen wir aus der Kenntnis dessen, was mit der großen Zahl geschieht. Um z.B. die *Wahrscheinlichkeit* zu finden, *daß* beim Doppelspalt-Versuch *ein* Teilchen auf eine bestimmte Teilfläche der photographischen Platte auftritt, messen wir die durch *sehr viele* Teilchen erzeugte Intensitätsverteilung aus. Die Wahrscheinlichkeit ergibt sich dann als die Anzahl der Teilchen, welche das betrachtete Flächenstück getroffen hat, dividiert durch die Gesamtzahl der aufgefallenen Teilchen. Die Wellenfunktion wird damit zu einer relativen „Wahrscheinlichkeits-Amplitude", die Größe $\psi^*\psi\, d^3\boldsymbol{r}$ zu einer relativen Wahrscheinlichkeit dafür, das Teilchen am Ort $\boldsymbol{r}$ innerhalb des Volumens $d^3\boldsymbol{r}$ zu finden. Um die absoluten Wahrscheinlichkeiten zu finden, haben wir dann, wie gesagt, durch die Gesamtzahl der Teilchen zu dividieren; es ist im Endergebnis gleichgültig, ob wir mit einem mehr oder weniger starken Strahl gerechnet haben, vorausgesetzt, daß die Gesamtzahl der Teilchen „sehr groß" war. Mittelwerte ändern sich nicht, wenn wir die Wellenfunktion ψ mit einem konstanten Faktor multiplizieren. Dies gibt uns aber die Möglichkeit, *absolute* Wahrscheinlichkeitsamplituden und *absolute Wahrscheinlichkeiten einzuführen*, d. h. ψ so zu normieren, daß die Gesamtwahrscheinlichkeit gleich 1 wird,

d. h. also

$$\int \psi^* \psi \, d^3\boldsymbol{r} = 1 . \tag{11.14}$$

ψ ist dann die absolute Wahrscheinlichkeitsamplitude für einen Teilchenort $\boldsymbol{r}$, $\psi^*\psi \, d^3\boldsymbol{r}$ die absolute Wahrscheinlichkeit für das Volumen $d^3\boldsymbol{r}$, $\psi^*\psi$ die Wahrscheinlichkeitsdichte. So gelangen wir schließlich zu der folgenden *statistischen Interpretation* der Wellenmechanik: Man geht von der klassischen Mechanik des Einzelteilchens zu der „Einteilchen-Schrödinger-Gleichung" (10.10) über, sucht eine gemäß (11.14) normierte Lösung auf und beschreibt durch die Wellenfunktion ψ einen „Zustand" des Einzelteilchens; man benützt diese Zustandsfunktion, um nach der Gleichung

$$\overline{P} = \int \psi^* P \psi \, d^3\boldsymbol{r} \tag{11.15}$$

Erwartungswerte für physikalische Größen zu berechnen, d. h. also: vorauszusagen, welcher Wert sich im Mittel bei einer Messung einer Größe P ergeben wird. Man muß sich beim Gebrauch derartiger Worte jedoch immer darüber im klaren sein, daß das *„Einzelteilchen"* dabei nur der *Repräsentant einer Gesamtheit* von sehr vielen (unendlich vielen) Teilchen ist, mit denen man Statistik treibt.

Den Übergang von einem aus vielen Teilchen gleicher Art bestehenden Strahl zur „Statistik des Einzelteilchens" kann man nur dann vollziehen, wenn das Integral (11.14) existiert. Für ein reales Experiment ist dies selbstverständlich, da man es immer mit einer endlichen Zahl von Teilchen zu tun hat. Man kann aber idealisierend auch noch Strahlenoptik treiben, wenn man annimmt, daß Teilchenstrahlen aus dem Unendlichen einfallen und dann — mehr oder weniger verändert — wieder nach dem Unendlichen ausstrahlen; solche Lösungen der Wellengleichungen lassen sich nicht nach Gl. (11.14) normieren, sie lassen dementsprechend auch eine Berechnung von Mittelwerten nach Gl. (11.13) nicht zu. Man kann aber immer noch relative Wahrscheinlichkeiten ermitteln, insbesondere $\psi^*\psi(\boldsymbol{r})$ als relative Aufenthaltswahrscheinlichkeit am Orte $\boldsymbol{r}$ deuten.

§ 12. Eigenwerte, Messung und Voraussage

Bei der Einführung von Differentialoperatoren für Energie und Impuls entspr. Gl. (10.8) waren wir ursprünglich ausgegangen von Wellenfunktionen, für welche die Anwendung des Differentialoperators den Zahlenwert der betreffenden Größe gibt:

$$-\frac{\hbar}{i}\frac{\partial}{\partial t} e^{-i\omega t} = \hbar\,\omega\, e^{-i\omega t}; \qquad \frac{\hbar}{i}\frac{\partial}{\partial \boldsymbol{r}} e^{i\boldsymbol{k}\cdot\boldsymbol{r}} = \hbar\,\boldsymbol{k}\, e^{i\boldsymbol{k}\cdot\boldsymbol{r}}; \tag{12.1}$$

oder, wenn wir für die Differentialoperatoren die Buchstaben $E, \boldsymbol{p}$

verwenden

$$E\,\mathrm{e}^{-i\omega t} = \hbar\,\omega\,\mathrm{e}^{-i\omega t}; \qquad \boldsymbol{p}\,\mathrm{e}^{i\boldsymbol{k}\cdot\boldsymbol{r}} = \hbar\,\boldsymbol{k}\,\mathrm{e}^{i\boldsymbol{k}\cdot\boldsymbol{r}}. \tag{12.2}$$

Man nennt $\mathrm{e}^{-i\omega t}$ eine „Eigenfunktion" des Differentialoperators E mit dem „Eigenwert" $\hbar\omega$. $\exp(i\boldsymbol{k}\cdot\boldsymbol{r})$ ist Eigenfunktion des vektoriellen Differentialoperators $\boldsymbol{p}$ mit dem Eigenwert $\hbar\boldsymbol{k}$ (in Kap. II werden wir die Begriffe präziser definieren). Nur wenn der Zustand des Wellenfeldes durch eine Eigenfunktion beschrieben wird, ist die dem Operator entsprechende mechanische Größe im klassischen Sinne bekannt. Hat man die Größe gemessen, so muß man den Zustand des Systems durch eine Eigenfunktion beschreiben. — Die Eigenwertgleichung für einen beliebigen Operator P lautet

$$P\psi = p\psi; \tag{12.3}$$

worin p eine Zahl ist, nämlich der Eigenwert. Die Einführung von Differentialoperatoren für physikalische Größen hat nun eine einschneidende Folge: Für ein Produkt von Operatoren gilt im allgemeinen das kommutative Gesetz nicht, der „Kommutator" zweier Operatoren

$$[P, Q] \equiv PQ - QP \tag{12.4}$$

ist im allgemeinen von Null verschieden. Für die Impulse haben wir in Gl. (10.8) die Differentialoperatoren eingeführt

$$p_k \equiv \frac{\hbar}{i}\frac{\partial}{\partial q^k}. \tag{12.5}$$

Daraus folgt als Vertauschungsrelation zwischen Impulsen und Koordinaten

$$[p_k, q^l] = \frac{\hbar}{i}\,\delta_{k\,l}. \tag{12.6}$$

Speziell ist

$$[E, t] = -\frac{\hbar}{i}; \qquad [p_x, x] = \frac{\hbar}{i}. \tag{12.7}$$

Diese Gleichungen haben zur Folge, daß man Koordinate und Impuls nicht gleichzeitig genau kennen kann. Wenn nämlich von zwei Größen P und Q die Meßwerte p, q exakt bekannt sind, dann müssen sie beide Eigenwerte der Wellenfunktion ψ sein, es muß also gelten

$$P\psi = p\psi; \qquad Q\psi = q\psi. \tag{12.8}$$

Hieraus folgt jedoch, daß

$$[P, Q]\,\psi = p\,q\,\psi - q\,p\,\psi = 0. \tag{12.9}$$

Das heißt also: Wenn zwei Größen P und Q genau gemessen sind, dann muß auch der Kommutator $[P, Q]$ genau bekannt sein, nämlich den Eigenwert Null haben. Da nach (12.7) der Kommutator eines Impulses und der zugehörigen Koordinate eine von Null verschiedene *Zahl* ist, gibt es keinen Zustand, der Gl. (12.9) erfüllt. — Aus der Vertauschungsrelation (12.7) für E und t kann man folgern, daß sich die Energie in endlicher Zeit nicht beliebig genau messen läßt; allerdings kann man dies nicht aus Gl. (12.9) schließen, da es keinen Sinn hat, nach Eigenfunktionen der Zeit t zu fragen, vor allem deswegen, weil nach Gl. (11.7) der Gesamtinhalt des Wellenfeldes von der Zeit unabhängig ist, eine Welle also zu allen Zeiten gleich stark ist. Die Zeit t ist nicht „Operator", sondern Parameter. Daß man um so mehr Zeit braucht, je genauer man die Energie messen will, folgt jedoch daraus, daß die Energie nach Einstein der Frequenz zugeordnet ist; je genauer man eine Frequenz messen will, um so länger muß man beobachten. Ganz analog liegen die Verhältnisse für Impuls und Koordinaten: Nach de Broglie ist der Impuls der Wellenlänge zugeordnet; je genauer man die Wellenlänge bestimmen will, einen um so ausgedehnteren Wellenzug muß man beobachten, um so weniger kann man also über den Ort eine Aussage machen. Dies ist der eigentlich entscheidende Unterschied zwischen klassischer Mechanik und Quantenmechanik: In der klassischen Mechanik können sämtliche Lagekoordinaten und Impulse eines Teilchens gleichzeitig genau gemessen werden, die Quantenmechanik läßt nur mehr genaue Kenntnis *entweder* der Lagekoordinaten *oder* der Impulse zu. Der Zustand ist also bereits durch die Hälfte der klassischen Bestimmungsstücke so weit festgelegt, wie es überhaupt möglich ist — dementsprechend kann man über das zukünftige Geschehen nur halb soviele Aussagen machen, die Zukunft ist nicht voll determiniert.

§ 13. Impulsverteilung, Fourierscher Integralsatz

Im § 11 haben wir gesehen, wie *Mittelwerte* physikalischer Größen auf dem Boden der Wellenmechanik berechnet werden können. Wir haben nun zu überlegen, welche *genaueren* Angaben über physikalische Größen die Quantentheorie machen kann. Was den Ortsvektor $\boldsymbol{r}$ betrifft, ist diese Frage bereits beantwortet: $\psi(\boldsymbol{r})$ ist eine Wahrscheinlichkeitsamplitude dafür, ein Teilchen am Ort $\boldsymbol{r}$ zu finden, $\psi^*(\boldsymbol{r})\,\psi(\boldsymbol{r})$ die (relative oder absolute) Aufenthaltswahrscheinlichkeit. Wir wollen am Beispiel des Linearimpulses $\boldsymbol{p}$ untersuchen, wie man auch für andere physikalische Größen Wahrscheinlichkeiten von Meßwerten berechnen kann. Eine Wellenfunktion $\psi(\boldsymbol{r})$ kann als Überlagerung ebener Wellen dargestellt werden in der Gestalt

$$\psi(\boldsymbol{r}) = \int d^3\boldsymbol{k}\; a(\boldsymbol{k})\; e^{i\boldsymbol{k}\cdot\boldsymbol{r}}. \qquad (13.1)$$

Die Exponentialfunktion $e^{i\boldsymbol{k}\cdot\boldsymbol{r}}$ ist die uns wohlbekannte (uneigentliche, s. Kap. II) Eigenfunktion, für welche der Impulsoperator $\boldsymbol{p} = \frac{\hbar}{i}\,\partial/\partial\boldsymbol{r}$

den Eigenwert $\hbar\boldsymbol{k}$ hat. Die Integration ist über dem gesamten unendlichen dreidimensionalen $\boldsymbol{k}$-Raum zu erstrecken. — Die Koeffizientenfunktion errechnet sich mittels des Integrals

$$a(\boldsymbol{k}) = \frac{1}{(2\pi)^3} \int d^3\boldsymbol{r}\, \psi(\boldsymbol{r})\, \mathrm{e}^{-i\boldsymbol{k}\cdot\boldsymbol{r}}. \tag{13.2}$$

Die Gln. (13.1) und (13.2) zusammen sind der *Fouriersche Integralsatz*. Er gilt stets, wenn das Integral (13.2) für alle Werte von $\boldsymbol{k}$ einen endlichen Wert hat und im Limes $|\boldsymbol{k}| \to \infty$ verschwindet. — Man kann den dreidimensionalen Fourierschen Integralsatz beweisen, indem man dreimal den eindimensionalen Integralsatz in der Gestalt

$$f(x) = \frac{1}{2\pi} \int\limits_{-\infty}^{+\infty} dk \int\limits_{-\infty}^{+\infty} dx'\, \mathrm{e}^{ik(x-x')} f(x') \tag{13.3}$$

anwendet. Dies ist eine Identität für alle Funktionen $f(x)$, für welche das rechtsstehende Doppelintegral existiert. Wir wollen es kurz beweisen unter der zusätzlichen Voraussetzung, daß $f(x)$ in einer endlichen Umgebung der reellen Achse der komplexen x-Ebene holomorph ist. Wir zerlegen das Integral (13.3) in zwei Teilintegrale über positive und negative k, und verschieben sodann den Integrationsweg in der komplexen x-Ebene, und zwar für positive k-Werte so, daß $\mathrm{Im}(x')$ negativ ist, für negative k-Werte umgekehrt:

$$\frac{1}{2\pi} \int\limits_{0}^{\infty} dk \int\limits_{-\infty-i\varepsilon}^{+\infty-i\varepsilon} dx'\, \mathrm{e}^{ik(x-x')} f(x') + \frac{1}{2\pi} \int\limits_{-\infty}^{0} dk \int\limits_{-\infty+i\varepsilon}^{+\infty+i\varepsilon} dx'\, \mathrm{e}^{ik(x-x')} f(x').$$

Durch diese Umformung haben wir erreicht, daß nunmehr das Doppelintegral gleichmäßig konvergiert und die Integrationsfolgen vertauscht werden können; wir dürfen deshalb das elementare Integral über dk zuerst ausführen mit dem Ergebnis

$$\frac{1}{2\pi} \int\limits_{-\infty-i\varepsilon}^{+\infty-i\varepsilon} dx' \frac{f(x')}{i(x'-x)} + \frac{1}{2\pi} \int\limits_{+\infty-i\varepsilon}^{-\infty+i\varepsilon} dx' \frac{f(x')}{i(x'-x)}.$$

Das Integral ist nunmehr ein geschlossener positiver Umlauf um die reelle Achse, welcher den einzigen Pol des Integranden $x' = x$ einschließt und deshalb $2\pi i \times$ Residuum ist. Das Residuum ist $f(x)/2\pi i$; somit erhalten wir in der Tat $f(x)$ aus dem Doppelintegral zurück, wie in (13.3) behauptet wird.

Wir denken uns nun eine Wellenfunktion $\psi(\boldsymbol{r})$ mittels (13.1) in ein Fourierintegral entwickelt; ihre Zeitabhängigkeit überträgt sich dabei auf den Entwicklungskoeffizienten $a(\boldsymbol{k})$, doch soll uns dies im Augenblick nicht interessieren. Jedenfalls erscheinen die Funktionen $a(\boldsymbol{k})$ als eine Art Gewicht vor den Eigenfunktionen des Impulses zum Eigenwert $\hbar\boldsymbol{k}$; sie sollten dementsprechend die Impulsverteilung des gegebenen Zustandes bestimmen; Impulse $\hbar\boldsymbol{k}$, für welche $a(\boldsymbol{k})$ groß wird, sollten wahrscheinlich sein, Impulse mit kleinem $a(\boldsymbol{k})$ unwahrscheinlich. Dies bestätigt sich sofort, wenn wir nach Gl. (11.9) den mittleren Impuls berechnen, und das Zustandekommen dieses Mittelwerts analysieren. Zunächst berechnen wir die Norm n, indem wir (13.1) in (11.7) einsetzen und den Fourierschen Integralsatz anwenden:

$$n = \int d^3\boldsymbol{r}\, \psi^*(\boldsymbol{r}) \int d^3\boldsymbol{k}\, \mathrm{e}^{i\boldsymbol{k}\cdot\boldsymbol{r}}\, a(\boldsymbol{k})\,.$$

Vertauschen wir die Integrationsfolgen, so liefert das Integral über $\boldsymbol{r}$, entsprechend Gl. (13.2), das $(2\pi)^3$-fache von $a^*(\boldsymbol{k})$; wir haben also

$$n = (2\pi)^3 \int d^3\boldsymbol{k}\, a^*(\boldsymbol{k})\, a(\boldsymbol{k})\,. \tag{13.4}$$

Wir sehen, daß der gesamte Inhalt des Feldes n sich zusammensetzt aus Anteilen $(2\pi)^3\, a^*(\boldsymbol{k})\, a(\boldsymbol{k})\, d^3\boldsymbol{k}$, so daß also dieser Ausdruck die Wahrscheinlichkeit ist, einen Impuls $\hbar\boldsymbol{k}$ in dem angegebenen Volumenelement $d^3\boldsymbol{k}$ zu finden. Für den Mittelwert des Impulses folgt mittels (13.2) und (11.9):

$$\overline{\boldsymbol{p}} = \frac{1}{n} \int d^3\boldsymbol{r}\, \psi^*(\boldsymbol{r})\, \frac{\hbar}{i}\, \frac{\partial}{\partial \boldsymbol{r}} \int d^3\boldsymbol{k}\, a(\boldsymbol{k})\, \mathrm{e}^{i\boldsymbol{k}\cdot\boldsymbol{r}}\,.$$

Führen wir nun (unter der Voraussetzung, daß die Vertauschung erlaubt ist) zuerst die Differentiation, dann die Integration über $\boldsymbol{r}$ und am Schluß die über $\boldsymbol{k}$ aus, so erhalten wir

$$\overline{\boldsymbol{p}} = \frac{1}{n} \int d^3\boldsymbol{k}\, \hbar\boldsymbol{k} \int d^3\boldsymbol{r}\, \psi^*(\boldsymbol{r})\, \mathrm{e}^{i\boldsymbol{k}\cdot\boldsymbol{r}}\, a(\boldsymbol{k})\,.$$

Das $\boldsymbol{r}$-Integral liefert wieder entsprechend (13.2) $a^*(\boldsymbol{k})$ und man hat schließlich

$$\overline{\boldsymbol{p}} = \frac{\int d^3\boldsymbol{k}\, \hbar\boldsymbol{k}\, a^*(\boldsymbol{k})\, a(\boldsymbol{k})}{\int d^3\boldsymbol{k}\, a^*(\boldsymbol{k})\, a(\boldsymbol{k})}\,. \tag{13.5}$$

Wir erhalten somit den Mittelwert des Impulses, indem wir die Impulseigenwerte $\hbar\boldsymbol{k}$ mit der Gewichtsfunktion $a^*(\boldsymbol{k})\, a(\boldsymbol{k})$ über den gesamten $\boldsymbol{k}$-Raum mitteln.

Den Mittelwert des Ortsvektors $\boldsymbol{r}$ berechnet man zweckmäßig mittels (11.8) aus $\psi(\boldsymbol{r})$; doch ergeben sich einige interessante Folgerungen, wenn man zur Fourier-Darstellung übergeht. Setzt man (13.1) in (11.8) ein, so folgt für die Lage des Schwerpunkts

$$\overline{\boldsymbol{r}} = \frac{1}{n} \int d^3\boldsymbol{r}\, \psi^*(\boldsymbol{r})\, \boldsymbol{r} \int d^3\boldsymbol{k}\, a(\boldsymbol{k})\, \mathrm{e}^{i\boldsymbol{k}\cdot\boldsymbol{r}}\,.$$

Nun ist aber

$$\boldsymbol{r}\, e^{i\boldsymbol{k}\cdot\boldsymbol{r}} = \frac{\partial}{\partial i\boldsymbol{k}}\, e^{i\boldsymbol{k}\cdot\boldsymbol{r}};$$

also

$$\bar{\boldsymbol{r}} = \frac{1}{n}\int d^3\boldsymbol{r}\,\psi^*(\boldsymbol{r})\int d^3\boldsymbol{k}\, a(\boldsymbol{k})\frac{\partial}{\partial i\boldsymbol{k}}\, e^{i\boldsymbol{k}\cdot\boldsymbol{r}}.$$

Partielle Integration führt den $\boldsymbol{k}$-Integranden über in

$$e^{i\boldsymbol{k}\cdot\boldsymbol{r}}\left(-\frac{1}{i}\frac{\partial}{\partial\boldsymbol{k}}\right)a(\boldsymbol{k}).$$

Vertauscht man die Integrationsfolge, so führt nach (13.2) das Raumintegral auf $a^*(\boldsymbol{k})$, so daß endgültig

$$\bar{\boldsymbol{r}} = \frac{(2\pi)^3}{n}\int d^3\boldsymbol{k}\, a^*(\boldsymbol{k})\left(-\frac{1}{i}\frac{\partial}{\partial\boldsymbol{k}}\right)a(\boldsymbol{k}). \qquad (13.6)$$

In der Fourier-Darstellung wird demnach der Ortsvektor ersetzt durch den Differentialoperator

$$\boldsymbol{r} \to -\frac{1}{i}\frac{\partial}{\partial\boldsymbol{k}} = -\frac{\hbar}{i}\frac{\partial}{\partial\boldsymbol{p}}. \qquad (13.7)$$

Die Komponenten dieses Operators erfüllen mit denen von $\boldsymbol{p}$ die kanonischen Vertauschungsrelationen (12.6) genauso wie der Differentialoperator (10.8) mit $\boldsymbol{r}$. Dies deutet darauf hin, daß man die Quantentheorie eines Teilchens genauso gut durch die Funktion $a(\boldsymbol{k})$ des Impulses, wie durch die Funktion $\psi(\boldsymbol{r})$ des Ortes darstellen kann; hierauf kommen wir zu Beginn von § 16 zurück.

Zur Berechnung der Schwerpunktgeschwindigkeit $d\boldsymbol{r}/dt$ hat man im allgemeinen von Gl. (11.12) auszugehen. Für das freie Teilchen führt jedoch (13.6) zu einem wichtigen Ergebnis. Die zeitabhängige Schrödinger-Gleichung oder auch direkt die Phasenrelation (10.1) erfordert, daß in (13.1) $a(\boldsymbol{k})$ in folgender Weise von der Zeit abhängt:

$$\boldsymbol{a}(k,t) = b(\boldsymbol{k})\, e^{-i\omega(\boldsymbol{k})t}. \qquad (13.8)$$

Die Kreisfrequenz ω ist nach (7.10) gleich $E/\hbar$ und damit eine eindeutige Funktion der Wellenzahl $\boldsymbol{k} = \boldsymbol{p}/\hbar$. — Aus (13.8) folgt:

$$\frac{d\,a(\boldsymbol{k})}{dt} = -i\omega(\boldsymbol{k})\,\boldsymbol{a}(k); \qquad \frac{d\boldsymbol{a}^*(k)}{dt} = i\omega(\boldsymbol{k})\, a^*(k). \qquad (13.9)$$

Damit ergibt sich aus (13.6) für die Schwerpunktgeschwindigkeit

$$\bar{\boldsymbol{v}} = \frac{d\bar{\boldsymbol{r}}}{dt} = \frac{(2\pi)^3}{n}\int d^3\boldsymbol{k}\, a^*(\boldsymbol{k},t)\left\{-i\omega(\boldsymbol{k})\frac{1}{i}\frac{\partial}{\partial\boldsymbol{k}} + \frac{1}{i}\frac{\partial}{\partial\boldsymbol{k}}\, i\omega(\boldsymbol{k})\right\}a(\boldsymbol{k});$$

oder wegen (13.4)

$$\bar{\boldsymbol{v}} = \int d^3\boldsymbol{k}\,\frac{d\omega(\boldsymbol{k})}{dk}|a|^2 \Big/ \int d^3\boldsymbol{k}\,|a|^2 = \overline{\frac{d\omega(\boldsymbol{k})}{d\boldsymbol{k}}}. \qquad (13.10)$$

Die Schwerpunktgeschwindigkeit ist also der Mittelwert von $d\omega(\boldsymbol{k})/d\boldsymbol{k}$. Betrachtet man speziell eine Wellenfunktion ψ, deren Fourier-Koeffizienten $a(\boldsymbol{k})$ nur in einer kleinen Umgebung eines speziellen Wertes $\boldsymbol{k}$ von Null verschieden sind, so bewegt sich diese „Wellengruppe" mit der *Gruppengeschwindigkeit*

$$\boldsymbol{v}_g = \frac{d\omega(\boldsymbol{k})}{d\boldsymbol{k}}. \tag{13.11}$$

Diese Formel gilt für jede Art Wellen, bei welchen die Frequenz eindeutig von der Wellenzahl (bzw. Wellenlänge) abhängt; also für elektromagnetische Wellen, für Schall, ebenso für Oberflächenwellen des Wassers. Bei diesen kann man den Unterschied zwischen der Phasengeschwindigkeit

$$v_{\text{Ph}} = \omega/k, \tag{13.12}$$

mit der sich eine bestimmte Wellenphase (etwa der Wellenberg) fortbewegt, und der Gruppengeschwindigkeit leicht beobachten. Es gelingt mit dem Ruderboot nicht, eine einzelne Bugwelle eines Dampfers einzuholen, doch läßt man leicht die Gesamtheit der Bugwellen hinter sich: die Bugwellen bilden eine Wellengruppe, an deren Vorderfront die einzelnen Wellenberge immer kleiner werden und schließlich verschwinden, während rückwärts neue Wellenberge heranwachsen. Da bei den Wasserwellen ω proportional $k^{\frac{1}{2}}$ ist, ist die Gruppengeschwindigkeit nur halb so groß wie die Phasengeschwindigkeit. — In der Wellenmechanik ist (im Gegensatz zu den Wasserwellen) v_{Ph} nicht beobachtbar, weil die Energie nur bis auf eine additive Konstante bestimmt und damit ω nicht meßbar ist.

Führen wir in Gl. (13.11) Energie und Impuls statt ω und $\boldsymbol{k}$ ein, so lautet sie

$$\boldsymbol{v}_g = \frac{dE(\boldsymbol{p})}{d\boldsymbol{p}}. \tag{13.13}$$

Dies ist identisch mit der sog. kanonischen Bewegungsgleichung

$$\dot{q}^k = \frac{\partial H}{\partial p_k} \tag{13.14}$$

der klassischen Mechanik, auf welche wir in § 15 näher eingehen werden, s. (15.12). *Die Gruppengeschwindigkeit der Wellenmechanik stimmt mit der Geschwindigkeit der Korpuskular-Mechanik überein.* Dies spielte historisch eine gewisse Rolle; man hat ursprünglich versucht, ein Teilchen als „Wellenpaket" zu interpretieren — dies scheiterte aber daran, daß eine freie Wellengruppe zerläuft, weil sie notwendig unterschiedliche Wellenzahlen $\boldsymbol{k}$ und damit unterschiedliche Gruppengeschwindigkeiten enthält.

§ 14. Hauptachsen im Raum der Wellenfunktionen

Der Zusammenhang zwischen Messung und Eigenwert, den wir in § 12 kennengelernt und in § 13 auf das Beispiel des Linearimpulses angewandt haben, zeigt, in welcher Weise wir physikalische Aussagen aus der Kenntnis einer Schröderingerschen Zustandsfunktion ψ gewinnen können. Interessieren wir uns für eine physikalische Größe, der ein Operator P zugeordnet wird, dann haben wir zuerst ψ als Linearkombination der Eigenfunktionen von P zu Eigenwerten p darzustellen; die Entwicklungskoeffizienten $a(p)$ sind Wahrscheinlichkeitsamplituden, ihr Absolutquadrat $a^*(p)\,a(p)$ Wahrscheinlichkeiten dafür, bei einer Messung den Meßwert p aufzufinden. Eine solche quantenmechanische Theorie läßt sich dann und nur dann durchführen, wenn es wirklich möglich ist, eine *beliebige* Schrödinger-Funktion ψ nach den Eigenfunktionen einer *beliebigen* physikalischen Größe P zu entwickeln. Mathematisch ist dies das Hauptachsenproblem der analytischen Geometrie. Die Menge sämtlicher Funktionen $\psi(\boldsymbol{r})$ der Raumkoordinaten kann als linearer Vektorraum aufgefaßt werden, da jede Linearkombination solcher Funktionen mit beliebigen komplexen Koeffizienten wieder zu der Funktionenmenge gehört. Die Operatoren P, die wir den physikalischen Größen zuordnen, sind als Differentialoperatoren lineare Abbildungen dieses Funktionenraums auf sich selbst, jedem Vektor ψ wird ein Bildvektor $P\psi$ zugeordnet. *Eigenvektoren* von P — für welche Gl. (12.3) gilt — geben die *invarianten Richtungen* der Abbildung an. Läßt sich jeder beliebige Vektor ψ nach diesen Eigenvektoren entwickeln, so heißt dies, daß es eine Basis des Vektorraums gibt, welche aus lauter invarianten Richtungen besteht. Man nennt diese Richtungen die Hauptachsen der Abbildung P; im Hauptachsensystem wird der Abbildungstensor P diagonal. Wir können zusammenfassend sagen, daß *statistische Angaben für physikalische Größen* in der Quantenmechanik *nur möglich* sind, *wenn alle Operatoren P quantenmechanischer Größen diagonalisierbar sind.* — Aus der analytischen Geometrie ist geläufig, daß ein System von Hauptachsen orthogonal ist; diese Aussage, nämlich das Verschwinden des Skalarprodukts verschiedener Basisvektoren, läßt sich erst machen, wenn ein *Skalarprodukt definiert* ist. Nun tritt in unserer Theorie bereits eine Größe auf, welche alle erforderlichen Eigenschaften eines Skalarprodukts aufweist; wir können definieren

$$\langle\varphi|\psi\rangle = \int d^3\boldsymbol{r}\;\varphi^*(\boldsymbol{r})\,\psi(\boldsymbol{r})\,. \tag{14.1}$$

In dieser Weise bilden wir jedes Funktionenpaar φ, ψ auf eine komplexe Zahl ab, die wir *Skalarprodukt* $\langle\varphi|\psi\rangle$ nennen; die Norm (11.7) des Wellenfeldes ist dann das Quadrat des Vektors ψ, und dieses ist stets positiv; seine physikalische Bedeutung ist die Gesamtwahrscheinlichkeit, die dem Zustand ψ zuzuordnen ist. — Das Skalarprodukt (14.1) ist linear in dem rechten Faktor ψ:

$$\langle\varphi|\,a_1\psi_1+a_2\psi_2\rangle=a_1\langle\varphi|\psi_1\rangle+a_2\langle\varphi|\psi_2\rangle. \tag{14.2}$$

Vertauschung der Faktoren führt zum konjugiert komplexen Zahlenwert:

$$\langle\psi|\,\varphi\rangle=\langle\varphi|\psi\rangle^*. \tag{14.3}$$

Deswegen ist das Skalarprodukt im ersten Faktor „antilinear“, d. h. es gilt

$$\langle a_1\psi_1+a_2\psi_2|\,\varphi\rangle=a_1^*\langle\psi_1|\,\varphi\rangle+a_2^*\langle\psi_2|\,\varphi\rangle. \tag{14.4}$$

Durch die Einführung des Skalarprodukts haben wir den ursprünglich *affinen* Funktionenraum zu einem *metrischen* gemacht.

Da jede meßbare physikalische Größe nur reelle Meßwerte haben kann, muß jeder Erwartungswert $\overline{P}$ in jedem beliebigen Zustand reell sein. Seien nun $\psi(r)$, $\varphi(r)$ die Wellenfunktionen zweier beliebiger Zustände, so muß demnach gelten

$$\langle\psi|\,P\psi\rangle \text{ reell}; \qquad \langle\varphi|\,P\varphi\rangle \text{ reell}. \tag{14.5}$$

Nun ist aber auch $\psi+\varphi$ sowie $\psi+i\,\varphi$ je ein Zustand, für welchen P reell sein muß, d.h.

$$\langle\psi+\varphi|P|\psi+\varphi\rangle \text{ reell}; \qquad \langle\psi+i\,\varphi|P|\psi+i\,\varphi\rangle \text{ reell}.$$

Unter Berücksichtigung von (14.5) ergibt dies:

$$\langle\psi|P|\,\varphi\rangle+\langle\varphi|P|\psi\rangle \text{ reell};$$
$$i(\langle\psi|P|\,\varphi\rangle-\langle\varphi|P|\psi\rangle) \text{ reell}.$$

Daraus folgt aber, daß $\langle\psi|\,P\varphi\rangle$ und $\langle\varphi|\,P\psi\rangle$ entgegengesetzten Imaginärteil und gleichen Realteil haben, also zueinander konjugiert komplex sind. Wegen (14.3) bedeutet dies:

$$\langle\psi|\,P\,\varphi\rangle=\langle P\psi|\,\varphi\rangle. \tag{14.6}$$

Die hierdurch definierte Eigenschaft der Abbildung P nennt man *Symmetrie*; der Operator P einer physikalischen Größe muß somit stets *symmetrisch* sein. Legt man eine abzählbare orthonormierte Basis zugrunde, so hat man $P_{k\,l}=P_{l\,k}^*$; die Matrix $P_{k\,l}$ geht also durch Stürzen ins konjugiert Komplexe über.

Zusätzlich zur Symmetrie haben wir von einem physikalischen Operator P zu fordern, daß er diagonalisierbar ist, daß sich also jede Zustandsfunktion nach Eigenvektoren entwickeln läßt. Denken wir zunächst, die Eigenvektoren von P wären abzählbar durch Nummern $\nu=1, 2, 3 \ldots$, dann gilt

$$P|\nu\rangle=p_\nu|\nu\rangle. \tag{14.7}$$

Hieraus folgt

$$\langle\nu|P\mu\rangle = p_\mu\langle\nu|\mu\rangle.$$

Anderseits ist dies aber gleich

$$\langle P\nu|\mu\rangle = \langle\mu|P\nu\rangle^* = p_\nu\langle\nu|\mu\rangle.$$

Der Vergleich ergibt die Beziehung

$$(p_\mu - p_\nu)\,\langle\nu|\mu\rangle = 0. \tag{14.8}$$

Wenn also die beiden *Eigenwerte* p_μ und p_ν *verschieden* sind, so sind die *Eigenvektoren* ν und μ *orthogonal.*

Gehören zu einem Eigenwert mehrere unabhängige Eigenvektoren, so spannen diese einen Unterraum des Funktionenraums auf; sämtliche Vektoren dieses Unterraums sind Eigenvektoren zum Eigenwert p_ν, insbesondere die Vektoren eines orthogonalen Basissystems. Man kann somit ein vollständiges orthogonales Basissystem des gesamten Funktionenraums konstruieren, welches aus Eigenvektoren des Operators P besteht. Überdies können wir die Basisvektoren auf 1 normieren und haben dann

$$\langle\nu|\mu\rangle = \delta_{\nu\mu}. \tag{14.9}$$

Unser Koordinatensystem ist damit rein kartesisch, wir können die Koordinaten eines Vektors als Skalarprodukt mit dem Basiseinheitsvektor berechnen und erhalten die Identität

$$|\psi\rangle = \sum_\nu |\nu\rangle\,\langle\nu|\psi\rangle. \tag{14.10}$$

Wir verwenden die von Dirac eingeführte Symbolik; das Skalarprodukt bezeichnen wir durch die spitze Klammer (bracket) $\langle\varphi|\psi\rangle$ und denken sie uns entstanden durch das Nebeneinanderschreiben eines linken Vektors $\langle\varphi|$ („bra-vector“) und eines rechten Vektors $|\psi\rangle$ („ket-Vektor“). Wird auf den rechten Vektor ein Operator angewandt und sodann das Skalarprodukt gebildet, so schreiben wir dies entweder $\langle\varphi|P\psi\rangle$ oder $\langle\varphi|\,P\,|\psi\rangle$. — Das Skalarprodukt zweier Vektoren ist nach (14.10) und (14.9):

$$\langle\varphi|\psi\rangle = \sum_\nu \langle\varphi|\nu\rangle\,\langle\nu|\psi\rangle. \tag{14.11}$$

Bisher haben wir mit einer abzählbaren Basis gerechnet; jedoch zeigt das Beispiel des Linearimpulses $\boldsymbol{p}$ von § 13, daß wir damit nicht auskommen. Die Eigenvektoren $\exp(i\boldsymbol{k}\cdot\boldsymbol{r})$, in denen $\boldsymbol{k}$ ein beliebiger reeller Vektor sein kann, bilden ein dreidimensionales Kontinuum, sind also nicht abzählbar. Trotzdem ist eine Entwicklung einer (fast) beliebigen Feldfunktion ψ nach Gl. (13.1) möglich; es tritt lediglich anstatt der Summe ein Integral auf. Wir können beides leicht zusammenfassen in Gestalt eines *Lebesgue-Integrals.* Hat ein Operator P Eigenwerte p für die Eigenfunktionen $|p\rangle$, so schreiben wir die Entwicklung einer Funktion ψ als Integral über die gesamte reelle p-Achse (P soll ja eine reelle physikalische Größe sein):

$$|\psi\rangle = \int d\mu(p)\, |p\rangle \langle p|\psi\rangle. \tag{14.12}$$

Dabei ist $\mu(p)$ eine Funktion der reellen Variablen p, welche schwach monoton wächst. Einem Intervall Δp der p-Achse ordnet man ein *Lebesguesches Maß* zu, welches gleich dem Zuwachs $\Delta\mu(p)$, der Funktion $\mu(p)$ von Anfang bis Ende des Intervalls ist. Das Integral ist folgendermaßen definiert: Man unterteile die p-Achse in Intervalle Δp, multipliziere das Maß $\Delta\mu(p)$ mit dem Wert des Integranden an einem willkürlich gewählten Punkt des Intervalls; anschließend summiert man über sämtliche Intervalle. Man verfeinere nun die Intervalleinteilung so, daß sämtliche Intervalle gegen Null streben. Existiert der Limes der Summe, dann nennt man ihn das Lebesgue-Integral, die Funktion ist Lebesgue-integrabel. — Man kann sofort sehen, daß bei dieser Definition Summe und Riemannsches Integral gleichzeitig erfaßt werden. Wir haben in Abb. 7 eine Maßfunktion eingezeichnet, welche dies leistet.

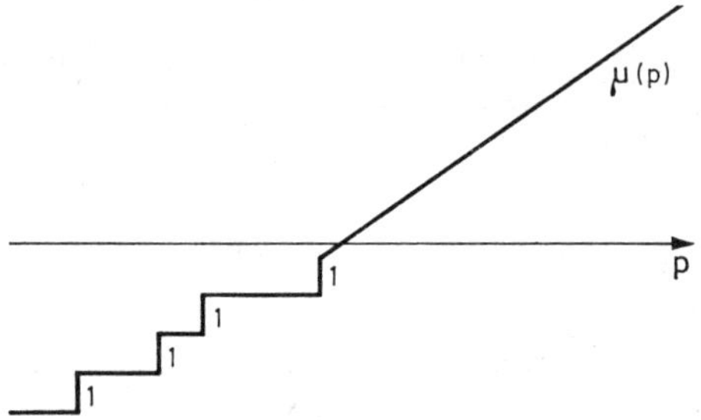

Abb. 7. Beispiel eines Lebesgueschen Maßes

Links sehen wir Intervalle, auf welchen die Maßfunktion konstant ist; sie liefern keinen Beitrag zum Lebesgue-Integral, da dort die Differenzen $\Delta\mu = 0$ sind. An der Grenze der Intervalle haben wir eine Unstetigkeit angenommen, und zwar lassen wir der Einfachheit halber μ sprunghaft um 1 wachsen. Es gibt dort bei jeder Intervallteilung genau ein Intervall, für welches $\Delta\mu = 1$. Ist der Integrand des Lebesgue-Integrals an dieser Stelle stetig, so unterscheidet sich mit zunehmender Verfeinerung der Intervalleinteilung der ausgewählte Funktionswert immer weniger von dem Wert an der Sprungstelle, wir erhalten einen Beitrag gleich dem Wert des Integranden an der Sprungstelle. Haben wir mehrere Sprungstellen, so erhalten wir eine Summe der zugehörigen Funktionswerte. — Im rechten Teil der Figur lassen wir $\mu(p)$ stetig anwachsen; die Ableitung sei, mindestens stückweise, stetig. Bei einer Verfeinerung der Intervallteilung unterscheidet sich dann $\Delta\mu(p)$ immer weniger von $\Delta p \times d\mu/dp$, so daß wir im Limes ein Riemansches Integral erhalten, bei dem der Integrand mit der Funktion $d\mu/dp$ multipliziert ist. Am einfachsten wählt man $\mu(p) \equiv p$, dann erhält man ein Riemansches Integral über die Funktion.— Das Lebesgue-Integral (14.12) kann ein- oder auch mehrdimensional sein; im letzten Fall hat man für jede Variable eine Maßfunktion einzuführen. — Kehren wir nun zu dem Beispiel zurück, bei welchem (14.12) in der speziellen Gestalt (13.1) als Riemansches Integral erscheint. Haben wir einen Vektor $\psi(\boldsymbol{r})$ des Funktionenraums so dargestellt, dann müssen wir auch das Skalarprodukt aus dieser Darstellung berechnen können. Wir haben in der Gestalt Gl. (13.4) $\langle\psi|\psi\rangle$ mit Hilfe des Fourierschen Integralsatzes berechnet; man kann jedoch nicht in

$$\langle\psi|\psi\rangle = \int d^3\boldsymbol{r} \int d^3\boldsymbol{k}\, a^*(\boldsymbol{k})\, \mathrm{e}^{-i\boldsymbol{k}\cdot\boldsymbol{r}} \int d^3\boldsymbol{k}'\, a(\boldsymbol{k}')\, \mathrm{e}^{i\boldsymbol{k}'\cdot\boldsymbol{r}} \tag{14.13}$$

erst die Integration über $\boldsymbol{r}$ ausführen, d. h. also, das Skalarprodukt der beiden „Basisvektoren" $\mathrm{e}^{i\boldsymbol{k}\cdot\boldsymbol{r}}$ und $\mathrm{e}^{i\boldsymbol{k}'\cdot\boldsymbol{r}}$ bilden: das Raumintegral über das Produkt dieser beiden Funktionen existiert nicht; die Integrationsfolgen können in Gl. (14.13) nicht vertauscht werden. Dennoch hat das Ergebnis der Rechnung, Gl. (13.4), eine Gestalt, die sehr ähnlich ist zu der kartesischen Darstellung eines Skalarproduktes (14.11): lediglich erscheint die Summe wieder durch ein Integral ersetzt. Wir können sogar erreichen, daß das Skalarprodukt genau die Faltung der „Koordinaten" $\langle\boldsymbol{k}|\psi\rangle$; $\langle\boldsymbol{k}|\varphi\rangle$ wird:

$$\langle\varphi|\psi\rangle = \int d\mu(\boldsymbol{k})\, \langle\varphi|\boldsymbol{k}\rangle\, \langle\boldsymbol{k}|\psi\rangle \tag{14.14}$$

wenn wir setzen

$$d\mu(\boldsymbol{k}) = d^3\boldsymbol{k}; \qquad |\boldsymbol{k}\rangle = \frac{\mathrm{e}^{i\boldsymbol{k}\cdot\boldsymbol{r}}}{(2\pi)^{\frac{3}{2}}}; \qquad \langle\boldsymbol{k}|\psi\rangle = (2\pi)^{\frac{3}{2}}\, a(\boldsymbol{k}). \tag{14.14a}$$

Daß es in der Tat möglich ist, eine Entwicklung nach den Hauptachsen eines beliebigen symmetrischen Operators P in der Gestalt (14.12) zu geben, für welche das Skalarprodukt die Gestalt (14.14) annimmt, ist ein fundamentales mathematisches Theorem, nämlich das Spektraltheorem. Wir kommen hierauf in mehr systematischer Weise im nächsten Kapitel zurück, können aber hier bereits anmerken, daß die wesentliche Voraussetzung für das Theorem auch im allgemeinen Fall ist, daß der Operator P symmetrisch ist, daß also Gl. (14.6) gilt. Wir wollen uns davon überzeugen, daß dies für die bei uns verwendeten Operatoren zutrifft. Nehmen wir zunächst den Operator $\boldsymbol{r}$. Ersichtlich ist

$$\langle\varphi|\boldsymbol{r}\psi\rangle = \langle\boldsymbol{r}\varphi|\psi\rangle; \tag{14.15}$$

denn es ergibt sich derselbe Integrand, ob wir in Gl. (14.1) die Funktion ψ oder die Funktion φ^* mit $\boldsymbol{r}$ multiplizieren. Dementsprechend ist jede reelle Funktion $F(\boldsymbol{r})$ des Ortsvektors ein symmetrischer Operator im Funktionenraum. — Als nächstes untersuchen wir den Impuls $\boldsymbol{p}$. Wir haben

$$\langle\varphi|\boldsymbol{p}\psi\rangle = \int d^3\boldsymbol{r}\,\varphi^*(\boldsymbol{r})\frac{\hbar}{i}\frac{\partial\psi}{\partial\boldsymbol{r}}; \qquad \langle\boldsymbol{p}\varphi|\psi\rangle = \int d^3\boldsymbol{r}\,\psi\left(-\frac{\hbar}{i}\frac{\partial\varphi^*}{\partial\boldsymbol{r}}\right).$$

Diese beiden Ausdrücke sind nicht ohne weiteres gleich, sie gehen jedoch ineinander über, wenn man partiell integriert, sofern die ausintegrierten Teile verschwinden. (Die Differenz der beiden Integranden ist der Gradient der Größe $\frac{\hbar}{i}\,\varphi^*\psi$, das Integral kann nach dem allgemeinen Gaußschen Satz in ein Oberflächenintegral über diese Funktion umgewandelt werden). Die Gleichung

$$\langle\varphi|\boldsymbol{p}\psi\rangle = \langle\boldsymbol{p}\varphi|\psi\rangle \tag{14.16}$$

gilt also bestimmt nur für solche Funktionenpaare, deren Produkt im Unendlichen verschwindet. Dies bedeutet, daß der symmetrische Operator $\boldsymbol{p}$, welchen wir der physikalischen Größe Impuls zuzuordnen haben, nicht für beliebige Vektoren des Funktionenraums definiert sein kann. Der Operator hat einen *„Definitionsbereich", welcher nur ein Teil des gesamten Funktionenraums ist.*

Auch der Hamiltonoperator des Einzelteilchens — der Operator der linken Seite von Gl. (10.10) — erweist sich als symmetrisch; zum Nachweis der Symmetrie muß man zweimal partiell integrieren; aus dem notwendigen Verschwinden der ausintegrierten Teile, der Oberflächenintegrale, ergibt sich eine Einschränkung für den Definitionsbereich. Wie wir schon gesehen haben, wird bei unserer quantenmechanischen Aussageformulierung die Zeit anders behandelt als die Raumkoordinaten; sie spielt lediglich die Rolle des zahlenmäßigen Parameters, welcher einfach durch seinen reellen Zahlenwert gegeben ist. Die Energie ist gemäß Gl. (10.8) durch die Ableitung nach diesem Parameter definiert und deshalb nicht eine Transformation im Raum der Ortsfunktionen. Eine zeitabhängige Wellenfunktion $\psi(\boldsymbol{r}, t)$ ist nicht ein einzelner Vektor, sondern eine durch t parameterisierte eindimensionale Menge von Vektoren. Deshalb gilt Gl. (14.6) keineswegs als Identität zwischen einem Funktionenpaar φ, ψ, wenn man für die Energie $E = -\frac{\hbar}{i}\frac{\partial}{\partial t}$ einsetzt; sie gilt jedoch, wenn die beiden Funktionen φ und ψ der Schrödinger-Gl. (10.9) genügen — dann kann man nämlich den Differentialoperator E durch den Hamiltonoperator H ersetzen, welcher eine symmetrische Transformation der Ortsfunktionen ist. Nur aus diesem Grunde sind die beiden Ausdrücke für den Mittelwert der Energie, die wir in den Gln. (11.9) und (11.10) angeschrieben haben, äquivalent. Zufolge der Schrödinger-Gleichung kann man die zeitliche Entwicklung des Systems, dargestellt durch den Operator E, als Abbildung H des Funktionenraums auf sich selbst interpretieren. Indem man die Schrödinger-Gleichung integriert, kann man den derzeitigen Zustand des Systems auf den Zustand zu einer späteren Zeit abbilden (§ 22).

§ 15. Quantenmechanische Bewegungsgleichung

Die Formel (11.15) zur Berechnung von Mittelwerten lautet in der Diracschen Vektorschreibweise

$$\overline{P} = \langle\psi|\, P\,|\psi\rangle. \tag{15.1}$$

Die Wellenfunktion ψ, als Zustandsfunktion, muß der Schrödinger-Gleichung genügen:

$$H\,|\psi\rangle = -\frac{\hbar}{i}\frac{\partial}{\partial t}|\psi\rangle. \tag{15.2}$$

Hiermit läßt sich die zeitliche Änderung des Mittelwerts berechnen:

$$\begin{aligned}\frac{d\overline{P}}{dt} &= \langle -\frac{i}{\hbar}H\psi|P|\psi\rangle + \langle\psi|\frac{\partial P}{\partial t}|\psi\rangle + \langle\psi|P|-\frac{i}{\hbar}H\psi\rangle\\ &= \frac{i}{\hbar}\langle\psi|HP|\psi\rangle + \langle\psi|\frac{\partial P}{\partial t}|\psi\rangle - \frac{i}{\hbar}\langle\psi|PH|\psi\rangle.\end{aligned}$$

Die rechte Seite ist nun wieder der Erwartungswert eines Operators:

$$\frac{d\overline{P}}{dt} = \overline{\frac{\partial P}{\partial t} + \frac{i}{\hbar}[H, P]}. \tag{15.3}$$

Neben der expliziten Ableitung des Operators P nach der Zeit tritt auf der rechten Seite der Kommutator des Hamiltonoperators mit P auf.

Bei der Herleitung von Gl. (15.3) haben wir in keiner Weise benützt, daß der linke Faktor ψ von (15.1) dieselbe Schrödinger-Funktion ist wie der rechte Faktor ψ; d. h. es gilt auch folgende Beziehung

$$\frac{d\langle\psi_1|\,P\,|\psi_2\rangle}{dt} = \langle\psi_1|\frac{\partial P}{\partial t} + \frac{i}{\hbar}[H, P]\,|\psi_2\rangle. \tag{15.4}$$

Sind ψ_i und ψ_k irgend zwei Vektoren aus einer vollständigen, aus Schrödinger-Funktionen bestehenden Basis des Funktionenraums, so ist

$$P_{ik} = \langle\psi_i|\, P\,|\psi_k\rangle \tag{15.5}$$

ein Element der Transformationsmatrix P; man nennt deshalb die Größe $\langle\psi_1|\, P\,|\psi_2\rangle$ das „Matrix-Element" des Operators P zwischen den beiden Zustandsfunktionen und ψ_1, ψ_2, auch wenn diese nicht Basisvektoren sind.

Durch Angabe sämtlicher Matrixelemente ist ein Operator völlig festgelegt. Gl. (15.4) besagt, daß die Matrixelemente des Operators

$$\frac{\partial P}{\partial t} + \frac{i}{\hbar}[H, P]$$

gleich der zeitlichen Ableitung der entsprechenden Matrixelemente von P sind, daß man ihn somit als den Operator der Zeitableitung der physikalischen Größe P anzusprechen hat:

$$\frac{dP}{dt} \equiv \frac{\partial P}{\partial t} + \frac{i}{\hbar}[H, P]. \qquad (15.6)$$

Dies ist die *allgemeine Bewegungsgleichung* der Quantentheorie; man kann mit ihrer Hilfe die zeitliche Veränderung jeder physikalischen Größe berechnen. Man kann nun in (15.6) sehr einfach den Übergang zur klassischen Mechanik, d. h. den Limes $\hbar \to 0$ durchführen. Die beiden Operatoren H und P denken wir uns als Funktionen der Koordinaten, Impulse und der Zeit gegeben: $H(q, p, t)$; $P(q, p, t)$. Wir haben diese Funktionen der physikalischen Größen zu Differentialoperatoren gemacht, indem wir $p_k = \frac{\hbar}{i}\,\partial/\partial q^k$ gesetzt haben. Wenden wir nun den Kommutator

$$[H, P] = H(q, p, t)\, P(q, p, t) - P(q, p, t)\, H(q, p, t)$$

auf irgendeine Funktion der Koordinaten und der Zeit an, so ergibt sich nur deswegen nicht Null, weil im ersten Summanden die in H enthaltenen Differentialoperatoren p_k auch auf die in P enthaltenen Argumente q^k angewendet werden müssen; und weil im zweiten Summanden die in P enthaltenen Differentialoperatoren auf die in H enthaltenen q^k wirken. Wir können dem dadurch Rechnung tragen, daß wir in den linken Faktoren den Differentialoperator p_k zerlegen in $\hat{p}_k + \frac{\hbar}{i}\frac{\hat{\partial}}{\partial q^k}$ und vereinbaren, daß $\hat{p}_k$ nicht auf die im zweiten Operator enthaltenen q_k angewendet werden soll, und $\hat{\partial}/\partial q^k$ nur auf diese. Führen wir dies in (15.6) ein, so folgt

$$\frac{dP}{dt} = \frac{\partial P}{\partial t} + \frac{i}{\hbar}\Big\{H\Big(q, \hat{p} + \frac{\hbar}{i}\frac{\hat{\partial}}{\partial q}, t\Big)P(q, \hat{p}, t)$$
$$- P\Big(q, \hat{p} + \frac{\hbar}{i}\frac{\hat{\partial}}{\partial q}, t\Big)H(q, \hat{p}, t)\Big\}.$$

Im klassischen Limes $\hbar \to 0$ ergibt sich hieraus

$$\frac{dP}{dt} = \frac{\partial P}{\partial t} + \Big(\frac{\partial H}{\partial p_k}\frac{\partial P}{\partial q^k} - \frac{\partial P}{\partial p_k}\frac{\partial H}{\partial q^k}\Big). \qquad (15.7)$$

Der Klammerausdruck ist die aus der klassischen Mechanik bekannte *Poisson-Klammer* von H und P; (15.7) ist die *klassische Bewegungsgleichung* für eine physikalische Größe P, welche als Funktion von q, p, t gegeben ist. Man gelangt in der klassischen Mechanik zu Gl. (15.7), indem man von der geodätischen Mechanik unter Auszeichnung der Zeit zu der sog. *kanonischen Mechanik* übergeht. Man schreibt entsprechend Gl. (3.2)

$$dS(q, t, dq, dt) \equiv L(q, \dot{q}, t)\, dt; \qquad \left[\dot{q}^k \equiv \frac{dq^k}{dt}\right]. \tag{15.8}$$

Damit gehen die Bewegungsgleichungen (2.9) über in

$$\frac{dp_k}{dt} = \frac{\partial L}{\partial q^k}; \quad p_k \equiv \frac{\partial L}{\partial \dot{q}^k}; \tag{15.9}$$

und die Hamiltonfunktion wird nach (2.11a)

$$H = p_k \dot{q}^k - L(q, \dot{q}, t); \tag{15.10}$$

worin man die Geschwindigkeiten $\dot{q}^k$ durch Auflösung von Gl. (2.10) als Funktionen $\dot{q}^k(q, p, t)$ auszudrücken hat. — Für das Differential von H folgt

$$dH = \dot{q}^k\, dp_k + p_k\, d\dot{q}^k - \frac{\partial L}{\partial q^k}\, dq^k - \frac{\partial L}{\partial \dot{q}^k}\, d\dot{q}^k - \frac{\partial L}{\partial t}\, dt.$$

Da die Glieder mit $d\dot{q}^k$ wegen (15.9) wegfallen, ergibt sich

$$dH = -\frac{\partial L}{\partial q^k}\, dq^k + \dot{q}^k\, dp_k - \frac{\partial L}{\partial t}\, dt. \tag{15.11}$$

dH ist damit durch die Differentiale seiner unabhängigen Argumente q, p, t dargestellt; die Koeffizienten der Differentiale sind die partiellen Ableitungen. Hieraus folgt, unter Benützung von (15.9), das System der sog. kanonischen Bewegungsgleichungen

$$\dot{p}_k = -\frac{\partial H}{\partial q^k}; \quad \dot{q}^k = \frac{\partial H}{\partial p^k}. \tag{15.12}$$

Man hat damit die zeitlichen Änderungen der Impulse und Koordinaten durch Ableitungen der Hamiltonfunktion ausgedrückt und kann die Änderung irgendeiner Größe $P(q, p, t)$ sofort berechnen — das Ergebnis ist Gl. (15.7). — Damit ist nachgewiesen, daß in der Tat die Quantenmechanik im Limes $\hbar \to 0$ zur klassischen Mechanik führt. Man setzt sich also, wenn man *Quantenmechanik* betreibt, *nicht in Widerspruch* zu den tausendfach bestätigten *Erfahrungen der klassischen Mechanik*; lediglich *im mikroskopischen* Bereich, nämlich überall, wo es auf Wirkungen ankommt, die so klein sind wie das Plancksche Wirkungsquantum, wird die *klassische Mechanik modifiziert*.

Für manche Zwecke ist es bequem, die rechte Seite von Gl. (15.6) als einen einzigen Kommutator zu schreiben. Dies ist möglich, weil man die Ableitung einer Größe als Kommutator mit dem Differentialoperator schreiben kann. Man hat nämlich

$$\frac{\partial}{\partial t} P\psi = \frac{\partial P}{\partial t}\psi + P\frac{\partial}{\partial t}\psi,$$

wenn ψ eine beliebige differenzierbare Funktion der Zeit ist. Also ist

$$\left[\frac{\partial}{\partial t}, P\right] = \frac{\partial P}{\partial t}. \tag{15.13}$$

Führt man dies in (15.6) ein, so folgt

$$\frac{dP}{dt} = \frac{i}{\hbar}[H + p_t, P]; \qquad \left(p_t = -E \equiv \frac{\hbar}{i}\frac{\partial}{\partial t}\right). \tag{15.14}$$

Man hat hier zu beachten, daß zwar H eine selbstadjungierte Transformation des Hilbert-Raums ist, p_t dagegen lediglich ein Differentialoperator bezüglich des Parameters t, von dem die Hilbert-Vektoren abhängen. — Gl. (15.14) hat ein klassisches Analogon; man kann die rechte Seite von Gl. (15.7) ebenfalls als Poissonklammer schreiben, wenn man die Zeit unter die Koordinaten aufnimmt; denn es gilt

$$\frac{\partial P}{\partial t} = \left(\frac{\partial (H + p_t)}{\partial p_t}\frac{\partial P}{\partial t} - \frac{\partial P}{\partial p_t}\frac{\partial (H + p_t)}{\partial t}\right); \tag{15.15}$$

und zwar einfach deswegen, weil die Hilbert-Raum-Transformationen H und P als Funktionen von Koordinaten, Zeit und *räumlichen* Impulsen definiert sind, also nicht von p_t abhängen. — Aus Gl. (15.14) folgt die *notwendige und hinreichende Voraussetzung dafür, daß* eine Größe P *Konstante der Bewegung* ist: Die *Vertauschbarkeit mit* $H + p_t$:

$$[H + p_t, P] = 0 \leftrightarrow P \quad \text{Konstante der Bewegung.} \tag{15.16}$$

Für Größen, welche nicht explizit von der Zeit abhängen, bedeutet dies Vertauschbarkeit mit $H \to [H, P] = 0$.

KAPITEL II

Prinzipien der Quantentheorie

§ 16. Hilbert-Raum der Quantenzustände

Die bisherigen Überlegungen haben uns heuristisch an die Quantentheorie herangeführt. Wir müssen nun versuchen, die Theorie und ihre Bedeutung systematisch und geschlossen zu analysieren und dabei die mathematischen Hilfsmittel sorgfältiger zu behandeln als bisher. Daß damit die Darstellung abstrakter wird, ist unvermeidbar. Auch der Experimentalphysiker, der es mit Quantenphänomenen zu tun hat, muß sich ein gewisses Maß an abstraktem Denken aneignen, um nicht auf der Stufe einer reinen Kochbuchphysik zu bleiben.

Ein wesentlicher Schritt der Abstraktion besteht darin, daß man die Schrödingersche Wellenfunktion $\psi(\boldsymbol{r}, t)$ ihrer zentralen Stellung entkleidet. Blicken wir zurück auf § 13, so sehen wir, daß die Fourieramplitude $a(\boldsymbol{k})$ als Wahrscheinlichkeitsamplitude für einen Impulswert $\hbar\boldsymbol{k}$ in genau derselben Weise in die Theorie eingeht, wie die Schrödinger-Funktion $\psi(\boldsymbol{r})$ als Wahrscheinlichkeitsamplitude für einen Ort $\boldsymbol{r}$. Die Quantentheorie basiert darauf, daß sich für jede physikalische Größe, repräsentiert durch einen Operator P, die Wahrscheinlichkeitsamplitude jedes möglichen Meßwerts in einem gegebenen Quantenzustand angeben läßt. Es ist nicht sinnvoll, unter *allen möglichen* physikalischen Größen (Funktionen des Ortes und der Impulse) gerade den Operator $\boldsymbol{r}$ dadurch auszuzeichnen, daß seine Wahrscheinlichkeitsamplitude $\psi(\boldsymbol{r})$ zentral für die Behandlung der Quantentheorie ist. Dementsprechend lassen wir auch die Idee fallen, daß der Funktionenraum *der Schrödinger-Funktion* primär ein System beschreibt; wir degradieren vielmehr die Schrödinger-Funktion zu einer speziellen Darstellung eines abstrakten „*Zustands-Vektors*". Dementsprechend soll das Diracsche Symbol $|\psi\rangle$ von jetzt an einen abstrakten Zustandsvektor kennzeichnen, d. h. also nicht mehr die Ortsfunktion $\psi(\boldsymbol{r})$ bedeuten; $\psi(\boldsymbol{r})$ übernimmt die Rolle einer speziellen Koordinatendarstellung des Vektors $|\psi\rangle$ — dabei ist $\boldsymbol{r}$ eine Art dreidimensionaler kontinuierlicher „Index", der die Koordinaten $\psi(\boldsymbol{r})$ des Vektors $|\psi\rangle$ numeriert. Durch diesen abstrahierenden Schritt ändert sich natürlich nichts daran, daß die Zustandsvektoren $|\psi\rangle$ einen linearen Vektorraum bilden, in welchem wir durch das Skalarprodukt $\langle\psi_1|\psi_2\rangle$ (nach wie vor nach Gl. (14.1) mittels der Koordinatendarstellung definierbar) eine definite Metrik eingeführt haben. Beschränken wir uns auf eine Menge von Vektoren, für welche die Skalarprodukte alle existieren, dann wird unser Zustandsraum ein *Hilbert-Raum* $\mathfrak{H}$, für welchen folgende Axiome gelten:

1. *Linearität.* $\mathfrak{H}$ besteht aus Elementen φ, für welche Addition und Multiplikation mit komplexen Zahlen a definiert ist in solcher Weise, daß

$$\varphi = a_1\varphi_1 + a_2\varphi_2 \in \mathfrak{H}, \quad \text{wenn} \quad \varphi_1, \varphi_2 \in \mathfrak{H}. \tag{16.1}$$

Für die Multiplikation von komplexen Zahlen mit Vektoren müssen dabei die linearen Rechengesetze gelten

$$\begin{aligned} a(\varphi_1+\varphi_2) &= a\varphi_1 + a\varphi_2; & (a_1+a_2)\varphi &= a_1\varphi + a_2\varphi; \\ a_1 a_2\varphi &= a_2 a_1\varphi; & 1\varphi &= \varphi. \end{aligned} \tag{16.2}$$

Aus ihnen folgt insbesondere, daß es genau einen Nullvektor gibt, mit der Eigenschaft

$$\varphi + 0 = \varphi. \tag{16.3}$$

2. *Metrik.* Jedes Vektorenpaar ψ, φ wird abgebildet auf eine komplexe Zahl $\langle\psi|\varphi\rangle$, genannt *Skalarprodukt.* Es ist linear im zweiten Faktor:

$$\langle\psi|a_1\varphi_1 + a_2\varphi_2\rangle = a_1\langle\psi|\varphi_1\rangle + a_2\langle\psi|\varphi_2\rangle; \tag{16.4}$$

und geht ins konjugiert komplexe über, wenn man die Faktoren vertauscht:

$$\langle\varphi|\psi\rangle = \langle\psi|\varphi\rangle^*. \tag{16.5}$$

Aus den beiden letzten Gleichungen folgt, daß das Skalarprodukt *im ersten Faktor antilinear* ist:

$$\langle a_1\psi_1 + a_2\psi_2|\varphi\rangle = a_1^*\langle\psi_1|\varphi\rangle + a_2^*\langle\psi_2|\varphi\rangle. \tag{16.6}$$

Aus (16.5) ergibt sich, daß das Skalarprodukt eines Vektors mit sich selbst reell ist; um eine *positiv definite Metrik* zu erhalten, fordert man überdies, daß für jeden Vektor φ, der nicht der Nullvektor ist,

$$\langle\varphi|\varphi\rangle > 0. \tag{16.7}$$

Man nennt diese Größe das Quadrat des Vektors φ, und ihre positive Wurzel die *Länge*:

$$\|\varphi\| = +\sqrt{\langle\varphi|\varphi\rangle}. \tag{16.8}$$

Die *Länge der Differenz* zweier Vektoren nennt man ihren *Abstand*:

$$\|\varphi_2 - \varphi_1\| \equiv \text{Abstand}\,(\varphi_1, \varphi_2). \tag{16.9}$$

All diese Axiome sind erfüllt für den von uns früher betrachteten Funktionenraum, wenn das Skalarprodukt, entspr. (14.1), definiert wird durch

$$\langle f_1 | f_2 \rangle \equiv \int f_1^*(x)\, f_2(x)\, dx. \tag{16.10}$$

Wir dürfen freilich nur quadratintegrierbare Funktionen als Vektoren des Funktionen-Hilbert-Raums zulassen, damit zwischen jedem Paar der Vektoren das Skalarprodukt existiert. Weiterhin zeigt der Vergleich mit den Gln. (16.7) und (16.8), daß streng genommen *nicht die Funktionen* Elemente des Hilbertraums sind; da wir mit (16.7) postulieren, daß nur der Nullvektor die Länge Null haben darf, dürfen wir Funktionen nicht unterscheiden, für welche sich der Abstand Null ergibt, deren Differenz, quadratintegriert, also Null ist; *ein Hilbertvektor* ist somit immer eine ganze *Klasse von Funktionen*, welche sich auf einer Nullmenge von Punkten unterscheiden.

Nachdem ein Abstand definiert ist, kann man *konvergente Folgen von Hilbert-Vektoren* definieren. Eine Folge φ_n von Hilbert-Vektoren, $n = 1, 2, 3 \ldots \infty$, nennt man konvergent, wenn für jedes noch so kleine $\varepsilon > 0$ eine Zahl $n(\varepsilon) > 0$ existiert, so daß

$$\| \varphi_n - \varphi_{n+N} \| < \varepsilon, \text{ wenn } n \geqq n(\varepsilon); \qquad N > 0. \tag{16.11}$$

Ist der Hilbert-Raum speziell ein Funktionenraum, dann sind die φ_n eine Folge von Funktionen, zwischen denen der Abstand, gemessen durch das Integral über das Absolutquadrat ihres Unterschiedes, gegen Null strebt, welche sich somit mit wachsendem n immer weniger unterscheiden. Die Darstellung einer Funktion durch eine Folge von Näherungsfunktionen ist also ein Beispiel für eine Folge der Art (16.11). — Es ist nicht a priori klar, daß eine konvergente Folge von Hilbert-Vektoren gegen einen Hilbert-Vektor konvergiert; vielmehr ist dies ein zusätzliches Postulat:

3. *Vollständigkeit*: Zu jeder konvergenten Folge von Hilbert-Vektoren φ_n existiert ein Vektor $\varphi \in \mathfrak{H}$, so daß gilt

$$\| \varphi_n - \varphi \| < \varepsilon \quad \text{wenn} \quad n \geqq n(\varepsilon). \tag{16.12}$$

Die *quadratintegrierbaren Funktionen bilden einen Hilbert-Raum*, weil jede konvergente Folge quadratintegrierbarer Funktionen gegen eine quadratintegrierbare Funktion konvergiert.

4. *Lineare Abbildungen des Hilbert-Raums*: Jede physikalische Größe wird durch eine lineare Abbildung P des Hilbert-Raums dargestellt:

$$P(a_1 \varphi_1 + a_2 \varphi_2) = a_1 P \varphi_1 + a_2 P \varphi_2. \tag{16.13}$$

Wir haben bereits gesehen, daß der Begriff der linearen Abbildung für den unendlich-dimensionalen Hilbert-Raum nicht ganz so einfach zu definieren ist wie in einem Raum von endlich vielen Dimensionen. Dort besitzen alle Vektoren, deren Komponenten endliche Zahlen sind, eine endliche Länge; jede Matrix mit endlichen Elementen bildet einen

Vektor wieder auf einen Vektor endlicher Länge ab. Jede derartige Matrix ist somit für alle Vektoren des Raumes definiert, der gesamte Raum wird in sich selbst abgebildet. Auch im unendlich-dimensionalen Hilbert-Raum *gibt* es solche Operatoren; sie sind alle *beschränkt*, d. h. es gilt

$$\|P\varphi\| < \sigma\|\varphi\|; \quad \sigma > 0 \text{ fest}; \quad \varphi \in \mathfrak{H} \text{ beliebig.} \qquad (16.14)$$

Wir wissen aber bereits, daß wir *mit beschränkten Operatoren* in der Quantentheorie *nicht auskommen*; weder die Koordinate $\boldsymbol{r}$ noch der zugehörige Linearimpuls $\boldsymbol{p}$ lassen sich auf beliebige Hilbert-Vektoren anwenden. Wenn etwa eine Schrödinger-Funktion ψ im Unendlichen wie r^{-2} abfällt und deshalb quadratintegrierbar ist, dann wird die Quadratintegrierbarkeit durch einen Faktor $\boldsymbol{r}$ zerstört. Wenn anderseits eine Funktion im Nullpunkt des Koordinatensystems wie r^{-1} gegen ∞ geht und damit gerade noch quadratintegrierbar ist, so wird durch eine Differentiation die Quadratintegrierbarkeit zerstört. Damit ist klar, daß wir als physikalische Größen *lineare Abbildungen* des Hilbert-Raums *zulassen* müssen, *welche nicht auf sämtliche Hilbert-Vektoren angewandt werden können*. Auf der anderen Seite haben wir aber gefordert, daß sich jeder Hilbert-Vektor nach Eigenvektoren eines Operators entwickeln läßt; man fragt sich, ob dies überhaupt möglich ist, wenn P nicht auf alle Hilbert-Vektoren angewandt werden kann. Die Schwierigkeit löst sich, wenn wir uns genau überlegen, was denn eine Entwicklung nach Eigenvektoren bedeutet, wenn diese eine *unendliche* Folge bilden. Die Entwicklung hat dann die Gestalt einer unendlichen Summe (oder allgemein eines Lebesgue-Integrals) und ist damit definiert als eine Folge von Teilsummen, welche den darzustellenden Vektor ψ approximiert. Die Teilsummen gehören, da die Summanden Eigenvektoren sind, zum Definitionsbereich des Operators P. Die Forderung, daß ψ sich in dieser Weise entwickeln läßt, bedeutet, daß sich jeder Vektor $\psi \in \mathfrak{H}$ durch eine Folge von Vektoren aus dem Definitionsbereich $D(P)$ des Operators P approximieren lassen muß. Man sagt dann, *der Definitionsbereich ist dicht in* $\mathfrak{H}$. Der *Definitionsbereich eines Operators* ist also im allgemeinen ein *Teilbereich des Hilbert-Raums*, der *im Hilbert-Raum dicht* ist, jedoch *nicht* als *Unterraum* bezeichnet werden kann, da er *nicht vollständig* ist. — Stellt man in dieser Weise einen Vektor ψ, der nicht zu $D(P)$ gehört, durch eine Folge von Vektoren aus $D(P)$ dar, so hat man eine konvergente Folge ψ_n von Vektoren, deren Bilder $P\psi_n$ nicht konvergieren; und zwar deshalb, weil eine Teilfolge der Eigenwerte des Operators P gegen unendlich strebt. Ein Beispiel ist der Operator $\boldsymbol{r}$, dessen Wertebereich bis nach unendlich reicht; wir haben gesehen, daß dies eine ganze Klasse von quadratintegrierbaren Funktionen von der Anwendung des Operators ausschließt.

Die *Operatoren der Quantenmechanik müssen* somit *einen dichten Definitionsbereich haben*, jedoch außerdem noch, wie wir bereits überlegt haben, *symmetrisch* sein; man nennt solche Operatoren *selbstadjungiert*. — Man bezeichnet zwei Operatoren P und $P^\dagger$ als zueinander *adjungiert*, wenn sie der Beziehung genügen

$$\langle\varphi|P\psi\rangle = \langle P^\dagger\varphi|\psi\rangle. \tag{16.15}$$

Wir können *nicht* fordern, daß diese Beziehung *für beliebige* Vektorenpaare $\varphi, \psi \in \mathfrak{H}$ gilt, sondern für genau alle $\varphi \in D(P^\dagger)$; $\psi \in D(P)$. Einer *reellen physikalischen Größe* muß ein *Operator* zugeordnet werden, welcher *selbstadjungiert* ist, und dies bedeutet nun

$$P = P^\dagger; \quad D(P) = D(P^\dagger) \text{ dicht in } \mathfrak{H}. \tag{16.16}$$

Fassen wir (16.15) und (16.16) zusammen, so ergibt sich

$$\langle\varphi|P\psi\rangle = \langle P\varphi|\psi\rangle. \tag{16.17}$$

Wenn ψ ein beliebiger Vektor $\in D(P)$ ist, so muß diese Beziehung genau für alle $\varphi \in D(P)$ gelten.

Nachdem wir diese präzise Definition der Selbstadjungiertheit — welche nötig ist, um die Quantentheorie überhaupt durchführen zu können — kennengelernt haben, müssen wir einige früher schon eingeführte Operatoren überprüfen. Den Operator $\boldsymbol{r}$ haben wir im Raum der Schrödinger-Funktion $\psi(\boldsymbol{r})$ eingeführt als Multiplikation der Funktion mit $\boldsymbol{r}$. Wir müssen jetzt präzise folgendermaßen vorgehen: Der Operator $\boldsymbol{r}$ ist definiert als das Produkt $\boldsymbol{r}\,\psi(\boldsymbol{r})$ für alle quadratintegrierbaren Funktionen $\psi(\boldsymbol{r})$, für welche auch $|\boldsymbol{r}\,\psi(\boldsymbol{r})|^2$ integrierbar ist; *für andere Funktionen* $\psi(\boldsymbol{r})$ ist die Anwendung der Operation $\boldsymbol{r}$ *nicht definiert*. Analog müssen wir die Definition des Operators $\boldsymbol{p}$ einschränken. Er ist definiert durch die Ableitung nach $\boldsymbol{r}$ für all diejenigen quadratintegrierbaren Funktionen, für welche auch die Ableitung quadratintegrierbar ist; für andere Funktionen ist er nicht definiert. Wollten wir $\boldsymbol{p}$ auch auf andere Funktionen anwenden, so würden wir die Bedingung (16.17) verletzen, welche (wir haben dies bei dem Vergleich der Formeln (11.9) und (11.10) überlegt) auf partieller Integration beruht und das Verschwinden des Oberflächenintegrals zur Voraussetzung hat. — Man stößt gelegentlich in der physikalischen Literatur auf Schwierigkeiten, die nur dadurch verursacht sind, daß man fehlerhaft die Definition $\frac{\hbar}{i}\,\partial/\partial q$ eines Impulsoperators auf Funktionen anwendet, die nicht zum Definitionsbereich des *selbstadjungierten* physikalischen Operators gehören. Wir werden dies genauer in § 26 bei der Besprechung der Unschärferelation sehen.

§ 17. Eigenvektoren und Projektionen

Gibt es einen Vektor $|p\rangle \in \mathfrak{H}$, für welchen gilt

$$P|p\rangle = p|p\rangle, \tag{17.1}$$

so nennt man ihn einen *Eigenvektor* des Operators (oder der Abbildung) P zum *Eigenwert* p; p kann dabei im allgemeinen eine komplexe Zahl sein — *für symmetrische Operatoren ist* p *reell*, wie wir in § 14 bewiesen haben.

Wir wissen aus dem vorigen §, daß der Definitionsbereich $D(P)$ physikalischer Operatoren P im allgemeinen nicht ganz $\mathfrak{H}$ umfaßt. Insbesondere müssen wir einsehen, daß die einzige Lösung der Differentialgleichung $\frac{\hbar}{i}\frac{\partial}{\partial \boldsymbol{r}}\psi = \hbar \boldsymbol{k}\psi$, nämlich die Funktion $\exp(i\boldsymbol{k}\cdot\boldsymbol{r})$, nicht zum Definitionsbereich des Operators $\boldsymbol{p}$ gehört. Dies bedeutet nichts anderes, als daß $\boldsymbol{p}$ *keine Eigenvektoren* besitzt. Die Funktionen $\exp(i\boldsymbol{k}\cdot\boldsymbol{r})$ gehören nicht einmal zum Hilbert-Raum der Quantenzustände. Trotzdem verhilft die Entwicklung nach ihnen (Fourierscher Integralsatz) zu Aussagen über den Linearimpuls eines Zustandes; so erhalten wir den Mittelwert aus Gl. (13.5). Den Schlüssel liefert Gl. (14.14), wenn wir darin die Größe $\langle\boldsymbol{k}|\psi\rangle$ (ebenso $\langle\varphi|\boldsymbol{k}\rangle$) nicht als Skalarprodukt interpretieren, sondern lediglich als Wahrscheinlichkeitsamplitude für den Meßwert $\hbar\boldsymbol{k}$ im Zustand ψ, die so definiert ist, daß $|\langle\boldsymbol{k}|\psi\rangle|^2 d^3\boldsymbol{k}$ die Wahrscheinlichkeit ist, welche auf ein Element $d^3\boldsymbol{k}$ entfällt. $\langle\boldsymbol{k}|\psi\rangle$ ist dabei eine Art allgemeiner Koordinate des Vektors ψ mit dem „Index" $\boldsymbol{k}$, das Quadrat eines Vektors erscheint als Lebesgue-Integral über das Absolutquadrat der Koordinaten — in Verallgemeinerung der üblichen Definition als Quadratsumme kartesischer Koordinaten. Entsprechend wird das Skalarprodukt zum Lebesgue-Integral über das Produkt von Koordinaten zum selben „Index".

Die Entwicklung (14.10) eines Vektors nach kartesischen Koordinaten kann man ebenfalls auf den Fall eines kontinuierlichen „Index" verallgemeinern. In (14.10) zerlegt man den Vektor $|\psi\rangle$ in eine Summe von Vektoren $|\nu\rangle$, welche zu jeweils einem möglichen Meßwert p_ν des Operators P gehören. Ein oder auch mehrere Basisvektoren zu einem bestimmten festen Meßwert p_ν bilden einen Unter-Hilbert-Raum. Unterräume zu verschiedenen Eigenwerten p_ν sind zueinander orthogonal, man hat somit in Gl. (14.10) $|\psi\rangle$ zerlegt in Anteile, welche Projektionen von $|\psi\rangle$ in verschiedene orthogonale Unter-Hilbert-Räume sind, denen jeweils ein bestimmter Meßwert p_ν zukommt. Geht man zu einem kontinuierlichen Vorrat an p-Werten über, so kann man in gleicher Weise $|\psi\rangle$ projizieren auf einen Unterraum, in welchem die Werte auf ein bestimmtes Intervall eingeschränkt sind. Es stört in keiner Weise, daß es in diesem Unterraum keine Eigenvektoren des Operators und keine Eigenwerte gibt. Die Projektion führt man einfach dadurch aus, daß man alle Koordinaten, die nicht zu dem betrachteten Intervall gehören, Null setzt. Wir können dies am Beispiel der Schrödinger-Funktion $\psi(\boldsymbol{r})$ demonstrieren, welche nunmehr als die Koordinate „Nummer" $\boldsymbol{r}$ des Vektors ψ konsequenterweise geschrieben wird

$$\psi(\boldsymbol{r}) = \langle \boldsymbol{r} | \psi \rangle. \tag{17.2}$$

Das Skalarprodukt zweier Vektoren φ und ψ ist

$$\langle \varphi | \psi \rangle = \int d^3\boldsymbol{r}\, \varphi^*(\boldsymbol{r})\, \psi(\boldsymbol{r}) \equiv \int d\mu(\boldsymbol{r})\, \langle \varphi | \boldsymbol{r} \rangle \langle \boldsymbol{r} | \psi \rangle. \tag{17.3}$$

Für das Maß $d\mu(\boldsymbol{r})$ haben wir dabei die einfachste Wahl getroffen

$$\mu(\boldsymbol{r}) \equiv xyz; \quad \rightarrow \quad d\mu(\boldsymbol{r}) = d^3\boldsymbol{r}. \tag{17.4}$$

Unterteilen wir den Raum in endliche Zellen Δ_ν, dann können wir sehr leicht einen Vektor ψ auf den Unterraum des Hilbert-Raums projizieren, dessen Werte-Vorrat für den Operator $\boldsymbol{r}$ aus den Punkten von Δ_ν bestehen. Dies geschieht mit der Abbildung Π_ν, deren $\boldsymbol{r}$-Darstellung lautet:

$$\langle \boldsymbol{r} | \Pi_\nu \psi \rangle = \begin{cases} \langle \boldsymbol{r} | \psi \rangle & \text{für} \quad \boldsymbol{r} \in \Delta_\nu \\ 0 & \text{sonst.} \end{cases} \tag{17.5}$$

ψ wird somit abgebildet auf einen Unterraum des Hilbert-Raums $\Pi_\nu \mathfrak{H}$, dessen $\boldsymbol{r}$-Darstellung aus all denjenigen Funktionen besteht, die außerhalb Δ_ν verschwinden. $\Pi_\nu \mathfrak{H}$ genügt allen Axiomen des Hilbert-Raums. Vektoren, welche zwei verschiedenen Unterräumen $\Pi_\nu \mathfrak{H}$ angehören, sind orthogonal – bildet man nämlich das Skalarprodukt entsprechend (17.3), so ist für jeden Raumpunkt $\boldsymbol{r}$ mindestens einer der beiden Faktoren Null. Addiert man die Projektionen des Vektors ψ auf die zu allen Zellen Δ_ν des Raumes gehörigen Unterräume $\Pi_\nu \mathfrak{H}$, so stellt man ψ wieder her:

$$|\psi\rangle = \sum_\nu \Pi_\nu |\psi\rangle. \tag{17.6}$$

Da dies für jedes $\psi \in \mathfrak{H}$ gilt, kann man auch schreiben

$$\mathfrak{H} = \sum_\nu \Pi_\nu \mathfrak{H}. \tag{17.7}$$

Man hat damit den Hilbert-Raum in ein vollständiges System von Unterräumen zerlegt, die zueinander orthogonal sind; anders ausgedrückt: man hat die identische Abbildung I in eine Summe von Projektionsoperatoren zerlegt:

$$I = \sum_\nu \Pi_\nu. \tag{17.8}$$

Ein Projektionsoperator Π ist eine besonders einfache Abbildung des Hilbert-Raums; da entsprechend Gl. (17.5) eine nochmalige Anwendung des Projektionsoperators keine Änderung mehr bringt, gilt

$$\Pi^2 = \Pi . \tag{17.9}$$

Sie zeigt, daß Π nur die beiden Eigenwerte Null und eins besitzen kann — jeder Vektor aus dem Unterraum $\Pi\mathfrak{H}$ wird auf sich selbst abgebildet, jeder Vektor aus dem komplementären Unterraum $(I-\Pi)\mathfrak{H}$ auf 0; besitzt ein Vektor dagegen Komponenten in den beiden komplementären Unterräumen, so werden diese zum Teil bei der Projektion annulliert, zum Teil unverändert gelassen — er kann kein Eigenvektor sein.

Bei einer *Projektion* kann ein Vektor verkürzt, aber nie verlängert werden (entsprechend den beiden Eigenwerten Null und eins); deshalb ist Π ein *beschränkter Operator*, sein Definitionsbereich ist der gesamte Hilbert-Raum. Überdies ist er *selbstadjungiert*; wenn man nämlich vor der Bildung des Skalarprodukts nach Gl. (17.3) ψ oder φ — oder auch beide — mittels eines Projektionsoperators Π_ν in den Unterraum $\Pi_\nu\mathfrak{H}$ projiziert, so ist der Erfolg in jedem Falle, daß die Raumintegration nur mehr über Δ_ν zu erstrecken ist.

Gemäß Gl. (11.15) berechnen wir den Mittelwert einer Funktion $F(\boldsymbol{r})$ des Ortsvektors $\boldsymbol{r}$ nach der Formel

$$\overline{F} = \int \psi^*(\boldsymbol{r})\, F(\boldsymbol{r})\, \psi(\boldsymbol{r})\, d^3\boldsymbol{r} . \tag{17.10}$$

Wir können dieses Integral, definiert als Grenzwert einer Summe über Volumelemente Δ_ν, in folgender Weise erzeugen: Wir projizieren ψ in den Unterraum $\Pi_\nu\mathfrak{H}$; die $\boldsymbol{r}$-Darstellung von $\Pi_\nu|\psi\rangle$ ist nur innerhalb Δ_ν von Null verschieden. Sodann multiplizieren wir $\Pi_\nu|\psi\rangle$ mit $F_\nu = F(\boldsymbol{r}_\nu)$, wo $\boldsymbol{r}_\nu$ ein $\boldsymbol{r}$-Wert innerhalb Δ_ν ist. Die Summe über sämtliche Zellen des Raumes

$$\sum_\nu \langle\psi|\, F_\nu \Pi_\nu\, |\psi\rangle$$

geht bei Verfeinerung der Zellenteilung in das Riemannsche Integral (17.10) über, sofern dieses existiert. Im Limes geht Π_ν über in den Projektionsoperator auf den Hilbert-Raum derjenigen Funktionen, welche nur innerhalb von $d^3\boldsymbol{r}$ von Null verschieden sind — wir nennen ihn $\Pi_{d^3\boldsymbol{r}}$ — und die Summe wird zum Integral:

$$\overline{F} = \langle\psi|\int F(\boldsymbol{r})\Pi_{d^3\boldsymbol{r}}\,|\psi\rangle . \tag{17.11}$$

In derselben Weise können wir irgendein Matrixelement umschreiben in die Gestalt

$$\langle\varphi|\, F(\boldsymbol{r})\, |\psi\rangle = \langle\varphi|\int F(\boldsymbol{r})\Pi_{d^3\boldsymbol{r}}\,|\psi\rangle . \tag{17.12}$$

Dies bedeutet aber, daß die Funktion F der Abbildung $\boldsymbol{r}$, von welcher links ein beliebiges Matrixelement gebildet wird, identisch ist mit $\int F(\boldsymbol{r})\Pi_{d^3\boldsymbol{r}}$; auf der rechten Seite ist $\Pi_{d^3\boldsymbol{r}}$ ein Operator, $\boldsymbol{r}$ dagegen eine dreidimensionale Variable.

Nach demselben Schema gewinnt man die *Spektraldarstellung* einer beliebigen physikalischen Größe, dargestellt durch einen selbstadjungierten Operator P. Man kann den gesamten Hilbert-Raum aufbauen aus orthogonalen Unterräumen, von denen jeder einzelne nur p-Werte aus einer *Zelle* des p-Raums enthält. Die Anwendung einer Funktion $F(P)$ des Operators P kann dann so geschehen, daß man zu einer unendlich feinen Zelleneinteilung im p-Raum fortschreitet und den Projektionsoperator Π_{dp} in diese Zelle mit dem Zahlenwert $F(p)$ multipliziert; schließlich integriert man über den gesamten p-Raum. So erhält man

$$F(P) = \int F(p)\Pi_{dp}. \tag{17.13}$$

Dies ist das sog. *Spektraltheorem*. Es gilt für jede selbstadjungierte Abbildung P des Hilbert-Raums; also für jede Abbildung, deren Definitionsbereich $D(P)$ dicht in $\mathfrak{H}$ ist, wenn Gl. (16.17) genau für alle Vektoren $\varphi \in D(P)$ immer dann gilt, wenn $\psi \in D(P)$. Gl. (17.13) hat doppelte Bedeutung: zunächst ist ja nur der Operator P selbst definiert; und (17.13) stellt fest, daß man das — bekannte — Ergebnis der Transformation $F(P) \equiv P$ auch erhalten kann, indem man entsprechend der rechten Seite von (17.13) projiziert und mit den Eigenwerten von P in den einzelnen Volumelementen multipliziert. Wiederholt man die Operation P, so folgt (17.13) auch für P^ν (ν ganz), und damit wegen der Linearität der Operationen auch für beliebige Polynome bzw. Potenzreihen $F(P)$; ferner auch für alle Funktionen $F(P)$, die durch Potenzreihen approximierbar sind. Man kann aber einen Schritt weitergehen und — ohne sich in Widersprüche zu verwickeln — *(17.13)* als *Definition für eine beliebige Funktion* $F(P)$ des Operators P ansehen. — Als Beispiel diene der Projektionsoperator Π_Δ in ein Volumen Δ des p-Raums. Wir können diese Funktion $\Pi_\Delta(P)$ definieren durch

$$\Pi_\Delta(p) = \begin{cases} 1 & \text{für} \quad p \in \Delta \\ 0 & \text{sonst.} \end{cases} \tag{17.14}$$

Wir erhalten so als Spezialfall von (17.13)

$$\Pi_\Delta(P) = \int \Pi_\Delta(p)\Pi_{dp} = \int_\Delta \Pi_{dp}. \tag{17.15}$$

Das Ergebnis ist trivial: Die Projektion in ein endliches Volumen des p-Raums erhält man, indem man über die Projektionen Π_{dp} in die infinitesimalen Elemente von Δ integriert. Nimmt man statt einer Zelle Δ ganz $\mathfrak{H}$, dann hat man die identische Abbildung I des Hilbert-

Raums. Wir können sie als Funktion $I(P)$ jedes beliebigen Operators P auffassen, definiert durch

$$I(p) = 1 \quad \text{für alle } p. \tag{17.16}$$

Damit gibt (17.13) die Darstellung der identischen Abbildung über dem Spektrum eines Operators P:

$$I = \int \Pi_{dp}. \tag{17.17}$$

Projektions-Operatoren sind (da beschränkt) auf ganz $\mathfrak{H}$ definiert, es gilt also

$$|\psi\rangle = \int \Pi_{dp} |\psi\rangle; \qquad \psi \in \mathfrak{H}. \tag{17.18}$$

Man kann somit jeden Hilbert-Vektor zerlegen in Anteile, welche zu den einzelnen infinitesimalen Volumelementen des p-Raums gehören. Gl. (17.18) ist die Verallgemeinerung von Gl. (14.10); dabei ist für den Operator P ein beliebiger — diskreter oder kontinuierlicher — Wertebereich zugelassen. Es kann sein, daß die Eigenwerte p allein einen Zustand nicht eindeutig kennzeichnen, daß somit zu jedem Wert von p noch ein mehr- oder sogar unendlich-dimensionaler Unterraum von $\mathfrak{H}$ gehört, dessen Vektoren durch Werte *anderer* symmetrischer Operatoren gekennzeichnet sind. Ist z.B. P die x-Komponente des Linearimpulses, dann ist das zu dp gehörige Volumelement des $\mathbf{p}$-Raums eine Scheibe von der Dicke dp in der x-Richtung, in der y- und z-Richtung jedoch unendlich ausgedehnt. Ist in (17.18) dp das Flächenelement $dp_x\, dp_y$, dann ist das zugeordnete Volumelement ein Streifen von diesem Querschnitt, der in der z-Richtung unbegrenzt ist. Wenn wir dem p-Raum so viele Dimensionen geben, daß die Angabe von p durch keine weiteren unabhängigen Angaben mehr präzisiert werden kann, (z.B. $dp = dp_x dp_y dp_z$), p also für die Werte eines vollständigen *Satzes von Operatoren* P steht, welche gleichzeitig diagonalisierbar sind, so können wir das Skalarprodukt — entsprechend Gl. (14.14) — als Lebesgue-Integral über die Koordinatenprodukte darstellen. Wenn wir auch noch Gl. (17.18) zum Vergleich heranziehen, erhalten wir die Formel

$$\langle\varphi|\psi\rangle = \int \langle\varphi|\, \Pi_{dp}\, |\psi\rangle = \int d\mu(p)\, \langle\varphi|p\rangle\, \langle p|\psi\rangle. \tag{17.19}$$

Der erste Teil dieser Gleichung gilt stets, der zweite nur, wenn die Bestimmungsstücke p vollständig sind. — Wir wollen erneut anmerken, daß das Symbol $\langle p|\psi\rangle$ im allgemeinen nur eine ,,Koordinate" mit ,,Index" p andeutet, aber nicht ein Skalarprodukt zweier Vektoren ist; nur für diskrete p-Werte existiert ein Eigenvektor $|p\rangle$, und genau dann erhält man die Komponente $\langle p|\psi\rangle$ als Skalarprodukt. Wir behalten jedoch für $\langle p|\psi\rangle$ Gl. (14.3) bei, verstehen also unter $\langle\varphi|p\rangle$ das konjugiert Komplexe der ,,Koordinate" $\langle p|\varphi\rangle$.

§ 18. Koordinaten-Transformationen im Hilbert-Raum

Sei P irgendein vollständiger Satz von physikalischen Größen eines mechanischen Systems. Ein Hilbert-Vektor $|\psi\rangle$ ist dann durch Angabe der sämtlichen Koordinaten $\langle p|\psi\rangle$ zu allen Werte-n-Tupeln p vollständig festgelegt. Ist Q ein anderer vollständiger Satz von physikalischen Größen, so kann der Vektor $|\psi\rangle$ auch durch Koordinaten $\langle q|\psi\rangle$ bezüglich des Wertevorrats q festgelegt werden. Damit haben wir zwei verschiedene Koordinatendarstellungen für denselben Vektor; der Übergang von der einen Darstellung zur anderen ist eine Koordinatentransformation. Da der Vektorraum linear ist und alle linearen Beziehungen des Vektorraums auch linear durch die Koordinaten ausgedrückt werden, muß die Koordinatentransformation linear sein. Man muß also $\langle q|\psi\rangle$ für einen gegebenen Wert q durch die Gesamtheit der Koordinaten $\langle p|\psi\rangle$ linear ausdrücken können. Die allgemeine Gestalt einer solchen linearen Beziehung ist ein Lebesgue-Stieltjes-Integral

$$\langle q|\psi\rangle = \int_{(p)} d\mathsf{K}(q, p)\,\langle p|\psi\rangle. \tag{18.1}$$

$d\mathsf{K}(q, p)$ ist dabei der Limes $\Delta p \to 0$ einer additiven „Intervall-Funktion" $\Delta\mathsf{K}(q, p)$, welche den Intervallen (mehrdimensional: Zellen) Δp zugeordnet wird; wir können sie etwa realisieren, indem wir jeder Komponente von p eine Funktion $\mathsf{K}(q, p)$ zuschreiben und $\Delta\mathsf{K}$ als Zuwachs von K im Intervall Δp definieren. — Von einem Lebesgueschen Maß unterscheidet sich $\Delta\mathsf{K}$ dadurch, daß es nicht nur positive, sondern beliebige komplexe Werte annehmen kann. — Da der Wertevorrat p sich auf solche Punkte beschränkt, für welche das Maß $d\mu(p)$ des Skalarproduktes (17.19) von Null verschieden ist, kann man in den meisten Fällen einen Faktor $d\mu(p)$ von $d\mathsf{K}$ abspalten, so daß die Transformation die Gestalt bekommt

$$\langle q|\psi\rangle = \int d\mu(p)\,K(q, p)\,\langle p|\psi\rangle. \tag{18.2}$$

Die Koordinatentransformation des Hilbert-Raums ist dann eine *Integraltransformation mit* einem *Kern* $K(q, p)$. Spezialisieren wir kurz auf den Fall, daß sowohl P wie auch Q ein abzählbares System von Hauptachsen mit den Einheitsvektoren $|\nu\rangle$, bzw. $|\mu\rangle'$ besitzt, dann wird aus dem Integral eine Summe und wir haben

$$|\mu\rangle' = \sum_{\nu} K(\mu, \nu)\,|\nu\rangle. \tag{18.3}$$

Die Kernfunktion $K(\mu, \nu)$ wird dabei speziell zum *Transformationstensor* der linearen Transformation von einem kartesischen Koordinatensystem in ein anderes, und (18.3) erweist sich als identisch mit (14.10), wenn wir dort für $|\psi\rangle$ den Einheitsvektor des Koordinatensystems $|\mu\rangle'$

setzen; die Elemente der Transformationsmatrix werden zu den Skalarprodukten $K(\mu, \nu) = '\langle\mu|\nu\rangle$. Wir wollen in Analogie dazu ganz *allgemein den Kern* der Transformation *mit einem Diracschen Klammersymbol bezeichnen,* d. h.:

$$\langle q|p\rangle \equiv K(q, p). \tag{18.4}$$

Im Fall der diskreten Basis bedeutet das Klammersymbol das Skalarprodukt der Einheitsvektoren; falls nur *eine* Basis diskret ist, etwa $|p\rangle$, ist $\langle q|p\rangle$ die q-Koordinate des Basisvektors $|p\rangle$. — Die Koordinatentransformation (18.2) erhält die Gestalt

$$\langle q|\psi\rangle = \int d\mu(p)\, \langle q|p\rangle\, \langle p|\psi\rangle. \tag{18.5}$$

Wir wollen als nächstes zeigen, daß die Transformationskerne der Relation (14.3) genügen, d. h. bei Vertauschung der beiden „Faktoren" ins konjugiert Komplexe übergehen, daß also die *Kerne inverser Transformationen konjugiert komplex zueinander* sind; mit anderen Worten, daß die *Transformationen unitär* sind. Zum Beweis geben wir das Skalarprodukt zweier Vektoren φ und ψ in beiden Koordinatensystemen[3]:

$$\langle\varphi|\psi\rangle = \int d\mu(q)\, \langle\varphi|q\rangle\, \langle q|\psi\rangle = \int d\mu(p)\, \langle\varphi|p\rangle\, \langle p|\psi\rangle.$$

Nun drücken wir im ersten Integral $\langle q|\psi\rangle$ durch die Koordinaten $\langle p|\psi\rangle$ aus, im zweiten Integral $\langle\varphi|p\rangle = \langle p|\varphi\rangle^*$ durch die Koordinaten $\langle q|\varphi\rangle^*$. Wir wenden dazu Gl. (18.5) auf $\langle q|\varphi\rangle$ an, sodann vertauschen wir in (18.5) q mit p, setzen φ statt ψ und bilden das konjugiert Komplexe. Auf diese Weise ergeben sich die folgenden Gestalten des Skalarprodukts:

$$\int d\mu(q) \int d\mu(p)\, \langle\varphi|q\rangle \langle q|p\rangle \langle p|\psi\rangle = \int d\mu(p) \int d\mu(q)\, \langle\varphi|q\rangle\, \langle p|q\rangle^* \langle p|\psi\rangle.$$

Da dies identisch in φ und ψ übereinstimmen muß, gilt in der Tat Gl. (14.3) für die Integralkerne.

Nicht alle Koordinatentransformationen lassen sich in der Gestalt (18.2) als Integraltransformationen mit Kern schreiben. Ein Gegenbeispiel ist die Transformation eines q-Koordinatensystems in sich selbst. Sei q eindimensional, dann lautet (18.1) für $p \equiv q$:

$$\langle q|\psi\rangle = \int_{(q')} d\eta(q, q')\, \langle q'|\psi\rangle. \tag{18.6}$$

Soll dies richtig sein, so muß die Funktion $\eta(q, q')$ so beschaffen sein, daß sie sich für $q' \neq q$ nicht ändert und in jedem noch so kleinen Intervall, welches $q' = q$ enthält, um 1 anwächst. Wir können also für η die

3 Wir nennen alle Spektral-Maße kurz $d\mu$; genauer hätte zu stehen $d\mu_P(p)$, $d\mu_Q(q)$, um anzudeuten, daß sich i. allg. die Maße eines Q-Spektrums von denen des P-Spektrums unterscheiden.

Stufenfunktion nehmen

$$\eta(q, q') = \begin{cases} 0 & \text{für} \quad q' < q \\ 1 & \text{für} \quad q' \geqq q. \end{cases} \tag{18.7}$$

Liegt q im kontinuierlichen Spektrum, wo wir $d\mu(q') = dq'$ wählen können, so läßt $d\eta$ eine Abspaltung des Faktors dq' nicht zu, da die Funktion η nicht differenzierbar ist. Es ist jedoch recht bequem, gleichwohl so zu tun *als ob η nach q differenzierbar wäre*, und zu schreiben

$$\frac{\partial \eta(q, q')}{\partial q'} = \delta(q, q') = \begin{cases} 0 & \text{für} \quad q' \neq q \\ \infty & \text{für} \quad q' = q \end{cases} \tag{18.8}$$

und dementsprechend (18.6) wie eine Integraltransformation mit Kern zu schreiben:

$$\langle q|\psi\rangle = \int dq'\, \delta(q, q')\, \langle q'|\psi\rangle. \tag{18.9}$$

Das Lebesgue-Integral (18.6) erbringt in Strenge einen einzigen Summanden von der Stelle $q' = q$; in (18.9) stellt man dies so dar, als wenn die Funktion $\langle q'|\psi\rangle$ mit einer Funktion δ multipliziert wäre, welche entsprechend (18.8) für $q' \neq q$ verschwindet, jedoch bei $q' = q$ in solcher Weise unendlich wird, daß die Fläche unter der „Funktion“ $\delta(q, q')$ den Wert 1 hat; man muß jedoch sehr vorsichtig sein, wenn man dieses Bild verwendet. Wenn man etwa die δ-Funktion approximieren will durch eine Folge wirklicher Funktionen, die nur in einem sehr schmalen Intervall von Null verschieden sind, dort die Fläche eins haben, so ergibt sich im Limes nur dann Gl. (18.9), wenn man vermeidet, daß die approximierenden Funktionen sehr große positive und negative Werte besitzen, die sich kompensieren; man würde sonst aus dem Integral (18.9) neben der Funktion $\langle q|\psi\rangle$ noch Summanden erhalten, welche Ableitungen dieser Funktion enthalten. Man muß also fordern, daß die approximierenden Funktionen überall positiv sind. Letzten Endes führen aber alle Ausdrücke, welche mit der δ-Funktion geschrieben werden, wieder zurück auf Integrale mit dem Faktor $dq'\,\delta(q, q')$ — wenn man diesen vor Ausführung der Integration wieder durch $d\eta(q, q')$ ersetzt, kann man keinen Fehler machen; man hat jedoch bei der Einführung der Symbolik (18.8) den Vorteil, daß man viele Beziehungen mit dem Symbol der δ-Funktion ohne Integralzeichen einfacher und übersichtlicher anschreiben kann. Man hat jedenfalls die δ-Funktion zu definieren durch die Identität

$$\int_a^b F(x')\, \delta(x' - x)\, dx' \equiv \int_a^b F(x')\, d\eta(x' - x) = \begin{cases} F(x) & \text{wenn} \quad a < x < b \\ 0 & \text{wenn} \begin{cases} x < a \\ x > b \end{cases}. \end{cases} \tag{18.10}$$

Der Vergleich von (18.9) mit (18.5) zeigt, daß die „uneigentliche“ Funktion $\delta(q, q')$ als „uneigentlicher Kern“ der Integraltransformation mit dem Symbol $\langle q | q' \rangle$ in Zusammenhang gebracht werden muß durch die Beziehung

$$d\eta(q, q') = dq' \, \delta(q, q') = d\mu(q') \, \langle q | q' \rangle. \tag{18.11}$$

Im diskreten Spektrum hat an einem Punkt q sowohl η als auch μ einen Sprung, und (18.11) besagt, daß das Skalarprodukt der Basisvektoren gleich dem Verhältnis dieser beiden Sprünge sein muß; wählt man beide zu eins, dann kehrt man zur Ortho-Normalitätsrelation (14.9) zurück. Im kontinuierlichen Spektrum ist μ differenzierbar. Die einfachste Wahl ist

$$d\mu(q') = dq'; \qquad \langle q | q' \rangle = \delta(q, q'). \tag{18.12}$$

Durch Hinzunahme uneigentlicher Funktionen und uneigentlicher Kerne wird es möglich, auch Koordinatentransformationen von der Natur der Identität in der Gestalt (18.5) zu schreiben — die Theorie wird erheblich übersichtlicher.

§ 19. Uneigentliche Vektoren

Wir haben zu Beginn von § 17 gesehen, daß der Linearimpuls keine Eigenvektoren besitzt. Wir machen uns leicht klar, daß hieran der kontinuierliche Wertevorrat schuld ist. Schon der Umstand, daß man im Kontinuum keine Basis *abzählen* kann, legt die Vermutung nahe, daß es keine Basisvektoren *gibt*. In der Tat: Ein Vektor mit einem Eigenwert p_0 dürfte nur für diesen einen Wert eine von Null verschiedene Koordinate $\langle p | \psi \rangle$ besitzen; ist diese Koordinate endlich, so verschwindet das Skalarprodukt (17.19) von ψ mit jedem Hilbert-Vektor φ. Ebenso wäre $\langle \psi | \psi \rangle = 0$ — der Vektor $|\psi\rangle$ müßte somit mit dem Nullvektor identifiziert werden, welcher trivialerweise Eigenvektor zu allen Operatoren ist. Man müßte also, um so etwas wie einen Eigenvektor ψ zu konstruieren, seiner Koordinate $\langle p | \psi \rangle$ im Punkte p_0 einen unendlichen Wert erteilen; dies hat keinen Sinn. Um die Verhältnisse genauer zu analysieren, betrachten wir eine Folge von Hilbert-Vektoren, deren Koordinaten nur in einem kleinen Intervall Δ um den Punkt p_0 von Null verschieden sind; die Intervallfolge lassen wir gegen Null streben. Die Hilbert-Vektoren $|p_0, \Delta\rangle$ definieren wir mittels ihrer Koordinatendarstellung

$$\langle p | p_0, \Delta \rangle \equiv \begin{cases} \frac{1}{\Delta} & \text{für} \quad |p - p_0| \leqq \frac{\Delta}{2} \\ 0 & \text{sonst.} \end{cases} \tag{19.1}$$

Wir haben die Koordinate in dem Intervall als $1/\Delta$ angesetzt, damit sie im Limes $\Delta \to 0$ so nach ∞ strebt, daß für jeden Hilbert-Vektor φ, dessen p-Darstellung $\langle p|\varphi\rangle$ bei p_0 stetig ist, gilt

$$\lim_{\Delta\to 0}\langle p_0, \Delta|\varphi\rangle = \langle p_0|\varphi\rangle. \tag{19.2}$$

Wir können also genauso, wie wenn es einen Eigenvektor $\langle p_0|$ gäbe, die p_0-Komponente des Vektors $|\varphi\rangle$ durch skalare Multiplikation mit den Hilbert-Vektoren unserer Folge errechnen. Wir dürfen uns deswegen aber nicht der Illusion hingeben, daß die Folge konvergiert, denn es gilt

$$\langle p_0, \Delta|p_0, \Delta\rangle = \int\limits_{p_0-\Delta/2}^{p_0+\Delta/2} \frac{1}{\Delta^2}\,dp = \frac{1}{\Delta} \to \infty. \tag{19.3}$$

Die Länge der Vektoren strebt in unserer Folge nach Unendlich; ihre Differenz kann nicht gegen Null streben. Die Folge ist somit *divergent*, doch bilden die Skalarprodukte mit (fast) jedem Hilbert-Vektor eine konvergente Folge. Weiter besitzt auch die Darstellung $\langle q|p, \Delta\rangle$ über einem q-Spektrum einen Limes, sofern zwischen der Darstellung q und p eine Transformation mit Kern besteht. Dann ist nämlich nach (18.5)

$$\langle q|p, \Delta\rangle = \int dp'\,\langle q|p'\rangle\,\langle p'|p, \Delta\rangle. \tag{19.4}$$

Falls der Kern $\langle q|p'\rangle$ an der Stelle p stetig ist, erhält man im Limes

$$\lim_{\Delta\to 0}\langle q|p, \Delta\rangle = \langle q|p\rangle. \tag{19.5}$$

In Worten: der Kern $\langle q|p\rangle$ der Koordinatentransformation ist der Limes für die Koordinaten der Vektorenfolge $|p, \Delta\rangle$; wir können in der Tat, um die p-Komponente eines Vektors φ entsprechend Gl. (19.2) zu berechnen, statt des Grenzübergangs den Transformationskern selbst benützen, denn es gilt nach Gl. (18.5)

$$\langle p|\varphi\rangle = \int d\mu(q)\,\langle p|q\rangle\,\langle q|\varphi\rangle. \tag{19.6}$$

Diese Formel, ursprünglich als Gleichung für eine Koordinatentransformation eingeführt, hat genau die Gestalt eines Skalarprodukts zwischen dem Vektor φ in der q-Darstellung, und einem Vektor, dessen q-Darstellung gleich $\langle q|p\rangle$ ist. Der Umstand, daß $\langle q|p\rangle$ nicht die Darstellung eines Hilbert-Vektors, d. h. nicht quadratintegrierbar ist, stört für die Bildung des „uneigentlichen Skalarprodukts" (19.6) nicht. Man bezeichnet deshalb die Funktion $\langle q|p\rangle$ der Koordinate q als q-Darstellung eines *uneigentlichen Vektors* $|p\rangle$. Wir führen damit zusätzlich zu den Vektoren des Hilbert-Raums eine Kategorie von Vektoren ein, welche dem Hilbert-Raum nicht angehören, weil ihre Länge nicht endlich ist (ihre Koordinatendarstellung ist nicht quadratintegrierbar), deren Skalarprodukt mit Hilbert-Vektoren jedoch definiert ist. — Wie wir wissen, können wir den Kern $\langle q|p\rangle$ sowohl für die Transformation von der q- in die p-Darstellung, wie auch für die inverse Transformation verwenden; die konjugiert komplexe Funktion $\langle p|q\rangle$, als Funktion von p aufgefaßt, ist deshalb auch p-Darstellung eines uneigentlichen Vektors $|q\rangle$. Darüber hinaus erhält man sogar den Kern, indem man das Skalarprodukt zwischen diesen beiden uneigentlichen Vektoren bildet; um dies einzusehen gehen wir von der q-Darstellung eines Vektors $\varphi \in \mathfrak{H}$ mit Hilfe der Transformationsformel (19.6) zunächst zu einer r-Darstellung über, für welche der Kern $\langle r|q\rangle$ existiert. Von der r-Darstellung transformieren wir sodann in die p-Darstellung. Diese zweifache Koordinatentransformation hat die Gestalt

$$\langle p|\varphi\rangle = \int d\mu(r) \int d\mu(q)\, \langle p|r\rangle\, \langle r|q\rangle\, \langle q|\varphi\rangle. \qquad (19.7)$$

Der Vergleich mit (19.6) liefert uns die verallgemeinerte Formel für das Produkt zweier Tensoren:

$$\langle p|q\rangle = \int d\mu(r)\, \langle p|r\rangle\, \langle r|q\rangle; \qquad (19.8)$$

dies hat in der Tat wieder die Gestalt eines Skalarprodukts: die r-Komponenten des uneigentlichen Vektors $|q\rangle$ werden mit dem konjugiert Komplexen der r-Komponenten des uneigentlichen Vektors $|p\rangle$ gefaltet. Wir können damit (nach der Erweiterung des Hilbert-Raums durch Hinzunahme uneigentlicher Vektoren) das *Diracsymbol* $\langle\varphi|\psi\rangle$ *in jedem Falle als Skalarprodukt interpretieren*, gleichgültig, ob die beiden Vektoren φ, ψ Hilbert-Vektoren sind, ob einer Hilbert-Vektor ist und der andere uneigentlicher Vektor, oder ob beide uneigentliche Vektoren sind; im letzten Fall ist jedoch zu fordern, daß das Produkt der beiden nicht quadratintegrierbaren Koordinaten-Darstellungen der Faktoren integrabel ist; dann und nur dann existiert die Kernfunktion der zugehörigen Transformation. Wir wissen, daß für die identische Koordinatentransformation kein Kern $\langle q|q'\rangle$ existiert, soferne wir nicht die uneigentliche Funktion $\delta(q, q')$ einführen. Mit uneigentlichen Funktionen (mathematisch genauer: Distributionen) kann man auch in Gl. (18.12) die δ-Funktion als Skalarprodukt der uneigentlichen Vektoren $|q\rangle$ und $|q'\rangle$ auffassen. Die Entwicklungsformel (17.18), wie auch die Koordinatentransformation (18.5) erhält man nunmehr dadurch, daß man den Vektor $|\psi\rangle$ identisch abbildet, also gleich $I|\psi\rangle$ setzt, und I durch das Integral über die Projektionen auf das Spektrum eines *vollständigen* Satzes von Operatoren gemäß Gl. (17.17) ausdrückt. Dies läßt sich mit Hilfe eigentlicher oder uneigentlicher Eigenvektoren $|p\rangle$ in der folgenden Form schreiben

$$\Pi_{dp} = d\mu(p)\, |p\rangle\, \langle p|. \qquad (19.9)$$

Für die Identität erhält man die Darstellung

$$I = \int d\mu(p)\, |p\rangle\, \langle p|. \qquad (19.10)$$

Wendet man diese Operatoridentität auf einen Hilbert-Vektor $|\psi\rangle$ an, so folgt (17.19) wie auch (18.5).

§ 20. Lineare Transformationen des Hilbert-Raums

Sind die Vektoren $\psi \in \mathfrak{H}$ durch die Koordinatendarstellung $\langle q|\psi\rangle$ gegeben, so bedeutet eine lineare Transformation T des Hilbert-Raums eine Abbildung von $\langle q|\psi\rangle$ auf die q-Darstellung des transformierten Vektors $\langle q|T\psi\rangle$. Diese Abbildung ist linear und hat allgemein die Gestalt eines Lebesgue-Stieltjes-Integrals

$$\langle q|T|\psi\rangle = \int_{(q')} d\tau(T; q, q') \langle q'|\psi\rangle. \tag{20.1}$$

$d\tau(T; q, q')$ ist Intervall-Funktion der Zellen dq'. Falls man von $d\tau(T; q, q')$ das Maßdifferential des Skalarproduktes $d\mu(q')$ als Faktor abspalten kann — wenn also $\tau(T; q, q')$ hinsichtlich q' differenzierbar ist — so erhält man eine Transformation mit Kern:

$$\langle q|T|\psi\rangle = \int d\mu(q')\, T(q, q') \langle q'|\psi\rangle. \tag{20.2}$$

Vergleichen wir dies mit der identischen Darstellung des Vektors ψ über dem q-Spektrum

$$|\psi\rangle = \int d\mu(q')\, |q'\rangle \langle q'|\psi\rangle, \tag{20.3}$$

so sehen wir, daß wir in Gl. (20.2) die Transformation auf die uneigentlichen Vektoren $|q'\rangle$ angewandt haben, und zwar haben wir für die q-Komponenten von $T|q'\rangle$:

$$\langle q|T|q'\rangle = T(q, q'), \tag{20.4}$$

$T(q, q')$ ist somit die Darstellung des Tensors T im Koordinatensystem q; q, q' sind dabei die „Indices" des Tensors. — Zwischen den Koordinatendarstellungen eines Tensors T und des symmetrisch adjungierten Tensors $T^\dagger$ besteht die Beziehung

$$\langle q|T|q'\rangle = \langle q'|T^\dagger|q\rangle^*. \tag{20.5}$$

Man beweist dies sofort, indem man in der Beziehung $\langle\varphi|T\psi\rangle = \langle\psi|T^\dagger\varphi\rangle^*$ beide Vektoren über dem q-Spektrum darstellt. Man hat dann nämlich

$$\int d\mu(q) \int d\mu(q') \langle\varphi|q\rangle \langle q|T|q'\rangle \langle q'|\psi\rangle$$
$$= \int d\mu(q') \int d\mu(q) \langle\psi|q'\rangle^* \langle q'|T^\dagger|q\rangle^* \langle q|\varphi\rangle^*.$$

Hieraus folgt (20.5), da die beiden Vektoren $\varphi, \psi \in \mathfrak{H}$ willkürlich sind. Wir können das Diracsche Klammersymbol (20.4) — zunächst nur als Abkürzung für den Transformationskern $T(q, q')$ eingeführt — als Skalarprodukt der (eigentlichen oder uneigentlichen) Vektoren $\langle q|$ und $T|q'\rangle$ interpretieren. Transformieren wir nämlich $T|q\rangle$ in eine

p-Darstellung, für welche der Kern $\langle q|p\rangle$ existiert, so haben wir

$$\langle q|T|q'\rangle = \int d\mu(p)\, \langle q|p\rangle\, \langle p|T|q'\rangle. \qquad (20.6)$$

Dies ist aber die Faltung der p-Koordinaten von $\langle q|$ und $T|q'\rangle$ zum Skalarprodukt. — Ebenso können wir wegen (20.5) $\langle q|T|q'\rangle$ auch als Skalarprodukt des Vektors $\langle q|T$ mit dem Vektor $|q'\rangle$ darstellen. Geben wir von $|q\rangle$ und $|q'\rangle$ die p-Darstellung, so wird schließlich

$$\langle q|T|q'\rangle = \int d\mu(p) \int d\mu(p')\, \langle q|p\rangle\, \langle p|T|p'\rangle\, \langle p'|q'\rangle. \qquad (20.7)$$

Dies können wir, wenn wir wollen, als die Transformation von der p-Darstellung $\langle p|T|p'\rangle$ des Tensors T in die q-Darstellung auffassen; wir können aber auch sagen, daß der Tensor T von links mit dem (eigentlichen oder uneigentlichen) Vektor $\langle q|$ und von rechts mit dem Vektor $|q'\rangle$ skalar multipliziert wird. Schließlich können wir, wenn wir an geeigneter Stelle uneigentliche Funktionen zulassen, alle Gleichungen dieses Paragraphen dadurch erhalten, daß wir in *Skalarprodukte* (genauer gesagt: Diracsymbole, welche wie skalare Produkte aussehen) die *Identität* in der Gestalt (19.10) *einschieben*.

§ 21. Information und Voraussage, Statistischer Operator

Die Wellenmechanik stellt einen „Quantenzustand" durch eine Wellenfunktion dar — welche wir inzwischen als spezielle Koordinatendarstellung eines Hilbert-Vektors erkannt haben. Um den Hilbert-Vektor eindeutig festzulegen, müssen wir wenigstens *eine* Koordinatendarstellung besitzen; d. h. wir müssen die größtmögliche Anzahl miteinander verträglicher Messungen ausgeführt haben. Wenn wir diese Messungen nacheinander ausführen und zur Kenntnis nehmen, so geschieht folgendes: Bevor wir die erste Messung machen, wissen wir über den Zustand des Systems nichts — d. h. jeder Vektor aus dem Hilbert-Raum des Systems ist möglich. Nach der ersten Messung kommen nur mehr Eigenvektoren zu dem gemessenen Wert in Frage, d. h. also, Vektoren aus einem Unter-Hilbert-Raum. Eine zweite unabhängige, jedoch mit der ersten verträgliche Messung wählt einen Unterraum dieses Unterraums aus, welcher durch weitere Messungen erneut eingeengt wird, bis schließlich ein eindimensionaler Unterraum, eine einzige Richtung im Hilbert-Raum resultiert; erst damit wird der Information ein bestimmter Hilbert-Vektor zugeordnet. — Die soeben gegebene Beschreibung eines Meßvorgangs ist nur möglich, wenn die zu messenden Größen ein diskretes Spektrum besitzen; denn nur dann gibt es Hilbert-Vektoren, die den Meßwert als Eigenwert besitzen, nur dann besitzt der Hilbert-Raum einen Unterraum von Eigenvektoren. Nehmen wir nun an, wir messen eine Größe mit kontinuierlichem Wertebereich, wie den Ort oder den Linearimpuls. Es ist klar, daß wir dann einen exakten Meßwert nicht bestimmen können, denn jede physikalische Messung ist mit einem Meßfehler behaftet, das Ergebnis kann niemals eine mathematisch genau fixierte Zahl sein; wir können somit bestenfalls ein kleines Intervall angeben, innerhalb dessen der Meßwert liegt. Aber auch damit legen wir einen *Unterraum* des Hilbert-Raums fest mit einem Projektionsoperator der Art (17.5), (17.14). Im allgemeinen werden wir als Ergebnis einer Messung, d. h. einer *Meß-Reihe*, eine Häufigkeitsverteilung der Meßwerte — etwa von der Gaußschen Art — finden, und können so verschiedenen Intervallen des Spektrums verschiedene Wahrscheinlichkeiten zuordnen; wir können uns aber auch darauf beschränken, nach Einsichtnahme in die Meßergebnisse zu konstatieren, daß der Meßwert in ein bestimmtes Intervall fällt — wir wollen mit von Neumann eine derartige Information über das System eine *Eigenschaft* nennen. Die Aussage: „Wir kennen eine Eigenschaft des Systems" wird dann gleichbedeutend mit: „Wir ordnen das System einem Unter-Hilbert-Raum zu".

Wir müssen uns klarmachen, daß die Zuordnung einer *Eigenschaft*, die Beschreibung eines quantenmechanischen Zustandes *niemals objektiv* im klassischen Sinn sein kann. Eine Meßreihe liefert eine statistische Menge von Meßwerten; der beobachtende Mensch *muß* das Meßergebnis *beurteilen und werten*, um auf eine bestimmte Eigenschaft, bzw. eine Wahrscheinlichkeitsverteilung von Eigenschaften zu schließen. Dies gilt nicht nur für Messungen kontinuierlicher Werte, sondern auch für die Festlegung eines diskreten Meßwerts, wie etwa eines bestimmten spektroskopischen Zustands eines Atoms — es besteht immer eine, wenn auch kleine Wahrscheinlichkeit dafür, daß man (infolge eines zufällig sehr großen Meßfehlers) den Meßwert einem falschen diskreten Eigenwert zuordnet; so kann ein Photon, welches hinter einem Spektrometer im Zentrum einer bestimmten Spektrallinie auftritt, aus dem sehr schwachen Ausläufer einer Nachbarlinie stammen. Die Messung eines diskreten Eigenwertes erfolgt im Grunde genauso, wie die eines Meßwerts im Kontinuum: die Meßreihe liefert eine Menge von Zahlenwerten, welche nicht ganz übereinstimmen; der Beobachter hat zu *entscheiden, welches Intervall* auf der reellen Achse des Wertebereichs *er garantieren will* — liegt in diesem Intervall nur ein einziger diskreter Eigenwert des Systems, so übernimmt er die Garantie für diesen Eigenwert. Gibt man auf Grund von Messungen eine Eigenschaft des Systems an, so hat man dabei eine durchaus *subjektive und persönliche Entscheidung* zu treffen, welche nicht eindeutig vorgezeichnet ist, sondern aus einem Abwägen von Genauigkeit und Risiko resultiert: man möchte gerne möglichst genau messen, d. h. ein kleines Intervall für das zugelassene Meßergebnis angeben — auf der anderen Seite möchte man aber auch das Risiko einer falschen Angabe vermeiden. Die Entscheidung hängt davon ab, welche Konsequenzen sich aus einer falschen Voraussage ergeben. Denken wir etwa an das Beispiel der Wettervorhersage; der heutige Meteorologe bleibt hochgeachtet, wenn er — sagen wir — 60% richtige Voraussagen macht; *deshalb* kann er es auch wagen, seine Voraussagen *genau* zu formulieren. Zu Zeiten Harun al Raschids kostete die Meteorologen, wenn ich recht unterrichtet bin, eine falsche Wetterprognose den Kopf. Deshalb sagten sie im Sommer nur voraus: „Morgen kein Schnee" und im Winter „Temperaturen unter 40°"; dies war zwar *nicht präzise, aber sicher*.

Damit sind wir bei einer wichtigen Frage angelangt: Welche Konsequenzen hat eine Aussage über den Zustand eines Systems? In einem Spezialfalle kennen wir die Antwort bereits: Besteht die Information darin, daß wir einen Zustandsvektor kennen (genauer gesagt: daß wir uns entschließen, diesen Zustand zu garantieren), so heißt das, das System hat die Eigenschaft, in einem bekannten eindimensionalen Unter-Hilbert-Raum ψ zu sein. Um über eine physikalische Größe P Aussagen zu machen, entwickeln wir nach Gl. (17.18) ψ in bezug auf das Spektrum von P; $\Pi_{dP}|\psi\rangle$ ist der Anteil von ψ, welcher mit einem Meßwert p im Intervall dp verträglich ist. Das Quadrat dieses Anteils ist ($\langle\psi|\psi\rangle = 1$ vorausgesetzt) die *Wahrscheinlichkeit* dafür, daß eine Messung von P einen Wert in dp liefert:

$$\langle\psi|\,\Pi_{dp}\,|\psi\rangle = \overline{\Pi}_{dp}. \tag{21.1}$$

Gl. (21.1) können wir über ein endliches Intervall integrieren; wir sehen, daß *die Wahrscheinlichkeit für eine Eigenschaft gleich dem Erwartungswert des zugehörigen Projektionsoperators* ist. Der Erwartungswert für irgendeine Funktion $F(P)$ der physikalischen Größe P kann nach Gl. (17.13) auf die Erwartungswerte der Eigenschaften Π_{dp} zurückgeführt werden. — Ist p eine *vollständige* Information, dann ist

$$\Pi_{dp}|\psi\rangle = d\mu(p)\,|p\rangle\langle p|\psi\rangle$$

und

$$\overline{\Pi}_{dp} = |\langle p|\psi\rangle|^2 d\mu(p) \tag{21.1a}$$

$\langle p|\psi\rangle$ kann als *Wahrscheinlichkeits-Amplitude*, $|\langle p|\psi\rangle|^2$ als Wahrscheinlichkeitsdichte (pro Lebesgue-Maß $d\mu(p)$) angesprochen werden.

Wir wollen nun annehmen, daß wir den Zustandsvektor nicht kennen, aber doch irgendwelche Informationen über das System haben, nach welchen gewisse Hilbert-Vektoren wahrscheinlicher, andere unwahrscheinlicher sind (dies kann z.B. die Kenntnis einer Eigenschaft sein). Der Mittelwert irgendeiner Größe P muß sich dann linear aus den Erwartungswerten für alle möglichen Zustände überlagern mit Koeffizienten, welche die Wahrscheinlichkeit der Hilbert-Vektoren angeben, jedoch von

P nicht abhängen. Drückt man eine solche lineare Überlagerung mit Hilfe eines Basisvektorsystems aus, so erhält man allgemein für $\overline{P}$ einen Ausdruck der Gestalt:

$$\overline{P} = \int d\mu(\alpha) \int d\mu(\beta)\, w_{\alpha\beta} \langle\beta|\, P\, |\alpha\rangle . \tag{21.2}$$

Wir haben darin wieder das Lebesgue-Integral benützt, um beliebige diskrete und kontinuierliche Spektren einzuschließen. (21.2) ist nun nichts anderes als die Spur eines Produkts von Operatoren. Wir können nämlich die Koeffizienten $w_{\alpha\beta}$ als die Darstellung eines Operators W auffassen

$$w_{\alpha\beta} = \langle\alpha|\, W\, |\beta\rangle; \qquad W \equiv \int d\mu(\alpha) \int d\mu(\beta)\, |\alpha\rangle\, w_{\alpha\beta} \langle\beta| . \tag{21.3}$$

Dann ist die Koordinatendarstellung des Produkts

$$\langle\alpha|\, WP\, |\gamma\rangle = \int d\mu(\beta) \langle\alpha|\, W\, |\beta\rangle \langle\beta|\, P\, |\gamma\rangle; \tag{21.4}$$

und der Erwartungswert

$$\overline{P} = \int d\mu(\alpha) \langle\alpha|\, WP\, |\alpha\rangle \equiv \text{Spur}\,(WP) . \tag{21.5}$$

Die Spur eines Operators ist invariant gegen eine Koordinatentransformation im Hilbert-Raum, weil der Tensor $I = \int d\mu(\alpha)\, |\alpha\rangle \langle\alpha|$ invariant ist. — Wir erhalten somit für die allgemeinste Form eines Erwartungswerts den Ausdruck

$$\overline{P} = \text{Spur}\,(W P) . \tag{21.6}$$

Den Tensor W, welcher die gesamte Statistik der vorliegenden Information enthält, nennt man *statistischer Operator* (von Neumann) oder *Dichtematrix*; der letzte Ausdruck ist jedoch im Grunde irreführend — wir wollen ihn im folgenden nicht verwenden. — Nicht jeder Operator W kann statistischer Operator sein. Zunächst kann man zeigen, daß W symmetrisch sein muß. Jeder Erwartungswert eines symmetrischen Operators muß reell sein, also $\overline{P}^* = \overline{P}$. Setzt man hierin Gl. (21.2) ein und benennt α, β um, so folgt $w^*_{\alpha\beta} = w_{\beta\alpha}$, W ist somit symmetrisch. Überdies muß der Definitionsbereich $D(W)$ dicht in $\mathfrak{H}$ sein, da man sonst nicht für alle Eigenschaften Wahrscheinlichkeiten erhielte. Damit ist gesichert, daß W ein selbstadjungierter Operator und sein Spektrum reell ist. Man kann aber leicht einsehen, daß dieses *Spektrum* sogar *positiv* sein muß; denn genau dann werden alle Wahrscheinlichkeiten, welche mit Hilfe von W berechnet werden, positiv: Die Wahrscheinlichkeit, das System in einem bestimmten Unterraum des Hilbert-Raums zu finden, ist, wie wir wissen, der Erwartungswert des zugehörigen Projektionsoperators Π; dieser muß somit positiv sein

$$\overline{\Pi} = \text{Spur}\,(W\Pi) \geqq 0 .$$

Spezialisieren wir auf eindimensionale Unterräume, so sehen wir, daß *in beliebiger Koordinatendarstellung* die *Diagonalelemente von W positiv oder Null* sein müssen. Geht man speziell zur Spektraldarstellung des Operators W selbst über, so folgt, daß dieses Spektrum keine negativen Zahlen enthalten kann, somit ist *W ein positiver Operator*. Dies ist aber auch hinreichend. um zu garantieren, daß alle Diagonalelemente in einer beliebigen Darstellung positiv sind, denn es gilt wegen (17.9)

$$\langle\psi|\, W\,|\psi\rangle = \int_{w=0}^{\infty} w \langle\psi|\, \Pi_{dw}\,|\psi\rangle = \int_{w=0}^{\infty} w \langle \Pi_{dw}\psi|\Pi_{dw}\psi\rangle \geqq 0 .$$

Eine dritte Einschränkung für W ergibt sich aus der Forderung, daß die gesamte Wahrscheinlichkeit, das System in irgendeinem Teil des Hilbert-Raums zu finden, eins sein muß. Der Projektionsoperator in dem gesamten Hilbertraum ist die identische Abbildung I, somit muß gelten

$$1 = \mathrm{Sp}\,(WI) = \mathrm{Sp}\,(W). \tag{21.7}$$

Auf diese *Normierungsbedingung* kann man *verzichten*, wenn man statt (21.6) zur Berechnung von Mittelwerten die folgende Gleichung benützt

$$\overline{P} = \frac{\mathrm{Spur}\,(WP)}{\mathrm{Spur}\,(W)} . \tag{21.8}$$

Es ist bequem, mit unnormiertem statistischem Operator zu rechnen; dann gibt Spur (WP) die relative Wahrscheinlichkeit für eine Eigenschaft P an, die man zu einer absoluten machen kann, indem man durch die Gesamtwahrscheinlichkeit Spur (W) dividiert. Vorausgesetzt ist dabei natürlich, daß diese Spur überhaupt existiert — und dies bedeutet eine ganz erhebliche Einschränkung für die Operatoren W. Sie müssen nämlich ein rein diskretes Spektrum haben, da jeder Projektionsoperator auf ein Intervall des kontinuierlichen Spektrums die Spur ∞ besitzt: Die Spur des Projektionsoperators in einen Unterraum ist die Dimensionszahl diese Unterraums — bei endlicher Dimensionszahl liefert jeder Basiseinheitsvektor einen Beitrag 1 zur Spur, bei unendlicher Dimensionszahl (wie im Kontinuum) wird die Spur unendlich. Führen wir etwa eine Basis $|\,w\rangle$ ein, welche den Operator W diagonalisiert — im diskreten Spektrum haben wir dann Hilbert-Vektoren $|\,w\rangle$, im kontinuierlichen Spektrum uneigentliche Vektoren — dann wird die Spur

$$\mathrm{Spur}\,(W) = \mathrm{Sp} \int d\mu(w)\, w\,|\,w\rangle\,\langle w| = \int d\mu(w)\, w\,\langle w|\,w\rangle . \tag{21.9}$$

Besitzt das w-Spektrum ein kontinuierliches Intervall, so existiert dort das Skalarprodukt $\langle w|\,w\rangle$ nicht, bzw. es hat den Wert ∞, somit wird der Integrand für ein endliches Intervall ∞, und damit auch die Spur.

Man kann bis zu einem gewissen Grade auch mit *nicht normierbaren statistischen Operatoren* W rechnen; man erhält aus ihnen *relative Wahrscheinlichkeiten* für Eigenschaften, falls Spur $(W\Pi)$ existiert, kann aber auch gewisse Aussagen über absolute Wahrscheinlichkeiten machen, wenn man in Gl. (21.8) bei der Bildung der Spuren von einem abzählbaren Basissystem des Hilbert-Raums ausgeht (welches dann natürlich nicht W diagonalisiert); die beiden Spuren (21.8) werden dann divergente unendliche Summen — falls der Quotient der Teilsummen konvergiert, so kann man ihn als Erwartungswert $\overline{P}$ bezeichnen.

§ 22. Änderung der Information

Wir haben gesehen, wie aus einem gegebenen statistischen Operator Voraussagen für neue Messungen gemacht werden können. Wie aber übersetzen wir Informationen über ein gegebenes System in die mathematische Sprache des statistischen Operators? Oder auch: Wie ändert sich der statistische Operator infolge einer neuen Information? Ausgangspunkt ist dabei immer folgendes: Wir wissen, daß ein System bestimmter Art vorliegt, dessen mechanische bzw. quantenmechanische Theorie wir kennen. Wir haben eine bestimmte Vorinformation für den Zustand des Systems, welche speziell lauten kann: Wir wissen nichts darüber. Unsere Information kann sich dann dadurch verändern, daß wir neue Tatsachen zur Kenntnis nehmen (z.B. nachdem wir eine neue Messung ausgeführt haben) oder einfach dadurch, daß die Zeit vergeht.

Nehmen wir zunächst an, die Vorinformation sei durch einen statistischen Operator W_1 ausgedrückt. Aus einer neuen Information schließen wir, daß das System eine Eigenschaft Π besitzt, d.h. daß nur Zustandsvektoren aus dem Unterraum $\Pi\mathfrak{H}$ für das System in Frage kommen. Wir müssen uns dann bei allen statistischen Voraussagen auf diesen Unter-Hilbert-Raum zurückziehen; über die Verhältnisse *innerhalb* dieses Unterraums haben wir jedoch *keine neue* Information erhalten, müssen also in $\Pi\mathfrak{H}$ genau die Matrix W_1 der Vorinformation weiterverwenden. Vom Gesamt-Hilbert-Raum aus gesehen bedeutet dies, daß wir statt W_1 jetzt den statistischen Operator verwenden

$$W_2 = \Pi\, W_1\, \Pi\,. \tag{22.1}$$

Die Spur von W wird bei dieser Operation im allgemeinen verkleinert, und wir rechnen am einfachsten mit unnormierten statistischen Operatoren W; andernfalls müßten wir die rechte Seite noch durch Spur $(W_1\,\Pi)$ dividieren.

Auch ohne neue Information *verändern sich* im allgemeinen *die statistischen Angaben* über den Zustand des Systems *im Laufe der Zeit.*

Wissen wir etwa, daß ein Teilchen sich zu einem Anfangszeitpunkt in einem bestimmten Raumvolumen befindet, so können wir erwarten, daß es zu einer späteren Zeit in andere Raumgebiete gewandert ist, welche wir voraussagen können, sofern wir Kenntnisse über die Geschwindigkeit des Teilchens haben. Nur soweit unsere Informationen Konstante der Bewegung betreffen, ändern sie sich im Laufe der Zeit nicht. — In welcher Weise sich physikalische Größen und damit auch Erwartungswerte ändern, entnehmen wir aus Gl. (15.6). Freilich haben wir diese Gleichung gewonnen, indem wir die zeitliche Änderung eines *einzelnen Quantenzustands* betrachtet haben. Wir müssen sie aber auch für allgemeine Mittelwerte, welche mit beliebigen statistischen Operatoren gebildet werden, postulieren, um sicher zu sein, daß im Limes $\hbar \to 0$ die klassische Mechanik resultiert. Hieraus können wir nun sehr leicht die zeitliche Veränderung von W entnehmen — wir haben nur Gl. (21.8) in Gl. (15.3) einzusetzen. Da wir dabei einen Normierungsfaktor von W frei haben, können wir Spur (W) entsprechend Gl. (21.7) zu 1 normieren, oder jedenfalls zeitunabhängig machen. Gl. (15.3) gilt dann für die relativen Erwartungswerte, d.h.

$$\frac{d}{dt}\operatorname{Sp}(PW) = \operatorname{Sp}\left(\frac{\partial P}{\partial t} W\right) + \frac{i}{\hbar}\operatorname{Sp}([H, P]\,W). \tag{22.2}$$

Um den Sinn dieser Gleichung genau zu erkennen, müssen wir uns daran erinnern, daß wir alle Operatoren, also speziell P und W, als Funktionen eines vollständigen Satzes von Koordinaten und Impulsen sowie der Zeit angeben. Deshalb ändert sich die linke Seite von (22.2) nur infolge der expliziten Zeitabhängigkeit von P und W, und es entsteht

$$\operatorname{Sp}\left(P\frac{\partial W}{\partial t}\right) = \frac{i}{\hbar}\operatorname{Sp}(P\,[W, H]). \tag{22.3}$$

Auf der rechten Seite haben wir die Faktoren zyklisch verschoben, was die Spur nicht ändert. — Da (22.3) für beliebige Operatoren P gelten muß (z.B. für alle Operatoren, die bezüglich einer abzählbaren Basis nur ein einziges nichtverschwindendes Matrixelement besitzen) erschließt man die Operator-Identität

$$\frac{\partial W}{\partial t} = \frac{i}{\hbar}[W, H]. \tag{22.4}$$

Nach Gl. (15.6) ist dies gleichbedeutend mit

$$\frac{dW}{dt} = 0; \tag{22.5}$$

d.h. also: Der Operator für die zeitliche Änderung der Information ist identisch Null, „*die Information ist Konstante der Bewegung*".

Gl. (22.4) können wir auch erhalten, indem wir in Gl. (21.3) fordern, daß die Matrixelemente $w_{\alpha\beta}$ zeitunabhängig sind (dies entspricht Gl. (22.5)), daß jedoch die Vektoren $|\alpha\rangle$ und $|\beta\rangle$ der Schrödinger-Gleichung gehorchen

$$-\frac{\hbar}{i}\frac{\partial}{\partial t}|\alpha\rangle = H|\alpha\rangle. \tag{22.6}$$

Dann ergibt sich aus Gl. (21.3)

$$\frac{\partial W}{\partial t} = \int d\mu(\alpha)\int d\mu(\beta)\left[-\frac{i}{\hbar}H|\alpha\rangle\, w_{\alpha\beta}\,\langle\beta| + \frac{i}{\hbar}|\alpha\rangle\, w_{\alpha\beta}\,\langle\beta|\,H\right]. \tag{22.7}$$

Dies ist in der Tat mit (22.4) identisch; wir können (22.4) lösen, wenn wir die allgemeine Lösung von Gl. (22.6) besitzen. Falls H zeitunabhängig ist, löst man (22.6) durch

$$|\alpha, t\rangle = \mathrm{e}^{-\frac{i}{\hbar}H(t-t_0)}|\alpha, t_0\rangle. \tag{22.8}$$

Man hat damit eine Transformation $S(t, t_0)$, welche die Gesamtheit der Vektoren $|\alpha\rangle$ zur Zeit t_0 in die Vektoren zur Zeit t abbildet, den sog. *Zeitentwicklungsoperator*. Er wird ganz allgemein (also auch bei zeitabhängigem H) dadurch festgelegt, daß

$$|\alpha, t\rangle = S(t, t_0)\,|\alpha, t_0\rangle \tag{22.8a}$$

Lösung von Gl. (22.6) sein muß. Daraus folgt:

$$-\frac{\hbar}{i}\frac{\partial}{\partial t}S(t, t_0) = H(t)\,S(t, t_0); \qquad S(t_0, t_0) = I. \tag{22.9}$$

Diese Differentialgleichung einschließlich der Anfangsbedingung ist gleichbedeutend mit der Integralgleichung

$$S(t, t_0) = I - \frac{i}{\hbar}\int_{t_0}^{t} dt'\, H(t')\, S(t', t_0)\, dt'. \tag{22.10}$$

Dies ist eine Fredholmsche Integralgleichung zweiter Art, welche — Konvergenz vorausgesetzt — durch sukzessive Approximationen gelöst werden kann, indem man in nullter Näherung $S(t, t_0) = I$ setzt und dann jeweils die niedrigere Näherung auf der rechten Seite in den Integranden einführt, um die nächsthöhere Näherung zu erhalten. Das Ergebnis ist die sog. *Neumannsche Reihe*

$$S(t, t_0) = \sum_{n=0}^{\infty}\left(-\frac{i}{\hbar}\right)^n \int_{t_0}^{t} dt'\, H(t') \int_{t_0}^{t'} dt''\, H(t'') \ldots \int_{t}^{t^{(n-1)}} dt^{(n)} H(t^n). \tag{22.11}$$

[Sumand $n = 0$: I].

Falls $[H(t_1), H(t_2)] = 0$ für beliebige Zeitpunkte zwischen t_0 und t, wird das n-fache Integral gleich $\frac{1}{n!}\left[\int\limits_{t_0}^{t} dt'\, H(t')\right]^n$, und die Summe geht in die Exponentialreihe über, welche auf (22.8) zurückführt:

$$S(t, t_0) = \mathrm{e}^{-\frac{i}{\hbar} H(t-t_0)}; \quad \text{falls } [H(t_1), H(t_2)] = 0 \quad \text{für } (t - t_i)(t_i - t_0) \geqq 0, \quad i = 1, 2 \tag{22.11 a}$$

Man bezeichnet (22.11) auch als die „zeitgeordnete" Exponentialreihe: $T \exp\left(-\frac{i}{\hbar}\int\limits_{t_0}^{t} H(t')\, dt'\right)$ — T ist der „Zeitordnungsoperator", also die Vorschrift, daß die Faktoren $H(t)$ mit späteren Zeitpunkten links von den Faktoren mit früheren Zeitpunkten stehen ($t > t_0$ vorausgesetzt). Aus (22.9) können wir folgern, daß S ein *unitärer Operator* ist: Die symmetrisch adjungierte Gl. (22.9) lautet

$$\frac{\hbar}{i}\frac{\partial}{\partial t} S^\dagger(t, t_0) = S^\dagger(t, t_0)\, H(t); \qquad S^\dagger(t_0, t_0) = I. \tag{22.12}$$

Hieraus ergibt sich

$$\frac{\hbar}{i}\frac{\partial}{\partial t} S^\dagger S = (S^\dagger H)\, S + S^\dagger(-HS) = 0.$$

$$\frac{\hbar}{i}\frac{\partial}{\partial t} S S^\dagger = S(S^\dagger H) + (-HS)\, S^\dagger = [S S^\dagger, H].$$

Dies bedeutet: $S^\dagger S$ ändert sich im Laufe der Zeit nicht, ist also wegen der Anfangsbedingung dauernd die identische Abbildung I; $S S^\dagger$ auf der anderen Seite ändert sich dann nicht, wenn es mit H vertauscht — da zur Zeit $t = t_0$ das Produkt $S S^\dagger = I$ ist, bleibt es zu allen Zeiten $= I$, mit anderen Worten

$$S^\dagger(t, t_0) = S^{-1}(t, t_0). \tag{22.13}$$

Die Gln. (22.9), (22.12) und (22.13) lassen unmittelbar verifizieren, daß (22.4) gelöst wird durch

$$W(t) = S(t, t_0)\, W(t_0)\, S^{-1}(t, t_0). \tag{22.14}$$

Wendet man (22.8a) oder (22.14) auf eine Folge von mehreren Zeitpunkten an, so entnimmt man das Multiplikationstheorem des Zeitentwicklungsoperators:

$$S(t, t_1)\, S(t_1, t_0) = S(t, t_0). \tag{22.15}$$

Bei der Herleitung von Gl. (22.11) haben wir uns zwar vorgestellt, daß der Zeitpunkt t später als t_0 ist; doch gelten alle Gleichungen auch bei der umgekehrten Zeitreihenfolge. Insbesondere gilt Gl. (22.15) auch, wenn wir $t = t_0$ setzen, d.h. also

$$S(t_0, t_1)\, S(t_1, t_0) = I; \qquad S(t_0, t_1) = S^{-1}(t_1, t_0). \qquad (22.16)$$

Wir können nun den gesamten Ablauf der Informationsverarbeitung angeben. Wenn wir anfänglich nichts über den Zustand eines Systems wissen, so bedeutet dies, daß alle Vektoren des Hilbert-Raums ohne jede Einschränkung zugelassen sind, was durch den Projektionsoperator I auf den gesamten Hilbert-Raum zu beschreiben ist. Wir erhalten also den unnormierten (und unnormierbaren) statistischen Operator $W = I$. Natürlich ändert sich an unserer völligen Unkenntnis durch den bloßen Ablauf der Zeit nichts, und dies ist in Einklang mit (22.14); I vertauscht mit S, also bleibt W zu allen Zeiten gleich I. Erhalten wir nun Informationen, welche uns zu der Aussage veranlassen, daß das System zur Zeit t_0 eine bestimmte Eigenschaft Π_0 besaß, so verändert sich entspr. Gl. (22.1) der statistische Operator zu $W = \Pi_0$. Da Π_0 im allgemeinen nicht mit S vertauscht, erfährt die neue Information im Laufe der Zeit, entspr. Gl. (22.14), eine Änderung. Nehmen wir zu einem späteren Zeitpunkt t_1 eine neue Eigenschaft Π_1 zur Kenntnis, so ordnen wir dem System unmittelbar nach dem Zeitpunkt t_1 den statistischen Operator zu

$$W_1(t_1) = \Pi_1\, S(t_1, t_0)\, \Pi_0\, S^{-1}(t_1, t_0)\, \Pi_1.$$

Auch dieser Operator ändert sich im Laufe der Zeit, so daß zu einem noch späteren Zeitpunkt t gilt

$$W_1(t) = S(t, t_1)\, \Pi_1\, S(t_1, t_0)\, \Pi_0\, S^{-1}(t_1, t_0)\, \Pi_1\, S^{-1}(t, t_1). \qquad (22.17)$$

In dieser Weise kann man die Veränderung des statistischen Operators infolge beliebiger — miteinander verträglicher oder unverträglicher — Messungen bestimmen. Speziell kann man für ein konservatives System (H unabhängig von der Zeit) einen vollständigen Satz miteinander verträglichen Konstanten der Bewegung messen; in diesem Fall vertauschen die festgestellten Eigenschaften Π mit dem Zeitentwicklungsoperator und untereinander, und es resultiert das Produkt der sämtlichen Projektionsoperatoren auf die gemessenen Intervalle — im Fall eines vollständigen *diskreten* Spektrums auf einen einzigen Hilbert-Vektor, der dann Eigenvektor zu allen Konstanten der Bewegung ist und seine Richtung im Hilbert-Raum unverändert beibehält. Das System befindet sich dann in einem *stationären Zustand.* — Wenn die zu verschiedenen Zeitpunkten nacheinander gemessenen Größen nicht verträglich sind (die zugehörigen Operatoren nicht vertauschen), so wird mit der neuen Information jeweils ein Teil der vorangegangenen Information zerstört.

§ 23. Bedeutung des Wortes „Zustand“ in der klassischen und in der Quantenmechanik

Wissenschaft kann man nur treiben, wenn man eine Sprache benützt, Worten eine bestimmte Bedeutung zuschreibt und sich an diese Bedeutung gewöhnt. Damit wird das Wort zu einem wesentlichen Element des wissenschaftlichen Systems, des Fortschritts, aber auch — der Behinderung, nämlich dann, wenn die Kenntnisse sich erweitern, und man Worte in neuem Sinne weiterverwendet, ohne die gewohnte alte Bedeutung ganz abzustreifen; dies führt leicht zu Mißverständnissen und Fehlern. So hat das Wort „Zustand“ beim Übergang von der klassischen zur Quantenphysik schillernde Bedeutung bekommen. Eine sorgfältige Analyse ist deshalb angebracht.

In der klassischen Mechanik ist ziemlich klar, was man unter dem Zustand eines Systems zu verstehen hat. Wir können dort die Aussage machen, daß ein System (etwa von mehreren Punktteilchen) zu jedem Zeitpunkt in einem bestimmten Zustand ist. Damit meinen wir, daß alle Teilchen sich an bestimmten Raumpunkten aufhalten und bestimmte Geschwindigkeiten haben. Diese Aussage machen wir, ohne überhaupt hinzusehen, d.h. wir konstatieren, daß das System sich in *einem* Zustand befindet, auch wenn wir nicht wissen, welcher Zustand vorliegt; auch wenn niemand da ist, der den Zustand beobachtet. Was heißt dies aber? Treiben wir Metaphysik, indem wir neben das von uns faktisch *beobachtete* Ding noch das berühmte „Ding an sich“ der Systemphilosophie setzen? Als kritisch denkende Naturwissenschaftler sollten wir dieser Versuchung nicht erliegen. Wir erhalten *Dinge* als *Summe unserer Beobachtungen* und das *Wort*, welches wir einem Ding zulegen, kann nichts anderes sein, als *der Inbegriff unserer Erfahrungen* — das „Ding an sich“ kann seiner Definition gemäß niemals beobachtet, seine Existenz niemals überprüft werden; es ist damit ein inhaltsleeres Wort, seine Probleme sind Scheinprobleme. Wenn wir als Physiker einem System in jedem Augenblick einen wohldefinierten Zustand zuschreiben, auch wenn wir ihn nicht kennen und nicht beobachten, so bedeutet dies nur eine Aussage über die folgende Erfahrung: Wir sind sicher, daß wir bei jeder Beobachtung bestimmte Zahlenwerte für Lagekoordinaten und Geschwindigkeiten finden, und daß wir, sooft und wann immer wir die verschiedenen Lagekoordinaten und Geschwindigkeiten erneut messen, stets wieder dieselben bzw. die nach den mechanischen Bewegungsgleichungen aus den früheren Beobachtungen berechenbaren Werte finden.

In der Quantentheorie ist es völlig anders. Der Begriff „Quantenzustand“ stammt aus der Zeit, in welcher die Bohrsche Theorie des Atombaus entwickelt wurde, und bedeutet — in die moderne Sprache übersetzt — eine Richtung im Hilbert-Raum, festgelegt durch einen vollständigen Satz von Meßwerten für Konstante der Bewegung, die miteinander verträglich sind. Dies sind nur halb so viele Bestimmungsstücke wie in der klassischen Mechanik, z.B. die sämtlichen Impulse. Es ist nun wesentlich, daß wir durch eine neue Messung, die mit den vorangegangenen nicht verträglich ist, die früheren Kenntnisse beeinträchtigen; wir können anschließend nicht mehr mit Sicherheit sagen, daß die *früher* gewonnenen Meßergebnisse sich reproduzieren. Nach wie vor liefert ein vollständiger Satz von Messungen natürlich einen festen Quantenzustand, aber wir wissen, daß wir bei der Messung das System beeinflußt haben könnten, so daß wir also nicht sagen können: das System war unmittelbar vor der Messung in dem Zustand, in welchem es sich nach unserer neuen Information befindet. Dies bedeutet, wohlgemerkt, nicht, daß Messungen sich nicht reproduzieren; die *Reproduzierbarkeit* gehört zur *Definition der Messung*: ein Meßwert muß sich reproduzieren, wenn man die Messung wiederholt *bevor durch einen neuen Eingriff* oder durch den *Ablauf der Zeit das System verändert* worden ist. Auf der anderen Seite wissen wir sicher, daß nach einer Messung sich das System nicht in einem Quantenzustand befindet, der mit dieser Messung unverträglich ist — das System könnte sich jedoch vor der Messung in einem solchen befunden haben. Deshalb ist es *sinnlos* von einem *Zustand des Systems an sich* zu sprechen. Was *wir* durch einen Quantenzustand (bzw. den zugehörigen Hilbert-Vektor) *beschreiben* ist nicht das System an sich, sondern *unsere Kenntnis von dem System.* Durch den Zustandsvektor, oder allgemeiner durch den statistischen Operator, kennzeichnen wir den *Zustand unserer Kenntnis,* unserer Information über das System; oder noch besser: unsere Beurteilung der Information, die wir über das System erhalten haben.

Wir sehen damit, daß das Wort „Zustand“ in der Quantenphysik eine ganz andere Bedeutung hat, als in der klassischen Mechanik. Klassisch beschreiben wir *das System,* in der Quantenmechanik *unsere Kenntnis* von dem System. Wenn unsere Information vollständig ist, beschreiben wir unsere Kenntnis durch einen Zustandsvektor; wenn die Information eine Eigenschaft ist, durch den Projektionsoperator in den entsprechenden Unterraum des Hilbert-Raums. Im allgemeinen Fall beschreiben wir den Zustand unserer Kenntnis durch einen statistischen Operator W. Man könnte versucht sein, diese statistische Aussage so zu formulieren: das System befindet sich in einem Quantenzustand, beschreibbar durch einen Zustandsvektor $|\psi\rangle$; wir kennen aber diesen Zustandsvektor nicht, der statistische Operator vermittelt uns Kenntnisse über die Wahrscheinlichkeit der einzelnen Zustandsvektoren. Eine solche Aussage ist falsch oder mindestens gefährlich. Wenn wir etwa durch eine Messung feststellen, daß der Linearimpuls eines Teilchens in einem bestimmten Intervall liegt, so bedeutet dies keineswegs, daß das Teilchen *einen bestimmten* Linearimpuls in diesem Intervall *besitzt*; denn erstens gibt es gar keinen entsprechenden Eigenvektor, und zweitens läßt unsere Information Hilbert-Vektoren zu, deren Fourierspektrum sich über das ganze Intervall erstreckt. *Wir treiben* also im Grunde *nicht eine Statistik von Eigenvektoren*, vielmehr ist der *Projektionsoperator* in einen Unter-Hilbert-Raum selbst die *einzige und vollständige Darstellung einer Eigenschaft.*

§ 24. Grundprinzipien der Quantentheorie

Wir haben in den vergangenen Paragraphen Schritt für Schritt das Denkschema der Quantentheorie entwickelt, und wollen nun systematisch zusammenfassen, was wir als Grundprinzipien oder Axiome der Quantentheorie anzusehen haben.

1. Jeder physikalischen Größe wird eine selbstadjungierte Abbildung eines Hilbert-Raums $\mathfrak{H}$ zugeordnet.

2. *Eigenschaft* nennen wir eine selbstadjungierte Abbildung Π, für welche $\Pi^2 = \Pi$. $\Pi\mathfrak{H}$ und $(I-\Pi)\mathfrak{H}$ sind zwei orthogonale komplementäre Unter-Hilbert-Räume. Die Orthogonalität folgt aus

$$\langle (I-\Pi)\,\mathfrak{H}\,|\,\Pi\mathfrak{H}\rangle = \langle\mathfrak{H}|\,\Pi-\Pi^2\,|\,\mathfrak{H}\rangle = 0. \tag{24.1}$$

Durch einen „Projektionsoperator" Π wird $\mathfrak{H}$ auf den Unterraum $\Pi\mathfrak{H}$ projiziert. Sein Spektrum besteht aus den zwei diskreten Punkten 0 und 1: Alle Vektoren aus $\Pi\mathfrak{H}$ haben den Eigenwert 1, alle Vektoren aus $(I-\Pi)\mathfrak{H}$ den Eigenwert 0. — Ist eine Eigenschaft $\Pi(P)$ Funktion einer physikalischen Größe P, dann besteht die Eigenschaft darin, daß nur Meßwerte p in Frage kommen, für welche $\Pi(p) = 1$.

3. Jede Information über das System wird durch einen selbstadjungierten *statistischen Operator* W ausgedrückt, der ein positives Spektrum besitzt. Den Erwartungswert für irgendeine physikalische Größe berechnet sich aus

$$\overline{P} = \text{Spur}\,(PW)/\text{Spur}\,(W). \tag{24.2}$$

Die Wahrscheinlichkeit einer Eigenschaft Π ist ihr Erwartungswert $\overline{\Pi}$.

4. Solange man keine zusätzliche Information zur Kenntnis nimmt, ändert sich der statistische Operator im Laufe der Zeit nach der Gleichung

$$\frac{\partial W}{\partial t} = \frac{i}{\hbar}\,[W, H]; \tag{24.3}$$

wo H der Hamilton-Operator ist. Spur (W) ist zeitunabhängig, da die Spur jedes Kommutators verschwindet, also Spur $([W, H]) = 0$. Aus

(24.2) und (24.3) folgt für die *zeitliche Änderung* des Erwartungswerts *einer Größe P*

$$\frac{d\overline{P}}{dt} = \overline{\frac{\partial P}{\partial t} + \frac{i}{\hbar}[H, P]}. \tag{24.4}$$

5. Besitzt man über ein System keine Information, so ist der statistische Operator $W = I$. Wenn wir nur eine einzige Eigenschaft Π kennen, so ist $W = \Pi$. Besteht die erste Information über das System in einer relativen Wahrscheinlichkeitsverteilung $w(p)$ für die Meßwerte einer Größe P (pro $d\mu(p)$), dann ist der statistische Operator $W = w(P)$; dies enthält als Spezialfall eine Eigenschaft: wenn nämlich $w(p) = 1$ für gewisse Intervalle und sonst $w(p) = 0$. Es gibt zwei Möglichkeiten, die Information $w(P)$ durch Eigenschaften bezüglich des Spektrums des Operators P darzustellen nämlich

$$w(P) = \int_{-\infty}^{+\infty} w(p)\, \Pi_{dp} = \int_{0}^{\infty} \Pi(w)\, dw. \tag{24.5}$$

Das erste Integral erhält man durch direkte Anwendung des Spektraltheorems. Das zweite Integral wird durch Abb. 8 erläutert: Die Kurve soll die gegebene Wahrscheinlichkeitsverteilung $w(p)$ sein, dw ein Dif-

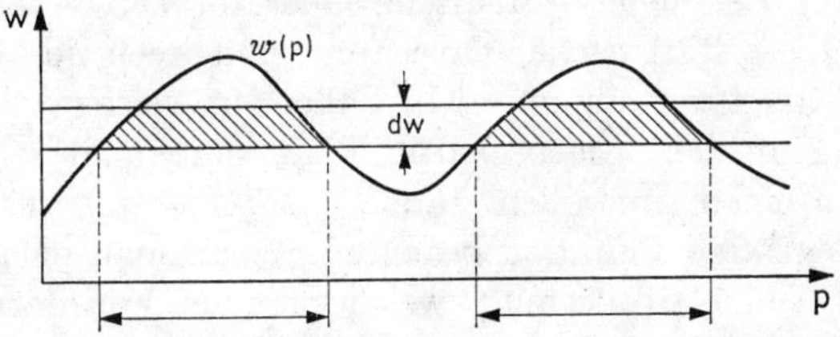

Abb. 8. Zerlegung des Statistischen Operators nach Wahrscheinlichkeits-Intervallen

ferential der Ordinate; $\Pi(w)$ ist definiert als Projektion in denjenigen Unter-Hilbert-Raum, in welchem $w(p)$ Werte $> w$ besitzt. Für einen speziellen Wert von w sind diese Intervalle in der Abbildung durch Pfeile markiert. Gl. (24.5) muß im allgemeinen als Mehrfachintegral bezüglich eines vollständigen Satzes verträglicher Größen verstanden werden.

6. Wenn wir eine Vorinformation W_1 besitzen und eine zusätzliche Information in Gestalt einer Eigenschaft Π erhalten, dann verändert sich der statistische Operator zu

$$W_2 = \Pi\, W_1\, \Pi. \tag{24.6}$$

Man reduziert damit alle Erwartungen auf den Unterraum $\Pi\mathfrak{H}$, welcher der Eigenschaft Π entspricht.

7. Wenn eine neue Information nicht die Gestalt einer Eigenschaft hat, so gibt es verschiedene Fälle für den Wechsel des statistischen Operators, welche alle bei Spezialisierung auf eine Eigenschaft zu Gl. (24.6) zurückführen. Wenn z.B. die Information (wie in einem elektronenoptischen Experiment) darin besteht, daß man einen komplexen Amplitudenfaktor $\alpha(p)$ kennt, um welchen die Hilbert-Vektoren in dem (im allgemeinen mehrdimensionalen) Element dp des Spektrums verändert werden, dann ändert sich der statistische Operator in der folgenden Weise:

$$W_2 = \int \Pi_{dp}\, \alpha(p)\, W_1 \int \Pi_{dp'}\, \alpha^*(p'). \tag{24.7}$$

Es kann auch sein, daß wir eine Wahrscheinlichkeitsverteilung $W(p)$ für den Meßwert der Größe P erhalten, und dies so zu interpretieren wünschen, daß wir *nicht genau das Intervall kennen*, welches wir dem System als Eigenschaft zuschreiben wollen. Dies würde die folgende Änderung des statistischen Operators bedeuten

$$W_2 = \int dw\, \Pi(w)\, W_1\, \Pi(w). \tag{24.8}$$

Das Integral ist dabei so zu verstehen, wie das zweite Integral in (24.5) — wenn wir eine einzelne Eigenschaft $\Pi(w)$ hätten, dann wäre nach Gl. (24.6) der neue statistische Operator $\Pi(w)\, W_1\, \Pi(w)$; (24.8) summiert all diese statistischen Operatoren entsprechend der gegebenen Wahrscheinlichkeitsverteilung. — In Fällen, in welchen neue Informationen keine einfachen Eigenschaften sind, muß man sehr vorsichtig sein, will man einen sinnvollen statistischen Operator anschreiben. Es ist wichtig, folgenden Punkt zu beachten: Wenn man nach irgendeiner Vorinformation eine Größe mißt, welche mit der Vorinformation nicht voll verträglich ist (deren Operator mit dem statistischen Operator nicht vertauscht), ist der neue *statistische Operator im allgemeinen nicht diagonal bezüglich der neu gemessenen Größe*. Dies ergibt sich sowohl aus Gl. (24.6) wie aus Gl. (24.8). — Nur falls W_1 mit der neuen Information vertauscht, wird W_2 in der neuen Meßgröße diagonal. Falls die Vorinformation völlige Unkenntnis war (d.h. $W = I$), dann führen die beiden Gln. (24.7) und (24.8) auf die zwei Gestalten von Gl. (24.5) zurück.

Die Statistik der Quantentheorie ist von der klassischen Statistik in folgender Hinsicht unterschieden: In der klassischen Mechanik sind im Prinzip alle physikalischen Größen eines Systems für alle Zeiten exakt festgelegt. Statistik treibt man, wenn es praktisch unmöglich ist, all diese Größen zu messen, oder wenn die einzelnen Größen gar nicht von Interesse sind, wie z.B. die Lagen aller Moleküle eines Gases. In der Quantentheorie dagegen sind alle Voraussagen *prinzipiell* von statistischer Natur, da es unmöglich ist, alle physikalischen Bestimmungsstücke des Systems gleichzeitig zu kennen. Dies bedeutet, daß sogar für ein einzelnes exakt definiertes System Voraussagen nur statistisch sein können; aber *nicht*, daß man *am Einzelfall Statistik* betreiben kann. Alle Aussagen der Statistik betreffen Wahrscheinlichkeiten; für den Begriff Wahrscheinlichkeit ist wesentlich, daß man es *mit einer großen* („unendlich großen") *Zahl von Systemen* zu tun hat, welche identisch sind oder als identisch erachtet werden. Auch wenn wir uns für das einzelne System interessieren, bedeutet die Aussage, daß die Messung einer physikalischen Größe P mit einer bestimmten Wahrscheinlichkeit ein Meßergebnis p in einem Intervall Δp ergibt, daß wir uns eine (unendlich) große Zahl solcher Systeme denken, ein *Ensemble*, über welches wir gleiche Information besitzen. Den Bruchteil, welcher die betrachtete Eigenschaft besitzt, bezeichnen wir als die Wahrscheinlichkeit, die Eigenschaft am Einzelsystem vorzufinden.

§ 25. Unitäre Transformationen des Hilbert-Raums, Bilder

Wie wir im ersten Kapitel gesehen haben, liegt das klassische Wirkungselement dS nur bis auf eine Eichtransformation fest, und diese Vieldeutigkeit überträgt sich auf die Schrödinger-Funktion. Deshalb stellt sich die Frage, ob die gegebene Grundlegung der Quantentheorie eindeutig ist. Wir können zunächst sehen, daß wir durch den Schritt von der Schrödinger-Funktion zum statistischen Operator an Eindeutigkeit gewonnen haben; bei der Bildung des statistischen Operators, der gemäß (21.3) immer eine Bra- und einen Ket-Vektor enthält, fällt jedenfalls ein konstanter Phasenfaktor der Schrödinger-Funktion heraus. In der Tat ist W als selbstadjungierter Operator unter die physikalischen, also im Prinzip meßbaren Größen einzureihen — im Gegensatz zur Schrödinger-Funktion. Gl. (21.8), welche alle physikalischen Voraussagen enthält, läßt jedoch eine Ähnlichkeitstransformation sämtlicher Operatoren zu:

$$P' = S\,P\,S^{-1}; \tag{25.1}$$

worin S irgendein Operator sein kann, der ein Reziprokes besitzt; bei Bildung der Spur fällt S weg. Zum Beispiel ist

$$\mathrm{Sp}(P'W') = \mathrm{Sp}(S\,P\,S^{-1}S\,W\,S^{-1}) = \mathrm{Sp}(I P\, I W) = \mathrm{Sp}(P W)\,.$$

Von der Ähnlichkeitstransformation der Operatoren haben wir zusätzlich zu fordern, daß selbstadjungierte Operatoren wieder in selbstadjungierte übergehen, daß also $P'^{\dagger} = P'$. Das Adjungierte der rechten Seite in (25.1) erhalten wir, indem wir von allen drei Faktoren das Adjungierte nehmen und überdies die Faktor-Reihenfolge umkehren; wir haben deshalb

$$S\,P\,S^{-1} = S^{-1\dagger}\,P\,S^{\dagger} \to S^{\dagger}\,S\,P = P\,S^{\dagger}S\,.$$

Dies muß für jedes selbstadjungierte P gelten, somit ist $S^\dagger S$ (bis auf einen konstanten Faktor, der in (25.1) nicht interessiert) die Identität I, d. h.:

$$S^\dagger = S^{-1}. \tag{25.2}$$

Die Ähnlichkeitstransformation ist speziell *unitär*. — Ein unitärer Operator läßt sich stets in folgender Weise durch einen selbstadjungierten Operator M darstellen

$$S = \mathrm{e}^{iM}; \qquad S^{-1} = S^\dagger = \mathrm{e}^{-iM}. \tag{25.3}$$

Der Beweis folgt daraus, daß der unitäre Operator wegen Gl. (25.2) ein Normaloperator ist, d. h. $[S, S^\dagger] = 0$; denn S^{-1} muß sowohl rechtes wie linkes Reziprokes von S sein.

Als Normaloperator besitzt S eine Spektraldarstellung, und das Spektrum liegt wegen (25.2) auf dem Einheitskreis der komplexen Ebene. Mittels der Spektraldarstellung kann man $\frac{1}{i} \log S \equiv M$ definieren, die Eigenwerte von M sind alle reell, und M erfüllt auch die übrigen Bedingungen der Selbstadjungiertheit.

Unter die Ähnlichkeitstransformationen fallen die Eichtransformationen. Sie bestehen ja darin, daß man gemäß (5.1) das vollständige Differential einer Koordinatenfunktion $K(q, t)$ zum Wirkungselement dS hinzufügt oder, entspr. Gl. (7.3), $K/\hbar$ zur wellenmechanischen Phase Φ. Man transformiert damit die Hilbert-Vektoren gemäß

$$\psi' = \mathrm{e}^{\frac{i}{\hbar} K(q,t)} \psi. \tag{25.4}$$

Dies bedeutet die folgende unitäre Transformation der Impulsoperatoren (man schreibe diese als Differentialoperatoren und beachte Gl. (15.13)):

$$\mathrm{e}^{\frac{i}{\hbar} K} \boldsymbol{p}\, \mathrm{e}^{-\frac{i}{\hbar} K} = \boldsymbol{p} + \mathrm{e}^{\frac{i}{\hbar} K} \left[\boldsymbol{p}, \mathrm{e}^{-\frac{i}{\hbar} K}\right] = \boldsymbol{p} - \frac{\partial K}{\partial \boldsymbol{r}}. \tag{25.5}$$

Hat man ein System von mehreren Teilchen mit den Koordinatenvektoren $\boldsymbol{r}_i$ und den Impulsvektoren $\boldsymbol{p}_i$, so gilt Gl. (25.5) für jedes dieser Teilchen. Sie gilt aber auch für den Ableitungsoperator nach dem Parameter Zeit:

$$\mathrm{e}^{\frac{i}{\hbar} K} p_t\, \mathrm{e}^{-\frac{i}{\hbar} K} = p_t - \frac{\partial K}{\partial t}. \tag{25.6}$$

Nach Gl. (25.5) wird der kinetische Impuls in folgender Weise transformiert

$$\mathrm{e}^{\frac{i}{\hbar} K} (\boldsymbol{p} - \boldsymbol{A})\, \mathrm{e}^{-\frac{i}{\hbar} K} = \boldsymbol{p} - \boldsymbol{A} - \frac{\partial K}{\partial \boldsymbol{r}}, \tag{25.7}$$

und der Operator der Schrödinger-Gleichung

$$e^{\frac{i}{\hbar}K}(H+p_t)\,e^{-\frac{i}{\hbar}K}=H-\frac{\partial K}{\partial t}+p_t. \tag{25.8}$$

Dies ist gleichbedeutend mit der Transformation (5.3) der Potentiale:

$$\boldsymbol{A}'=\boldsymbol{A}+\frac{\partial K}{\partial \boldsymbol{r}}; \qquad V'=V-\frac{\partial K}{\partial t}. \tag{25.9}$$

Die — physikalisch bedeutungslose — Umeichung der Potentiale (25.9) ist also mit einer Ähnlichkeits-Transformation (25.4) des Hilbert-Raums verknüpft.

Besonders wichtig ist die durch einen *Zeitentwicklungsoperator* bewirkte unitäre Transformation, genannt *Wechsel des Bildes.* Das bisher von uns benutzte Bild nennt man das *Schrödinger-Bild*; wir wollen es durch einen Index S kennzeichnen. Im Schrödinger-Bild hat man einerseits die Schrödinger-Gleichung für $|\psi\rangle$:

$$(H+p_t)\,|\psi\rangle_S=0; \qquad \left(p_t\equiv\frac{\hbar}{i}\frac{\partial}{\partial t}\right); \tag{25.10}$$

und zum andern die Bewegungsgleichung für Operatoren, welche wir in der Gestalt (15.14) verwenden wollen:

$$\left(\frac{dP}{dt}\right)_S=\frac{i}{\hbar}[H+p_t, P_S]. \tag{25.11}$$

Nun gilt für den Zeitentwicklungsoperator nach Gl. (22.9)

$$(H+p_t)\,S=S\,p_t.$$

Wir haben dabei erneut Gebrauch gemacht von der Möglichkeit, die Ableitung der Größe S als Kommutator des Ableitungsoperators mit S zu schreiben. Multiplizieren wir die letzte Gleichung von links mit S^{-1}, so folgt:

$$S^{-1}(H+p_t)\,S=p_t. \tag{25.12}$$

Transformieren wir nun die Hilbert-Vektoren gemäß Gl. (22.8a)

$$|\psi\rangle_S=S\,|\psi\rangle_H; \qquad |\psi\rangle_H=S^{-1}|\psi\rangle_S; \tag{25.13}$$

so gehen wir zu dem sog. *Heisenberg-Bild* über. Das Heisenberg-Bild besteht, wie wir aus § 22 entnehmen, darin, daß man den Zustand nicht durch seinen (Schrödingerschen) Hilbert-Vektor zur Zeit t, sondern durch den Zustandsvektor zur Zeit t_0 beschreibt; die Hilbert-Vektoren hängen deshalb nicht explizit von der Zeit ab; dies können wir auch unmittelbar den Gln. (25.10) und (25.12) entnehmen: Führen wir für den Schrödingerschen Vektor $|\psi\rangle_S$ gemäß (25.13) $|\psi\rangle_H$ in (25.10) ein und multiplizieren dann von links mit S^{-1}, so ergibt sich wegen (25.12)

$$p_t|\psi\rangle_H = 0. \tag{25.14}$$

Entsprechend transformiert sich auch die Formel für die zeitliche Änderung einer Größe. Wegen (25.13) erhält man für die Transformation der Operatoren

$$P_S = S\,P_H\,S^{-1}; \qquad P_H = S^{-1}P_S\,S. \tag{25.15}$$

Wir transformieren (25.11) ins Heisenberg-Bild, indem wir von links mit S^{-1}, von rechts mit S multiplizieren. Wegen (25.12) folgt:

$$\left(\frac{dP}{dt}\right)_H = \frac{i}{\hbar}\,[p_t, P_H] = \frac{\partial P_H}{\partial t}. \tag{25.16}$$

Die zeitliche Änderung einer Größe erhält man im Heisenberg-Bild also dadurch, daß man den Operator nach dem Argument Zeit *explizit* differenziert; man hat die Zeitabhängigkeit von den Hilbert-Vektoren weggenommen und findet sie deswegen bei den Operatoren vor.

Ein weiteres Bild ist das sog. *Wechselwirkungsbild.* Man verwendet es zweckmäßig, wenn der Hamiltonoperator des Systems aus zwei Teilen besteht, nämlich ein Hauptanteil $H^{(0)}$, dessen gesamte Spektraldarstellung man beherrscht, und einer zusätzlichen „Wechselwirkung“ $H^{(1)}$:

$$H = H^{(0)} + H^{(1)}. \tag{25.17}$$

Man kann sodann einen Bildwechsel vornehmen mit Hilfe des Zeitentwicklungsoperators von $H^{(0)}$; wir wollen ihn S_0 nennen. Für S_0 gelten dann die Gleichungen von § 22, wenn man dort H durch $H^{(0)}$ ersetzt. Wir haben deshalb analog zu (25.12)

$$S_0^{-1}\,(H^{(0)} + p_t)\,S_0 = p_t. \tag{25.18}$$

Die Transformationsformeln vom Schrödinger- ins Wechselwirkungsbild und umgekehrt sind

$$|\psi\rangle_S = S_0\,|\psi\rangle_W; \qquad |\psi\rangle_W = S_0^{-1}|\psi\rangle_S. \tag{25.19}$$

$$P_S = S_0\,P_W\,S_0^{-1}; \qquad P_W = S_0^{-1}P_S\,S_0. \tag{25.20}$$

Setzen wir nun in (25.10) die Zerlegung (25.17) ein und transformieren ins Wechselwirkungsbild, so erhalten wir

$$(H_W^{(1)} + p_t)\,|\psi\rangle_W = 0. \tag{25.21}$$

oder auch

$$-\frac{\hbar}{i}\,\frac{\partial|\psi\rangle_W}{\partial t} = H_W^{(1)}\,|\psi\rangle_W. \tag{25.21 a}$$

Man hat also die Zeitabhängigkeit, welche durch $H^{(0)}$ verursacht wird, von der Schrödinger-Funktion wegtransformiert, jedoch eine zeitliche Änderung infolge der Wechselwirkung $H^{(1)}$ behalten. Man darf erwarten, daß die $H^{(0)}$ entsprechende Zeitabhängigkeit nunmehr auf die Operatoren übertragen worden ist. In der Tat: transformieren wir Gl. (25.11) nach (25.20) ins Wechselwirkungsbild, so folgt wegen (25.21)

$$\left(\frac{dP}{dt}\right)_W = \frac{i}{\hbar}[H_W^{(1)} + p_t, P_W] \tag{25.22}$$

oder

$$\left(\frac{dP}{dt}\right)_W = \frac{\partial P_W}{\partial t} + \frac{i}{\hbar}[H_W^{(1)}, P_W]. \tag{25.22a}$$

Die Operatoren transformieren sich entsprechend der von der Schrödinger-Darstellung gewohnten Gl. (25.11), jedoch tritt als Hamilton-Operator nur mehr die ins Wechselwirkungsbild transformierte Wechselwirkung $H_W^{(1)}$ auf. Man kann vom Wechselwirkungsbild zum Heisenberg-Bild weiterschreiten, indem man den Zustandsvektor zur Zeit t auf einen Zustandsvektor zur Zeit t_0 zurückführt, d.h. (25.21a) löst durch

$$|\psi\rangle_W = S_1 |\psi\rangle_H. \tag{25.23}$$

Dabei muß der Zeitentwicklungsoperator S_1 der Schrödinger-Gleichung des Wechselwirkungsbilds genügen:

$$-\frac{\hbar}{i}\frac{\partial}{\partial t} S_1(t, t_0) = H_W^1(t)\, S_1(t, t_0); \qquad S_1(t_0, t_0) = I. \tag{25.24}$$

Kombiniert man die beiden Transformationsformeln (25.19) und (25.23) und vergleicht sie mit (25.13), so erhält man folgende Beziehung zwischen den drei Zeitentwicklungsoperatoren:

$$S(t, t_0) = S_0(t, t_0)\, S_1(t, t_0). \tag{25.25}$$

Damit hat man die Summe von Mehrfach-Integralen (22.11) in zwei Faktoren zerlegt, von denen der erste nur $H^{(0)}$ enthält, während der zweite nach Potenzen von $H^{(1)}$ fortschreitet. In der Notation der zeitgeordneten Exponentialfunktionen schreibt sich dies folgendermaßen:

$$T \exp\left(-\frac{i}{\hbar}\int_{t_0}^{t} (H^{(0)} + H^{(1)})\, dt'\right) = T\, \mathrm{e}^{-\frac{i}{\hbar}\int_{t_0}^{t} H^{(0)} dt'} \times T\, \mathrm{e}^{-\frac{i}{\hbar}\int_{t_0}^{t} H_W^{(1)} dt'}. \tag{25.26}$$

Dies ähnelt dem Multiplikationstheorem für die Exponentialfunktion; man hat jedoch zu beachten, daß die Gleichung $\mathrm{e}^{A+B} = \mathrm{e}^A \times \mathrm{e}^B$ nur gilt, wenn der Kommutator $[A, B] = 0$ ist; man sieht dies sofort, wenn man versucht, durch Anschreiben der Exponentialreihen das Theorem zu beweisen — man muß dabei die sämtlichen Faktoren A nach links und sämtliche Faktoren B nach rechts nehmen können. In (25.26) ist über die Vertauschung von $H^{(0)}$ und $H^{(1)}$ nichts vorausgesetzt, und deswegen hat dieses Theorem auch eine etwas kompliziertere Gestalt; in der zweiten Exponentialfunktion steht nämlich nicht, wie auf der linken Seite $H_S^{(1)}$, sondern die transformierte Größe $H_W^{(1)}$.

§ 26. Nichtvertauschung von Operatoren, Unschärfe

A. Kanonische Variable. Zwischen kanonisch konjugierten Variablen gilt nach Gl. (12.6) die Vertauschungsrelation

$$[P, Q] = \frac{\hbar}{i}. \tag{26.1}$$

Aus ihr folgt, daß P und Q *keinen gemeinsamen Eigenvektor* besitzen; für einen solchen wäre ja die linke Seite gleich dem Kommutator der Eigenwerte, also Null.

Um außer dieser *einen* allgemeingültigen und fundamentalen Aussage noch weitere Schlüsse aus (26.1) zu ziehen, ohne die Wurzel zu Fehlschlüssen zu legen, müssen wir sehr sorgfältig überlegen, für welchen Teil des Hilbert-Raums die Relation gültig ist. Die Operatoren P und Q sind nur, wenn sie beschränkt sind, im ganzen Hilbert-Raum definiert. Im allgemeinen müssen wir mit Definitionsbereichen $D(P)$ und $D(Q)$ rechnen, welche zwar im Hilbert-Raum dicht sind, jedoch nicht ganz $\mathfrak{H}$ umfassen. Es ist selbstverständlich, daß (26.1) nur in dem gemeinsamen Definitionsbereich der beiden Operatoren P, Q

$$D(P, Q) = D(P) \cap D(Q), \tag{26.2}$$

dem Durchschnitt der beiden Definitionsbereiche, gelten kann. Da auf der linken Seite von (26.1) die Operatorprodukte $P \cdot Q$ und $Q \cdot P$ stehen, ist es sogar erforderlich, sich auf deren gemeinsamen Definitionsbereich

$$D(PQ, QP) = D(P \cdot Q) \cap D(Q \cdot P) \tag{26.3}$$

zu beschränken. Da die aufeinanderfolgende Anwendung zweier Operatoren nur im Definitionsbereich des zuerst angewandten Operators möglich ist, ist der Definitionsbereich (26.3) in (26.2) enthalten:

$$D(PQ, QP) \subseteq D(P, Q). \tag{26.4}$$

Daß hierin nicht notwendig das Gleichheitszeichen gilt, sei an dem ebenso einfachen wie fundamentalen Beispiel eines Winkels $0 \leqq \varphi \leqq 2\pi$ und des zugehörigen Drehimpulses $p_\varphi = \frac{\hbar}{i} \frac{d}{d\varphi}$ nachgewiesen. Da φ beschränkt ist, ist $D(\varphi) = \mathfrak{H}$. p_φ dagegen kann als Differentialoperator nur auf differenzierbare Funktionen angewandt werden. Überdies muß gefordert werden, daß p_φ selbstadjungiert ist. Dies bedeutet folgendes: Nehmen wir einen beliebigen Hilbert-Vektor $\psi_1 \in D(p_\varphi)$, so ist — s. Gl. (16.16) und (16.17) — zu fordern, daß genau für alle $\psi_2 \in D(p_\varphi)$ gilt

$$\langle \psi_2 | p_\varphi \psi_1 \rangle = \langle p_\varphi \psi_2 | \psi_1 \rangle. \tag{26.5}$$

Die linke Seite können wir mit Hilfe einer partiellen Integration in folgender Weise umrechnen:

$$\langle\psi_2\,|\,p_\varphi\,\psi_1\rangle \equiv \int_0^{2\pi} d\varphi\,\psi_2^*\,\frac{\hbar}{i}\,\frac{d}{d\varphi}\,\psi_1 = \frac{\hbar}{i}\,[\psi_2^*\;\psi_1]_0^{2\pi} + \int_0^{2\pi} d\varphi\left(\frac{\hbar}{i}\,\frac{d\psi_2}{d\varphi}\right)^*\psi_1 .$$

Da das letzte Integral gleich der rechten Seite von (26.5) ist, ist zu fordern, daß

$$\psi_2^*(2\pi)\,\psi_1(2\pi) = \psi_2^*(0)\,\psi_1(0);$$

und zwar muß dies genau für alle $\psi_2 \in D(p_\varphi)$ stets gelten, wenn $\psi_1 \in D(p_\varphi)$ ist. Dies können wir nur dadurch erreichen, daß wir für Funktionen $\psi \in D(\varphi)$ fordern $\psi(2\pi) = \psi(0) \times e^{i\alpha}$, α beliebig reell. $D(p_\varphi)$ ist dann die folgende Menge von Hilbert-Vektoren

$$D(\varphi, p_\varphi) \equiv D(p_\varphi) = \left\{\psi;\,\psi \in \mathfrak{H},\,\frac{d\psi}{d\varphi} \in \mathfrak{H},\,\psi(2\pi) = e^{i\alpha}\,\psi(0)\right\}. \qquad (26.6)$$

Es ist sofort zu sehen, daß $\varphi\psi$ im allgemeinen nicht mehr zu $D(p_\varphi)$ gehört, da durch Multiplikation mit φ die Periodizitätsbedingung zerstört wird, sofern nicht $\psi(0) = 0$ ist. Es gilt also

$$D(p_\varphi\,\varphi) = \left\{\psi;\,\psi \in \mathfrak{H},\,\frac{d\psi}{dx} \in \mathfrak{H},\,\psi(0) = \psi(2\pi) = 0\right\}. \qquad (26.7)$$

Nach diesen Vorbereitungen wollen wir aus (26.1) einen weiteren wichtigen Schluß ziehen: *Es gibt in $D(PQ, QP)$ weder einen Eigenvektor von P noch einen Eigenvektor von Q.* Zum Beweis konstruieren wir einen Widerspruch. Angenommen, es gibt in $D(PQ, QP)$ einen Vektor ψ, der Eigenvektor von P mit dem Eigenwert p ist; dann gilt

$$\begin{aligned}\langle\psi|\,PQ - QP\,|\psi\rangle &= \langle P\psi|\,Q\,|\psi\rangle - \langle\psi|\,Q\,|\,P\psi\rangle \\ &= p\,(\langle\psi|\,Q\,|\psi\rangle - \langle\psi|\,Q\,|\psi\rangle) = 0.\end{aligned}$$

Multiplizieren wir also die Operatorgleichung (26.1) von links und von rechts mit dem Eigenvektor ψ, so ergibt die linke Seite 0, die rechte dagegen $\frac{\hbar}{i}\,\langle\psi|\,\psi\rangle \neq 0$. Es kann also, wie behauptet, in $D(PQ, QP)$ keinen Eigenvektor ψ geben. Trotzdem kann P Eigenvektoren besitzen, sofern $D(P)$ größer ist als $D(PQ, QP)$. Falls $D(P, Q)$ größer als $D(PQ, QP)$ ist, können die Eigenvektoren sogar dem gemeinsamen Definitionsbereich $D(P, Q)$ von P und Q angehören.

Als erstes Beispiel diene eine kartesische Koordinate x und der zugehörige Impuls p_x. $D(x)$ und $D(p_x)$ stimmen nicht überein. Zum Definitionsbereich von x gehören die Funktionen, die stärker als $|x|^{-2}$ im Unendlichen abfallen, sie müssen jedoch nicht differenzierbar sein; zum Definitionsbereich von p_x gehören nur differenzierbare Funktionen, sie müssen aber im Unendlichen nur stärker als $|x|^{-1}$ abfallen. Jedoch gilt in diesem Fall Gl. (26.4) mit dem Gleichheitszeichen, denn es wird durch Multiplikation mit x die Differenzierbarkeit nicht zerstört, und durch Differentiation der Abfall im Unendlichen nicht geschwächt. Unser Satz beweist somit, daß es im gemeinsamen Definitionsbereich von x, p_x keine Eigenvektoren zu einem dieser Operatoren geben kann. Daß die Operatoren überhaupt keine Eigenvektoren besitzen, haben wir *explizit* nachgewiesen. — Die Ungleichung (26.4) macht es möglich, daß der Drehimpuls in dem gemeinsamen Definitionsbereich von φ und p_φ Eigenvektoren besitzt; wir werden dies in § 32 untersuchen.

B. Beliebige Vertauschungsrelationen. Sind zwei selbstadjungierte Operatoren P und Q nicht kanonisch konjugiert, so ist doch im allgemeinen ihr Kommutator nicht identisch Null, sondern ein Operator:

$$i\,[P, Q] = C. \tag{26.8}$$

Durch Hinzufügen des Faktors i auf der linken Seite haben wir erreicht, daß C selbstadjungiert ist; denn zum Adjungierten der linken Seite geht man über, indem man i durch $-i$ ersetzt und die Faktorreihenfolge vertauscht. Die Vertauschungsrelation soll dabei so gelesen werden, daß für alle Hilbert-Vektoren, auf welche die linke Gleichungsseite angewandt werden kann, die Anwendung der Operation C zum gleichen Ergebnis führt. Dies setzt die Anwendbarkeit von C auf diese Vektoren voraus, es muß also der Definitionsbereich von C in dem des Kommutators enthalten sein:

$$D(C) \subseteq D(PQ, QP). \tag{26.9}$$

Für zwei Hilbert-Vektoren ψ_1 und ψ_2 gilt die Schwarzsche Ungleichung (wir beweisen sie im Anhang zu diesem §)

$$\langle\psi_1|\psi_1\rangle\langle\psi_2|\psi_2\rangle \geqq \langle\psi_1|\psi_2\rangle\langle\psi_2|\psi_1\rangle. \tag{26.10}$$

Wir wollen sie benutzen, um aus der Vertauschungsrelation eine Aussage über die Unschärfe der Größen P und Q in einem beliebigen Zustand $\psi \in D(PQ, QP)$ zu gewinnen. Die Mittelwerte der beiden Größen sind gegeben durch [sei $\langle\psi|\psi\rangle = 1$]:

$$\overline{P} = \langle\psi|\,P\,|\psi\rangle; \qquad \overline{Q} = \langle\psi|\,Q\,|\psi\rangle. \tag{26.11}$$

Das Quadrat der mittleren Streuung ΔP ist definiert durch

$$(\Delta P)^2 = \langle\psi|\,(P-\overline{P})^2\,|\psi\rangle = \|(P-\overline{P})\,|\psi\rangle\|^2. \tag{26.12}$$

Analog:

$$(\Delta Q)^2 = \langle\psi|\,(Q-\overline{Q})^2\,|\psi\rangle = \|(Q-\overline{Q})\,|\psi\rangle\|^2.$$

Auf das Produkt dieser beiden Größen können wir die Schwarzsche Ungleichung anwenden:

$$\begin{aligned}(\Delta P)^2(\Delta Q)^2 &= \langle (P-\overline{P})\,\psi|\,(P-\overline{P})\psi\rangle\langle (Q-\overline{Q})\psi|\,(Q-\overline{Q})\psi\rangle \\ &\geqq \langle (P-\overline{P})\psi|\,(Q-\overline{Q})\psi\rangle\langle (Q-\overline{Q})\psi|\,(P-\overline{P})\psi\rangle \\ &= \langle\psi|\,(P-\overline{P})\,(Q-\overline{Q})\,|\psi\rangle\langle\psi|\,(Q-\overline{Q})\,(P-\overline{P})\,|\psi\rangle.\end{aligned}$$

Die rechte Seite läßt sich mit dem Kommutator in Zusammenhang bringen; dazu muß man die Operatorprodukte in einen symmetrischen und einen antisymmetrischen Teil zerlegen:

$$\begin{aligned}(P-\overline{P})\,(Q-\overline{Q}) &= \frac{(P-\overline{P})\,(Q-\overline{Q})+(Q-\overline{Q})\,(P-\overline{P})}{2}+i\,\frac{[P,Q]}{2i}\\ (Q-\overline{Q})\,(P-\overline{P}) &= \frac{(P-\overline{P})\,(Q-\overline{Q})+(Q-\overline{Q})(P-\overline{P})}{2}-i\,\frac{[P,Q]}{2i}.\end{aligned}$$

Setzt man dies ein, so folgt

$$(\Delta P)^2(\Delta Q)^2 \geqq \langle\psi|\,\frac{(P-\overline{P})\,(Q-\overline{Q})+(Q-\overline{Q})\,(P-\overline{P})}{2}\,|\psi\rangle^2+\langle\psi|\,\frac{C}{2}\,|\psi\rangle^2.$$

Auf der rechten Seite stehen die Quadrate zweier reellen Größen (Erwartungswerte selbstadjungierter Operatoren), und die Ungleichung gilt erst recht, wenn wir den ersten Summanden unterdrücken. Ziehen wir noch die Wurzel, so folgt schließlich die *Unschärferelation*

$$\Delta P\cdot\Delta Q \geqq \tfrac{1}{2}\,|\langle\psi|\,C\,|\psi\rangle|. \tag{26.13}$$

Das Produkt der Unschärfen zweier physikalischer Größen P und Q ist also mindestens so groß, wie der halbe Erwartungswert ihres Kommutators. — Da die Operatoren nur auf ihren Definitionsbereich angewandt werden können, *gilt* diese Aussage *nicht allgemein*; es gibt zweierlei Verstöße:

1. *es gibt Vektoren, für welche* (26.13) *nicht definiert* ist, nämlich $\psi\notin D(P,Q,C)$.

2. *es gibt Vektoren $\psi\in D(P,Q,C)$, für die* (26.13) *falsch ist*; sie gehören nicht zu $D(PQ,QP)$, und deswegen gilt der angegebene Beweis nicht. — Ein Beispiel ist $Q=$ Winkel φ; $P=$ Drehimpuls p_φ. Die Unschärfe des Winkels ist nie größer als 2π, trotzdem existieren Eigenvektoren des Drehimpulses, für welche somit $\Delta p_\varphi\,\Delta\varphi=0$, während auf der rechten Seite von (26.13) $\hbar/2$ steht.

Falls in (26.4) das Gleichheitszeichen steht (wie etwa bei kartesischer Koordinate und zugehörigem kanonischen Impuls), so gilt die Unschärferelation in der Form (26.13) ohne Einschränkung (d.h. für alle Vektoren, für welche sie formuliert werden kann).

Wenn zwei Operatoren P und Q nicht vertauschen (also der Operator C von Gl. (26.8) nicht identisch verschwindet), so bedeutet das nicht, daß es keine gemeinsamen Eigenvektoren der beiden Operatoren geben kann, sondern lediglich, daß gemeinsame Eigenvektoren von P und Q Eigenvektoren von C mit dem Eigenwert Null sein müssen. *Gehört Null nicht zum diskreten Spektrum von C, so gibt es keine gemeinsamen Eigenvektoren.*

Der wichtigste Spezialfall von Gl. (26.13) sind die *Heisenbergschen Unschärferelationen* für Koordinate und Impuls, für Energie und Zeit; wegen der Vertauschungsrelationen (12.7) hat man

$$\Delta p \cdot \Delta q \geqq \frac{\hbar}{2}; \qquad \Delta E \cdot \Delta t \geqq \frac{\hbar}{2}. \tag{26.14}$$

Daß die Zeit kein Operator des Hilbert-Raums ist, tut der Gültigkeit der letzten Relation keinen Abbruch (s. dazu das Ende von § 12).

Anhang
Beweis der Schwarzschen Ungleichung

Für beliebige Vektoren φ_1, φ_2 und beliebige komplexe Zahlen A, B gilt

$$0 \leqq \langle A\,\varphi_1 + B\,\varphi_2 | A\,\varphi_1 + B\,\varphi_2\rangle. \tag{A 26.1}$$

Stellen wir A, B und $\langle\varphi_1|\varphi_2\rangle$ durch Betrag und Phase dar:

$$A = a\,\mathrm{e}^{i\alpha}; \qquad B = b\,\mathrm{e}^{i\beta}; \qquad \langle\varphi_1|\varphi_2\rangle = M\,\mathrm{e}^{i\gamma},$$

so folgt

$$0 \leqq a^2\,\langle\varphi_1|\varphi_1\rangle + b^2\,\langle\varphi_2|\varphi_2\rangle + 2ab\,M\cos(\beta+\gamma-\alpha). \tag{A 26.2}$$

Die nichtnegative quadratische Form in a, b hat die nichtnegative Diskriminante

$$\langle\varphi_1|\varphi_1\rangle\langle\varphi_2|\varphi_2\rangle - M^2\cos^2(\beta+\gamma-\alpha) \geqq 0; \tag{A 26.3}$$

für alle α, β, speziell auch für $\beta+\gamma-\alpha=0$:

$$\langle\varphi_1|\varphi_1\rangle\langle\varphi_2|\varphi_2\rangle - \langle\varphi_1|\varphi_2\rangle\langle\varphi_2|\varphi_1\rangle \geqq 0. \tag{A 26.4}$$

Dies ist die Schwarzsche Ungleichung.

Weiterführende Literatur:

Caruther, P., Nieto, M. M.: Phase and angle variables in quantum mechanics. Rev. Mod. Phys. **40**, 411 (1968).

Kraus, K.: Z. Physik **188**, 374 (1965); **201**, 134 (1967).

§ 27. Permutationssymmetrie, Pauli-Prinzip

Die bisher besprochenen Prinzipien der Quantentheorie bedürfen, wenn sie auf ein Vielteilchensystem angewandt werden sollen, noch einer Ergänzung, die sich im Grunde freilich erst aus der Feldquantisierung gewinnen läßt (siehe Kap. V). Enthält ein Vielteilchensystem mehrere Teilchen derselben Sorte, so ist der *Hamilton-Operator* naturgemäß *invariant* gegen eine Vertauschung der Teilchennummern, also *gegen Permutationen gleichartiger Teilchen*; die *Permutationsoperatoren* vertauschen mit dem Hamiltonoperator, sind also *Konstante der Bewegung*. Dies bedeutet nun freilich nicht ohne weiteres, daß man ein Basissystem von Eigenvektoren sämtlicher Permutationen auffinden kann; zwei Permutationen vertauschen nämlich im allgemeinen nicht. Die Verhältnisse werden wesentlich dadurch vereinfacht, daß *gleiche Teilchen* als Quanten eines bestimmten Feldes aufgefaßt werden können und als solche prinzipiell *nicht unterscheidbar* sind. Dies bedeutet, daß ein Zustand sich nicht ändern darf, wenn man die Teilchennummern vertauscht, daß sich mit anderen Worten der Hilbert-Vektor eines Zustandes bei der Vertauschung zweier Teilchen höchstens mit einem Phasenfaktor multiplizieren darf. Die Wiederholung der Vertauschung führt zum Ausgangsvektor zurück; deshalb muß das Quadrat des Phasenfaktors eins sein, es kann nur Zustandsvektoren geben, welche bei Vertauschung zweier Teilchen ungeändert bleiben, oder das Vorzeichen wechseln. Wie die Erfahrung gezeigt hat und von Pauli auch theoretisch bewiesen wurde, kommt für jede Sorte von Teilchen nur eine dieser Symmetrieeigenschaften in Frage. Teilchen gegen deren *Vertauschung* die Hilbert-Vektoren *invariant* sind, nennt man *Bosonen*; Lichtquanten, Schallquanten und Mesonen gehören zu ihnen. Teilchen, bei deren *Vertauschung* der Zustandsvektor das *Vorzeichen wechselt*, nennt man *Fermionen*; zu ihnen gehören Elektronen, Neutronen, Protonen, Neutrinos. Bosonen besitzen ganzzahligen, Fermionen halbzahligen Spin (Eigendrehimpuls); dies sei hier nur vorgreifend erwähnt, die Theorie des Drehimpulses werden wir erst im folgenden Kapitel kennenlernen. — Die Symmetrie, bzw. Antisymmetrie der Eigenfunktionen bezügl. der Vertauschung gleicher Teilchen, ist die allgemeine Formulierung des sog. *Pauli-Prinzips*.

Daß jede Teilchensorte nur *eine* irreduzible Darstellung der Permutationsgruppe sein kann, folgt aus der Gruppentheorie; gäbe es nämlich in der Welt zwei Teile, in welchen eine Teilchensorte zu zweierlei irreduziblen Darstellungen gehört, so gäbe es zwischen ihnen keinerlei Kopplung — die eine Welt könnte von der anderen nicht bemerkt werden.

Da bei der Vertauschung zweier gleicher Teilchen neben den räumlichen Lagen auch alle anderen Eigenschaften, wie z. B. die Spins, vertauscht werden müssen, ist die Auswirkung des Pauli-Prinzips im allgemeinen nicht einfach zu überblicken. Einfacher stellen sich Zustände dar, welche bezügl. des Spins und eventueller anderer innerer Eigenschaften bereits symmetrisch oder alternierend sind; die Wellenfunktionen müssen dann bezügl. Koordinatenvertauschung bei Bosonen das gleiche, bei Fermionen das entgegengesetzte Symmetrieverhalten zeigen.

Das wichtigste Anwendungsbeispiel ist ein System von N Fermionen gleicher Art, näherungsweise beschrieben durch N Einteilchenfunktionen $\psi_1, \psi_2, \ldots \psi_N$, welche von den N Fermionen besetzt sind. Wäre das Teilchen 1 im Zustand 1, das Teilchen 2 im Zustand 2 usw., so wäre die gesamte Wellenfunktion des N-Teilchensystems die Produktfunktion

$$\psi_1(1)\,\psi_2(2)\ldots\psi_{N-1}(N-1)\,\psi_N(N).$$

Die Nummer im Argument der einzelnen Einteilchenfunktion repräsentiert nicht nur die Lagekoordinaten, sondern auch Spin und eventuelle sonstige Eigenschaften des Teilchens. Die Produktfunktion genügt nicht der Paulischen Symmetrieforderung; da aber eine Produktfunktion mit permutierten Teilchenzahlen ebensogut eine Lösung der Schrödinger-Gleichung ist, können wir die gesamte Wellenfunktion antisymmetrisch machen, indem wir sämtliche Permutationen der N Teilchen in der Produktfunktion durchführen, die ungeraden Permutationen mit einem Minuszeichen versehen und addieren. Dies ist gleichbedeutend damit, daß wir als Wellenfunktion des Vielteilchensystems die folgende Determinante wählen (Slater-Determinante):

$$\Psi(1, 2, \ldots N) = \begin{vmatrix} \psi_1(1), & \psi_1(2), & \ldots & \psi_1(N) \\ \psi_2(1), & \psi_2(2), & \ldots & \psi_2(N) \\ \vdots & \vdots & & \vdots \\ \psi_N(1), & \psi_N(2), & \ldots & \psi_N(N) \end{vmatrix}. \tag{27.1}$$

Falls zwei oder mehrere der Einteilchenfunktionen gleich sind, verschwindet die Determinante, da sie gleiche Zeilen enthält: *jeder Einzelzustand kann nur von einem Fermion besetzt sein.* In dieser Gestalt beherrscht das Pauli-Prinzip den Atombau, also die Theorie des periodischen Systems der Elemente. In einem Atom mit mehreren Elektronen muß ein Teil in energetisch höher gelegene Energiezustände eingebaut werden, da die tiefsten Zustände, wenn sie einmal von Elektronen besetzt sind, keine weiteren Elektronen mehr aufnehmen können.

KAPITEL III

Quantentheorie atomarer Systeme

§ 28. Linearer harmonischer Oszillator

Um mit den Methoden von Kap. II praktische Probleme behandeln zu können, müssen wir die Spektraldarstellung der betroffenen physikalischen Größen beherrschen. Besonders wichtig ist der Hamiltonoperator H, welcher die zeitliche Entwicklung eines Systems bestimmt. Ist er zeitunabhängig, so ist das System konservativ. Besitzt er überdies (diskrete) Eigenwerte, dann charakterisieren die zugehörigen Eigenvektoren *stationäre Zustände*, deren physikalische Eigenschaften zeitlich unveränderlich sind.

Eines der wichtigsten Anwendungsbeispiele ist der lineare „harmonische Oszillator"; hierunter versteht man ein Teilchen, welches sich eindimensional unter dem Einfluß einer harmonischen rücktreibenden Kraft bewegt. Bezeichnet man die Lage des Teilchens mit q, die Ruhelage mit $q=0$, dann hat ein harmonisches Potential die Gestalt $V=\frac{\alpha}{2}q^2$, und die Energie – als Summe von kinetischer und potentieller Energie – ist

$$E=\frac{\mu}{2}\dot{q}^2+\frac{\alpha}{2}q^2. \tag{28.1}$$

Der Impuls $p=\mu\dot{q}$ ist rein kinetisch. Als Funktion von Impuls p und Koordinate q wird E zur Hamilton-Funktion bzw. zum Hamilton-Operator:

$$H=\frac{p^2}{2\mu}+\frac{\alpha}{2}q^2. \tag{28.2}$$

Die klassischen Bewegungsgleichungen sind nach (15.12)

$$\dot{p}=-\alpha q; \qquad \dot{q}=p/\mu. \tag{28.3}$$

Differenziert man die zweite Gleichung nach der Zeit und ersetzt $\dot{p}$ mittels der ersten Gleichung, so folgt

$$\mu\ddot{q}=-\alpha q. \tag{28.4}$$

Dies ist die Newtonsche Bewegungsgleichung des Systems, welche gelöst wird durch $\sin\omega t$ oder $\cos\omega t$ bzw. beliebige Linearkombination dieser

Funktionen. ω ist dabei die Oszillator-Frequenz, für welche man durch Einsetzen in (28.4) die Beziehung erhält.

$$\mu\omega^2 = \alpha. \tag{28.5}$$

Man kann in (28.2) α durch die klassische Oszillatorfrequenz ausdrücken und hat:

$$H = \frac{1}{2\mu}(p^2 + \mu^2\omega^2 q^2). \tag{28.6}$$

Die Quantentheorie des Oszillators in ihrer ursprünglichen, 1925 durch Heisenberg angegebenen Form beruht auf einer Aufspaltung der Quadratsumme von Gl. (28.6) in zwei Linearfaktoren. In der klassischen Mechanik sind p und q Zahlen, für deren Multiplikation das kommutative Gesetz gilt; man kann (28.6) in die Gestalt bringen

$$2\mu H = (p + i\mu\omega q)(p - i\mu\omega q) \quad \text{klassisch}. \tag{28.7}$$

Quantenmechanisch ist dies nicht richtig, weil nach Gl. (12.6) p und q der Vertauschungsrelation gehorchen

$$[p, q] = \frac{\hbar}{i}. \tag{28.8}$$

Bei Ausführung der Multiplikation in Gl. (28.7) erhält man neben den reinen Quadraten gerade diesen Kommutator, multipliziert mit $-i\mu\omega$. Vertauscht man die beiden Faktoren der rechten Seite von (28.7), dann ergibt sich bei der Multiplikation das $+i\mu\omega$-fache des Kommutators. Deshalb erhalten wir quantenmechanisch die folgenden beiden Beziehungen

$$2\mu H = p_+ p_- + \mu\hbar\omega = p_- p_+ - \mu\hbar\omega \tag{28.9}$$

mit

$$p_+ \equiv p + i\mu\omega q; \qquad p_- \equiv p - i\mu\omega q. \tag{28.10}$$

Wir multiplizieren (28.9) einmal von links, einmal von rechts mit p_- und gelangen zu

$$H p_- = p_-(H - \hbar\omega). \tag{28.11}$$

Analog erhält man durch Multiplikation mit p_+:

$$H p_+ = p_+(H + \hbar\omega). \tag{28.12}$$

Diese beiden Gleichungen erhalten eine sehr einfache Bedeutung, wenn man sie auf einen Eigenvektor $|E\rangle$ des Hamilton-Operators zum Eigenwert E anwendet, für welchen

$$H|E\rangle = E|E\rangle. \tag{28.13}$$

Aus (28.11) folgt

$$H p_- |E\rangle = (E - \hbar\omega)\, p_- |E\rangle. \tag{28.14}$$

Somit ist $p_- |E\rangle$ ebenfalls Eigenvektor von H, aber mit einem um $\hbar\omega$ verminderten Eigenwert. Gl. (28.12) liefert

$$H p_+ |E\rangle = (E + \hbar\omega) p_+ |E\rangle. \tag{28.15}$$

$p_+ |E\rangle$ ist Eigenvektor zu einem um $\hbar\omega$ erhöhten Eigenwert. Man nennt deswegen p_+ und p_- *Stufenoperatoren*, bzw. p_+ einen „Erzeugungsoperator", p_- einen „Vernichtungsoperator" — die Anwendung der beiden Operatoren erhöht, bzw. erniedrigt den Eigenwert um eine Stufe $\hbar\omega$.

Bis jetzt wissen wir freilich nicht, ob unser Hamilton-Operator wirklich Eigenfunktionen und diskrete Eigenwerte besitzt. Wir können dies aber leicht nachweisen, indem wir von dem Spektraltheorem ausgehen. Wir wissen, daß es bei einem kinematischen Freiheitsgrad nicht mehrere voneinander verträgliche Meßgrößen geben kann, daß also die Spektraldarstellung der Identität die Gestalt hat

$$I = \int d\mu(E)\, |E\rangle \langle E|. \tag{28.16}$$

Das Quadrat eines Hilbert-Vektors $|\psi\rangle$ ist in dieser Darstellung

$$\langle\psi|\psi\rangle = \int d\mu(E)\, \langle\psi|E\rangle \langle E|\psi\rangle. \tag{28.17}$$

Wir können nun leicht erschließen, daß das Spektrum nur diskrete Punkte besitzt. Zum Beweis benützen wir neben Gln. (28.9) und (28.11) die Tatsache, daß die Operatoren p_+ und p_- nach Gl. (28.10) zueinander adjungiert sind, daß also gilt:

$$\langle p_- \psi|\varphi\rangle = \langle\psi|p_+ \varphi\rangle. \tag{28.18}$$

Weiterhin benützen wir, daß das Quadrat jedes Vektors positiv ist, oder Null, falls es sich um den Nullvektor handelt. Mit einem beliebigen Hilbert-Vektor $|\psi\rangle$ bilden wir einen neuen Hilbert-Vektor $p_- |\psi\rangle$; dann gilt

$$0 \leqq \| p_- |\psi\rangle\|^2 = \langle\psi|\, p_+ p_- \,|\psi\rangle = \mu \,\langle\psi|\, 2H - \hbar\omega \,|\psi\rangle.$$

In der Energiedarstellung erhalten wir

$$0 \leqq \int d\mu(E)\, |\langle\psi|E\rangle|^2 (2E - \hbar\omega).$$

Bei beliebiger Wahl der Funktion $\langle\psi|E\rangle$ läßt sich dies nur erfüllen, wenn

$$d\mu(E) = 0 \quad \text{für } E < \frac{\hbar\omega}{2}. \tag{28.19}$$

Wir bilden nun das Quadrat des Vektors $p_-^n |\psi\rangle$, wo $n < 1$ ganz:

$$0 \leqq \| p_-^n |\psi\rangle\|^2 = \langle\psi|\, p_+^n p_-^n \,|\psi\rangle. \tag{28.20}$$

Wegen (28.9) gilt

$$p_+^n p_-^n = p_+^{n-1} \mu (2H - \hbar\omega) p_-^{n-1}.$$

Ziehen wir einen Faktor p_- über die Klammer weg nach links, wobei wir, entsprechend (28.11), H durch $H - \hbar\omega$ ersetzen müssen, so entsteht

$$p_+^n p_-^n = p_+^{n-2} \mu^2 (2H - \hbar\omega)(2H - 3\hbar\omega) p_-^{n-2}.$$

Setzt man das Verfahren fort, so erhält man schließlich

$$p_+^n p_-^n = \mu^n (2H - \hbar\omega)(2H - 3\hbar\omega) \ldots \big(2H - (2n-1)\hbar\omega\big).$$

Damit liefert aber (28.20) in der E-Darstellung die Forderung

$$\begin{aligned} 0 \leqq \int d\mu(E) \,|\langle\psi|E\rangle|^2 (2E - \hbar\omega)(2E - 3\hbar\omega) \\ \ldots \big(2E - (2n-1)\hbar\omega\big). \end{aligned} \tag{28.21}$$

Soll dies für beliebige Vektoren $|\psi\rangle$ gelten, dann muß überall $d\mu(E) = 0$ sein, wo für irgendein n der Integrand negativ wird — dies kann aber nur dadurch verhindert werden, daß ein Faktor verschwindet. Die Funktion $\mu(E)$ kann sich somit nur an den positiv halbzahligen Vielfachen von $\hbar\omega$ ändern; wir haben ein diskretes Spektrum analog zu der linken Seite von Abb. 7, H besitzt *nur eigentliche Eigenvektoren* mit den Eigenwerten

$$E_n = (n + \tfrac{1}{2})\hbar\omega; \qquad n \geqq 0. \tag{28.22}$$

Da die Eigenvektoren nach dem Spektraltheorem ein vollständiges Basissystem des Hilbert-Raums bilden, muß es ihrer unendlich viele geben. In der Tat gibt es genau einen zu jeder ganzen Zahl n: Einerseits wissen wir aus dem Spektraltheorem, *daß* es Eigenvektoren gibt; nennen wir einen von diesen $|n\rangle$, so können wir mit Hilfe des Stufenoperators p_+ nach Gl. (28.15) einen Eigenvektor zum Eigenwert E_{n+1} erzeugen, der bestimmt von Null verschieden ist, denn es gilt [mit $\langle n|n\rangle = 1$]

$$\|p_+|n\rangle\|^2 = \langle n|\, p_- p_+ \,|n\rangle = \mu(2E_n + \hbar\omega) = 2\mu(n+1)\hbar\omega.$$

Unter Verfügung über die noch freie relative Phase können wir einen Einheitsvektor $|n+1\rangle$ konstruieren mittels

$$p_+ |n\rangle = i\sqrt{(n+1)\, 2\mu\hbar\omega}\, |n+1\rangle. \tag{28.23}$$

Wir können dies umkehren durch Anwendung des Stufenoperators p_- und Benützung von (28.9):

$$p_- |n+1\rangle = -i\sqrt{(n+1)\, 2\mu\hbar\omega}\, |n\rangle. \tag{28.24}$$

Gl. (28.24) können wir aber auch benützen, um aus dem bekannten Eigenvektor $|n\rangle$ einen Eigenvektor $|n-1\rangle$ von niedrigerem Eigenwert zu berechnen; wir müssen dazu nur n durch $n-1$ ersetzen:

$$p_- |n\rangle = -i\sqrt{n\, 2\mu\hbar\omega}\, |n-1\rangle. \tag{28.25}$$

Wir erhalten auf diese Weise stets einen von Null verschiedenen Eigenvektor, sofern $n \neq 0$ ist. Für $n=0$ (dies ist, wie wir wissen, der tiefstmögliche Eigenwert) verschwindet die rechte Seite, die Rekursion bricht dort ab.

Wir können jetzt unter Benützung der Basis $|n\rangle$ die Transformationsmatrizen zu den Stufen-Operatoren p_+ und p_- angeben. Indem wir (28.23) mit $|n+1\rangle$ bzw. (28.24) mit $|n\rangle$ skalar multiplizieren, erhalten wir

$$\langle n+1|\, p_+ \,|n\rangle = i\sqrt{(n+1)\, 2\mu\hbar\omega}\,; \tag{28.26}$$

$$\langle n|\, p_- \,|n+1\rangle = -i\sqrt{(n+1)\, 2\mu\hbar\omega}\,. \tag{28.27}$$

Alle anderen Matrixelemente verschwinden wegen der Orthogonalität der Eigenvektoren. Die Matrizen haben also folgende Gestalt

$$p_+ = i\sqrt{2\mu\hbar\omega}\begin{pmatrix} 0 & 0 & 0 & 0\cdots \\ \sqrt{1} & 0 & 0 & 0 \\ 0 & \sqrt{2} & 0 & 0 \\ 0 & 0 & \sqrt{3} & 0 \\ \vdots & & & \ddots \end{pmatrix};$$

$$p_- = -i\sqrt{2\mu\hbar\omega}\begin{pmatrix} 0 & \sqrt{1} & 0 & 0\cdots \\ 0 & 0 & \sqrt{2} & 0\cdots \\ 0 & 0 & 0 & \sqrt{3}\cdots \\ 0 & 0 & 0 & 0\ddots \end{pmatrix}. \tag{28.28}$$

Mittels (28.10) errechnen sich hieraus die Matrizen der Operatoren p und q zu

$$p = \sqrt{\frac{\mu\hbar\omega}{2}}\begin{pmatrix} 0 & -\sqrt{1}i & 0 & 0 & \cdots \\ \sqrt{1}i & 0 & -\sqrt{2}i & 0 \\ 0 & \sqrt{2}i & 0 & -\sqrt{3}i \\ 0 & 0 & \sqrt{3}i & 0 \\ \vdots & & & & \ddots \end{pmatrix};$$

$$q = \sqrt{\frac{\hbar}{2\mu\omega}}\begin{pmatrix} 0 & \sqrt{1} & 0 & 0\cdots \\ \sqrt{1} & 0 & \sqrt{2} & 0 \\ 0 & \sqrt{2} & 0 & \sqrt{3} \\ 0 & 0 & \sqrt{3} & 0 \\ \vdots & & & \ddots \end{pmatrix}. \tag{28.29}$$

Man kann sich explizit davon überzeugen, daß diese beiden Matrizen der Vertauschungsrelation (28.8) genügen und, wenn man sie in (28.2) einsetzt, auf die Diagonalgestalt des Hamilton-Operators führen:

$$H = \hbar\omega \begin{pmatrix} \frac{1}{2} & 0 & 0 & 0 \cdots \\ 0 & \frac{3}{2} & 0 & 0 \\ 0 & 0 & \frac{5}{2} & 0 \\ 0 & 0 & 0 & \frac{7}{2} \\ \vdots & & & & \ddots \end{pmatrix}. \tag{28.30}$$

Um Fragen und Informationen zu verarbeiten, welche die Koordinate q enthalten, benötigt man die Darstellung $\langle q|n\rangle$ der Eigenvektoren. Die Koordinatendarstellung von $|0\rangle$ ergibt sich aus (28.25), wenn man für den Impuls den Differentialoperator $\hbar/i \cdot \partial/\partial q$ benützt; wegen $n=0$ verschwindet die rechte Seite, und wegen (28.10) gilt

$$\left(\frac{d}{dq} + \frac{\mu\omega}{\hbar} q\right) \langle q|0\rangle = 0. \tag{28.31}$$

Die Lösung ist

$$\langle q|0\rangle = N\, e^{-\frac{\mu\omega}{2\hbar} q^2}. \tag{28.32}$$

Den verfügbaren konstanten Faktor N wählen wir positiv so, daß $\langle 0|0\rangle = 1$, d. h.

$$\frac{1}{N^2} = \int_{-\infty}^{+\infty} dq\, e^{-\frac{\mu\omega}{\hbar} q^2} = \sqrt{\frac{\pi\hbar}{\mu\omega}}.$$

Wir haben benützt:

$$\int_{-\infty}^{+\infty} dx\, e^{-x^2} = \sqrt{\pi};$$

Beweis:

$$\int_{-\infty}^{+\infty} dx\, e^{-x^2} \int_{-\infty}^{+\infty} dy\, e^{-y^2} = \int_0^{2\pi} d\varphi \int_0^{\infty} \varrho\, d\varrho\, e^{-\varrho^2} = 2\pi \cdot \tfrac{1}{2}\left[-e^{-\varrho^2}\right]_0^{\infty} = \pi.$$

Wir haben damit endgültig

$$\langle q|0\rangle = \left(\frac{\mu\omega}{\pi\hbar}\right)^{\frac{1}{4}} e^{-\frac{\mu\omega}{2\hbar} q^2}. \tag{28.33}$$

Hieraus können wir mittels (28.23) und (28.10) die q-Darstellungen aller Eigenvektoren $|n\rangle$ rekursiv berechnen nach der Formel

$$\langle q|n\rangle = \frac{1}{i\sqrt{n \cdot 2\mu\hbar\omega}} \left(\frac{\hbar}{i} \frac{d}{dq} + i\mu\omega q\right) \langle q|n-1\rangle$$

oder auch

$$\langle q|n\rangle = -\sqrt{\frac{\hbar}{n \cdot 2\mu\omega}}\, e^{\frac{\mu\omega}{2\hbar} q^2} \frac{d}{dq} e^{-\frac{\mu\omega}{2\hbar} q^2} \langle q|n-1\rangle. \tag{28.34}$$

Durch wiederholte Anwendung der Rekursionsformel folgt

$$\langle q|n\rangle = (-1)^n \left(\frac{\hbar}{2\mu\omega}\right)^{\frac{n}{2}} \frac{1}{\sqrt{n!}}\, e^{\frac{\mu\omega}{2\hbar} q^2} \frac{d^n}{dq^n} e^{-\frac{\mu\omega}{2\hbar} q^2} \langle q|0\rangle; \tag{28.35}$$

oder mit (28.33)

$$\langle q|n\rangle = \frac{(-1)^n}{(2\pi)^{\frac{1}{4}}}\left(\frac{\hbar}{2\mu\omega}\right)^{\frac{n}{2}-\frac{1}{4}}\frac{1}{\sqrt{n!}}\,e^{\frac{\mu\omega}{2\hbar}q^2}\,\frac{d^n}{dq^n}\,e^{-\frac{\mu\omega}{\hbar}q^2}. \tag{28.36}$$

Die Differentiationen liefern neben den Exponentialfaktoren ein Polynom vom n-ten Grad, das sog. Hermitesche Polynom, definiert durch

$$H_n(\xi) \equiv (-1)^n e^{\xi^2}\frac{d^n e^{-\xi^2}}{d\xi^n}. \tag{28.37}$$

Der Vergleich ergibt, daß wir $\xi = \sqrt{\frac{\mu\omega}{\hbar}}\,q$ zu wählen haben. (28.36) nimmt die Gestalt an

$$\langle q|n\rangle = \frac{1}{\sqrt{2^n n!}}\left(\frac{\mu\omega}{\pi\hbar}\right)^{\frac{1}{4}} e^{-\frac{\mu\omega}{2\hbar}q^2} H_n\left(\sqrt{\frac{\mu\omega}{\hbar}}\,q\right). \tag{28.38}$$

§ 29. Analyse des Oszillators aus der Schrödinger-Gleichung

Die algebraische Methode zur Bestimmung des Oszillatorspektrums ist zwar sehr einfach und elegant, doch läßt sie sich nur auf wenige andere Operatoren übertragen. Allgemeiner verwendbar ist die Differentialgleichungsmethode, die Untersuchung der Lösungen der Schrödinger-Gleichung. Wir wollen deshalb das Oszillatorspektrum auch in dieser Weise analysieren.

Die Transformation von der E- in die q-Darstellung wird gemäß Gl. (18.5) durch einen Integralkern $\langle q|E\rangle$ vermittelt, welcher Lösung der Schrödinger-Gleichung sein muß, also gemäß (28.6)

$$\left(\frac{d^2}{dq^2} - \frac{\mu^2\omega^2}{\hbar^2}q^2\right)\langle q|E\rangle = -\frac{2\mu E}{\hbar^2}\langle q|E\rangle. \tag{29.1}$$

Wir führen in Umkehrung von Gl. (28.22) anstelle von E den Parameter ein

$$n \equiv \frac{E}{\hbar\omega} - \frac{1}{2} \tag{29.2}$$

und anstatt q die dimensionslose Variable

$$\xi \equiv \sqrt{\frac{\mu\omega}{\hbar}}\,q. \tag{29.3}$$

(29.1) nimmt dann die Gestalt an

$$\left(\frac{d^2}{d\xi^2} - \xi^2 + 2n + 1\right)\psi(n,\xi) = 0. \tag{29.4}$$

Für ganze $n \geqq 0$ kennen wir eine der Lösungen aus (28.36). Wir gewinnen die allgemeine Lösung von (29.4) für beliebige (auch komplexe) Werte von n, indem wir (28.36) mit Hilfe des Cauchyschen Integralsatzes in ein komplexes Umlaufintegral verwandeln (konstante Faktoren lassen wir weg):

$$\psi(n,\xi) = e^{\xi^2/2} \cdot \frac{1}{2\pi i} \oint dz \frac{e^{-z^2}}{(z-\xi)^{n+1}}. \tag{29.5}$$

Wir werden nachweisen, daß jedes geschlossene Umlaufintegral dieser Art Gl. (29.4) löst; durch geeignete Wahl der Integrationswege lassen sich zwei unabhängige Lösungen finden. — Um den Nachweis zu führen, bringen wir den Differentialoperator von Gl. (29.4) zuerst über den Vorfaktor $\exp(\xi^2/2)$ von (29.5) weg. Wegen der Operatorbeziehung

$$\frac{d}{d\xi} e^{\xi^2/2} = e^{\xi^2/2}\left(\frac{d}{d\xi} + \xi\right)$$

ist

$$\left(\frac{d^2}{d\xi^2} - \xi^2 + 2n + 1\right) e^{\xi^2/2} = e^{\xi^2/2}\left(\frac{d^2}{d\xi^2} + 2\xi\frac{d}{d\xi} + 2n + 2\right).$$

Diesen Operator wenden wir nun auf den Nenner von (29.5) an und ersetzen die Ableitungen nach ξ durch die negative Ableitung nach z:

$$\left(\frac{d^2}{d\xi^2} + 2z\frac{d}{d\xi} + 2(\xi - z)\frac{d}{d\xi} + 2n + 2\right)(z-\xi)^{-n-1}$$
$$= \frac{d^2(z-\xi)^{-n-1}}{dz^2} - 2z\frac{d(z-\xi)^{-n-1}}{dz}.$$

Damit geht die linke Seite von (29.4) über in

$$e^{\xi^2/2} \cdot \frac{1}{2\pi i} \oint dz\, e^{-z^2}\left(\frac{d}{dz} - 2z\right)\frac{d}{dz}(z-\xi)^{-n-1}.$$

Integrieren wir einmal partiell, so erhalten wir im Integranden einen Faktor

$$\left(-\frac{d}{dz} - 2z\right) e^{-z^2} = 0.$$

Gl. (29.4) ist also erfüllt, soferne die ausintegrierten Teile der partiellen Integration verschwinden. Dies ist der Fall, wenn entweder der Umlauf auf der Riemannschen Fläche geschlossen ist, oder der Integrationsweg dort endet, wo der Integrand verschwindet. Damit werden Integrationswege möglich, welche in der Umgebung der reellen Achse nach dem Unendlichen führen. Für unganze n besitzt der Integrand von (29.5) bei $z = \xi$ einen Verzweigungspunkt, und man erhält zwei unabhängige Lösungen von (29.4), wenn man den Integrationsweg bei $+\infty$ oder $-\infty$ beginnen und nach Umlaufen des Verzweigungspunkts dorthin zurückkehren läßt (s. Abb. 9). Daß diese beiden Funktionen unabhängig sind, erkennt man aus ihrem Verhalten für sehr große Werte von $|\xi|$. Dieses wird bestimmt durch den Exponentialfaktor des Integranden. Ist etwa wie in der Abbildung ξ positiv und überdies sehr groß, so können wir den gesamten Integrationsweg C_1 in einem Gebiet verlaufen lassen, in dem e^{-z^2} etwa gleich oder kleiner als $e^{-\xi^2}$ ist. Die Funktion (29.5) verhält sich also für große positive ξ dann wie $e^{-\xi^2/2}$, sie verschwindet exponentiell. — Für den zweiten, gestrichelten Integrationsweg C_2 passiert man die Umgebung von $z=0$. Dort ist $e^{-z^2}=1$, und es gibt keine Kompensation für den Vorfaktor $e^{\xi^2/2}$, somit wächst diese Lösung von (29.4) im positiv Unendlichen exponentiell an. Das Verhalten für sehr große negative ξ ist gerade umgekehrt: C_1 wird gezwungen die Umgebung von $z=0$ zu passieren, also wächst diese Funktion im negativ Unendlichen an, während C_2 den auf der negativen Achse liegenden Punkt

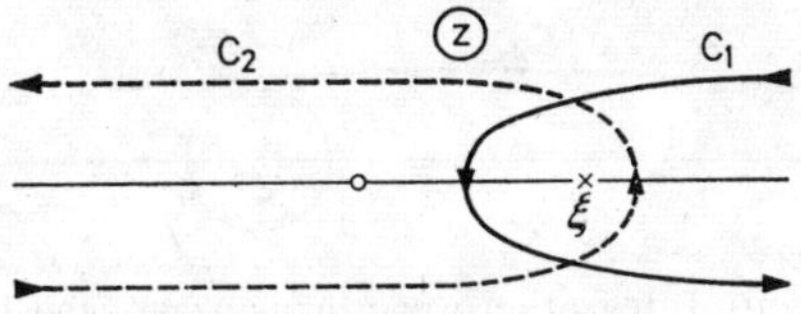

Abb. 9. Integrationswege zur Darstellung der Oszillatorfunktionen

$z=\xi$ umläuft und daher zu der exponentiell abnehmenden Lösung führt. Von den beiden unabhängigen Lösungen wächst somit jede auf einer Seite der reellen Achse exponentiell an, keine von beiden ist quadratintegrierbar, keine ist als Koordinatendarstellung eines Hilbert-Vektors zu gebrauchen. Eine Linearkombination beider Lösungen wächst sowohl bei $+\infty$ wie bei $-\infty$ exponentiell an, ist somit ebenfalls unbrauchbar. Als nächstes wäre zu fragen, ob diese nicht-quadratintegrierbaren Funktionen eventuell als Kernfunktionen für ein kontinuierliches Spektrum verwendbar sind. Daß dies nicht möglich ist, zeigt ein Blick auf Gl. (19.6), wenn wir dort für q die Variable ξ und für p die Werte E unseres Hamilton-Operators einsetzen. $\langle p|q\rangle$ wäre dann der Integralkern $\langle E|\xi\rangle$, der — wie wir gesehen haben — mindestens auf einer Seite der reellen Achse im Unendlichen exponentiell anwächst. Dadurch wird ausgeschlossen, daß das Integral von (19.6) für alle Hilbert-Vektoren $|\varphi\rangle$, d.h. für alle quadratintegrierbaren Funktionen $\langle q|\varphi\rangle$, existiert. Es ist damit klar, daß der Integralkern, der zu einem kontinuierlichen Spektrum gehört, im Unendlichen des Koordinatenraums nicht anwachsen darf, jedenfalls nicht wie eine Potenz, geschweige denn exponentiell. Wir werden hierauf bei späteren Beispielen zurückkommen.

Für ganzzahlige Werte von n führen die Wege von Abb. 9 nicht zu zwei unabhängigen Lösungen; der Integrand von (29.5) ist in diesem Falle eindeutig, deshalb kann man beide Integrationswege zu einem Umlauf um den Punkt $z=\xi$ zusammenziehen — sie führen zu derselben

Lösung. Sofern n nicht negativ ist, kann man zwei unabhängige Lösungen gewinnen, indem man die Integrationswege von Abb. 10 benützt. Die Integration entlang der gesamten reellen Achse — unter Umgehung des Pols — führt wieder über die Umgebung von $z=0$, die Funktion wächst also für $|\xi|\to\infty$ exponentiell an und ist als Darstellung von Spektralfunktionen ungeeignet. Der Umlauf um den Punkt ξ dagegen läßt sich auf einen sehr kleinen Kreis zusammenziehen, auf welchem $e^{-z^2}\approx e^{-\xi^2}$. Diese Funktionen nehmen somit im Unendlichen exponentiell ab und sind Darstellungen von Hilbert-Vektoren. Damit kommen wir auch durch Diskussion der Schrödinger-Gleichung zu den diskreten Werten $n\geqq 0$ ganz des Oszillatorspektrums.

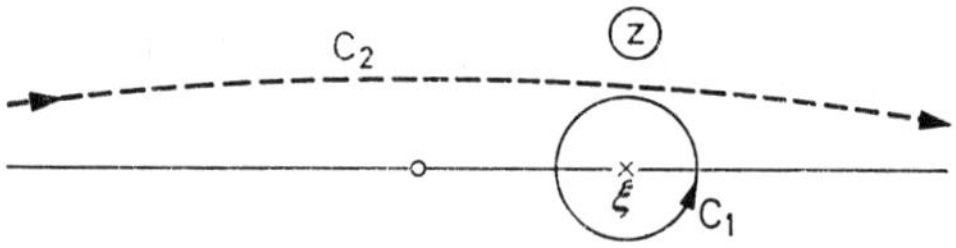

Abb. 10. Integrationswege für ganzzahligen Index

Zu diskutieren bleibt noch $n<0$ ganz. In diesem Fall befindet sich im Punkt $z=\xi$ kein Pol des Integranden. Das Umlaufintegral um ξ ergibt also identisch 0, es gibt nur *eine* Lösung der Gestalt (29.5). Doch erhält man eine zweite davon unabhängige Lösung, indem man eine der beiden Lösungen mit Integrationsweg gem. Abb. 9 nach n differenziert: man hat dann einen zusätzlichen Faktor $\log(z-\xi)$ im Integranden. Jede dieser Lösungen strebt mindestens auf einer Seite der reellen Achse exponentiell gegen Unendlich, ist also ebenfalls unbrauchbar.

§ 30. Linearimpuls

Das Spektrum des Linearimpulses $\boldsymbol{p}$ ist uns vom Fourierschen Integralsatz bereits bekannt; als Beispiel für die Anwendung der Differentialgleichungsmethode sei es erneut untersucht. $\boldsymbol{p}$ ist der erste quantenmechanische Operator, den wir eingeführt haben, und zwar in Gl. (10.8). Nach den Betrachtungen des zweiten Kapitels müssen wir bei der Zuordnung von Impuls und Differentialoperator etwas vorsichtiger sein: primär haben wir zu fordern, daß $\boldsymbol{p}$ durch einen *selbstadjungierten* Operator dargestellt wird. Dies besagt, daß wir den Definitionsbereich $D(\boldsymbol{p})$ so einrichten müssen, daß die Selbstadjungiertheit gewährleistet ist — nur innerhalb dieses Definitionsbereichs können wir den Operator $\boldsymbol{p}$ auf einen Vektor $|\psi\rangle$ dadurch anwenden, daß wir die $\boldsymbol{r}$-Darstellung $\langle\boldsymbol{r}|\psi\rangle$ differenzieren. Zu $D(\boldsymbol{p})$ gehören bestimmt nur Vektoren $|\psi\rangle\in\mathfrak{H}$ (d.h. $|\langle\boldsymbol{r}|\psi\rangle|^2$ integrabel), für welche auch $\boldsymbol{p}|\psi\rangle\in\mathfrak{H}$ d.h. also $\left|\frac{\partial}{\partial\boldsymbol{r}}\langle\boldsymbol{r}|\psi\rangle\right|^2$

integrabel. Für alle Paare von Funktionen aus diesem Bereich gilt aber in der Tat (14.16) (beide Funktionen $\langle \boldsymbol{r}|\psi\rangle$ und $\langle \boldsymbol{r}|\varphi\rangle$ verschwinden im Unendlichen und die Skalarprodukte (14.16) existieren).

Die zweite Frage ist, ob es in $D(\boldsymbol{p})$ Eigenvektoren gibt, also Vektoren $|\boldsymbol{k}\rangle$, deren $\boldsymbol{r}$-Darstellung der Gleichung genügt

$$\frac{1}{i}\frac{\partial}{\partial \boldsymbol{r}}\langle \boldsymbol{r}|\boldsymbol{k}\rangle = \boldsymbol{k}\langle \boldsymbol{r}|\boldsymbol{k}\rangle. \tag{30.1}$$

Diese Differentialgleichung besitzt nur eine einzige Lösung, nämlich

$$\langle \boldsymbol{r}|\boldsymbol{k}\rangle = a\,\mathrm{e}^{i\boldsymbol{k}\cdot\boldsymbol{r}}. \tag{30.2}$$

Sie gehört jedoch nicht zu $\mathfrak{H}$, da sie nicht quadratintegrierbar ist. Das *Spektrum des Linearimpulses* kann also keinen diskreten Punkt besitzen, es ist *rein kontinuierlich*. – Für einen beliebigen Vektor $|\psi\rangle \in \mathfrak{H}$ lautet die Transformation von der $\boldsymbol{k}$-Darstellung in die $\boldsymbol{r}$-Darstellung

$$\langle \boldsymbol{r}|\psi\rangle = \int d\mu(\boldsymbol{k})\,\langle \boldsymbol{r}|\boldsymbol{k}\rangle\,\langle \boldsymbol{k}|\psi\rangle. \tag{30.3}$$

Dabei ist $\langle \boldsymbol{r}|\boldsymbol{k}\rangle$, da es keine diskreten Spektralpunkte gibt, sicher nicht die $\boldsymbol{r}$-Darstellung eines Hilbert-Vektors, sondern nur ein Integralkern. Gehört $|\psi\rangle$ überdies zu $D(\boldsymbol{p})$, so kann man den Operator $\boldsymbol{p}$ auf (30.3) als Differentialoperator anwenden, und muß dabei nach dem Spektraltheorem unter dem Integral auf der rechten Seite einen Faktor $\hbar\boldsymbol{k}$ erhalten. Dies bedeutet, daß der Integralkern $\langle \boldsymbol{r}|\boldsymbol{k}\rangle$ der Gl. (30.1) genügt, infolgedessen die Gestalt (30.2) hat. Zu prüfen bleibt, *welche reellen Werte* $\hbar\boldsymbol{k}$ tatsächlich *zum Spektrum des Operators* $\boldsymbol{p}$ *gehören. Notwendig und hinreichend* ist dafür, *daß eine bezügl.* $\boldsymbol{k}$ *quadratintegrierbare Funktion* $\langle \boldsymbol{k}|\psi\rangle$, wenn sie in (30.3) eingesetzt wird, auch *eine bezügl.* $\boldsymbol{r}$ *quadratintegrierbare Funktion* $\langle \boldsymbol{r}|\psi\rangle$ *liefert*. Um dies zu untersuchen, ziehen wir uns auf den eindimensionalen Fall zurück, bei welchem wir nur eine Koordinate x und einen dazugehörigen Linearimpuls p haben – zum mehrdimensionalen Fall kann man nachträglich übergehen, indem man nacheinander in der gleichen Weise das Spektrum der verschiedenen Komponenten des Linearimpulses $\boldsymbol{p}$ untersucht; diese vertauschen ja alle miteinander, können also gleichzeitig diagonalisiert werden.

Für die Transformation von der k- in die x-Darstellung benützen wir (30.3). Da das Spektrum keine diskreten Punkte besitzt, können wir im kontinuierlichen Spektrum $d\mu(k) = dk$ wählen, außerhalb des Spektrums bleibt $d\mu(k) = 0$. Wir wählen nun einen Punkt k im Inneren des kontinuierlichen Spektrums aus, und konstruieren entsprechend § 19 einen Test-Hilbert-Vektor $|k, \Delta\rangle$, dessen k-Darstellung die Gestalt hat

$$\langle k'|k,\Delta\rangle = \begin{cases} \frac{1}{\Delta} & \text{für } |k'-k| < \Delta/2 \\ 0 & \text{sonst}. \end{cases} \tag{30.4}$$

Δ sei so klein gewählt, daß das Intervall $|k'-k|\leq\Delta/2$ ganz im kontinuierlichen Spektrum liegt. — Die x-Darstellung ist nach (30.3)

$$\langle x|k,\Delta\rangle=\frac{1}{\Delta}\int\limits_{k-\frac{\Delta}{2}}^{k+\frac{\Delta}{2}} dk'\,\langle x|k'\rangle. \tag{30.5}$$

Unsere Frage lautet: für welche k ist dies eine quadratintegrierbare Funktion von x? — Nach (30.2) haben wir

$$\langle x|k,\Delta\rangle=\frac{a}{\Delta}\int\limits_{k-\frac{\Delta}{2}}^{k+\frac{\Delta}{2}} dk'\,e^{ik'x}=a\,e^{ikx}\,\frac{\sin\left(\frac{x\Delta}{2}\right)}{\left(\frac{x\Delta}{2}\right)}. \tag{30.6}$$

Bei festgehaltenem x konvergiert dies im Limes $\Delta\to 0$ gegen die nicht integrable Funktion $\langle x|k\rangle$. Diese Konvergenz ist aber nicht gleichmäßig in x, da für jedes noch so kleine Δ für hinreichend große x das Argument des Sinus $\gg 1$ wird. In der Tat ist (30.6) durch den Faktor $\sin\left(\frac{x\Delta}{2}\right)\Big/\left(\frac{x\Delta}{2}\right)$ quadratintegrierbar geworden. Es ergibt sich

$$\langle k,\Delta|k,\Delta\rangle=\int\limits_{-\infty}^{+\infty} dx\,|\langle x|k,\Delta\rangle|^2=|a|^2\int\limits_{-\infty}^{+\infty} dx\left(\frac{\sin\left(\frac{x\Delta}{2}\right)}{\frac{x\Delta}{2}}\right)^2.$$

Das Integral nimmt, wenn man das Argument des Sinus als neue Variable einführt, die Form an

$$\frac{2}{\Delta}\int\limits_{-\infty}^{+\infty} dt\,\frac{\sin^2 t}{t^2}=\frac{2}{\Delta}\left[-\frac{\sin^2 t}{t}\right]_{-\infty}^{+\infty}+\frac{2}{\Delta}\int\limits_{-\infty}^{+\infty} d(2t)\,\frac{\sin(2t)}{2t}=\frac{2\pi}{\Delta}.$$

Daß $\int\limits_{-\infty}^{+\infty}\sin x\,dx=\pi$ ist, errechnet man durch Residuen-Auswertung: man umgeht in der komplexen x-Ebene den Punkt $x=0$ unten $(\mathrm{Im}(x)<0)$, zerlegt $\sin x=(e^{ix}-e^{-ix})/2i$, und schließt den Integrationsweg für den ersten Summanden im positiv, für den zweiten im negativ Unendlichen. Der erste Weg schließt den Pol $x=0$ ein und liefert

$$\oint\limits_{-\infty}\frac{e^{ix}}{2ix}\,dx=2\pi i\,\frac{1}{2i}=\pi.$$

Der zweite Weg umschließt keinen Pol, das Integral ist Null.

Damit erhalten wir schließlich

$$\langle k,\Delta|k,\Delta\rangle=\frac{2\pi}{\Delta}\,|a|^2. \tag{30.7}$$

Dies liefert uns zunächst die Aussage, daß in der Tat $|k,\Delta\rangle$ für jeden reellen Wert von k ein Hilbert-Vektor ist, daß also *jedes reelle k zum kontinuierlichen Spektrum von p* gehört. Aus (19.3) entnimmt man überdies, daß $2\pi|a|^2=1$ sein muß. Dies läßt einen Phasenfaktor offen;

wählen wir a positiv, so folgt für den Integralkern

$$\langle x|k\rangle=\frac{1}{\sqrt{2\pi}}\,e^{ikx}. \tag{30.8}$$

Wir kehren zu dem aus dem Fourierschen Integralsatz bekannten Integralkern (14.14a) zurück, wenn wir den für die x-Richtung ermittelten Kern (30.8) mit entsprechenden Ausdrücken für die y- und z-Richtung multiplizieren.

§ 31. Drehimpuls

In der klassischen Mechanik ist der Drehimpuls definiert durch

$$\boldsymbol{J}=\boldsymbol{r}\times\boldsymbol{p}. \tag{31.1}$$

Da hierin zwei physikalische Größen $\boldsymbol{r}$ und $\boldsymbol{p}$ als Faktoren auftreten, welche in der Quantentheorie miteinander nicht vertauschen, scheint beim Übergang zur Quantentheorie Vorsicht geboten. Wegen des Kreuzproduktes ist jedoch eine kartesische Komponente des Ortsvektors $\boldsymbol{r}$ nur mit Impulskomponenten zu anderen kartesischen Koordinaten multipliziert, deshalb gilt $\boldsymbol{r}\times\boldsymbol{p}=-\boldsymbol{p}\times\boldsymbol{r}$, und man kann Bedenken bezügl. der Faktorreihenfolge zurückstellen. — In der $\boldsymbol{r}$-Darstellung hat man

$$\boldsymbol{J}=\boldsymbol{r}\times\frac{\hbar}{i}\frac{\partial}{\partial\boldsymbol{r}}. \tag{31.1a}$$

Hieraus folgt, daß die verschiedenen kartesischen Komponenten von $\boldsymbol{J}$ nicht miteinander vertauschen; das Kreuzprodukt $\boldsymbol{J}\times\boldsymbol{J}$ verschwindet nicht, weil die im linken Faktor $\boldsymbol{J}$ enthaltene Differentiation auch auf den im rechten Faktor enthaltenen Ortsvektor $\boldsymbol{r}$ angewandt werden muß. Wir können deswegen schreiben:

$$\boldsymbol{J}\times\boldsymbol{J}=\left(\boldsymbol{r}\times\frac{\hbar}{i}\frac{\partial}{\partial\boldsymbol{r}}\right)\times(\overset{\downarrow}{\boldsymbol{r}}\times\boldsymbol{p})\,.$$

Der Hinweispfeil soll besagen, daß die Ableitung *nur* an $\boldsymbol{r}$ ausgeführt werden soll. Wir können das dreifache Vektorprodukt auswerten mit dem Ergebnis

$$\frac{\hbar}{i}\boldsymbol{r}\times\frac{\partial}{\partial\boldsymbol{r}}\cdot\boldsymbol{p}\,\overset{\downarrow}{\boldsymbol{r}}-\frac{\hbar}{i}\boldsymbol{r}\times\frac{\partial}{\partial\boldsymbol{r}}\cdot\overset{\downarrow}{\boldsymbol{r}}\,\boldsymbol{p}.$$

Der letzte Ausdruck ergibt Null, da er nach Vertauschung von Punkt und Kreuz rot $\boldsymbol{r}=0$ als Faktor enthält. Der erste Summand ergibt nach Umordnung des Spatprodukts $\frac{\hbar}{i}\boldsymbol{p}\times\boldsymbol{r}$. Damit erhalten wir die *Vertauschungsrelation*

$$\boldsymbol{J}\times\boldsymbol{J}=i\hbar\boldsymbol{J}. \tag{31.2}$$

Sie ist allgemeiner und liegt tiefer, als bei Anwendung der klassischen Gl. (31.1) zum Vorschein kommt; sie hängt nämlich mit der Darstellungstheorie der Drehgruppe zusammen. Wir wissen, daß der Drehimpuls eine Konstante der Bewegung ist, wenn die Hamilton-Funktion, bzw. der Hamilton-Operator gegen räumliche Drehungen invariant ist. In der Quantentheorie ist die Komponente des Drehimpulses bezügl. einer Achsen-Richtung $\hbar/i$ mal Änderung der Feldfunktion pro Drehwinkel, wenn wir das Koordinatensystem um diese Achse (zurück-) drehen. Ist die Feldfunktion nicht, wie im einfachen Schrödinger-Fall, skalar, sondern ein Vektor oder irgend eine andere extensive Größe, so ändert sich bei einer Drehung des Koordinatensystems nicht nur der im Argument der Funktion auftretende Ortsvektor, sondern darüber hinaus wird die extensive Größe selbst linear transformiert. Eine Drehung des Koordinatensystems bewirkt somit eine Transformation der Feldfunktion (abstrakter: Transformation des Hilbert-Vektors), welche nicht mehr allein durch Anwendung des Differentialoperators (31.1a) bewirkt werden kann. Trotzdem muß die Struktur der Drehgruppe erhalten bleiben, d.h. die Aufeinanderfolge zweier Drehungen muß den Hilbert-Vektor in derselben Weise transformieren wie die resultierende Drehung. Wir wollen eine Drehung mathematisch beschreiben durch einen Vektor $\boldsymbol{\alpha}$; die Richtung von $\boldsymbol{\alpha}$ soll die Drehachse, der Betrag den Drehwinkel angeben. Transformieren wir nun die räumlichen Koordinaten, indem wir an ihnen diese Drehung ausführen (dies bedeutet eine Drehung des Bezugssystems in der entgegengesetzten Richtung), so erfährt der Hilbert-Raum eine Transformation $\Omega(\boldsymbol{\alpha})$. Der Operator $\boldsymbol{J}$ des Drehimpulses ist bis auf den Faktor $\hbar/i$ der Operator, welcher die Änderung des Hilbert-Vektors pro Drehwinkel angibt, d.h.

$$\Omega(d\boldsymbol{\alpha}) = I + \frac{i}{\hbar}\, d\boldsymbol{\alpha} \cdot \boldsymbol{J} = \mathrm{e}^{\frac{i}{\hbar} d\boldsymbol{\alpha}\cdot\boldsymbol{J}}. \tag{31.3}$$

Die endliche Drehung $\boldsymbol{\alpha}$ können wir dadurch erzeugen, daß wir *bei festgehaltener Drehachse* über die infinitesimalen Drehungen $d\boldsymbol{\alpha}$ integrieren, d.h. also die zugehörigen Transformationen $\Omega(d\boldsymbol{\alpha})$ nacheinander ausführen:

$$\Omega(\boldsymbol{\alpha}) = \prod_{0}^{\boldsymbol{\alpha}} \Omega(d\boldsymbol{\alpha}) = \mathrm{e}^{\frac{i}{\hbar}\boldsymbol{\alpha}\cdot\boldsymbol{J}}. \tag{31.4}$$

Wir können zu demselben Ergebnis auch gelangen, indem wir die Änderung eines Hilbert-Vektors bei der Drehung anschreiben:

$$d\,|\psi\rangle = \frac{i}{\hbar}\, d\boldsymbol{\alpha} \cdot \boldsymbol{J}\,|\psi\rangle \tag{31.5}$$

und diese Gleichung lösen durch

$$\Omega(\boldsymbol{\alpha})\,|\psi\rangle = \mathrm{e}^{\frac{i}{\hbar}\boldsymbol{\alpha}\cdot\boldsymbol{J}}\,|\psi\rangle. \tag{31.6}$$

Führen wir nacheinander zwei Drehungen $\boldsymbol{\alpha}_1$ und $\boldsymbol{\alpha}_2$ um *verschiedene* Achsen aus, so hängt das Ergebnis von der Reihenfolge der Drehungen ab, die Operationen $\Omega(\boldsymbol{\alpha}_1)$ und $\Omega(\boldsymbol{\alpha}_2)$ sind nicht vertauschbar, vielmehr gilt nach (31.4)

$$[\Omega(\boldsymbol{\alpha}_1), \Omega(\boldsymbol{\alpha}_2)] = \left[e^{\frac{i}{\hbar}\boldsymbol{\alpha}_1 \cdot \boldsymbol{J}}, e^{\frac{i}{\hbar}\boldsymbol{\alpha}_2 \cdot \boldsymbol{J}}\right]. \tag{31.7}$$

Ersetzen wir die endlichen Winkel $\boldsymbol{\alpha}_1$ und $\boldsymbol{\alpha}_2$ durch infinitesimale Winkel $d\boldsymbol{\alpha}_1$ und $d\boldsymbol{\alpha}_2$, so verschwindet der Kommutator rechts in (31.7) in der nullten und ersten Ordnung und der höchste nichtverschwindende Term ist entspr. (31.3)

$$[\Omega(d\boldsymbol{\alpha}_1), \Omega(d\boldsymbol{\alpha}_2)] = \left(\frac{i}{\hbar}\right)^2 [d\boldsymbol{\alpha}_1 \cdot \boldsymbol{J}, d\boldsymbol{\alpha}_2 \cdot \boldsymbol{J}]. \tag{31.8}$$

Nun folgt aber aus der Definition der Drehung, daß der Kommutator der linken Seite von (31.8) wieder mit einer einfachen Drehung zusammenhängt; denn eine infinitesimale Drehung ist definiert durch die folgende Transformation des Ortsvektors

$$\boldsymbol{r}' = \boldsymbol{r} + d\boldsymbol{\alpha} \times \boldsymbol{r}; \tag{31.9}$$

der Kommutator der linken Seite von (31.8) korrespondiert also der Differenz zwischen zwei aufeinanderfolgenden Drehungen des Ortsvektors, nämlich

$$\begin{aligned} &\boldsymbol{r} + d\boldsymbol{\alpha}_1 \times \boldsymbol{r} + d\boldsymbol{\alpha}_2 \times (\boldsymbol{r} + d\boldsymbol{\alpha}_1 \times \boldsymbol{r}) \\ &-\boldsymbol{r} - d\boldsymbol{\alpha}_2 \times \boldsymbol{r} - d\boldsymbol{\alpha}_1 \times (\boldsymbol{r} + d\boldsymbol{\alpha}_2 \times \boldsymbol{r}) \\ &= d\boldsymbol{\alpha}_2 \times (d\boldsymbol{\alpha}_1 \times \boldsymbol{r}) - d\boldsymbol{\alpha}_1 \times (d\boldsymbol{\alpha}_2 \times \boldsymbol{r}) = (d\boldsymbol{\alpha}_2 \times d\boldsymbol{\alpha}_1) \times \boldsymbol{r}. \end{aligned}$$

Dies ist also gerade die Änderung, die der Ortsvektor bei einer Drehung $d\boldsymbol{\alpha}_2 \times d\boldsymbol{\alpha}_1$ erleidet. Daher muß *auch als Transformation des Hilbert-Raums* die linke Seite von (31.8) der Beziehung genügen:

$$[\Omega(d\boldsymbol{\alpha}_1), \Omega(d\boldsymbol{\alpha}_2)] = \frac{i}{\hbar} d\boldsymbol{\alpha}_2 \times d\boldsymbol{\alpha}_1 \cdot \boldsymbol{J}. \tag{31.10}$$

Anderseits ist aber die rechte Seite (31.8) nach den Regeln der Vektoralgebra

$$\left(\frac{i}{\hbar}\right)^2 d\boldsymbol{\alpha}_1 \times d\boldsymbol{\alpha}_2 \cdot \boldsymbol{J} \times \boldsymbol{J}. \tag{31.11}$$

Man hat dabei zu beachten, daß die Reihenfolge der beiden Vektoren $\boldsymbol{J}$ nicht vertauscht werden darf. Da (31.10) und (31.11) bei beliebiger Wahl des Vektors $d\boldsymbol{\alpha}_1 \times d\boldsymbol{\alpha}_2$ übereinstimmen müssen, folgt die Vertauschungsrelation (31.2).

Auf Grund der Vertauschungsrelation kann man das Spektrum nach demselben algebraischen Verfahren auffinden, welches wir beim harmonischen Oszillator angewandt haben. Wir wollen zunächst, um die Schreibung der Formeln zu vereinfachen, den Drehimpuls in Einheiten $\hbar$ messen; wir definieren uns also einen neuen Operator $\boldsymbol{j}$ durch

$$\boldsymbol{J} = \hbar \boldsymbol{j}. \tag{31.12}$$

Die Vertauschungsrelation nimmt dann die Gestalt an

$$\boldsymbol{j} \times \boldsymbol{j} = i \boldsymbol{j}. \tag{31.13}$$

Hieraus können wir folgern, daß $\boldsymbol{j}^2 \equiv \boldsymbol{j} \cdot \boldsymbol{j}$ mit jeder Komponente von $\boldsymbol{j}$ vertauscht. Aus (31.13) folgt nämlich

$$\boldsymbol{j} \times (\boldsymbol{j} \times \boldsymbol{j}) = (\boldsymbol{j} \times \boldsymbol{j}) \times \boldsymbol{j}.$$

Auf beiden Seiten kann man das doppelte Kreuzprodukt entwickeln, muß dabei jedoch sorgfältig eine Vertauschung der drei Faktoren $\boldsymbol{j}$ vermeiden. Es ergibt sich

$$-\boldsymbol{j} \cdot \boldsymbol{j}\boldsymbol{j} = -\boldsymbol{j}\boldsymbol{j} \cdot \boldsymbol{j}$$

oder

$$[\boldsymbol{j}^2, \boldsymbol{j}] = 0. \tag{31.14}$$

Jede Komponente des Vektors $\boldsymbol{j}$ vertauscht somit mit $\boldsymbol{j}^2$, die Komponenten unter sich vertauschen jedoch — wie (31.13) zeigt — nicht. Zum Beispiel lautet die z-Komponente dieser Gleichung

$$[j_x, j_y] = i j_z. \tag{31.15}$$

Man kann deshalb genau *eine* Komponente des Drehimpulses — wir wählen dafür j_z — gleichzeitig mit $\boldsymbol{j}^2$ diagonalisieren.

Zur Durchführung des Programms dienen uns wieder Stufenoperatoren, nämlich

$$j_+ \equiv j_x + i j_y; \qquad j_- \equiv j_x - i j_y. \tag{31.16}$$

^{2} läßt sich in zwei Gestalten linearisieren:

$$\boldsymbol{j}^2 = j_+ j_- + j_z^2 - j_z = j_- j_+ + j_z^2 + j_z. \tag{31.17}$$

Nach (31.13) bzw. (31.15) genügen die Stufenoperatoren den Vertauschungsrelationen

$$[j_+, j_-] = 2 j_z; \qquad [j_z, j_\pm] = \pm j_\pm. \tag{31.18}$$

Wir betrachten nun das gemeinsame Spektrum der beiden Operatoren $j_z, \boldsymbol{j}^2$, d.h. die (eigentlichen oder uneigentlichen) Eigenvektoren mit der Eigenschaft

$$\boldsymbol{j}^2 \,|\, \lambda, m\rangle = \lambda \,|\, \lambda, m\rangle; \qquad j_z \,|\, \lambda, m\rangle = m \,|\, \lambda, m\rangle. \tag{31.19}$$

Wenden wir einen der beiden Operatoren j_+ oder j_- auf $|\,\lambda, m\rangle$ an, so ändert sich, wie (31.14) zeigt, der spektrale Wert λ nicht. Dagegen folgt aus (31.18)

$$j_z j_+ \mid \lambda, m\rangle = (m+1)\, j_+ \mid \lambda, m\rangle; \qquad j_z j_- \mid \lambda, m\rangle = (m-1)\, j_- \mid \lambda, m\rangle. \tag{31.20}$$

Durch Anwendung des Stufenoperators j_+ wird somit der spektrale Wert m um eins erhöht, durch j_- um eins erniedrigt — wir können deshalb j_+ als Erzeugungs- und j_- als Vernichtungsoperator einer Einheit j_z bezeichnen.

Das Drehimpulsspektrum wollen wir zunächst etwas unbekümmert unter der Annahme analysieren, daß ein *eigentlicher* Vektor $|\lambda, m\rangle$ existiert, den wir dann zu 1 normieren können

$$\langle\lambda, m|\lambda, m\rangle = 1. \tag{31.21}$$

Wenden wir die beiden Stufenoperationen an, so erhalten wir Vektoren vom Quadrat (beachte (31.17))

$$\|j_+ \mid \lambda, m\rangle\|^2 = \langle\lambda, m|\, j_- j_+ \mid \lambda, m\rangle = \lambda - m(m+1); \qquad \|j_- \mid \lambda, m\rangle\|^2 = \langle\lambda, m|\, j_+ j_- \mid \lambda, m\rangle = \lambda - m(m-1). \tag{31.22}$$

Da beide Quadrate $\geqq 0$ sein müssen, muß $|m|(|m|+1) \leqq \lambda$ sein, es kann also nicht möglich sein, m mittels Gl. (31.20) beliebig zu erhöhen und zu erniedrigen; vielmehr muß es ein größtes $m = \max$ geben, so daß $j_+ |\max\rangle$ der Nullvektor wird, und ein kleinstes $m = \min$, für welches $j_- |\min\rangle$ der Nullvektor ist. Dies bedeutet nach (31.22)

$$\lambda = \max(\max + 1) = \min(\min - 1). \tag{31.23}$$

Wegen $\max \geqq \min$ läßt dies nur eine Lösung zu:

$$\max = -\min \equiv j \geqq 0; \qquad \lambda = j(j+1). \tag{31.24}$$

Da die Differenz des größten und des kleinsten Wertes von m eine ganze Zahl ist, kann j nur ganz- oder halbzahlig sein; dementsprechend werden dann auch sämtliche Werte von m ganz- oder halbzahlig:

$$m = -j, -j+1, \ldots, j-1, j; \qquad j \text{ ganz- oder halbzahlig.} \tag{31.25}$$

Die möglichen Eigenwerte für das Drehimpulsquadrat $\boldsymbol{j} \cdot \boldsymbol{j}$ sind nicht gleich dem Quadrat j^2 des höchstmöglichen Wertes für die z-Komponente. Dies kann wegen der Vertauschungsrelation (31.13) gar nicht anders sein. Wäre nämlich der Eigenwert von $\boldsymbol{j} \cdot \boldsymbol{j}$ gleich j^2 in einem Zustand mit $j_z = j$, dann müßten j_x^2 und j_y^2 beide den Wert 0 haben, sie wären somit genau bekannt. Dies ist aber in einem Zustand, in dem j_z nicht den Eigenwert 0 hat, durch (31.15) ausgeschlossen.

Bis jetzt haben wir nur analysiert, wie das Drehimpulsspektrum beschaffen sein müßte, *wenn* es diskret wäre. Eine etwas sorgfältigere

Analyse, welche diese Voraussetzung nicht unbesehen zugrunde legt, können wir in der folgenden Weise — ganz analog zu unserem Vorgehen beim Oszillator — vornehmen. Wir untersuchen die Quadrate der beiden Hilbert-Vektoren $j_-^n\,|\psi\rangle$ und $j_+^{n'}\,|\psi\rangle$. Sie müssen beide positiv sein, deshalb gilt für alle $\psi\in D(\boldsymbol{j}^{2n})$ bzw. $D(\boldsymbol{j}^{2n'})$:

$$\begin{aligned} 0 &\leqq \| j_-^n\,|\psi\rangle\|^2 = \langle\psi|\, j_+^n\, j_-^n\,|\psi\rangle \\ 0 &\leqq \| j_+^{n'}\,|\psi\rangle\|^2 = \langle\psi|\, j_-^{n'}\, j_+^{n'}\,|\psi\rangle . \end{aligned} \tag{31.26}$$

Mit Hilfe von (31.17) und (31.18) können wir die auftretenden Operatorprodukte auf die Operatoren $\boldsymbol{j}\cdot\boldsymbol{j}$ und j_z zurückführen. Zunächst gilt

$$j_+^n\, j_-^n = j_+^{n-1}\big(\boldsymbol{j}\cdot\boldsymbol{j} - j_z(j_z-1)\big)\, j_-^{n-1}.$$

Wir ziehen nacheinander die rechtsstehenden Operatoren j_- nach links neben die Operatoren j_+, indem wir jedes j_z durch j_z-1 ersetzen; sodann rechnen wir das Produkt $j_+\,j_-$ nach (31.17) um. Durch sukzessive Anwendung dieses Verfahrens erhält man schließlich

$$\begin{aligned} j_+^n\, j_-^n = \big(\boldsymbol{j}\cdot\boldsymbol{j} - j_z(j_z-1)\big)\big(\boldsymbol{j}\cdot\boldsymbol{j} - (j_z-1)(j_z-2)\big)\ldots \\ \ldots\big(\boldsymbol{j}\cdot\boldsymbol{j} - (j_z+1-n)(j_z-n)\big). \end{aligned} \tag{31.27}$$

Analog errechnet man

$$\begin{aligned} j_-^{n'}\, j_+^{n'} = \big(\boldsymbol{j}\cdot\boldsymbol{j} - j_z(j_z+1)\big)\big(\boldsymbol{j}\cdot\boldsymbol{j} - (j_z+1)(j_z+2)\big)\ldots \\ \ldots\big(\boldsymbol{j}\cdot\boldsymbol{j} - (j_z-1+n')(j_z+n')\big). \end{aligned} \tag{31.28}$$

Aus (31.26) folgt somit:

$$\begin{aligned} 0 &\leqq \int d\mu(\lambda) \int d\mu(m)\, |\langle\psi|\,\lambda, m\rangle|^2 \\ &\quad\cdot\big(\lambda - m(m-1)\big)\ldots\big(\lambda-(m-n+1)(m-n)\big); \\ 0 &\leqq \int d\mu(\lambda) \int d\mu(m)\, |\langle\psi|\,\lambda, m\rangle|^2 \\ &\quad\cdot\big(\lambda - m(m+1)\big)\ldots\big(\lambda-(m+n'-1)(m+n')\big). \end{aligned}$$

Die beiden Integranden müssen (für beliebige $\psi\in D(j^{2n}, j^{2n'})$) positiv definit sein; somit muß $d\mu(\lambda)\times d\mu(m)$ an allen Stellen der λ-μ-Ebene verschwinden, wo für irgendein ganzzahliges $n>0$ oder $n'>0$ der Integrand negativ wird. Ein Vorzeichenwechsel für hinreichend großes n oder n' ist aber nur zu verhindern, wenn für je eine dieser Zahlen gilt

$$\begin{aligned} \lambda = (m-n+1)(m-n) = (m+n'-1)(m+n') \\ n>0; \quad n'>0 \quad \text{ganz}. \end{aligned} \tag{31.29}$$

Dies ist gleichbedeutend mit

$$m = \frac{n-n'}{2}; \qquad \lambda = j(j+1); \qquad j \equiv \frac{n+n'}{2} - 1. \tag{31.30}$$

Nur wo dies erfüllt ist, kann $d\mu(\lambda)\, d\mu(m) \neq 0$ sein; es gibt somit in der Tat keine anderen Spektralwerte als ganz- oder halbzahlige nicht negative Werte j, und Werte m, welche zwischen $+j\,(n'=1)$ und $-j\,(n=1)$ liegen.

Mit dem Vorstehenden haben wir zweierlei bewiesen: Einmal, daß eine Komponente des Drehimpulses nur ganz- oder halbzahlige Vielfache von $\hbar$ als Eigenwerte annehmen kann, und zum zweiten, daß ein Hilbert-Raum, in welchem der Drehimpuls als selbstadjungierter Operator definiert ist, sich in orthogonale Unterräume zerlegen läßt, welche zu verschiedenen, ganz- oder halbzahligen Werten von j gehören. Welche Werte j in einem bestimmten Hilbert-Raum vorkommen, hängt von dem betrachteten System ab. Falls ein Unterraum zu einem bestimmten Wert von j existiert, so läßt er sich seinerseits in $2j+1$ Unterräume zerlegen, welche zu verschiedenen Eigenwerten m gehören. Ob diese Unterräume ein- oder mehrdimensional (eventuell sogar unendlich-dimensional) sind, hängt ebenfalls vom System ab. Die Stufenoperatoren j_+ und j_- bilden einen Unter-Hilbert-Raum zu gegebenen Werten j, m umkehrbar eindeutig auf einen Unterraum mit $j, m \pm 1$ ab; und zwar in dem Sinne, daß jeder einzelne Hilbert-Vektor des einen Raums umkehrbar eindeutig einem Bildvektor im Nachbarraum zugeordnet wird — wir können dabei den Bildvektor so wählen, daß er dem abgebildeten Vektor längengleich wird. Wir wollen unter dem Symbol $|j, m\rangle$ einen Einheitsvektor aus dem Unterraum $\mathfrak{H}_{j,m}$ verstehen, und erhalten dann für den Vektor $j_+\,|j, m\rangle$ unter Benützung von Gl. (31.17) das Quadrat

$$\|j_+\,|j, m\rangle\|^2 = \langle j, m|\, j_-\, j_+\,|j, m\rangle = j(j+1) - m(m+1).$$

Die Abbildung des Hilbert-Raums $\mathfrak{H}_{j,m}$ in den Hilbert-Raum $\mathfrak{H}_{j,m+1}$ können wir dann unter Festlegung eines freien Phasenfaktors in der Gestalt schreiben

$$j_+\,|j, m\rangle = \sqrt{(j-m)(j+m+1)}\,|j, m+1\rangle. \tag{31.31}$$

Wendet man hierauf j_- an, so erhält man, unter erneuter Benützung von (31.17),

$$j_-\,|j, m+1\rangle = \sqrt{(j-m)(j+m+1)}\,|j, m\rangle; \tag{31.32}$$

oder, wenn man m durch $m-1$ ersetzt

$$j_-\,|j, m\rangle = \sqrt{(j+m)(j-m+1)}\,|j, m-1\rangle. \tag{31.32a}$$

Zu Objekten der Abbildung haben wir dabei im Grunde genommen nicht die einzelnen Vektoren der Hilbert-Räume $\mathfrak{H}_{j,m}$, sondern diese Hilbert-Räume selbst gemacht. Wir können deshalb statt (31.31) und

(31.32a) direkt schreiben

$$j_+ \mathfrak{H}_{j,m} = \sqrt{(j-m)(j+m+1)}\, \mathfrak{H}_{j,m+1}; \tag{31.33}$$

$$j_- \mathfrak{H}_{j,m} = \sqrt{(j+m)(j-m+1)}\, \mathfrak{H}_{j,m-1}. \tag{31.34}$$

Die $2j+1$ Unterräume $\mathfrak{H}_{j,m}$ fassen wir dabei als Basis eines $(2j+1)$-dimensionalen Vektorraums auf, in welchem die Transformationen j_+, j_- entsprechend (31.33) und (31.34) durch Matrizen bewirkt werden; ihr Bau ist weitgehend analog zu den Matrizen des harmonischen Oszillators (28.28). Die Matrix für j_+ hat nur links benachbart zu den Diagonalelementen von Null verschiedene Elemente vom Wert $\sqrt{(j-m)(j+m+1)}$, die Matrix j_- hat die von Null verschiedenen Elemente unmittelbar rechts neben der Hauptdiagonalen, ihr Wert ist $\sqrt{(j+m)(j-m+1)}$. Durch Linearkombination können wir aus ihnen die Matrizen für die Komponenten j_x und j_y des Drehimpulses erhalten, welche nun, analog zu (28.29), beiderseits der Diagonalen von Null verschiedene Elemente besitzen. Die Matrix für j_z ist diagonal, die Diagonalelemente haben den Wert m.

Gl. (31.4) zeigt, daß in $\mathfrak{H}_{j,m}$ endliche Drehungen $\Omega(\boldsymbol{\alpha})$ um die z-Achse den Eigenwert $e^{im\alpha}$ besitzen, daß somit alle Hilbert-Vektoren aus $\mathfrak{H}_{j,m}$ sich bei Anwendung der Operation $\Omega(\boldsymbol{\alpha})$ mit dem Faktor $e^{im\alpha}$ multiplizieren. Wählt man $\alpha = 2\pi$, so hat man eine Drehung, welche das Koordinatensystem in die Ausgangslage zurückführt. Die Hilbert-Vektoren gehen dabei jedoch nur für ganzzahlige m in sich selbst über, für halbzahlige m wechseln sie das Vorzeichen, um erst für $\alpha = 4\pi$ wieder den Ausgangswert anzunehmen. Dies zeigt, daß man für *ganzzahlige* j *eindeutige Darstellungen* der Drehgruppe hat, für *halbzahlige* j dagegen *zweideutige*. Für halbzahlige j wechseln alle Hilbert-Vektoren das Vorzeichen, wenn man das Koordinatensystem um 2π dreht, gleichgültig welche Richtung die Drehachse hat; denn man kann in einem gegebenen Unterraum $\mathfrak{H}_j$ anstelle der z-Komponente jede beliebige Komponente des Drehimpulses diagonalisieren.

Daß es Darstellungen der infinitesimalen Drehgruppe gibt, welche die endliche Drehgruppe nicht eindeutig darstellen, indem sie einer Drehung 2π nicht die identische Abbildung zuordnen, ist ein Hinweis darauf, daß aus der Struktur der infinitesimalen Drehgruppe nicht zu folgern ist, daß eine Drehung 2π mit der Identität übereinstimmt. Daß jedoch eine Drehung um den Winkel 4π die Identität ist, läßt sich aus der infinitesimalen Drehgruppe folgern: man kann nämlich eine kontinuierliche Folge zusammengesetzter Drehbewegungen angeben, welche mit einer Drehung um den Winkel $\alpha = 0$, also der Identität in der infinitesimalen Drehgruppe, beginnt, ständig die Identität bleibt und mit einer Drehung um den Winkel 4π endet. Man dreht zunächst um eine feste Drehachse um einen Winkel $+\alpha$ vorwärts und sodann um $-\alpha$ zurück in die Ausgangslage; α läßt man kontinuierlich von Null bis 2π wachsen. Von hier ab behält man den Drehwinkel 2π bei, bewegt jedoch die Achse für die Rückdrehung um einen Winkel β von der ursprünglichen Achse fort, den man kontinuierlich von Null bis π wachsen läßt. Man endet dann mit einer Drehung von 2π um die ursprüngliche Achse und -2π um die negative Richtung dieser Achse, zusammen eine Drehung 4π um die Ausgangsachse. — Es ist nicht möglich eine ähnliche Folge von identischen Drehungen zu finden, die vom Drehwinkel Null zum Drehwinkel 2π führt; sonst könnte es ja die zweideutigen Darstellungen der infinitesimalen Drehgruppe nicht geben.

Die Unterräume zu festem Drehimpuls sind instruktive und vielbenützte Übungsbeispiele zur statistischen Behandlung der Quantentheorie. Man kann einen Teilchenstrahl, bei dem das mechanische Drehmoment mit einem magnetischen Moment verknüpft ist, in Teilstrahlen von verschiedener Einstellung des Drehimpulses aufspalten, indem man ihn ein stark inhomogenes Magnetfeld durchlaufen läßt; dies wurde zum erstenmal von Stern und Gerlach (1924) an einem Silberatomstrahl durchgeführt, der dabei überraschenderweise in zwei Komponenten aufspaltete und dadurch den Wert $\frac{1}{2}$ des Elektronenspins an den Tag brachte. — Durch Aufeinanderfolge von Stern-Gerlach-Versuchen mit verschieden orientiertem Magnetfeld kann man im Prinzip (jedenfalls als Gedankenexperiment) die Komponenten des Drehimpulses bezügl. verschiedener räumlicher Richtungen nacheinander messen.

Man betrachte ein System, welches — außerhalb der einzelnen Stern-Gerlach-Apparaturen — den Drehimpuls erhält und festes j (z. B. $j=\frac{1}{2}$ oder $j=1$) hat, und beantworte folgende Fragen:

1. Wenn $j_z=m$ gemessen wurde, mit welcher Wahrscheinlichkeit ergibt eine neue Messung den gleichen Wert m?
2. Wenn keine Vorinformation vorliegt, und dann $j_z=m$ gemessen wird, welche Wahrscheinlichkeiten sind bei einer folgenden Messung für die möglichen Meßwerte von j_x vorherzusagen?
3. Wenn ohne Vorinformation $j_z=m$, und dann $j_x=m'$ gemessen wurde, was sind die Wahrscheinlichkeiten für die Werte j_z einer nachfolgenden Messung?
4. Wenn ohne Vorinformation $j_z=m$ gemessen wurde, und man plant, erst j_x und dann j_z zu messen, welche Wahrscheinlichkeiten hat man für j_z zu erwarten?

Anhang

Addition von Drehimpulsen

Besteht ein System aus zwei Teilen mit Drehimpulsoperatoren $\boldsymbol{j}_1$ und $\boldsymbol{j}_2$, welche untereinander vertauschen, so folgt aus $\boldsymbol{j}_1\times\boldsymbol{j}_1=i\boldsymbol{j}_1$ und $\boldsymbol{j}_2\times\boldsymbol{j}_2=i\boldsymbol{j}_2$, daß auch $\boldsymbol{j}\equiv\boldsymbol{j}_1+\boldsymbol{j}_2$ der Relation $\boldsymbol{j}\times\boldsymbol{j}=i\boldsymbol{j}$ genügt. Wir können aus den Drehimpuls-Eigenvektoren der Teilsysteme zu den Eigenwerten j_1, m_1 bzw. j_2, m_2 Produkteigenvektoren $|j_1, m_1; j_2, m_2\rangle = |j_1, m_1\rangle_1 |j_2, m_2\rangle_2$ bilden. Aus ihnen lassen sich durch Linearkombination Eigenvektoren $|j, m\rangle$ des Gesamtdrehimpulses gewinnen. Wir behaupten, daß dabei jeder der folgenden Eigenwerte genau einmal vorkommt.

$$\begin{aligned} j &= |j_2-j_1|, |j_2-j_1|+1, \ldots j_2+j_1-1, j_2+j_1; \\ m &= -j, -j+1, \ldots j-1, j. \end{aligned} \qquad \text{(A 31.1)}$$

Daß diese Behauptung vernünftig ist, erkennt man zunächst daraus, daß die Anzahl der Produktvektoren $(2j_1+1)(2j_2+1)$ übereinstimmt mit der Anzahl der in (A 31.1) angegebenen Wertepaare j, m:

$$\sum_{j=|j_2-j_1|}^{j_1+j_2}(2j+1)=(j_1+j_2+|j_2-j_1|+1)(j_1+j_2+1-|j_2-j_1|)$$
$$=(2j_1+1)(2j_2+1).$$

Zum Beweis der Behauptung wollen wir die zu (A 31.1) gehörigen Hilbert-Vektoren explizit konstruieren. In Fig. 11 haben wir jedem der Produktvektoren einen Punkt eines zweidimensionalen Diagramms zu-

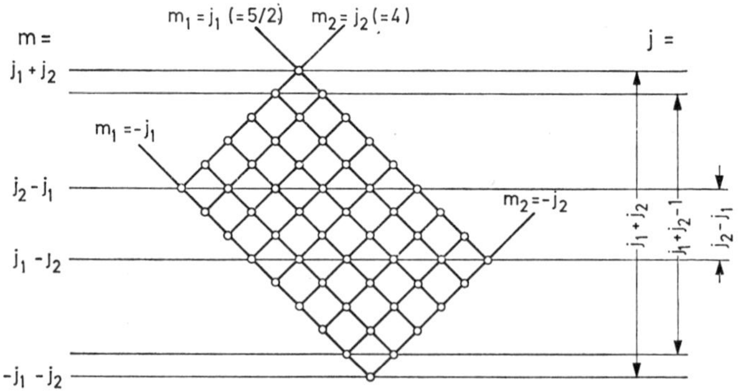

Abb. 11. Produkt-Eigenvektoren zweier Drehimpulse

geordnet und dabei das Achsensystem m_1, m_2 um 45° gedreht, um Produktfunktionen mit gleichem Eigenwert $m=m_1+m_2$ auf gleiche Höhe zu bringen. Links sind die betreffenden Eigenwerte von m angegeben, rechts die Gesamtdrehimpulse j, zu welchen die gesuchten Linearkombinationen der Produkteigenfunktionen gehören. Wir gehen nun so vor, daß wir zunächst die Eigenvektoren $|j, j\rangle$ konstruieren und aus ihnen durch Anwendung des Stufenoperators $j_-=j_{1-}+j_{2-}$ die restlichen Eigenvektoren $|j, m\rangle$. Wir setzen an

$$|j, j\rangle=\sum_{\substack{m_1+m_2=j\\ |m_1|\leq j_1;\,|m_2|\leq j_2}} c(m_1)\,|j_1, m_1;\ j_2, m_2\rangle. \qquad \text{(A 31.2)}$$

Die Bedingung dafür, daß die Linearkombination tatsächlich zu dem bei gegebenem j höchstmöglichen $m=j$ gehört, ist, daß die Anwendung von $j_+=j_{1+}+j_{2+}$ Null ergibt. Zufolge Gl. (31.31) liefert dies

$$0=j_+\,|j, j\rangle$$
$$=\sum_{\substack{m_1+m_2=j\\ |m_1|\leq j_1;\,|m_2|\leq j_2}} c(m_1)\left\{\begin{array}{l}\sqrt{(j_1-m_1)(j_1+m_1+1)}\,|j_1, m_1+1;\ j_2, m_2\rangle\\ +\sqrt{(j_2-m_2)(j_2+m_2+1)}\,|j_1, m_1;\ j_2, m_2+1\rangle\end{array}\right\}. \qquad \text{(A 31.3)}$$

In Abb. 12 haben wir den Übergang von Gl. (A 31.2) zu Gl. (A 31.3) bildlich dargestellt. Am linken Ende der Reihe der Produktfunktionen finden wir den maximalen Wert von m_2, am rechten den von m_1. Aus jeder Produktfunktion entsteht durch Anwendung von j_+ je eine Produktfunktion mit erhöhtem m_1 und mit erhöhtem m_2. Die Werte $m_{1\,\max}+1$ und $m_{2\,\max}+1$ entstehen an beiden Enden genau einmal, und (A 31.3) läßt sich nur dann erfüllen, wenn diese beiden Terme für sich verschwinden; daraus folgt

$$m_{1\,\max}=j_1; \qquad m_{2\,\max}=j_2. \tag{A 31.4}$$

Dies läßt sich, wie Fig. 11 zeigt, nur erfüllen, wenn

$$|j_1-j_2|\leqq j\leqq j_1+j_2. \tag{A 31.5}$$

Die Addition von Drehimpulsvektoren genügt somit der *Dreiecksungleichung* der euklidischen Geometrie. — Alle anderen Produktfunktionen treten in dem Ausdruck für $j_+\,|j,j\rangle$ entsprechend Fig. 12 genau zweimal

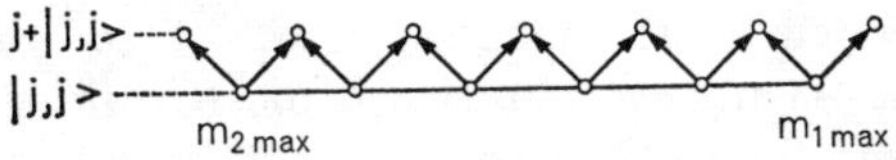

Abb. 12. Wirkung von j_+ auf die Produktvektoren

auf; die Summe der beiden Koeffizienten muß Null sein. Daraus erhalten wir sämtliche Verhältnisse der Koeffizienten $c(m_1)$; ersetzen wir auf der rechten Seite von (A 31.3) im ersten Summanden m_1 durch m_1-1, so folgt durch Koeffizientenvergleich

$$\begin{aligned}&\sqrt{(j_1-m_1+1)(j_1+m_1)}\;c(m_1-1)\\&\qquad+\sqrt{(j_2-m_2)(j_2+m_2+1)}\;c(m_1)=0.\end{aligned} \tag{A 31.6}$$

Die allgemeine Lösung dieses Gleichungssystems lautet

$$c(m_1)=\frac{(-1)^{j_1-m_1}}{N(j_1,j_2,j)}\sqrt{\frac{(j_1+m_1)!\,(j_2+m_2)!}{(j_1-m_1)!\,(j_2-m_2)!}}. \tag{A 31.7}$$

Der Normierungsfaktor $N(j_1,j_2,j)$, den man reell wählen kann, muß (um $\langle j,j|j,j\rangle=1$ zu erreichen) dafür sorgen, daß die Quadratsumme der Koeffizienten $=1$ wird;

$$N^2(j_1,j_2,j)=\sum_{\substack{m_1+m_2=j\\|m_1|\leqq j_1;\,|m_2|\leqq j_2}}\frac{(j_1+m_1)!\,(j_2+m_2)!}{(j_1-m_1)!\,(j_2-m_2)!}. \tag{A31.8}$$

Damit sind die Vektoren $|j,j\rangle$ konstruiert. Den Ansatz für einen allgemeinen Vektor $|j,m\rangle$ schreiben wir konsequent in der Form

$$|j,m\rangle=\sum_{\substack{m_1+m_2=m\\|m_1|\leqq j_1;\,|m_2|\leqq j_2}}|j_1,m_1;\;j_2,m_2\rangle\langle j_1,m_1;\;j_2,m_2|j,m\rangle. \tag{A 31.9}$$

Die Entwicklungskoeffizienten $\langle j_1, m_1;\ j_2, m_2 | j, m\rangle$ bezeichnet man als *Clebsch-Gordan-Koeffizienten*. Sie sind nur definiert, bzw. nur von Null verschieden falls $m_1 + m_2 = m$ ist. Wir haben bis jetzt berechnet die speziellen Koeffizienten

$$\langle j_1, m_1;\ j_2, m_2 | j, j\rangle = \frac{(-1)^{j_1 - m_1}}{N(j_1, j_2, j)} \sqrt{\frac{(j_1 + m_1)!\,(j_2 + m_2)!}{(j_1 - m_1)!\,(j_2 - m_2)!}}. \quad \text{(A 31.10)}$$

Die übrigen lassen sich hieraus durch Rekursion gewinnen, denn es gilt nach Gl. (31.32a):

$$\begin{aligned} &|j, m-1\rangle \\ &= \sum_{m_1 + m_2 = m} \left\{ \begin{matrix} \sqrt{(j_1 + m_1)(j_1 - m_1 + 1)}\,|j_1, m_1 - 1;\ j_2, m_2\rangle \\ + \sqrt{(j_2 + m_2)(j_2 - m_2 + 1)}\,|j_1, m_1;\ j_2, m_2 - 1\rangle \end{matrix} \right\} \quad \text{(A 31.11)} \\ &\times \frac{\langle j_1, m_1;\ j_2, m_2 | j, m\rangle}{\sqrt{(j+m)(j-m+1)}}. \end{aligned}$$

Taufen wir im ersten Summanden m_1 in $m_1 + 1$ und im zweiten Summanden m_2 in $m_2 + 1$ um, so können wir die Koeffizienten der rechten Seite mit denen der linken Seite entsprechend dem Ansatz (A 31.9) vergleichen und erhalten die Rekursion

$$\begin{aligned} &\langle j_1, m_1;\ j_2, m_2 | j, m-1\rangle \\ &\quad = \sqrt{\frac{(j_1 + m_1 + 1)(j_1 - m_1)}{(j - m + 1)(j + m)}}\,\langle j_1, m_1 + 1;\ j_2, m_2 | j, m\rangle \quad \text{(A 31.12)} \\ &\quad + \sqrt{\frac{(j_2 + m_2 + 1)(j_2 - m_2)}{(j - m + 1)(j + m)}}\,\langle j_1, m_1;\ j_2, m_2 + 1 | j, m\rangle. \end{aligned}$$

Alle Koeffizienten, welche wir in dieser Weise berechnen, sind endlich und von Null verschieden. Damit sind sämtliche Eigenvektoren $|j, m\rangle$ mit dem in (A 31.1) angegebenen Wertebereich konstruiert.

§ 32. Bahndrehimpuls

Werden eine (oder auch mehrere) Feldfunktionen $\psi(\boldsymbol{r})$ bei einer Drehung des Koordinatensystems nur dadurch verändert, daß der Koordinatenvektor, von dem sie abhängen, gedreht wird, so hat eine infinitesimale Drehung die folgende Veränderung zur Folge

$$\Omega(d\boldsymbol{\alpha})\,\psi(\boldsymbol{r}) = \psi(\boldsymbol{r} + d\boldsymbol{\alpha} \times \boldsymbol{r}) = \psi(\boldsymbol{r}) + d\boldsymbol{\alpha} \cdot \boldsymbol{r} \times \frac{\partial}{\partial \boldsymbol{r}}\,\psi(\boldsymbol{r}). \quad (32.1)$$

Gl. (31.3) führt in diesem Fall auf den Drehimpulsoperator (31.1); man nennt diese Größe *Bahndrehimpuls*:

$$\boldsymbol{L} \equiv \boldsymbol{r} \times \boldsymbol{p}. \quad (32.2)$$

Besteht das mechanische System aus mehreren Teilchen, so hängt die Schrödinger-Funktion von den Koordinaten sämtlicher N Teilchen ab. Anstelle von (32.1) ergibt sich

$$\begin{aligned}\Omega(d\boldsymbol{\alpha})\,\psi(\boldsymbol{r}_1, \boldsymbol{r}_2, \ldots \boldsymbol{r}_N) &= \psi(\boldsymbol{r}_1 + d\boldsymbol{\alpha}\times\boldsymbol{r}_1, \boldsymbol{r}_2 + d\boldsymbol{\alpha}\times\boldsymbol{r}_2 \ldots) \\ &= \psi(\boldsymbol{r}_1, \ldots \boldsymbol{r}_N) + d\boldsymbol{\alpha}\cdot\sum_{i=1}^{N}\boldsymbol{r}_i\times\frac{\partial}{\partial\boldsymbol{r}_i}\psi(\boldsymbol{r}_1\ldots\boldsymbol{r}_N)\end{aligned} \tag{32.3}$$

Der Drehimpulsoperator ist somit

$$\boldsymbol{L} = \sum_{i=1}^{N}\boldsymbol{L}_i; \qquad \boldsymbol{L}_i = \boldsymbol{r}_i\times\boldsymbol{p}_i. \tag{32.4}$$

Er wird also nach den Regeln der klassischen Mechanik aus den Linearimpulsen und den Ortsvektoren errechnet. Dreht man das Koordinatensystem um einen Winkel 2π, so gehen sämtliche Ortsvektoren in sich selbst über, somit auch die Funktion $\psi(\boldsymbol{r})$ der Ortsvektoren. Dies zeigt, daß der *Hilbert-Raum der Ortsfunktionen nur eindeutige Darstellungen der Drehgruppe* zuläßt, daß der Bahndrehimpuls also nur ganzzahlige Werte $j=l$ und m annehmen kann. Daß zu jedem ganzzahligem $l\geqq 0$ tatsächlich ein Unterraum $\mathfrak{H}_l$ existiert, zeigen wir, indem wir diese Funktionen, die sog. Kugelflächenfunktionen, explizit angeben.

Wir führen zunächst unter Abspaltung eines Faktors $\hbar$ anstelle des Operators (32.2) den Differentialoperator ein

$$\boldsymbol{l} \equiv \frac{1}{i}\boldsymbol{r}\times\frac{\partial}{\partial\boldsymbol{r}}, \tag{32.5}$$

und gehen zu Polarkoordinaten über mittels

$$x = r\sin\vartheta\cos\varphi; \qquad y = r\sin\vartheta\sin\varphi; \qquad z = r\cos\vartheta; \tag{32.6}$$

wir können dann die partielle Ableitung nach jeder der drei Koordinaten $x_1\equiv x$, $x_2\equiv y$, $x_3\equiv z$ errechnen mittels der Umrechnungsformel

$$\frac{\partial}{\partial x_i} = \frac{\partial(y/x)}{\partial x_i}\frac{\partial}{\partial(\tan\varphi)} + \frac{\partial(z/r)}{\partial x_i}\frac{\partial}{\partial(\cos\vartheta)} + \frac{x_i}{r}\frac{\partial}{\partial r}. \tag{32.7}$$

Setzt man dies zusammen mit (32.6) in (32.5) ein, so ergibt sich

$$\begin{aligned} l_x &= i\sin\varphi\frac{\partial}{\partial\vartheta} + i\cot\vartheta\cos\varphi\frac{\partial}{\partial\varphi}; \\ l_y &= -i\cos\varphi\frac{\partial}{\partial\vartheta} + i\cot\vartheta\sin\varphi\frac{\partial}{\partial\varphi}; \\ l_z &= \frac{1}{i}\frac{\partial}{\partial\varphi}. \end{aligned} \tag{32.8}$$

Für die Stufenoperatoren folgt nach (31.16)

$$l_+ = e^{i\varphi}\left(\frac{\partial}{\partial\vartheta} - \cot\vartheta\, l_z\right); \qquad l_- = -e^{-i\varphi}\left(\frac{\partial}{\partial\vartheta} + \cot\vartheta\, l_z\right). \tag{32.9}$$

Mittels (31.17) kann man nun den Operator des Drehimpulsquadrates berechnen:

$$-\boldsymbol{l}\cdot\boldsymbol{l}=\frac{\partial^2}{\partial\vartheta^2}+\cot\vartheta\,\frac{\partial}{\partial\vartheta}+\frac{1}{\sin^2\vartheta}\,\frac{\partial^2}{\partial\varphi^2}\,. \qquad (32.10)$$

Die Eigenwertgleichung für diesen Operator lautet, entsprechend (31.19) und (31.24)

$$[-\boldsymbol{l}\cdot\boldsymbol{l}+l(l+1)]\,\langle\boldsymbol{r}|l,m\rangle=0\,. \qquad (32.11)$$

Wir könnten die Koordinatendarstellungen unserer Eigenvektoren erhalten, indem wir diese Differentialgleichung zweiter Ordnung lösen. Es ist jedoch einfacher, stattdessen die Gln. (31.31) und (31.32a) zu benützen, welche in der Koordinatendarstellung Differentialgleichungen *erster* Ordnung sind. Insbesondere gilt nach (31.32a)

$$l_-\,\langle\boldsymbol{r}|l,-l\rangle=0\,. \qquad (32.12)$$

Nach (32.9) heißt dies

$$\left(\frac{\partial}{\partial\vartheta}-l\cot\vartheta\right)\langle\boldsymbol{r}|l,-l\rangle=0\,. \qquad (32.13)$$

Eine zweite Differentialgleichung für dieselbe Funktion liefert die Eigenwertgleichung für l_z, nämlich nach (32.8)

$$\left(\frac{\partial}{\partial\varphi}+il\right)\langle\boldsymbol{r}|l,-l\rangle=0\,. \qquad (32.14)$$

Die beiden Differentialgleichungen lassen sich unmittelbar integrieren mit dem Ergebnis

$$\langle\boldsymbol{r}|l,-l\rangle\sim e^{-il\varphi}\sin^l\vartheta\,. \qquad (32.15)$$

Hierbei ist ein Faktor frei, der nicht von ϑ und φ, jedoch durchaus von der Polarkoordinate r abhängen darf. Wir haben damit den Unterraum $\mathfrak{H}_{l,-l}$ im Hilbert-Raum der quadratintegrierbaren Raumfunktionen explizit aufgefunden; er besteht aus den Winkelfunktionen (32.15), multipliziert mit beliebigen quadratintegrierbaren Radialfunktionen.

Daß Funktionen dieser Gestalt auch Lösungen der Eigenwertgleichung (32.11) sind, ist durch den Zusammenhang (31.17) zwischen $\boldsymbol{l}\cdot\boldsymbol{l}$ und den drei Operatoren l_z, l_+, l_- gesichert. — Durch wiederholte Anwendung von Gl. (31.33) — wir ersetzen dabei den Buchstaben j überall durch den Buchstaben l — können wir $\mathfrak{H}_{l,-l}$ umkehrbar eindeutig und längentreu auf Hilbert-Räume $\mathfrak{H}_{l,m}$, $|m|\leqq l$ abbilden, bzw. diese Hilbert-Vektoren durch Transformation von $\mathfrak{H}_{l,-l}$ erzeugen. Jeder einzelne Hilbert-Vektor enthält dabei neben der Winkelfunktion (32.15) bzw. deren Abbild eine Funktion von r, welche bei der Abbildung nicht verändert wird, hat somit die Gestalt

$$\langle\boldsymbol{r}|l,m\rangle=R(r)\;Y_l^m(\vartheta,\varphi)\,. \qquad (32.16)$$

Sein Quadrat ist

$$\langle l, m | l, m \rangle = \int_0^\infty dr\, r^2 |R(r)|^2 \int d\Omega\, |Y_l^m(\vartheta, \varphi)|^2, \tag{32.17}$$

wobei $d\Omega = d\varphi\, d(\cos\vartheta)$ das Element des räumlichen Winkels ist. Bei der Transformation (31.33) bzw. (31.34) wird die Funktion $R(r)$, also auch das radiale Integral von Gl. (32.17) nicht verändert; da die Transformation so gewählt ist, daß die Norm jedes Hilbert-Vektors erhalten bleibt, ist auch das Winkelintegral invariant gegen die Transformation. Normieren wir die Funktion Y_l^m so, daß

$$\int d\Omega\, |Y_l^m(\vartheta, \varphi)|^2 = 1, \tag{32.18}$$

dann nennen wir sie eine *normierte Kugelflächenfunktion*. Die Transformationen (31.33) wirken nur auf die Y_l^m und haben in der Winkeldarstellung die folgende Gestalt:

$$e^{i\varphi}\left(\frac{\partial}{\partial\vartheta} - m\cot\vartheta\right) Y_l^m = \sqrt{(l-m)(l+m+1)}\; Y_l^{m+1}. \tag{32.19}$$

$$e^{-i\varphi}\left(\frac{\partial}{\partial\vartheta} + m\cot\vartheta\right) Y_l^m = -\sqrt{(l+m)(l-m+1)}\; Y_l^{m-1}. \tag{32.20}$$

Ersetzt man in der letzten Gleichung m durch $-m$, so ergibt sich

$$e^{-i\varphi}\left(\frac{\partial}{\partial\vartheta} - m\cot\vartheta\right) Y_l^{-m} = -\sqrt{(l-m)(l+m+1)}\; Y_l^{-m-1}. \tag{32.20a}$$

Aus den Gln. (32.19) und (32.20a) erkennt man, daß man Y_l^m und Y_l^{-m} durch Anwendung derselben Differentialoperatoren aus Y_l^0 erhält, mit dem einzigen Unterschied, daß Y_l^m einen φ-abhängigen Faktor $e^{im\varphi}$ bekommt, dagegen Y_l^{-m} einen Faktor $(-1)^m e^{-im\varphi}$. Man kann überdies Y_l^0 reell wählen, da beide Eigenwertgleichungen — für $\boldsymbol{l}\cdot\boldsymbol{l}$ wie l_z — für $m=0$ reell sind. Dann folgt als Zusammenhang zwischen den Kugelflächenfunktionen von entgegengesetztem m

$$Y_l^{-m} = (-1)^m\, Y_l^{m*}. \tag{32.21}$$

Bedeutsam ist das Verhalten von Y_l^m gegen Rauminversion; aus (32.6) ist zu entnehmen, daß die Paritätsoperation $\equiv \pi$ durch $\varphi \to \pi + \varphi$; $\vartheta \to \pi - \vartheta$ erreicht wird, so daß (32.15) ein Faktor $(-1)^l$ erhält; l_+, l_- dagegen ändert sich nicht, also ist für alle Y_l^m

$$\pi\, Y_l^m = (-1)^l\, Y_l^m. \tag{32.22}$$

Y_l^m hat also für gerade l positive, für ungerade l negative Parität.

Anhang

Potentialtheorie, Legendresche Polynome und zugeordnete Kugelfunktionen

In Tabellen und Formelsammlungen werden die Kugelflächenfunktionen gewöhnlich nicht in der normierten Gestalt aufgeführt, sondern in Gestalt der sog. *Legendreschen Polynome* und der *zugeordneten Kugelfunktionen*, welche sich am unmittelbarsten aus der Potentialtheorie ergeben. Die Potentialgleichung

$$\Delta \Phi = 0; \qquad \Delta \equiv \frac{d}{d\boldsymbol{r}} \cdot \frac{d}{d\boldsymbol{r}}; \tag{A 32.1}$$

kann man mit Hilfe der folgenden Identität umformen:

$$\frac{d}{d\boldsymbol{r}} \cdot \frac{d}{d\boldsymbol{r}} = \left(\frac{d}{d\boldsymbol{r}} \cdot \frac{\boldsymbol{r}}{r}\,\frac{\boldsymbol{r}}{r} - \left(\frac{d}{d\boldsymbol{r}} \times \frac{\boldsymbol{r}}{r}\right) \times \frac{\boldsymbol{r}}{r}\right) \cdot \left(\frac{\boldsymbol{r}}{r}\,\frac{\boldsymbol{r}}{r} \cdot \frac{d}{d\boldsymbol{r}} - \frac{\boldsymbol{r}}{r} \times \left(\frac{\boldsymbol{r}}{r} \times \frac{d}{d\boldsymbol{r}}\right)\right).$$

Multipliziert man die Klammern aus, so fallen die gemischten Glieder fort (Spatprodukt mit zwei gleichen Faktoren) und man erhält

$$\Delta = \frac{d}{d\boldsymbol{r}} \cdot \frac{\boldsymbol{r}}{r}\,\frac{\boldsymbol{r}}{r} \cdot \frac{d}{d\boldsymbol{r}} - \left(\frac{d}{d\boldsymbol{r}} \times \frac{\boldsymbol{r}}{r}\right) \cdot \left(\frac{\boldsymbol{r}}{r} \times \frac{d}{d\boldsymbol{r}}\right).$$

In dieser Weise hat man Ableitungen nach dem Betrag r des Koordinatenvektors und nach den Winkeln getrennt, denn es gilt

$$\frac{\boldsymbol{r}}{r} \cdot \frac{d}{d\boldsymbol{r}} = \frac{\partial}{\partial r}; \qquad \frac{d}{d\boldsymbol{r}} \cdot \frac{\boldsymbol{r}}{r} = \frac{2}{r} + \frac{\partial}{\partial r},$$

so daß nach einigen einfachen Umformungen (A 32.1) übergeht in

$$\left[\frac{1}{r}\,\frac{\partial^2}{\partial r^2}\,r + \frac{1}{r^2}\left(\boldsymbol{r} \times \frac{d}{d\boldsymbol{r}}\right)^2\right] \Phi = 0. \tag{A 32.2}$$

Im zweiten Summanden tritt das Quadrat des Operators $\boldsymbol{l}$ von Gl. (32.5) auf, das sich entsprechend Gl. (32.10) durch Winkel und Ableitungen nach Winkeln allein ausdrückt. — (A 32.2) besitzt die triviale Lösung $\Phi = \text{const.}$ und darüber hinaus genau *eine* winkelunabhängige Lösung $\Phi = 1/r$, wohlbekannt als Coulombpotential oder Gravitationspotential; Gl. (A 32.2) gilt dabei für alle Raumpunkte außer der singulären Stelle $r = 0$. Da die Wahl des Koordinatenursprungs willkürlich ist, muß auch der reziproke Abstand von irgendeinem anderen festen Raumpunkt der Potentialgleichung genügen. Legen wir das Zentrum des Coulombpotentials auf die Achse des Polarkoordinatensystems, und zwar im Abstand r' bei $\vartheta' = 0$, dann wird der Abstand von einem Aufpunkt bei r, ϑ, φ gegeben durch

$$R = \sqrt{r^2 + r'^2 - 2rr' \cos\vartheta}. \tag{A 32.3}$$

Betrachten wir einen Punkt $r > r'$, so läßt sich die Potentialfunktion $1/R$ nach Potenzen von r'/r entwickeln; die Koeffizienten hängen von $\cos\vartheta$ ab:

$$\frac{1}{\sqrt{r^2+r'^2-2rr'\cos\vartheta}} = \frac{1}{r}\sum_{l=0}^{\infty}\left(\frac{r'}{r}\right)^l P_l(\cos\vartheta). \qquad \text{(A 32.4)}$$

Setzt man dies in die Potentialgleichung (A 32.2) ein, so ergibt sich

$$0 = \frac{1}{r^3}\sum_{l=0}^{\infty}\left(\frac{r'}{r}\right)^l\left[l(l+1)+\left(\boldsymbol{r}\times\frac{\partial}{\partial\boldsymbol{r}}\right)^2\right]P_l(\cos\vartheta).$$

Da diese Potenzreihe identisch Null ist, müssen die Koeffizienten einzeln verschwinden, d.h.

$$\left[\left(\boldsymbol{r}\times\frac{d}{d\boldsymbol{r}}\right)^2+l(l+1)\right]P_l(\cos\vartheta)=0. \qquad \text{(A 32.5)}$$

Nach (32.5) und (32.11) sind die Funktionen $P_l(\cos\vartheta)$ Kugelflächenfunktionen. Da sie von φ nicht abhängen, gehören sie zum Eigenwert $m=0$; sie unterscheiden sich von den Kugelflächenfunktionen Y_l^0 nur durch einen Normierungsfaktor. Aus der Definition (A 32.4) ist ersichtlich, daß die Funktionen $P_l(\cos\vartheta)$ Polynome vom l-ten Grad in $\cos\vartheta$ sind; man nennt sie *Legendresche Polynome.* — Führt man in Gl. (A 32.4) $t \equiv r'/r$ als Variable ein, so hat man

$$\frac{1}{\sqrt{t^2+1-2t\cos\vartheta}} = \sum_{l=0}^{\infty} t^l P_l(\cos\vartheta); \qquad t<1. \qquad \text{(A 32.6)}$$

Die linke Seite dieser Gleichung nennt man die *erzeugende Funktion* der Legendreschen Polynome. Setzt man für $\cos\vartheta$ die speziellen Werte ± 1 ein, so wird die linke Seite

$$\frac{1}{1\mp t} = \sum_{l=0}^{\infty}(\pm t)^l,$$

und der Vergleich mit (A 32.6) liefert

$$P_l(\pm 1) = (\pm 1)^l. \qquad \text{(A 32.7)}$$

Die Legendreschen Polynome sind also so normiert, daß bei $t=1$, d.h. $\vartheta=0$, ihr Wert gleich $+1$ ist. Um sie in Zusammenhang mit den normierten Kugelflächenfunktionen zu bringen, quadrieren wir Gl. (A 32.6) und integrieren sodann über die gesamte Kugel:

$$\int_0^{2\pi} d\varphi \int_{-1}^{+1} d(\cos\vartheta)\,\frac{1}{t^2+1-2t\cos\vartheta}$$
$$= \sum_{l=0}^{\infty}\sum_{l'=0}^{\infty} t^{l+l'} \int_0^{2\pi} d\varphi \int_{-1}^{+1} d(\cos\vartheta)\, P_l(\cos\vartheta)\, P_{l'}(\cos\vartheta).$$

Für $l \neq l'$ verschwindet rechts das Integral, da Eigenvektoren des selbstadjungierten Operators $\boldsymbol{l} \cdot \boldsymbol{l}$ zu verschiedenen Eigenwerten orthogonal sind. Das Integral der linken Seite ist elementar ausführbar und liefert

$$2\pi \frac{1}{t} \log \frac{1+t}{1-t} = 4\pi \sum_{l=0}^{\infty} \frac{t^{2l}}{2l+1}.$$

Vergleicht man dies mit den Diagonalgliedern der vorangegangenen Gleichung, so erhält man schließlich

$$\int P_l^2 (\cos\vartheta)\, d\Omega = \frac{4\pi}{2l+1}. \qquad \text{(A 32.8)}$$

Somit kann man aus den Legendreschen Polynomen normierte Kugelflächenfunktionen erhalten, wenn man setzt

$$Y_l^0 = \sqrt{\frac{2l+1}{4\pi}}\, P_l(\cos\vartheta). \qquad \text{(A 32.9)}$$

Es wäre nicht sehr bequem, die Legendreschen Polynome durch Reihenentwicklung nach Gl. (A 32.6) zu berechnen. Man benützt stattdessen zweckmäßig eine Rekursionsformel, welche man aus der folgenden Identität ableiten kann:

$$\frac{d}{dt} \frac{t^2+1-2t\cos\vartheta}{\sqrt{t^2+1-2t\cos\vartheta}} = \frac{t-\cos\vartheta}{\sqrt{t^2+1-2t\cos\vartheta}}.$$

Setzt man hier links und rechts für die reziproke Wurzel die Reihe (A 32.6) ein und ordnet nach Potenzen von t, so ergibt sich

$$(l+1)\, P_{l+1} - (2l+1) \cos\vartheta\, P_l + l\, P_{l-1} = 0. \qquad \text{(A 32.10)}$$

Der letzte Summand tritt dabei nur für $l > 0$ auf. Startet man nun mit $P_0 = 1$, was unmittelbar aus (A 32.6) abzulesen ist, so erhält man für die ersten Legendreschen Polynome:

$$\begin{aligned} &P_0 = 1; \quad P_1 = \cos\vartheta; \quad P_2 = \frac{3\cos^2\vartheta - 1}{2};\\ &P_3 = \frac{5\cos^3\vartheta - 3\cos\vartheta}{2}; \quad P_4 = \frac{35\cos^4\vartheta - 30\cos^2\vartheta + 3}{8}. \end{aligned} \qquad \text{(A 32.11)}$$

Die übrigen Kugelflächenfunktionen Y_l^m kann man nunmehr nach den Rekursionsformeln (32.19) bzw. (32.21) berechnen. Formt man den Differentialoperator (32.19) in folgender Weise um

$$\frac{\partial}{\partial\vartheta} - m\cot\vartheta = -\sin^{m+1}\vartheta \frac{\partial}{\partial(\cos\vartheta)} \sin^{-m}\vartheta$$

so erhält man durch wiederholte Anwendung der Rekursion (32.19) für $m \geqq 0$:

$$Y_l^m = (-1)^m \sqrt{\frac{2l+1}{4\pi} \cdot \frac{(l-m)!}{(l+m)!}}\, e^{im\varphi} P_l^m(\cos\vartheta). \qquad \text{(A 32.12)}$$

Darin ist als Abkürzung benützt

$$P_l^m(\cos\vartheta) \equiv \sin^m\vartheta \frac{d^m}{d(\cos\vartheta)^m} P_l(\cos\vartheta). \qquad \text{(A 32.13)}$$

Man nennt diesen ϑ-abhängigen Anteil der Kugelflächenfunktion *zugeordnete Kugelfunktion*. Unter Benützung von (A 32.11) erhält man für die zugeordnete Kugelfunktionen bis $l = 4$ die folgenden Ausdrücke:

Tabelle 1

	$m = 1$	$m = 2$	$m = 3$	$m = 4$
$l = 1$	$\sin\vartheta$			
$l = 2$	$3\sin\vartheta\cos\vartheta$	$3\sin^2\vartheta$		
$l = 3$	$\sin\vartheta\,\frac{15\cos^2\vartheta - 3}{2}$	$15\sin^2\vartheta\cos\vartheta$	$15\sin^3\vartheta$	
$l = 4$	$5\sin\vartheta\,\frac{7\cos^3\vartheta - 3\cos\vartheta}{2}$	$15\sin^2\vartheta\,\frac{7\cos^2\vartheta - 1}{2}$	$105\sin^3\vartheta\cos\vartheta$	$105\sin^4\vartheta$

Wegen Gl. (32.21) braucht man Y_l^m für $m < 0$ nicht gesondert zu berechnen. Wenn man auch für $m < 0$ P_l^m durch (A 32.12) einführt, folgt

$$P_l^{-m}(\cos\vartheta) = (-1)^m \frac{(l-m)!}{(l+m)!} P_l^m(\cos\vartheta). \qquad \text{(A 32.14)}$$

§ 33. Spin („Eigendrehimpuls")

Materiewellenfelder können im allgemeinen neben einen Bahndrehimpuls noch den sog. Spin oder Eigendrehimpuls aufweisen, wenn die Wellenfunktion eine mehrkomponentige Größe ist, deren Komponenten bei einer Drehung des räumlichen Koordinatensystems eine homogenlineare Transformation erleiden. Das von uns bisher betrachtete Schrödingersche Wellenfeld ist nicht von dieser Art; doch spielen extensive Feldgrößen in der Quantentheorie von Elementarteilchensystemen eine große Rolle, wie wir im folgenden sehen werden.

Transformieren sich die Komponenten einer extensiven Feldgröße ψ bei einer Drehung des Koordinatensystems linear, so können wir dafür auch sagen, sie bilden einen Darstellungsraum der Drehgruppe. Entsprechend Gl. (31.6) können wir jede endliche Drehung darstellen, wenn wir wissen, wie die extensive Größe ψ sich bei den drei unabhängigen infinitesimalen Drehungen mit den Drehwinkeln $d\alpha_x$, $d\alpha_y$, $d\alpha_z$ transformiert. Die gesamte Transformation der Wellenfunktionen $\psi(\boldsymbol{r})$ setzt sich dabei aus zwei Anteilen zusammen: Einmal aus der Drehung des Ortsvektors $\boldsymbol{r}$, von welchem ψ abhängt, und zweitens aus der linearen Transformation der Komponenten von ψ. Die Transformation der Koordinaten wird durch den Operator des Bahndrehimpulses geleistet;

den entsprechenden vektoriellen Operator, welcher auf die Indices von ψ wirkt, nennen wir den Spin $\boldsymbol{s}$; seine drei räumlichen Komponenten sind je eine quadratische Matrix, deren Dimension gleich der Komponentenzahl von ψ ist. Wir schreiben entsprechend für den Operator des Gesamtdrehimpulses

$$\hbar \boldsymbol{j} = \boldsymbol{r} \times \boldsymbol{p} + \hbar \boldsymbol{s}. \tag{33.1}$$

Die beiden miteinander vertauschbaren Operatoren des Bahndrehimpulses und des Spins müssen der Drehimpulsvertauschungsrelation $\boldsymbol{J} \times \boldsymbol{J} = i\hbar \boldsymbol{J}$ genügen, es gilt also speziell

$$\boldsymbol{s} \times \boldsymbol{s} = i \boldsymbol{s}. \tag{33.2}$$

Nach der Methode von § 31 kann man den Darstellungsraum in irreduzible Darstellungsräume aufspalten, welche zu Eigenwerten $s(s+1)$ von $\boldsymbol{s} \cdot \boldsymbol{s}$ gehören, wo s ganz oder halbganz ist. Diese irreduziblen Materiefelder besitzen damit einen festen, ganz oder halbzahligen Spin s; die zugehörige Wellenfunktion ψ hat $2s+1$ Komponenten. Ist s *ganzzahlig*, so nennt man die extensive Größe ψ einen *Tensor*, ist sie *halbzahlig*, dann heißt ψ *Spinor*. Irreduzible Tensoren haben stets eine ungerade, Spinoren eine gerade Anzahl unabhängiger Komponenten. Die wichtigsten Spezialfälle wollen wir kurz aufführen.

Skalares Feld. Besteht ψ aus einer einzigen Komponente, welche sich dementsprechend bei Drehungen des räumlichen Koordinatensystems nicht ändert, dann besitzt es keinen Spin bzw. den Wert $s=0$. Diesen Fall haben wir bisher allein in Betracht gezogen.

Spin $s=1/2$. Vom Elektron weiß man seit Mitte der zwanziger Jahre aus dem Experiment, daß es einen Drehimpuls mit zwei Einstellungsmöglichkeiten besitzt, welche sich durch ein mit dieser Einstellung verbundenes magnetisches Moment äußert. Zwei Einstellungsmöglichkeiten bedeuten $s=1/2$; man kann als die beiden Komponenten von ψ die Wellenamplitude mit Spin „auf" bzw. Spin „ab" wählen, d.h. parallel oder antiparallel zu einer gegebenen z-Achse — schreibt man dies als Zweierspalte, so hat man

$$\psi = \begin{pmatrix} \psi_\uparrow \\ \psi_\downarrow \end{pmatrix}. \tag{33.3}$$

Die drei Komponenten des Vektors $\boldsymbol{s}$ sind dann 2×2-Matrizen, welche sich sofort angeben lassen — wir müssen lediglich die Gln. (31.19) und (31.31), (31.32a) heranziehen:

$$s_z = \tfrac{1}{2}\begin{pmatrix} 1 & 0 \\ 0 & -1 \end{pmatrix}; \quad s_+ = \begin{pmatrix} 0 & 1 \\ 0 & 0 \end{pmatrix}; \quad s_- = \begin{pmatrix} 0 & 0 \\ 1 & 0 \end{pmatrix}.$$

Rechnen wir dies mit Hilfe (31.16) auf die kartesischen Komponenten um, so erhalten wir

$$s_x = \tfrac{1}{2}\begin{pmatrix} 0 & 1 \\ 1 & 0 \end{pmatrix}; \quad s_y = \tfrac{1}{2}\begin{pmatrix} 0 & -i \\ i & 0 \end{pmatrix}; \quad s_z = \tfrac{1}{2}\begin{pmatrix} 1 & 0 \\ 0 & -1 \end{pmatrix}. \tag{33.4}$$

Dies sind die drei *Spinmatrizen*, welche W. Pauli 1927 benützt hat, um die Wechselwirkung des magnetischen Moments des Elektrons mit einem äußeren Magnetfeld in die Schrödinger-Gleichung einzuführen. Nach der Erfahrung, die erst in einer relativistischen Theorie theoretisch begründet werden kann, gehört zu dem Spin $s = 1/2$ ein magnetisches Moment vom Betrag eines Bohrschen Magnetons $e\hbar/2\mu$, welches sich somit vom Spin um $e\hbar/\mu$ unterscheidet (beim Bahndrehimpuls beträgt dieser sog. „gyromagnetische Faktor" $e\hbar/2\mu$, siehe Zeemann-Effekt in § 50). Der Zusammenhang zwischen magnetischem Moment und Spin lautet vektoriell

$$\boldsymbol{\mu}_{mg} = \frac{e\hbar}{\mu}\,\mathbf{s}. \tag{33.5}$$

Ein magnetisches Moment besitzt mit einem Magnetfeld eine Wechselwirkungsenergie $-\boldsymbol{B}\cdot\boldsymbol{\mu}_{mg}$; dementsprechend hat Pauli die nichtrelativistische Schrödinger-Theorie des Elektrons um diesen Term ergänzt:

$$H_{\text{Pauli}} = H_{\text{Schrödinger}} - \frac{e\hbar}{\mu}\,\boldsymbol{B}\cdot\boldsymbol{s}. \tag{33.6}$$

Die Paulische Theorie ist eine nichtrelativistische Näherung für die strenge Theorie des Spinelektrons, welche (ebenfalls 1927) von Dirac aufgestellt wurde.

Vektorfeld $s = 1$. Ein vektorielles Feld hat drei Komponenten und gehört dementsprechend zu $s = 1$. Die zugehörigen Spinmatrizen sind die Matrizen der infinitesimalen Drehungen des dreidimensionalen Raumes, nämlich

$$\begin{gathered} s_x = \frac{1}{i}\begin{pmatrix} 0 & 0 & 0 \\ 0 & 0 & 1 \\ 0 & -1 & 0 \end{pmatrix}; \quad s_y = \frac{1}{i}\begin{pmatrix} 0 & 0 & -1 \\ 0 & 0 & 0 \\ 1 & 0 & 0 \end{pmatrix}; \\ s_z = \frac{1}{i}\begin{pmatrix} 0 & 1 & 0 \\ -1 & 0 & 0 \\ 0 & 0 & 0 \end{pmatrix}. \end{gathered} \tag{33.7}$$

Tensorfeld. Ist die extensive Größe ein Tensor (im engeren Sinne), so besitzt sie zwei Indices, welche die Werte 1, 2, 3 durchlaufen, sie hat somit neun Komponenten. Dieser neundimensionale Darstellungsraum läßt sich jedoch sofort in drei irreduzible Darstellungsräume von 1, 3 und 5 Komponenten zerlegen; wir können nämlich einen beliebigen Tensor T_{ik} in folgender Weise aufspalten

$$T_{ik} = \delta_{ik} \sum_j T_{jj} + \tfrac{1}{2}(T_{ik} - T_{ki}) + \tfrac{1}{2}(T_{ik} + T_{ki} - 2\delta_{ik} \sum T_{jj}) . \quad (33.8)$$

Der erste Ausdruck ist proportional zum Einheitstensor δ_{ik} und enthält die Spur des Tensors $\sum T_{jj}$, welche bei allen Drehungen invariant ist, somit zum Spin $s = 0$ gehört. Der zweite Summand ist ein antisymmetrischer Tensor mit drei unabhängigen Komponenten; er transformiert sich wie ein (axialer) Vektor und gehört zu $s = 1$. Der letzte Term schließlich ist der einzige, der den Tensorcharakter im eigentlichen Sinn beibehält; er hat fünf unabhängige Komponenten, der Spin ist demnach $s = 2$. — Elementarteilchen mit ganzzahligem Spin sind die *Mesonen*, die wichtigsten haben den *Spin Null*. Das *Maxwellsche Feld* wird durch antisymmetrische Tensoren beschrieben und liefert dementsprechend für das *Lichtquant* den *Spin eins*. Ein Feld mit *Spin zwei* tritt in der *Gravitationstheorie* auf.

Die Bezeichnung des Spins als „Eigen-Drehimpuls" verleitet dazu, sich die Elementarteilchen als rotierende materielle Gebilde vorzustellen. Mit diesem Bilde muß man jedoch vorsichtig sein: Da der Spin mit der *Polarisation* des Materie-Wellenfeldes zusammenhängt, kann er im Grunde genommen dem Teilchen der klassischen Mechanik überhaupt nicht zugeordnet werden, er ist nur im Rahmen der Quantentheorie möglich. Man muß bedenken, daß wir von der klassischen Punktmechanik ausgehen; es hat keinen Sinn von der Rotation eines Punktes zu sprechen. Trotzdem kann man sich klassische Modelle ausgedehnter Teilchen ausdenken, welche im Limes verschwindender Ausdehnung auf die Wellenmechanik von Spinteilchen führen.

§ 34. Diagonalisierung von Energie und Drehimpuls des freien Teilchens

Der Hamiltonoperator des freien Teilchens

$$H = \frac{\boldsymbol{p}^2}{2\mu} \quad (34.1)$$

ist drehinvariant und vertauscht deshalb mit dem Operator $\boldsymbol{l}$ des Bahndrehimpulses; man kann Energie und Drehimpuls gleichzeitig diagonalisieren und das gesamte Spektrum aufbauen aus uneigentlichen Hilbert-Vektoren $|k, l, m\rangle$, für deren Koordinatendarstellung neben den Gln. (31.19) bzw. (32.11) die Wellengleichung gilt (vgl. (10.3), (10.4)):

$$(\Delta + k^2)\langle \boldsymbol{r}|k, l, m\rangle = 0 . \quad (34.2)$$

Im Unterraum $\mathfrak{H}_{l,m}$ besteht die Winkelabhängigkeit in einer Kugelflächenfunktion Y_l^m, so daß

$$\langle \mathbf{r} | k, l, m \rangle = N_{k,l,m} R_{k,l}(r) Y_l^m(\vartheta, \varphi). \tag{34.3}$$

Wegen der Gestalt (A 32.2) des Laplace-Operators muß der radiale Anteil der Spektralfunktion der Differentialgleichung genügen

$$\left(\frac{1}{r}\frac{d^2}{dr^2}r - \frac{l(l+1)}{r^2} + k^2\right) R_{k,l}(r) = 0. \tag{34.4}$$

Führt man neue Variable

$$\varrho \equiv kr; \qquad \psi_l(\varrho) \equiv R_{k,l}(r) \tag{34.5}$$

ein, so vereinfacht sich die Gleichung zu

$$\left(\frac{1}{\varrho}\frac{d^2}{d\varrho^2}\varrho - \frac{l(l+1)}{\varrho^2} + 1\right)\psi_l(\varrho) = 0. \tag{34.6}$$

Dies ist die Gleichung der sog. *sphärischen Besselfunktionen*; $\sqrt{\varrho}\,\psi_l(\varrho)$ genügt der Gleichung der eigentlichen Besselfunktionen bzw. Zylinderfunktionen, auf die wir hier jedoch nicht eingehen wollen. Für $l=0$ besitzt (34.6), wie man unmittelbar sieht, unabhängige Lösungen der Gestalt

$$\frac{\sin\varrho}{\varrho}; \quad \frac{\cos\varrho}{\varrho}; \quad \text{bzw.} \quad \frac{e^{i\varrho}}{\varrho}; \quad \frac{e^{-i\varrho}}{\varrho}. \tag{34.7}$$

Nur die erste dieser Lösungen ist bei $\varrho=0$ regulär, so daß nur sie über (34.3) eine Lösung von (34.2) liefert.

Lösungen für $l>0$ erhält man rekursiv, indem man die beiden Stufenoperatoren einführt

$$d_l^+ \equiv \frac{1}{i}\frac{1}{\varrho}\frac{d}{d\varrho}\varrho + i\frac{l}{\varrho}; \quad d^- \equiv \frac{1}{i}\frac{1}{\varrho}\frac{d}{d\varrho}\varrho - i\frac{l}{\varrho}. \tag{34.8}$$

Man gelangt zu ihnen durch Aufspaltung des Differentialoperators (34.6) in Linearfaktoren, denn es gilt

$$d_l^+ d_l^- = d_{l+1}^- d_{l+1}^+ = -\frac{1}{\varrho}\frac{d^2}{d\varrho^2}\varrho + \frac{l(l+1)}{\varrho^2}. \tag{34.9}$$

Man kann (34.6) nun in die Gestalt bringen

$$(d_l^+ d_l^- - 1)\,\psi_l = 0. \tag{34.10}$$

Wendet man auf (34.6) von links d_{l+1}^+ an, so erhält man mit Hilfe der zweiten Gestalt von (34.9)

$$(d_{l+1}^+ d_{l+1}^- - 1)\, d_{l+1}^+ \psi_l = 0.$$

Durch Anwendung des Operators d_{l+1}^+ haben wir somit aus einer Lösung ψ_l eine Lösung der Gleichung für $l+1$ gewonnen:

$$\psi_{l+1} = i\, d_{l+1}^+ \psi_l. \tag{34.11}$$

Wendet man d_{l+1}^- auf diese Gleichung an, so erhält man wegen (34.9) und (34.10) die Umkehrung

$$\psi_l = -i d_{l+1}^- \psi_{l+1}. \tag{34.12}$$

Damit können wir die sphärischen Besselfunktionen explizit angeben, wenn wir für $l=0$ wählen

$$\psi_0(\varrho) = \frac{\sin \varrho}{\varrho}. \tag{34.13}$$

ψ_l für $l>0$ erhalten wir durch wiederholte Anwendung von (34.11). Den Differentialoperator bringt man dafür am bequemsten in die Gestalt

$$i d_{l+1} = \varrho^l \frac{d}{d\varrho} \varrho^{-l}.$$

Es folgt:

$$\psi_l = \varrho^l \left(\frac{1}{\varrho}\frac{d}{d\varrho}\right)^l \frac{\sin \varrho}{\varrho}. \tag{34.14}$$

Nun bleibt noch der Normierungsfaktor des Ansatzes (34.3) zu bestimmen. Wir untersuchen zunächst den Fall $l=0$ und führen wie in § 19 den Hilbert-Vektor ein

$$|k, \Delta\rangle \equiv \frac{1}{\Delta} \int\limits_{k-\Delta/2}^{k+\Delta/2} dk' \, |k'; 0, 0\rangle; \qquad \langle k, \Delta | k, \Delta\rangle = \frac{1}{\Delta}. \tag{34.15}$$

Aus (34.3) und (34.13) ergibt sich $\left(\text{beachte, daß } Y_0^0 = \frac{1}{\sqrt{4\pi}} \text{ ist}\right)$:

$$\langle \mathbf{r} | k, \Delta\rangle = N_0 \frac{1}{\sqrt{4\pi}} \frac{\sin kr}{kr} \cdot \frac{\sin \frac{r\Delta}{2}}{\frac{r\Delta}{2}}. \tag{34.16}$$

Aus dem Quadrat des Vektors erhalten wir die Bestimmungsgleichung für die Normierungskonstante:

$$\frac{1}{\Delta} = \langle k, \Delta | k, \Delta\rangle = \frac{N_0^2}{k^2} \int\limits_0^\infty dr \sin^2 kr \left(\frac{\sin \frac{r\Delta}{2}}{\frac{r\Delta}{2}}\right)^2.$$

Nach Einführung der neuen Variablen $r\Delta/2$ wird $\sin^2 kr$ für kleine Δ eine so rasch veränderliche Funktion, daß es durch den Mittelwert 1/2 ersetzt werden darf, und wir haben schließlich [s. Ende von § 30]

$$\frac{1}{\Delta} = \frac{2N_0^2}{k^2 \Delta} \cdot \frac{1}{2} \int\limits_0^\infty dt \frac{\sin^2 t}{t^2} = \frac{N_0^2}{k^2 \Delta} \cdot \frac{\pi}{2}.$$

Die Normierungskonstante kann also gewählt werden zu

$$N_0 = k \sqrt{\frac{2}{\pi}} \,. \tag{34.17}$$

Wir zeigen nun, daß mit der gleichen Normierungskonstante auch alle anderen $|k, l, m\rangle$ richtig normiert werden. Der Hilfs-Hilbert-Vektor

$$|k, l, m; \Delta\rangle \equiv \frac{1}{\Delta} \int\limits_{k-\Delta/2}^{k+\Delta/2} dk' \, |k, l, m\rangle \tag{34.18}$$

geht aus (34.15) dadurch hervor, daß wir einmal eine andere normierte Kugelflächenfunktion nehmen und zum anderen den Index der radialen Eigenfunktionen durch wiederholte Anwendung von (34.11) erhöhen. Da die Kugelflächenfunktionen normiert vorausgesetzt sind, folgt die Rekursion

$$\begin{aligned} \| \, |k, l+1, m'; \Delta\rangle \|^2 &= \| d_{l+1}^{+} \, |k, l, m; \Delta\rangle \|^2 \\ &= \langle k, l, m; \Delta | \, d_{l+1}^{-} \, d_{l+1}^{+} \, |k, l, m; \Delta\rangle . \end{aligned}$$

Wegen (34.9) und (34.10) ergibt die Anwendung des Operatorprodukts 1, somit ist das Quadrat des Hilfs-Hilbert-Vektors gegen die Anwendung der Operation d_{l+1}^{+} invariant. Der Normierungsfaktor (34.17) kann für sämtliche Werte von l, m genommen werden:

$$\langle \boldsymbol{r} | k, l, m\rangle = \sqrt{\frac{2}{\pi}} \, k \, \psi_l(kr) \, Y_l^m(\vartheta, \varphi). \tag{34.19}$$

§ 35. Diagonalisierung des harmonischen Oszillators von gegebenem Bahndrehimpuls

Wird ein Teilchen durch eine radialsymmetrische harmonische Kraft an einen Punkt gebunden (dreidimensionaler harmonischer Oszillator), so erhalten wir den Hamilton-Operator aus (28.6), indem wir q durch den Koordinatenvektor $\boldsymbol{r}$, p durch den Vektor $\boldsymbol{p}$ des Linearimpulses ersetzen:

$$H = \frac{1}{2\mu} (\boldsymbol{p}^2 + \mu^2 \omega^2 \boldsymbol{r}^2) \,. \tag{35.1}$$

Das Problem läßt sich sofort auf den eindimensionalen harmonischen Oszillator zurückführen, da sowohl $\boldsymbol{p}^2$ wie auch $\boldsymbol{r}^2$ die Quadratsumme ihrer kartesischen Komponenten sind:

$$H = \sum_{i=1}^{3} H_i; \qquad H_i \equiv \frac{1}{2\mu} (p_i^2 + \mu^2 \omega^2 x_i^2) \,. \tag{35.2}$$

Die drei Teil-Hamilton-Operatoren H_i kann man simultan diagonalisieren und erhält nach (28.22) Eigenwerte

$$E_n = (n + \tfrac{3}{2})\,\hbar\omega. \tag{35.3}$$

Die ganze Zahl n setzt sich aus den Quantenzahlen der drei harmonischen Oszillatoren zusammen:

$$n = n_1 + n_2 + n_3; \qquad n_1, n_2, n_3 \geqq 0 \text{ ganz.} \tag{35.4}$$

Zu gegebener Energie E_n gehören im allgemeinen mehrere Hilbert-Vektoren; wir können für n_1 eine der Zahlen von 0 bis n wählen, sodann für n_2 eine der Zahlen zwischen 0 und $n - n_1$. Wir haben damit

$$\sum_{n_1=0}^{n} (n - n_1 + 1) = \frac{(n+1)(n+2)}{2} \text{ Hilbert-Vektoren zu } E_n. \tag{35.5}$$

Man kann, wenn man will, innerhalb des Unterraums $\mathfrak{H}_n$ zu einer anderen Basis übergehen; am interessantesten ist die Basis der Drehimpulseigenfunktionen — da der Hamilton-Operator (35.1) radialsymmetrisch ist, ist der Drehimpuls Konstante der Bewegung. Legen wir den Bahndrehimpuls fest durch die Quantenzahlen l und m, so nimmt die Schrödinger-Gleichung nach (A 32.5) die Gestalt an

$$\left[-\hbar^2 \frac{d^2}{dr^2} + \frac{\hbar^2 l(l+1)}{r^2} + \mu^2 \omega^2 r^2\right] r\,\psi(r) = 2\mu\, E\, r\,\psi(r). \tag{35.6}$$

Dies unterscheidet sich von der eindimensionalen Oszillatorgleichung durch den Drehimpulsterm, welcher proportional zu r^{-2} ist; man kann ihn als Potential der Zentrifugalkraft ansehen, so daß insgesamt das Teilchen einem anziehenden Potential unterworfen wird, das im Unendlichen, und einem abstoßenden, das am Nullpunkt über alle Grenzen wächst; dazwischen nimmt das Potential ein Minimum an, nämlich im Punkt des Gleichgewichts $r_0 = \sqrt{\hbar\,\sqrt{l(l+1)}/\mu\omega}$. Klassisch bewegt sich das Teilchen auf Ellipsenbahnen zwischen einem größten und einem kleinsten Wert von r, welcher der großen und kleinen Halbachse der Ellipse entspricht. Die Wellenfunktion weist in dem klassisch zugänglichen Gebiete ein oszillierendes und außerhalb ein exponentielles Verhalten auf. Die Spektralfunktionen speziell müssen im Nullpunkt regulär sein und im Unendlichen exponentiell *abfallen*.

Um das Problem analog zu § 28 zu lösen, führen wir in der Ortsdarstellung den zu r konjugierten Impuls ein in Gestalt des Differentialoperators

$$p_r \equiv \frac{\hbar}{i} \frac{d}{dr}. \tag{35.7}$$

Der Differentialoperator von (35.6) geht dann über in

$$2\mu H_l \equiv p_r^2 + \frac{\hbar^2 l(l+1)}{r^2} + \mu^2 \omega^2 r^2. \tag{35.8}$$

Dies läßt sich linearisieren mit Hilfe der Stufenoperatoren

$$p_\pm^l \equiv p_r \pm i\mu\omega r \mp i\frac{\hbar l}{r}. \tag{35.9}$$

Wie wir gleich zeigen werden, kann man mit Hilfe des Operators p_l^+ den Energieeigenwert erhöhen und den Drehimpulseigenwert erniedrigen; p_-^l hat den umgekehrten Erfolg. Es gibt neben diesen beiden Operatoren noch ein weiteres Paar von Stufenoperatoren, welche sich durch das Vorzeichen des letzten Summanden unterscheiden; der eine von ihnen erhöht Energie und Drehimpuls, der andere erniedrigt beide — diese Operatoren benötigen wir aber nicht. Man rechnet nach, daß

$$p_-^l p_+^l = 2\mu H_l - \mu\hbar\omega(2l-1); \tag{35.10}$$

$$p_+^l p_-^l = 2\mu H_{l-1} - \mu\hbar\omega(2l+1). \tag{35.11}$$

Multipliziert man (35.10) von rechts mit p_-^l und wendet sodann (35.11) an, so erhält man die Beziehung

$$H_l p_-^l = p_-^l (H_{l-1} - \hbar\omega). \tag{35.12}$$

Multipliziert man (35.11) von rechts mit p_+^l und wendet sodann (35.10) an, so folgt

$$H_{l-1} p_+^l = p_+^l (H_l + \hbar\omega). \tag{35.13}$$

Damit wird der Charakter der beiden Stufenoperatoren offenbar: wenden wir (35.12) auf einen Eigenvektor von H_{l-1} an:

$$H_l p_-^l | E, l-1\rangle = (E - \hbar\omega) p_-^l | E, l-1\rangle; \tag{35.14}$$

so sehen wir, daß ein Eigenvektor von H_{l-1} zum Energiewert E in einen Eigenvektor von H_l zum Energiewert $E - \hbar\omega$ übergeführt wird. p_-^l erhöht also — wie behauptet — den Drehimpuls und erniedrigt die Energie. Die Umkehrung erhalten wir, indem wir (35.13) auf einen Eigenvektor von H_l anwenden:

$$H_{l-1} p_+^l | E, l\rangle = (E + \hbar\omega) p_+^l | E, l\rangle. \tag{35.15}$$

p_+^l erhöht die Energie und erniedrigt den Drehimpuls. Um Rekursionen zwischen den Einheitsvektoren $|E, l\rangle$ zu gewinnen, müssen wir die Länge der Vektoren berechnen, die durch Anwendung der Stufenoperatoren entstehen. Wir berechnen zunächst

$$\| p_-^l | E, l-1\rangle \|^2 = \langle E, l-1 | p_+^l p_-^l | E, l-1\rangle. \tag{35.16}$$

Hierin haben wir $p_+^l = p_-^{l\dagger}$ benutzt, was nur gerechtfertigt ist, wenn der Differentialoperator (35.7) selbstadjungiert ist. Dies ist in der Tat der Fall, da wir nicht die Schrödinger-Gleichung für den radialen Teil der Wellenfunktion, sondern für $r\psi(r)$ zugrunde gelegt haben; damit haben wir die beiden Faktoren r des Volumenelements $r^2\,dr$ auf die beiden Faktoren im Skalarprodukt verteilt und es gilt

$$\langle 1|\,p_r\,|2\rangle = \int_0^\infty dr\, r\,\psi_1^*(r)\,\frac{\hbar}{i}\,\frac{d}{dr}\,r\,\psi_2(r)\,.$$

Eine partielle Integration liefert

$$\langle 1|\,p_r\,|2\rangle = \langle 2|\,p_r\,|1\rangle^*.$$

Der Operator p_r ist also in der Tat selbstadjungiert. Dies wäre anders, wenn wir als Ortsdarstellung $\psi(r)$ selbst verwendet hätten; wir hätten dann den selbstadjungierten Operator für den Radialimpuls definieren müssen als $\frac{\hbar}{i}\,\frac{1}{r}\,\frac{d}{dr}\,r$. — Für das gesuchte Vektorquadrat liefert (35.16) wegen (35.11)

$$\|p_-^l\,|E, l-1\rangle\|^2 = 2\mu E - \mu\hbar\omega(2l+1)\,. \qquad (35.17)$$

Die rechte Seite muß als Quadrat eines Hilbert-Vektors notwendig $\geqq 0$ sein. Daraus folgt, daß es nur solche Hilbert-Vektoren $|E, l\rangle$ geben kann, für welche

$$E \geqq (l + \tfrac{3}{2})\,\hbar\omega\,. \qquad (35.18)$$

Da man mit Hilfe des Operators p_- immer wieder E um $\hbar\omega$ erniedrigen kann, muß diese wiederholte Stufenoperation schließlich auf einen Zustand führen, für welchen das Gleichheitszeichen von (35.18) gilt; die erneute Anwendung von p_-^l auf diesen Vektor liefert dann Null — dies ist eine Differentialgleichung erster Ordnung, die wir sofort integrieren können. Zuerst wollen wir jedoch die Rekursion zwischen unseren Hilbert-Vektoren anschreiben: (35.17) zeigt, daß wir aus $|E, l-1\rangle$ einen normierten Eigenvektor $|E-\hbar\omega, l\rangle$ erhalten, wenn wir ansetzen

$$p_-^l\,|E, l-1\rangle = \frac{1}{i}\sqrt{2\mu(E-\hbar\omega\,[l+\tfrac{1}{2}])}\;|E-\hbar\omega, l\rangle\,. \qquad (35.19)$$

Wenden wir hierauf p_+^l an, so folgt unter Benutzung von (35.11) die Umkehrung

$$p_+^l\,|E-\hbar\omega, l\rangle = i\sqrt{2\mu(E-\hbar\omega\,[l+\tfrac{1}{2}])}\;|E, l-1\rangle\,. \qquad (35.19\text{a})$$

Um die Wirkung der Operatoren auf einen mit $|E, l\rangle$ bezeichneten Eigenvektor zu haben, benennen wir die Eigenwerte in den letzten beiden Gleichungen um

$$p_-^{l+1}\,|E, l\rangle = \frac{1}{i}\sqrt{2\mu(E - \hbar\omega\,[l+\tfrac{3}{2}])}\,|E - \hbar\omega, l+1\rangle. \qquad (35.20)$$

$$p_+^{l}\,|E, l\rangle = i\sqrt{2\mu(E - \hbar\omega\,[l-\tfrac{1}{2}])}\,|E + \hbar\omega, l-1\rangle. \qquad (35.21)$$

Um die radialen Eigenfunktionen explizit zu berechnen, gehen wir, wie besprochen, aus von

$$p_-^{l+1}\,|(l+\tfrac{3}{2})\hbar\omega, l\rangle = 0.$$

Für die r-Darstellung (welche nun der Funktion $r\,\psi(r)$ entspricht, bzw. der Wahl $d\mu(r) = dr$) ergibt sich die Differentialgleichung

$$\left[\frac{d}{dr} + \frac{\mu\omega}{\hbar}\,r - \frac{l+1}{r}\right]\left\langle r\right|\left(l+\frac{3}{2}\right)\hbar\omega, l\right\rangle = 0. \qquad (35.22)$$

Die Lösung ist

$$\langle r|\,(l+\tfrac{3}{2})\hbar\omega, l\rangle = N_l r^{l+1}\,\mathrm{e}^{-\frac{\mu\omega}{2\hbar}r^2}. \qquad (35.23)$$

Um den Normierungsfaktor zu bestimmen, berechnen wir

$$\int\limits_0^\infty dr\, r^{2l+2}\,\mathrm{e}^{-\frac{\mu\omega}{\hbar}r^2} = \frac{1}{2}\left(\frac{\hbar}{\mu\omega}\right)^{l+\frac{3}{2}}\int\limits_0^\infty dt\, t^{l+\frac{1}{2}}\,\mathrm{e}^{-t}.$$

Das letzte Integral ist $(l+\frac{1}{2})! = \Gamma(l+\frac{3}{2})$ (wir wollen darauf verzichten, dies explizit aus (37.8) herzuleiten; s. dazu etwa: Magnus-Oberhettinger [4], S. 1). Damit zeigt sich, daß wir zu fordern haben

$$|N_l|^2 = 2\left(\frac{\mu\omega}{\hbar}\right)^{l+\frac{3}{2}}\Big/\Gamma(l+\tfrac{3}{2}). \qquad (35.24)$$

Durch Anwendung von Gl. (35.21) können wir nun aus (35.23) sukzessive die Wellenfunktionen $\langle r|\,(l+\frac{3}{2}+\nu)\hbar\omega, l-\nu\rangle$ gewinnen. p_+^l bringen wir dazu in die etwas bequemere Gestalt

$$p_+^l = \frac{\hbar}{i}\,\mathrm{e}^{\frac{\mu\omega}{2\hbar}r^2}\,r^{-l}\,\frac{d}{dr}\,r^l\,\mathrm{e}^{-\frac{\mu\omega}{2\hbar}r^2}. \qquad (35.25)$$

Damit haben wir

$$p_+^{l+1-\nu}\cdots p_+^{l-1}\,p_+^l = \left(\frac{\hbar}{i}\right)^\nu \mathrm{e}^{\frac{\mu\omega}{2\hbar}r^2}\,r^{\nu-l}\left(\frac{1}{r}\,\frac{d}{dr}\right)^\nu r^l\,\mathrm{e}^{\frac{\mu\omega}{2\hbar}r^2}.$$

Wenden wir dies auf (35.23) an und benutzen (35.24), so folgt schließlich $\langle r|\,(l+\frac{3}{2}+\nu)\hbar\omega, l-\nu\rangle$

$$= \left(-\frac{1}{2}\sqrt{\frac{\hbar}{\mu\omega}}\right)^\nu \frac{N_l\,\mathrm{e}^{\frac{\mu\omega}{2\hbar}r^2}}{\sqrt{\nu\,!}}\,r^{\nu-l}\left(\frac{1}{r}\,\frac{d}{dr}\right)^\nu r^{2l+1}\,\mathrm{e}^{-\frac{\mu\omega}{\hbar}r^2}. \qquad (35.26)$$

---

4 Formeln und Sätze für die speziellen Funktionen der Math. Phys., Springer, Berlin 1943.

Führt man die Differentiationen aus, so erhält man $\exp(-\mu\omega r^2/2\hbar)$ mit einem Polynom in r multipliziert, wenigstens, so lange ν nicht zu groß wird. Die niedrigste Potenz von r erhält man, indem man sämtliche Differentiationen $\frac{1}{r}\,d/dr$ auf r^{2l+1} anwendet; man sieht in dieser Weise, daß die Potenzreihe mit einer Potenz $r^{l-\nu+1}$ beginnt. Die dreidimensionale Schrödinger-Funktion ist nur dann regulär, d.h. nur dann Lösung der Schrödinger-Gleichung bei $\boldsymbol{r}=0$, wenn $r\psi(r)$ mindestens wie r^1 im Nullpunkt verschwindet. (35.16) führt deswegen nur für $\nu \leqq l$ zu der Darstellung eines Hilbert-Vektors.

Wir benennen nunmehr in (35.26) um, indem wir $l+\nu \equiv n$ und $l-\nu \equiv l'$ einführen, sodann den Strich wieder unterdrücken. Wegen $0 \leqq \nu \leqq l$ kann l' bei gegebenem n nur die Werte annehmen $l'=n-2\nu \geqq 0$. Wir dividieren (35.26) noch durch r und fügen die normierte Kugelflächenfunktion hinzu, um die Ortsdarstellung für die Lösung der Ausgangsgleichung (35.1) zu gewinnen:

$$\langle \boldsymbol{r}|n,l,m\rangle = \frac{(-1)^{\frac{n-l}{2}}\cdot 2^{\frac{l-n+1}{2}}}{\sqrt{\left(\frac{n-l}{2}\right)!\;\Gamma\!\left(\frac{n+l+3}{2}\right)}}\left(\frac{\mu\omega}{\hbar}\right)^{\frac{2l+3}{4}} Y_l^m(\Omega)\times$$
$$\times\, r^{-l-1}\,\mathrm{e}^{\frac{\mu\omega}{2\hbar}r^2}\left(\frac{1}{r}\frac{d}{dr}\right)^{\frac{n-l}{2}} r^{n+l+1}\,\mathrm{e}^{-\frac{\mu\omega}{\hbar}r^2} \qquad (35.27)$$
$$l=n,\,n-2,\,n-4\,\ldots \geqq 0\,.$$

Wir überzeugen uns noch, daß die Anzahl der Eigenfunktionen mit der Abzählung (35.5) übereinstimmt. Zu jedem l gibt es $2l+1$ unabhängige Kugelflächenfunktionen, die Anzahl der unabhängigen Hilbert-Vektoren (35.27) zu festem n beträgt also für gerades n $\left[l=2\alpha;\ \alpha=0,1,\ldots\frac{n}{2}\right]$:

$$\sum_{\alpha=0}^{n/2}(4\alpha+1)=\frac{(n+1)(n+2)}{2}\,.$$

Dasselbe Ergebnis haben wir für ungerade n $\left[l=2\alpha+1;\ \alpha=0,1,\ldots\frac{n-1}{2}\right]$:

$$\sum_{\alpha=0}^{\frac{n-1}{2}}(4\alpha+3)=\frac{(n+1)(n+2)}{2}\,.$$

Interessant ist noch eine weitere Diagonalisierung des Oszillators, bei welcher man den *Linearimpuls in einer Richtung* und die *Drehimpulskomponente in derselben Richtung* als *Konstante der Bewegung* wählt. Nennt man die ausgezeichnete Richtung z, so zerlegt man den Hamilton-Operator in folgende beide Teile

$$H_z=\frac{p_z^2+\mu^2\omega^2 z^2}{2\mu}\,;\qquad H_\perp=\frac{\boldsymbol{p}_\perp^2+\mu^2\omega^2\boldsymbol{r}_\perp^2}{2\mu}\,. \qquad (35.28)$$

Der erste Teil ist ein linearer, der zweite ein zweidimensionaler Oszillator. Wir führen zu dessen Behandlung ein ebenes Polarkoordinatensystem ϱ, φ ein (im Raum haben wir damit Zylinderkoordinaten), indem wir $|\boldsymbol{r}_\perp| = \varrho$ nennen und die Einheitsvektoren einführen $\boldsymbol{e}_\varrho \equiv \boldsymbol{r}_\perp/\varrho$, $\boldsymbol{e}_\varphi$ in azimutaler Richtung. $H_\perp$ rechnen wir in diese Polarkoordinaten um mittels der Identität in der Form $I = \boldsymbol{e}_z \boldsymbol{e}_z + \boldsymbol{e}_\varrho \boldsymbol{e}_\varrho + \boldsymbol{e}_\varphi \boldsymbol{e}_\varphi$. Wir haben

$$\boldsymbol{p}_\perp \cdot \boldsymbol{p}_\perp = \boldsymbol{p} \cdot \boldsymbol{e}_\varrho \boldsymbol{e}_\varrho \cdot \boldsymbol{p} + \boldsymbol{p} \cdot \boldsymbol{e}_\varphi \boldsymbol{e}_\varphi \cdot \boldsymbol{p}.$$

In der Ortsdarstellung wird

$$\boldsymbol{e}_\varrho \cdot \boldsymbol{p} = \frac{\hbar}{i}\frac{\partial}{\partial\varrho}; \qquad \boldsymbol{e}_\varphi \cdot \boldsymbol{p} = \frac{\hbar}{i\varrho}\frac{\partial}{\partial\varphi}. \tag{35.29}$$

Indem man die Differentiation $\boldsymbol{p} = \frac{\hbar}{i}\,\partial/\partial\boldsymbol{r}$ auch auf die Einheitsvektoren anwendet, erhält man

$$\boldsymbol{p} \cdot \boldsymbol{e}_\varrho = \frac{\hbar}{i}\left(\frac{\partial}{\partial\varrho} + \frac{1}{\varrho}\right); \qquad \boldsymbol{p} \cdot \boldsymbol{e}_\varphi = \frac{\hbar}{i\varrho}\frac{\partial}{\partial\varphi}. \tag{35.30}$$

So ergibt sich

$$2\mu H_\perp = -\hbar^2\left(\frac{\partial^2}{\partial\varrho^2} + \frac{1}{\varrho}\frac{\partial}{\partial\varrho} + \frac{1}{\varrho^2}\frac{\partial^2}{\partial\varphi^2}\right) + \mu^2\omega^2\varrho^2. \tag{35.31}$$

Die Eigenwertgleichung für $H_\perp$ bringen wir in die Gestalt

$$\left[-\hbar^2\left(\frac{\partial^2}{\partial\varrho^2} + \frac{1}{4\varrho^2} + \frac{1}{\varrho^2}\frac{\partial^2}{\partial\varphi^2}\right) + \mu^2\omega^2\varrho^2\right]\sqrt{\varrho}\,\psi(\varrho) = 2\mu E_\perp\sqrt{\varrho}\,\psi(\varrho), \tag{35.32}$$

oder auch

$$\left[p_\varrho^2 - \frac{\hbar^2}{4\varrho^2} + \frac{1}{\varrho^2}p_\varphi^2 + \mu^2\omega^2\varrho^2\right]\sqrt{\varrho}\,\psi = 2\mu E_\perp\sqrt{\varrho}\,\psi. \tag{35.33}$$

φ ist zyklische Koordinate, p_φ deshalb eine Konstante der Bewegung, die zugleich mit $H_\perp$ diagonalisiert werden kann. Wir untersuchen den Unterraum mit einem bestimmten Eigenwert

$$p_\varphi = m\hbar; \qquad m \text{ ganz.} \tag{35.34}$$

Die Klammer der linken Seite von (35.33) nimmt die Form an

$$2\mu H_{m-\frac{1}{2}} \equiv p_\varrho^2 + \frac{\hbar^2}{\varrho^2}\left(m - \tfrac{1}{2}\right)\left(m + \tfrac{1}{2}\right) + \mu^2\omega^2\varrho^2. \tag{35.35}$$

Dabei haben wir die Bezeichnung (35.8) verwendet und so den Anschluß an den vorangegangenen Fall gefunden; wir müssen dort nur überall l durch $m - \frac{1}{2}$ ersetzen, dann können wir sofort das Endergebnis (35.26) für den ϱ-abhängigen Faktor der Wellenfunktion verwenden. Um die dreidimensionale Wellenfunktion zu erhalten, müssen wir dies durch $\sqrt{\varrho}$ dividieren, alsdann noch multiplizieren mit der linearen Oszillatorfunktion für die z-Richtung, zu entnehmen aus Gl. (28.38), und mit der normierten Eigenfunktion von p_φ, welche die Gestalt $e^{im\varphi}/\sqrt{2\pi}$ hat. Die

Gesamtenergie setzt sich aus den Eigenwerten der beiden Oszillatorprobleme zusammen, also

$$E = (n_z + \tfrac{1}{2})\hbar\omega + (n_\perp + 1)\hbar\omega = (n + \tfrac{3}{2})\hbar\omega. \tag{35.36}$$

In (35.26) müssen wir l durch $m - \frac{1}{2}$ ersetzen und uns dabei zunächst auf nichtnegative m beschränken; sonst wäre bereits für $\nu = 0$ die Funktion (nach Division durch $\sqrt{\varrho}$) im Nullpunkt singulär. Die Quantenzahlen der linken Seite von (35.26) haben wir früher ersetzt durch

$$l + \tfrac{3}{2} + \nu = n + \tfrac{3}{2}; \quad l - \nu = l'.$$

Jetzt haben wir stattdessen

$$m + 1 + \nu = n_\perp + 1; \quad m - \tfrac{1}{2} - \nu = m' - \tfrac{1}{2}.$$

Wir haben somit in (35.27) zu ersetzen

$$n \to n_\perp - \tfrac{1}{2}; \quad l \to m - \tfrac{1}{2}.$$

Fassen wir dies alles zusammen, so erhalten wir

$$\langle \mathbf{r} | n_z, n_\perp, m \rangle = \langle z | n_z \rangle \langle \mathbf{r}_\perp | n_\perp, m \rangle;$$

$$\langle \mathbf{r}_\perp | n_\perp, m \rangle \equiv \frac{(-2)^{\frac{|m| - n_\perp}{2}}}{\sqrt{\pi \left(\frac{n_\perp - m}{2}\right)! \left(\frac{n_\perp + m}{2}\right)!}} \left(\frac{\mu\omega}{\hbar}\right)^{\frac{|m|+1}{2}} \times$$
$$\times e^{im\varphi} \varrho^{-|m|} e^{\frac{\mu\omega}{2\hbar}\varrho^2} \left(\frac{1}{\varrho}\frac{d}{d\varrho}\right)^{\frac{n_\perp - |m|}{2}} \varrho^{n_\perp + |m|} e^{-\frac{\mu\omega}{\hbar^2}\varrho^2}. \tag{35.37}$$

Die Übertragung von Gl. (35.27) ist zwar auf positive n beschränkt; da jedoch die ϱ-abhängigen Faktoren der Eigenfunktionen durch einen Vorzeichenwechsel nicht betroffen werden ((35.35) ist gegen den Vorzeichenwechsel invariant), können wir sie auch für negative m verwenden, wenn wir in die Radialfunktion $|m|$ einführen. Zu gegebenem $n_\perp$ gehören dann die positiven und negativen Quantenzahlen

$$m = -n_\perp, -n_\perp + 2, \ldots n_\perp - 2, n_\perp. \tag{35.38}$$

Dies sind $n_\perp + 1$ Stück, genau wie bei (35.4), wo man $n_1 + n_2 = n_\perp$ auf $n_\perp + 1$ verschiedene Weisen aufteilen kann, indem man $n_1 = 0, 1, \ldots n_\perp$ wählt.

§ 36. Wasserstoff-Atom

Das Wasserstoffatom, oder allgemeiner ein wasserstoffähnliches Atom, besteht aus einem Kern der Masse μ_K und der Ladung Ze, und einem Elektron der Masse μ_{el} und der Ladung $-e$. Ihre Wechselwirkung ist das Coulombpotential

$$V(r) = -\frac{Ze^2}{4\pi\varepsilon_0 r}. \tag{36.1}$$

Dabei ist r der Abstand der beiden Teilchen, nämlich

$$r = |\boldsymbol{r}_{el} - \boldsymbol{r}_K|. \tag{36.2}$$

Nach (3.15), (4.2) ist deshalb das Wirkungselement des Systems

$$dS = \frac{\mu_K}{2}\frac{d\boldsymbol{r}_K \cdot d\boldsymbol{r}_K}{dt} + \frac{\mu_{el}}{2}\frac{d\boldsymbol{r}_{el} \cdot d\boldsymbol{r}_{el}}{dt} - V(r)\,dt. \tag{36.3}$$

Da dieser Ausdruck invariant ist gegen Translationen des raumzeitlichen Koordinatensystems sowie gegen Drehungen, sind *Energie, Linearimpuls* und *Drehimpuls Konstante der Bewegung*. Man führt zweckmäßig von Anfang an Schwerpunkts- und Relativkoordinaten ein, um die Schwerpunktsbewegung von der Relativbewegung abzutrennen:

$$\boldsymbol{r}_S \equiv \frac{\mu_K \boldsymbol{r}_K + \mu_{el}\boldsymbol{r}_{el}}{\mu_K + \mu_{el}}; \quad \boldsymbol{r} \equiv \boldsymbol{r}_{el} - \boldsymbol{r}_K. \tag{36.4}$$

dS nimmt in den neuen Variablen die Gestalt an

$$dS = \frac{M}{2}\frac{d\boldsymbol{r}_s \cdot d\boldsymbol{r}_s}{dt} + \frac{\mu}{2}\frac{d\boldsymbol{r} \cdot d\boldsymbol{r}}{dt} - V(r)\,dt. \tag{36.5}$$

Darin ist M die Gesamtmasse und μ die reduzierte Masse:

$$M \equiv \mu_K + \mu_{el}; \quad \frac{1}{\mu} = \frac{1}{\mu_K} + \frac{1}{\mu_{el}}. \tag{36.6}$$

Da die Masse des Kerns mehrtausendmal größer ist als die des Elektrons, unterscheidet sich die reduzierte Masse von der Elektronenmasse nur durch Bruchteile eines Promille, doch macht sich dieser kleine Unterschied durchaus bei spektroskopischen Beobachtungen bemerkbar. Die Linearimpulse ergeben sich aus (36.5) als Ableitungen nach $d\boldsymbol{r}$ bzw. $d\boldsymbol{r}_S$:

$$\boldsymbol{p} = \mu\frac{d\boldsymbol{r}}{dt}; \quad \boldsymbol{p}_S = M\frac{d\boldsymbol{r}_S}{dt}, \tag{36.7}$$

während sich für die Energie ergibt

$$E = -\frac{\partial dS}{\partial dt} = \frac{M}{2}\frac{d\boldsymbol{r}_S}{dt}\cdot\frac{d\boldsymbol{r}_S}{dt} + \frac{\mu}{2}\frac{d\boldsymbol{r}}{dt}\cdot\frac{d\boldsymbol{r}}{dt} + V(r). \tag{36.8}$$

Indem man die Geschwindigkeiten mittels (36.7) eliminiert, erhält man die Hamilton-Funktion bzw. den Hamilton-Operator:

$$H = \frac{\boldsymbol{p}_S^2}{2M} + \frac{\boldsymbol{p}^2}{2\mu} + V(r). \tag{36.9}$$

Er besteht aus zwei miteinander vertauschbaren Summanden

$$H_S \equiv \frac{\boldsymbol{p}_S^2}{2M}; \qquad H_{rel} = \frac{\boldsymbol{p}^2}{2\mu} + V(r). \tag{36.10}$$

Die Schwerpunktsbewegung besitzt das uns bekannte Spektrum des freien Teilchens, also im wesentlichen das Fourierspektrum des Linearimpulses; die Energie kann jeden positiven Wert annehmen. Zu untersuchen bleibt im folgenden nur noch das Spektrum der Relativbewegung, welche drei kinematische Freiheitsgrade hat und deshalb vollständig beschrieben wird, wenn wir neben der Energie E das Quadrat $\boldsymbol{l} \cdot \boldsymbol{l}$ des Bahndrehimpulses und eine Komponente l_z diagonalisieren. Die (eigentlichen oder uneigentlichen) Spektralvektoren haben dann die Ortsdarstellung

$$\langle \boldsymbol{r} | k, l, m \rangle = N_{k,l} R_{k,l}(r) \, Y_l^m(\vartheta, \varphi). \tag{36.11}$$

Die Wellenzahl k soll dabei wie bisher definiert sein durch

$$2\mu E \equiv \hbar^2 k^2; \qquad \left[k \geqq 0; \quad \text{oder} \, \frac{k}{i} > 0 \right]. \tag{36.12}$$

Die Spektralfunktionen haben der Schrödinger-Gleichung zu genügen

$$\left(\Delta - \frac{2\mu V(r)}{\hbar^2} + k^2 \right) \langle \boldsymbol{r} | k, l, m \rangle = 0. \tag{36.13}$$

Setzt man (36.11) hierin ein, so folgt für die radialen Anteile die gewöhnliche Differentialgleichung

$$\left(\frac{1}{r} \frac{d^2}{dr^2} r - \frac{l(l+1)}{r^2} + 2 \frac{\alpha Z}{\Lambda r} + k^2 \right) R_{k,l}(r) = 0. \tag{36.14}$$

Dabei sind noch die folgenden beiden Abkürzungen eingeführt

$$\Lambda = \frac{\hbar}{\mu c}; \qquad \alpha = \frac{e^2}{4\pi \varepsilon_0 \hbar c} = \frac{1}{137}. \tag{36.15}$$

Λ ist (bis auf einen Faktor 2π) die reziproke Comptonwellenlänge zur Masse μ, α die Sommerfeldsche Feinstrukturkonstante, eine reine Zahl.

Λ bestimmt die Wellenlängenänderung von Licht bei der Streuung an freien Elektronen (Compton-Effekt). Man kann diese aus der Stoßbilanz zwischen einem einfallenden Lichtquant (Energie hc/λ, Impuls $h\boldsymbol{e}/\lambda$) und einem ruhenden Elektron (relativistische Ruhenergie $\mu_0 c^2$, Impuls 0) entnehmen. Das gestreute Lichtquant hat Energie hc/λ', Impuls $h\boldsymbol{e}'/\lambda'$, das Elektron erhält einen Rückstoß $\mu\boldsymbol{v}$ und eine Energie μc^2, und die Bilanz ist

$$\mu_0 c^2 + hc/\lambda = \mu c^2 + hc/\lambda'; \qquad h\boldsymbol{e}/\lambda = \mu \boldsymbol{v} + h\boldsymbol{e}'/\lambda'.$$

Eliminiert man die relativistische Masse des Elektrons nach dem Stoß mittels $\mu^2 c^2 - \mu^2 \boldsymbol{v}^2 = \mu_0^2 c^2$, so folgt

$$\lambda' - \lambda = 2\pi\Lambda (1 - \cos\vartheta); \qquad 2\pi\Lambda \equiv \frac{h}{\mu_0 c}; \qquad \cos\vartheta \equiv \boldsymbol{e} \cdot \boldsymbol{e}'.$$

Die Wellenlänge verlängert sich also, je nach Streuwinkel ϑ, bis zu $4\pi\Lambda$.

Wir betrachten zunächst nur mögliche *Hilbert-Vektoren* $|k, l, m\rangle$, welche (36.13) lösen. Für sie muß $R_{k.l}(r)$ überall differenzierbar, also jedenfalls stetig sein, und $\int_0^\infty dr\, r^2 |R|^2$ muß existieren. Wir untersuchen erst das Verhalten bei $r=0$ (wo die Koeffizienten von (36.14) Pole haben). Nähern wir die Lösung durch r^ν an, so werden die Hauptglieder von (36.14) (mit der niedrigsten Potenz von r)

$$[\nu(\nu+1) - l(l+1)]\, r^{\nu-2}.$$

Der Koeffizient muß verschwinden, und dies läßt die beiden Lösungen zu: $\nu = l$ oder $\nu = -l-1$. Nur die erste Wahl führt zu einer im Nullpunkt regulären Lösung. — Für sehr große Werte von r sind die Hauptglieder von Gl. (36.14)

$$\left(\frac{1}{r}\frac{d^2}{dr^2}r + k^2\right) R_{k,l} \approx 0.$$

Dies läßt Lösungen $\sim e^{\pm ikr}/r$ zu. Aus diesem Verhalten im Unendlichen können wir schon von vorneherein ersehen, daß wir für reelle Werte von k nicht-normierbare Funktionen von der Art der sphärischen Bessel-Funktionen bekommen, daß wir dort also ein kontinuierliches Spektrum zu erwarten haben, während für rein imaginäre k (d.h. nach (36.12): negative Energien) Lösungen möglich sind, welche im Unendlichen exponentiell abfallen und deshalb möglicherweise Ortsdarstellungen von Hilbert-Vektoren sind. Diese Möglichkeit verfolgen wir weiter. Wir setzen deshalb

$$k = i\varkappa; \qquad \varkappa > 0; \qquad R_{k,l} = e^{-\varkappa r} u. \tag{36.16}$$

Die Differentialgleichung (36.14) geht dann in die folgende über

$$\left(\frac{1}{r}\frac{d^2}{dr^2}r - \frac{l(l+1)}{r^2} - 2\varkappa\frac{1}{r}\frac{d}{dr}r + \frac{2\alpha Z}{\Lambda r}\right) u = 0. \tag{36.17}$$

Man erhält nun sicher die Darstellung eines Hilbert-Vektors, wenn man für u ein Polynom als Lösung finden kann, welches mit der Potenz r^l beginnt (dies sichert Regularität im Nullpunkt) und mit r^{n-1}, n ganz $> l$, endet. Damit der Koeffizient von r^{n-2} in (36.17) verschwindet, muß sein

$$-2\varkappa n + 2\alpha Z/\Lambda = 0.$$

Dies ist eine Bedingung für $\varkappa$, welche wegen (36.16) und (36.12) die Energieniveaus liefert:

$$E_n = -\frac{\mu}{2}\left(\frac{\alpha Z}{n}c\right)^2; \qquad n > l \text{ ganz.} \tag{36.18}$$

Wie man schon aus der klassischen Mechanik weiß, ist auf Keplerschen Bahnen die Gesamtenergie entgegengesetzt gleich der mittleren kinetischen Energie. (36.18) zeigt also, daß die Energien E_n Keplerschen

Bahnen entsprechen, auf welchen die Teilchen im Mittel mit $\frac{\alpha Z}{n}$-facher Lichtgeschwindigkeit umlaufen, also für den tiefsten Zustand des Wasserstoffatoms ($Z=1$, $n=1$) mit 1/137 Lichtgeschwindigkeit. — Aus Gl. (36.18) folgt die im Jahre 1885 durch *Balmer* empirisch aufgestellte Formel für die Spektrallinien des Wasserstoffs.

Um die zugehörigen Lösungen u zu finden, führen wir in Gl. (36.17) für $\alpha Z/\Lambda$ den Wert $\varkappa n$ ein und benützen als neue Variable

$$\varrho \equiv 2\varkappa r = -2ikr. \tag{36.19}$$

Dadurch geht (36.17) über in

$$\left(\frac{1}{\varrho}\frac{d^2}{d\varrho^2}\varrho - \frac{l(l+1)}{\varrho^2} - \frac{1}{\varrho}\frac{d}{d\varrho}\varrho + \frac{n}{\varrho}\right)u = 0. \tag{36.20}$$

Sodann spalten wir das gewünschte Verhalten im Nullpunkt ab, setzen also insgesamt

$$R_{k,l}(r) = \mathrm{e}^{-\varrho/2}\varrho^l v_l(\varrho). \tag{36.21}$$

Für $v_l(\varrho)$ ergibt sich die Differentialgleichung

$$\left(\varrho\frac{d^2}{d\varrho^2} + (2l+2-\varrho)\frac{d}{d\varrho} + n - l - 1\right)v_l(\varrho) = 0. \tag{36.22}$$

Sie ist von der allgemeinen Gestalt

$$\left(\varrho\frac{d^2}{d\varrho^2} + (a-\varrho)\frac{d}{d\varrho} + b\right)f(\varrho) = 0; \tag{36.23}$$

und hat die Eigenschaft, bei einer Differentiation nach ϱ in eine Gleichung derselben Art für $df/d\varrho$, mit geänderten Werten a und b, überzugehen:

$$\left(\varrho\frac{d^2}{d\varrho^2} + (a+1-\varrho)\frac{d}{d\varrho} + b - 1\right)\frac{df}{d\varrho} = 0. \tag{36.24}$$

Es wird also a um eins erhöht, b um eins erniedrigt. Für $a=1$, $b=\nu$ ganz wird (36.23) durch die sog. *Laguerreschen Polynome* gelöst:

$$\left(\varrho\frac{d^2}{d\varrho^2} + (1-\varrho)\frac{d}{d\varrho} + \nu\right)L_\nu(\varrho) = 0. \tag{36.25}$$

Daraus folgt, daß (36.22) durch die $(2l+1)$fache Ableitung des Laguerreschen Polynoms $L_{n+l}(\varrho)$ gelöst wird:

$$v_l(\varrho) = \frac{d^{2l+1}}{d\varrho^{2l+1}}L_{n+l}(\varrho). \tag{36.26}$$

Die Laguerreschen Polynome sind definiert durch

$$L_\nu(\varrho) \equiv \frac{\mathrm{e}^\varrho}{\nu!}\frac{d^\nu}{d\varrho^\nu}(\varrho^\nu \mathrm{e}^{-\varrho}). \tag{36.27}$$

Daß sie in der Tat Gl. (36.25) erfüllen, soll im nächsten § in allgemeinerer Form bewiesen werden. Man sieht dem Ausdruck (36.27) an, daß das Polynom mit der niedrigsten Potenz $1 \cdot \varrho^0$ beginnt (man differenziere ν mal ϱ^ν) und mit $(-1)^\nu \varrho^\nu/\nu!$ endet (man differenziere ν mal die Exponentialfunktion). Differenziert man entsprechend Gl. (36.26) $(2l+1)$ mal, so erhält man für v_l ein Polynom vom Grad $n-l-1$. Nach Gl. (36.21) erscheint damit die Exponentialfunktion multipliziert mit einem Polynom, das mit der l-ten Potenz beginnt und mit der $(n-1)$-ten endet, wie wir dies aus Gl. (36.17) bereits abgelesen haben. Wir haben zu den Balmerschen Energiewerten (36.18) quadratintegrierbare Funktionen (36.21) für alle Werte

$$l = 0, 1, 2, \ldots n-1; \tag{36.28}$$

gewonnen, welche Koordinatendarstellungen von Eigenvektoren der Energie und des Drehimpulses sind; wir sind somit sicher, daß die Energiewerte (36.18) diskrete Punkte des Energiespektrums sind. Wir haben jedoch nicht bewiesen, daß dies die einzigen diskreten Punkte des Spektrums sind, und wir wissen noch nicht, wie es mit eventuell kontinuierlichen Teilen des Spektrums aussieht. Hierauf gehen wir nunmehr ein.

§ 37. Allgemeine Lösungen der radialen Gleichung des Wasserstoff-Atoms

Die spezielle Lösung, welche wir im vergangenen § für die Balmerschen Energiewerte gefunden haben, bringen wir nun in eine Gestalt, die allgemein für beliebige, sogar komplexe Werte der Energie E Gl. (36.14) löst. Zunächst verallgemeinern wir die Laguerreschen Polynome (36.27) zu *Laguerreschen Funktionen*, indem wir uns durch Übergang zu einem Cauchyschen Integral von der Ganzzahligkeit des Index ν befreien:

$$L_\nu(\varrho) = \frac{1}{2\pi i}\, e^\varrho \oint \frac{z^\nu e^{-z}}{(z-\varrho)^{\nu+1}}\, dz. \tag{37.1}$$

Für ganzzahlige ν kann man den Integrationsweg um den Punkt $z = \varrho$ schließen und kehrt zu den Polynomen zurück; für unganze ν suchen wir andere Integrationswege auf, für welche (37.1) Lösung der Laguerreschen Gl. (36.25) ist. Wir führen zunächst $z - \varrho \equiv t$ als neue Integrationsvariable ein:

$$L_\nu(\varrho) = \frac{1}{2\pi i} \oint dt\, \frac{(t+\varrho)^\nu e^{-t}}{t^{\nu+1}}. \tag{37.1 a}$$

Wir wollen hierauf den Laguerreschen Differentialoperator (36.25) anwenden und machen uns dabei zunutze, daß in (37.1 a) eine Funktion *von t allein* dem Integraloperator $\oint dt\,(t+\varrho)^\nu$ unterworfen wird. Für diesen gelten die folgenden Vertauschungsrelationen:

$$\begin{aligned} \frac{d}{d\varrho}\oint dt\,(t+\varrho)^{\nu} &= -\oint dt\,(t+\varrho)^{\nu}\,\frac{d}{dt}\,; \\ \varrho\,\frac{d}{d\varrho}\oint dt\,(t+\varrho)^{\nu} &= \oint dt\,(t+\varrho)^{\nu}\left(\nu+\frac{d}{dt}\,t\right). \end{aligned} \tag{37.2}$$

Man erhält sie, indem man die Differentiation nach ϱ durch eine Differentiation nach t ersetzt und dann partiell integriert, wobei man voraussetzt, daß wegen des geschlossenen Integrationsweges die ausintegrierten Teile verschwinden. Den Differentialoperator von (36.25) bringen wir zunächst in die Gestalt

$$\varrho\,\frac{d}{d\varrho}\left(\frac{d}{d\varrho}-1\right)+\frac{d}{d\varrho}+\nu$$

und ziehen ihn sodann mittels der Vertauschungsrelationen (37.2) über den Integraloperator hinweg, wobei er sich in folgenden Differentialoperator verwandelt:

$$-\left(\nu+\frac{d}{dt}\,t\right)\left(\frac{d}{dt}+1\right)-\frac{d}{dt}+\nu=-\frac{d}{dt}\,t\left[\frac{d}{dt}+1+\frac{\nu+1}{t}\right].$$

In (37.1 a) ist dieser Differentialoperator auf die Funktion $t^{-\nu-1}\,\mathrm{e}^{-t}$ anzuwenden; dabei ergibt bereits der rechte, in eckige Klammer gesetzte Differentialoperator identisch Null. Damit ist gezeigt, daß in der Tat (37.1 a) Lösung der Laguerreschen Differentialgleichung ist, sofern nur der Integrationsweg so gewählt ist, daß die bei der Umrechnung entstehenden ausintegrierten Beiträge verschwinden; hierüber wird später zu reden sein. Wir wollen zunächst aus der Lösung der Laguerreschen Differentialgleichung die Lösung der Wasserstoffgleichung konstruieren. Setzen wir (37.1 a) in (36.26) ein, so ergibt sich für v_l (bis auf uninteressante konstante Faktoren)

$$v_l(\varrho)=\frac{1}{2\pi i}\oint dt\,\frac{(t+\varrho)^{n-l-1}\,\mathrm{e}^{-t}}{t^{n+l+1}}. \tag{37.3}$$

Wir kehren nun gem. (36.19) wieder zur Variablen r zurück und führen gleichzeitig als Integrationsvariable in (37.3) $z=ikr-t$ ein. Fügen wir dann, entspr. Gl. (36.21), noch die beiden Faktoren $\mathrm{e}^{ikr}\cdot r^l$ hinzu, so erhalten wir als Lösung der Wasserstoffgleichung (36.14):

$$R_{k,l}(r)=\frac{r^l}{2\pi i}\oint dz\,(z+ikr)^{n-l-1}\,(z-ikr)^{-n-l-1}\cdot\mathrm{e}^{z} \tag{37.4}$$

n ist dabei, nach Gl. (36.18), eine Abkürzung für

$$n=\frac{i\alpha Z}{\Lambda k}. \tag{37.5}$$

Wir können nunmehr aber die Beschränkung auf ganzzahlige n fallen lassen, vielmehr kann E und damit auch k und n beliebig komplex sein.

Gelingt es uns nun, durch geeignete Wahl von Integrationswegen zwei unabhängige Lösungen zu finden, dann haben wir die Differentialgleichung (36.14) vollständig gelöst. Die notwendige Bedingung, daß die ausintegrierten Teile bei der Umformung durch partielle Integration keinen Beitrag liefern, läßt sich entweder dadurch erfüllen, daß der Integrationsweg auf der Riemannschen Fläche des Integranden geschlossen ist, oder dadurch, daß er im negativ Unendlichen beginnt und endet. In jedem Fall muß der Weg mindestens einen der Verzweigungspunkte $z = \pm ikr$ einschließen, weil sonst das Integral verschwindet. Der einfachste geschlossene Weg, der diese Bedingung erfüllt,

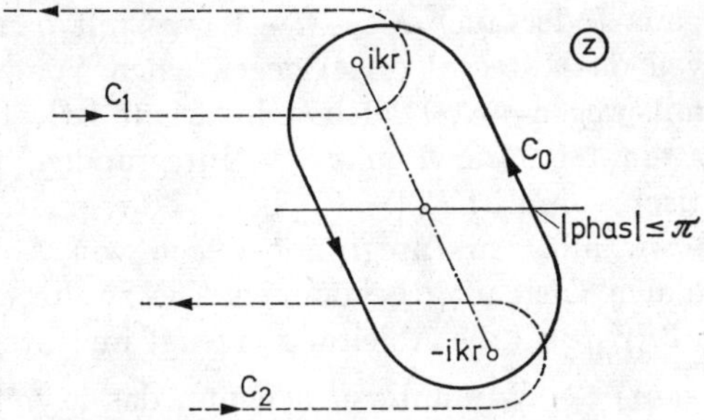

Abb. 13. Integrationswege für die Integraldarstellung der Radialfunktionen des Wasserstoff-Atoms

ist ein Umlauf um beide Verzweigungspunkte im selben Sinne. Da ikr ein Verzweigungspunkt der Ordnung $-n$ und $-ikr$ ein Verzweigungspunkt der Ordnung n ist, ändert sich der Integrand bei einem Umlauf in beide Verzweigungspunkte nicht, denn die Größe $((z+ikr)/(z-ikr))^n$ geht bei dem Umlauf in den Ausgangswert über, und die restlichen Faktoren des Integranden sind eindeutig. Der besprochene Integrationsweg ist als ausgezogene Linie C_0 in Abb. 13 eingezeichnet. Um das Integral (37.4) eindeutig festzulegen, vereinbaren wir, daß am Schnitt mit der positiven Achse die Phasen der beiden Größen $z \pm ikr$ einen Betrag $< \pi$ haben sollen. Der Weg C_0 führt zu einer Lösung $R^{(0)}_{k,l}$. Durch Deformation des Integrationsweges können wir C_0 in zwei Teilwege C_1 und C_2 aufspalten, welche beide bei $-\infty$ beginnen und enden, und je einen der Verzweigungspunkte einschließen. Sie führen zu zwei voneinander unabhängigen Lösungen $R^{(1)}_{k,l}$ und $R^{(2)}_{k,l}$ — daß sie in der Tat unabhängig sind, werden wir sogleich an ihrem asymptotischen Verhalten für große r erkennen. Zunächst wenden wir uns dem Verhalten der Lösungen in der Umgebung von $r=0$ zu; aus § 36 wissen wir, daß sich eine Lösung dort nur wie r^l oder r^{-l-1} verhalten kann; im ersten Fall ist sie bei $r=0$ regulär, im anderen Falle nicht. Man sieht nun sofort, daß $R_{k,l}^{(0)}$ das reguläre Verhalten proportional r^l zeigt — lassen wir nämlich $r \to 0$ streben, so rücken die beiden Verzweigungspunkte von Abb. 13 in den Nullpunkt; der Integrationsweg kann dabei in endlichem Abstand vom Nullpunkt (etwa als Kreis) festgehalten werden, so daß das Integral (37.4) auch im Limes $r \to 0$ einen endlichen Wert beibehält und ein Verhalten $\sim r^{-l-1}$ ausscheidet. Jede von $R_{k,l}^{(0)}$ unabhängige Lösung muß dann aber im Nullpunkt singulär sein, also sowohl $R_{k,l}^{(1)}$ wie auch $R_{k,l}^{(2)}$. Dies bedeutet, daß eine Lösung (36.11) mit der Radialfunktion $R_{k,l}^{(1)}$ oder $R_{k,l}^{(2)}$ im Nullpunkt die Schrödinger-Gleichung nicht erfüllt, somit als Spektralfunktion nicht brauchbar ist. Hiervon gibt es jedoch eine Ausnahme, nämlich den Balmerschen Fall $n \geqq l+1$ ganz (oder auch $n \leqq -l-1$, was mit dem vorigen Fall identisch ist, weil das Integral (37.4) gegen einen Vorzeichen-Wechsel von k und damit wegen (37.5) auch n invariant ist). In diesem Fall wird $z = -ikr$ ein regulärer Punkt des Integranden, und $R_{k,l}^{(2)}$ verschwindet identisch, somit ist $R_{k,l}^{(1)} = R_{k,l}^{(0)}$ bei $r=0$ regulär. Dies bedeutet allerdings, daß wir mit den Integrationswegen von Abb. 13 nur *eine* Lösung der radialen Gleichung bekommen. Die zweite erhalten wir in der Gestalt $\lim_{n' \to n} \partial R_{k',l}^{(2)}/\partial n'$; die Ableitung erzeugt im Integranden einen Faktor $\log(z+ikr)$. — Wir untersuchen nun das asymptotische Verhalten von $R_{k,l}^{(1)}$ für sehr große Werte von $|kr|$. Wir denken uns den Integrationsweg in negativ reeller Richtung stramm um den Verzweigungspunkt ikr gezogen. e^z nimmt dann auf beiden Teilwegen exponentiell ab, wenn man sich vom Verzweigungspunkt entfernt, und wird bereits vernachlässigbar klein, bevor sich der Ausdruck $z+ikr$ wesentlich von seinem Wert $2ikr$ im Verzweigungspunkt unterscheidet. Wir können deshalb genähert $z+ikr$ durch $2ikr$ ersetzen, führen als neue Variable $z-ikr$ ein und erhalten als asymptotische Form von (37.4)

$$R_{k,l}^{(1)}(r) \sim r^l (2ikr)^{n-l-1} e^{ikr} \frac{1}{2\pi i} \int_{-\infty}^{(0+)} dt \frac{e^t}{t^{n+l+1}}. \tag{37.6}$$

Der Integrationsweg führt nun von $-\infty$ nach $-\infty$ positiv um den Nullpunkt herum. Das Integral ist eine reine Zahl, welche mit der Γ-Funktion zusammenhängt; es gilt nämlich

$$\frac{1}{\Gamma(\nu)} = \frac{1}{2\pi i} \int_{-\infty}^{(0+)} dt \frac{e^t}{t^\nu}. \tag{37.7}$$

Daß dieses Integral für ganzzahlige Werte von ν gleich $1/(\nu-1)!$ ist, folgt aus dem Cauchyschen Integralsatz: es ist gleich $1/(\nu-1)!$ mal die $(\nu-1)$-te Ableitung von e^t bei $t=0$. Für unganze ν stellt (37.7) diejenige Verallgemeinerung der reziproken Fakultät dar, welche man reziproke Gammafunktion nennt. Man muß dabei beachten, daß wir für den Integranden von (37.4) die Phasen so festgelegt haben, daß in (37.6) beim Schnitt mit der positiven Achse die Phase von t gleich 0 ist. In (37.7) muß die Phase in derselben Weise gewählt werden. — Wir erhalten schließlich

$$R_{k,l}^{(1)}(r) \sim \frac{e^{n \log(2ikr)}}{(2ik)^{l+1}\,\Gamma(n+l+1)} \cdot \frac{e^{ikr}}{r}. \tag{37.8}$$

Für die zweite Lösung folgt analog (durch direkte Rechnung, oder indem man k durch $-k$ ersetzt)

$$R_{k,l}^{(2)}(r) \sim \frac{e^{-n \log(-2ikr)}}{(-2ik)^{l+1}\,\Gamma(-n+l+1)} \cdot \frac{e^{-ikr}}{r}. \tag{37.9}$$

Für positive k ist $R_{k,l}^{(1)}$ eine auslaufende, $R_{k,l}^{(2)}$ eine einlaufende Welle von gleicher Stärke, $R_{k,l}^{(0)} = R_{k,l}^{(1)} + R_{k,l}^{(2)}$ somit eine stehende Welle. — Nun können wir allgemein das Spektrum diskutieren. Als Spektralfunktionen kommen wegen des Verhaltens bei $r=0$ nur die Funktionen $R_{k,l}^{(0)}$ in Betracht. Das asymptotische Verhalten für große r wird durch die Summe der beiden Formeln (37.8) und (37.9) gegeben. Für positive Energien (k positiv, n rein imaginär) fallen diese Funktionen nur wie $1/r$ ab, sind deshalb nicht quadratintegrierbar, also keine Eigenvektoren. Das asymptotische Verhalten entspricht jedoch so weitgehend dem der freien Drehimpulsfunktionen, daß $R_{k,l}^{(0)}$ — bei geeigneter Normierung, die wir noch bestimmen werden — zur Darstellung uneigentlicher Eigenvektoren geeignet sind; die gesamte positive Energieachse ist deshalb kontinuierliches Spektrum von H. — Für negative Energien wählen wir k positiv imaginär, so daß $R_{k,l}^{(1)}$ im Unendlichen exponentiell verschwindet, während $R_{k,l}^{(2)}$ anwächst. Nur, wenn $R_{k,l}^{(2)}$ identisch $=0$ ist, kann $R_{k,l}^{(0)}$ Spektralfunktion sein, sie ist dann aber quadratintegrierbar, d. h. Koordinatendarstellung eines Eigenvektors im diskreten Spektrum. $R_{k,l}^{(2)}$ verschwindet genau dann, wenn $n \geqq l+1$ ganz ist, d. h. also für die Balmerschen Terme. Nicht nur die strenge Formel (37.4), sondern auch der asymptotische Ausdruck (37.9) verschwindet in diesem Fall, da die reziproke Gammafunktion für ganzzahliges nicht positives Argument Null ist. (In (37.7) hat man dann bei $t=0$ keinen Pol). Das gemeinsame Spektrum des Drehimpulses und der Energie besteht somit aus den folgenden Wertetripeln:

diskretes Energiespektrum:

$$E = E_n \equiv -\frac{\mu}{2}\left(\frac{\alpha Z}{n} c\right)^2; \begin{cases} n = 1, 2, \ldots \infty; \\ l = 0, 1, 2, \ldots n-1; \\ m = -l, -l+1, \ldots l-1, l. \end{cases} \tag{37.10}$$

kontinuierliches Energiespektrum:

$$E > 0; \begin{cases} l = 0, 1, 2, \ldots \infty; \\ m = -l, -l+1, \ldots l-1, l. \end{cases}$$

Es bleibt noch die Aufgabe, die richtig normierten Spektralfunktionen aufzufinden. Dabei wollen wir mit $|n, l, m\rangle$ die Einheitsvektoren der Balmerschen Terme bezeichnen und mit $|k, l, m\rangle$ die uneigentlichen Vektoren des kontinuierlichen Energiespektrums, wobei wir das Lebesguesche Maß $d\mu(E) = dk$ wählen.

§ 38. Normierung der Wasserstoff-Spektralfunktionen

Wir setzen die Integraldarstellung (37.4) in (36.11) ein und nehmen die richtige Normierung im kontinuierlichen Spektrum wiederum vor mit Hilfe eines Hilfs-Hilbert-Vektors:

$$|k, l, m; \Delta\rangle \equiv \frac{1}{\Delta} \int\limits_{k-\Delta/2}^{k+\Delta/2} dk' \, |k', l, m\rangle. \tag{38.1}$$

Wir haben entspr. (19.3) zu fordern

$$\lim_{\Delta \to 0} \Delta \, \| |k, l, m; \Delta\rangle \|^2 = 1. \tag{38.2}$$

Gl. (38.1) führt im radialen Anteil auf die Funktionen

$$R^{(0)}_{k,l,\Delta}(r) \equiv \frac{1}{\Delta} \int\limits_{k-\Delta/2}^{k+\Delta/2} dk' \, R^{(0)}_{k',l}(r). \tag{38.3}$$

Wir setzen (36.11) in (38.1) und dies in (38.2) ein und erhalten

$$|N_{k,l}|^{-2} = \lim_{\Delta \to 0} \Delta \int\limits_0^\infty dr \, r^2 \, |R^{(0)}_{k,l,\Delta}(r)|^2. \tag{38.4}$$

Hier durften wir den Limes $\Delta \to 0$ zwar an $N_{k,l}$, nicht jedoch am Integranden ausführen — das Integral wäre sonst divergent. — Wir zerlegen das Integrationsgebiet in zwei Teile $r \gtrless a$:

$$|N_{k,l}|^{-2} = \lim_{\Delta \to 0} \Delta \int\limits_0^a dr \, r^2 \, |R^{(0)}_{k,l,\Delta}|^2 + \lim_{\Delta \to 0} \Delta \int\limits_a^\infty dr \, r^2 \, |R^{(0)}_{k,l,\Delta}|^2.$$

Das erste Integral bleibt für $\Delta \to 0$ endlich, liefert deshalb im Limes keinen Beitrag. Ist a groß genug, so können wir im zweiten Term die asymptotische Formel für $R^{(0)}_{k',l}$ verwenden; wir machen aber keinen Fehler, wenn wir dies auch im ersten Integral tun, welches auch dann nicht zu $|N_{k,l}|^{-2}$ beiträgt. Wir können somit in (38.4) mittels (37.8) ersetzen:

$$R^{(1)}_{k',l}(r) \sim \frac{e^{ik'r}}{r} F(k', r).$$

Die langsam veränderliche Funktion $F(k', r)$ entwickeln wir um den Punkt k:

$$R^{(0)}_{k',l} \sim \frac{e^{ikr}}{r} \left(F(k, r) + (k' - k) \frac{\partial F(k, r)}{\partial k} + \frac{(k' - k)^2}{2} \frac{\partial^2 F(k, r)}{\partial k^2} \cdots \right).$$

Setzt man dies in (38.3) ein, so folgt

$$R^{(0)}_{k,l,\Delta}(r) \sim \frac{e^{ikr}}{r\Delta} \int_{-\Delta/2}^{\Delta/2} d\tau\, e^{i\tau r}\left(F + \tau \frac{\partial F}{\partial k} + \frac{\tau^2}{2}\frac{\partial^2 F}{\partial k^2}\cdots\right) + \text{konjugiert komplex.}$$

Die Faktoren τ im Integranden kann man durch Differentiationen $\partial/\partial(ir)$ ersetzen und hat schließlich das Ergebnis

$$R^{(0)}_{k,l,\Delta}(r) \sim \frac{e^{ikr}}{r}\left(F - i\frac{\partial F}{\partial k}\frac{\Delta}{2}\frac{d}{d\left(\frac{r\Delta}{2}\right)} - \frac{1}{2}\frac{\partial F}{\partial k^2}\left(\frac{\Delta}{2}\right)^2 \frac{d^2}{d\left(\frac{r\Delta}{2}\right)^2}\right) \cdot \frac{\sin\frac{r\Delta}{2}}{\frac{r\Delta}{2}} + \text{konjugiert komplex.} \tag{38.5}$$

Führen wir dies in (38.4) ein, so folgt

$$\frac{1}{|N_{k,l}|^2} = \lim_{\Delta\to 0} 2\int_0^\infty dt \left\{ e^{i\frac{2k}{\Delta}t}\left(F - i\frac{\Delta}{2}F'\frac{d}{dt} - \frac{\Delta^2}{8}F''\frac{d^2}{dt^2}\right)\frac{\sin t}{t} + \text{konjugiert komplex.}\right\}^2$$

Im Limes $\Delta \to 0$ mitteln sich wegen des raschen Phasenwechsels die Anteile mit $\left[\exp\left(\pm i\frac{2k}{\Delta}t\right)\right]^2$ heraus; es bleiben allein die gemischten Glieder, und bei diesen kann nunmehr der Limes $\Delta\to 0$ im Integranden durchgeführt werden. Das Ergebnis ist (man entnehme F aus (37.8), F^* aus (37.9))

$$\frac{1}{|N_{k,l}|^2} = 4\,|F|^2 \int_0^\infty dt \left(\frac{\sin t}{t}\right)^2 = 2\pi \frac{e^{i\pi n}}{|\Gamma(n+l+1)|^2 (2k)^{2l+2}} \tag{38.6}$$

Ziehen wir hieraus die positive Wurzel, dann lautet der endgültige Ausdruck für (36.11)

$$\langle \mathbf{r} | k, l, m\rangle = \frac{|\Gamma(n+l+1)|}{\sqrt{2\pi}} e^{-i\pi\frac{n}{2}} Y_l^m(\Omega) \cdot \frac{(2kr)^{l+1}}{r} \oint dz\,(z+ikr)^{n-l-1}\cdot(z-ikr)^{-n-l-1}\cdot e^z . \tag{38.7}$$

$$\left[k>0;\quad n\equiv\frac{i\alpha Z}{\Lambda k}\right]$$

Normierung der diskreten Eigenvektoren. Auch hier genügt zur Auffindung des Normierungsfaktors die asymptotische Gestalt (37.8) und (37.9) der Eigenfunktion. Wir wollen die Eigenvektoren auf eins normieren und von dem Ansatz ausgehen

$$\langle \mathbf{r} | n, l, m\rangle = N_{n,l}\, Y_l^m(\Omega)\,\left(R^{(1)}_{k,l}(r) + R^{(2)}_{k,l}(r)\right). \tag{38.8}$$

Asymptotisch hat dies die Gestalt

$$\begin{aligned}\langle \boldsymbol{r} | n, l, m\rangle \sim N_{n,l}\, Y_l^m(\Omega)\, \frac{1}{(-2ik)^{l+1}} \\ \cdot \left(\frac{(2ikr)^n}{\Gamma(n+l+1)} (-1)^{l+1} \cdot \frac{e^{ikr}}{r} + \frac{(-2ikr)^{-n}}{\Gamma(-n+l+1)} \cdot \frac{e^{-ikr}}{r} \right).\end{aligned} \tag{38.9}$$

Für die Balmerschen Energiewerte (n ganz $> l$) verschwindet der zweite Summand.

Zur Berechnung des Normierungsfaktors $N_{n,l}$, welchen wir positiv voraussetzen wollen, benützen wir die Schrödinger-Gleichung (36.13) für n, k bzw. n', k' (n, n' reell):

$$\left(\Delta - \frac{2\mu V}{\hbar^2} + k^2\right) \langle n, l, m | \boldsymbol{r}\rangle = 0; \tag{38.10}$$

$$\left(\Delta - \frac{2\mu V}{\hbar^2} + k'^2\right) \langle \boldsymbol{r} | n', l, m\rangle = 0. \tag{38.11}$$

Multiplizieren wir die erste Gleichung mit $\langle \boldsymbol{r} | n', l, m\rangle$, die zweite mit $\langle n, l, m | \boldsymbol{r}\rangle$ und integrieren die Differenz über eine Kugel vom Radius R, so erhalten wir

$$\begin{aligned}\int_{(R)} d^3\boldsymbol{r}\, \frac{\partial}{\partial \boldsymbol{r}} \cdot \left[\langle n, l, m | \boldsymbol{r}\rangle \left(\frac{\overleftarrow{\partial}}{\partial \boldsymbol{r}} - \frac{\overrightarrow{\partial}}{\partial \boldsymbol{r}} \right) \langle \boldsymbol{r} | n', l, m\rangle \right] \\ = (k'^2 - k^2) \int_{(R)} d^3\boldsymbol{r}\, \langle n, l, m | \boldsymbol{r}\rangle \langle \boldsymbol{r} | n', l, m\rangle.\end{aligned}$$

Die linke Seite können wir nach dem Gaußschen Satz in ein Oberflächenintegral verwandeln und die Integration über die Oberfläche wegen (32.18) sofort ausführen:

$$\begin{aligned}R^2 N_{n,l} N_{n',l} \left[R^*_{n,l}(r) \left(\frac{\overleftarrow{\partial}}{\partial r} - \frac{\overrightarrow{\partial}}{\partial r} \right) R_{n',l}(r) \right]_{r=R} \\ = (k'^2 - k^2) \int_{(R)} d^3\boldsymbol{r}\, \langle n, l, m | \boldsymbol{r}\rangle \langle \boldsymbol{r} | n', l, m\rangle.\end{aligned}$$

Würden wir hierin $n' = n$ gleich dem Balmerschen Wert setzen, so wäre die linke wie die rechte Seite Null. Wir erhalten eine echte Relation, wenn wir erst beide Seiten der Gleichung nach n' differenzieren und dann $n' = n$ setzen. In dieser Weise ergibt sich

$$\begin{aligned}R^2 N^2_{n,l} \left[R^*_{n,l}(r) \left(\frac{\overleftarrow{\partial}}{\partial r} - \frac{\overrightarrow{\partial}}{\partial r} \right) \frac{\partial R_{n',l}(r)}{\partial n'} \right]_{\substack{r=R \\ n'=n}} \\ = -\frac{2k^2}{n} \int_{(R)} d^3\boldsymbol{r}\, \langle n, l, m | \boldsymbol{r}\rangle \langle \boldsymbol{r} | n, l, m\rangle.\end{aligned}$$

Führen wir hierin den Limes $R \to \infty$ durch, so geht das Integral der rechten Seite in das Normierungsintegral über, welches wir als 1 vorausgesetzt haben. Auf der linken Seite können wir die Radialfunktionen durch ihre asymptotische Form (38.9) ersetzen. Die Funktion $R^*_{n,l}$ geht dabei, da wir n als Balmerterm vorausgesetzt haben, wegen des Faktors e^{+ikr} exponentiell gegen Null, während in der Funktion $R_{n,l}$ der erste Summand (38.9) gegen Null, der zweite dagegen wie e^{-ikr} gegen Unendlich strebt. Einen endlichen Beitrag liefert nur dieser letzte; er enthält jedoch den Faktor $1/\Gamma(-n'+l+1)$, welcher für $n'=n$ verschwindet. Ein von Null verschiedenes Ergebnis erhält man deshalb nur, wenn man die Differentiation $\partial/\partial n'$ an diesem Faktor ausführt. Damit gelangen wir zu der Beziehung

$$N^2_{n,l} \lim_{R\to\infty} \left\{ R^2 \frac{(-1)^{n-l-1}}{(-2ik)^{2l+2}} \cdot \frac{1}{\Gamma(n+l+1)} \left[\frac{\partial}{\partial n'} \frac{1}{\Gamma(-n'+l+1)} \right] \cdot \left[\frac{e^{ikr}}{r} \left(\overleftarrow{\frac{\partial}{\partial r}} - \overrightarrow{\frac{\partial}{\partial r}} \right) \frac{e^{-ikr}}{r} \right]_{r=R} \right\} = -2\,k^2/n. \tag{38.12}$$

Die Ableitung der reziproken Gammafunktion ist schnell aus (37.7) berechnet

$$\frac{\partial}{\partial n'} \frac{1}{2\pi i} \int_{-\infty}^{(0+)} dt \frac{e^t}{t^{l+1-n'}} \bigg|_{n'=n} = \frac{1}{2\pi i} \int_{-\infty}^{(0+)} dt \log t \cdot e^t \cdot t^{n-l-1}$$

Da $n-l-1$ ganz >0 ist, unterscheidet sich der Integrand auf dem Weg von $-\infty$ nach 0 von dem auf dem Weg von 0 nach $-\infty$ (nach Umlaufen des Nullpunkts im positiven Sinn) nur dadurch, daß der $\log t$ um $2\pi i$ gewachsen ist. Damit ergibt sich

$$\frac{\partial}{\partial n'} \frac{1}{\Gamma(-n'+l+1)} \bigg|_{n'=n} = \int_0^{-\infty} dt\, e^t\, t^{n-l-1}.$$

Führen wir $-t$ als neue Variable ein, so erhalten wir

$$\frac{\partial}{\partial n'} \frac{1}{\Gamma(-n'+l+1)} \bigg|_{n'=n} = (-1)^{n-l} (n-l-1)! \tag{38.13}$$

Aus (38.12) folgt

$$N^2_{n,l} = \frac{(-2ik)^{2l+3}}{2n} \frac{(n+l)!}{(n-l-1)!}. \tag{38.14}$$

Der endgültige Ausdruck für die normierten Funktionen des Balmerschen diskreten Spektrums wird schließlich

$$\langle \mathbf{r} | n, l, m \rangle = \sqrt{\frac{(-2ik)^3}{2n} \cdot \frac{(n+l)!}{(n-l-1)!}} \cdot Y_l^m \cdot \frac{(-2ikr)^l}{2\pi i} \cdot \oint dz (z+ikr)^{n-l-1} \cdot (z-ikr)^{n+l+1} \cdot e^z. \tag{38.15}$$

§ 39. Teilchen im Zentral-Potential endlicher Reichweite, Streuamplitude

Für ein Teilchen im zentralsymmetrischen Potential $V(r) = \hbar^2 v(r)/2\mu$ ist der Drehimpuls Konstante der Bewegung, man kann die Spektraldarstellung von H aufspalten nach Unterräumen mit den Drehimpuls-Quantenzahlen l, m. Die zugehörigen Wellenfunktionen enthalten neben einer Kugelflächenfunktion Y_l^m eine radiale Wellenfunktion $u_l(r)$, welche der Gleichung genügt:

$$\left[\frac{d^2}{dr^2} + k^2 - \frac{l(l+1)}{r^2} - v(r)\right] r\, u_l(r) = 0. \tag{39.1}$$

Wenn das Potential außerhalb eines gewissen Radius R verschwindet, oder aber für $r \to \infty$ hinreichend stark nach Null strebt, so verhalten sich die Lösungen von (39.1) für große r wie Lösungen der Wellengleichung des freien Teilchens mit dem Drehimpuls Null. Wegen der endlichen Reichweite des Potentials wird nämlich $v(r)$ ebenso wie der Drehimpuls-Anteil für große r langsam veränderlich, und es gibt zwei unabhängige Lösungen, welche näherungsweise gegeben sind durch

$$r\, u_l \sim \mathrm{e}^{\pm i \int\limits_{r_0}^{r} \sqrt{k^2 - l(l+1)/r'^2 - v(r')}\, dr'} \tag{39.2}$$

Dabei kann die untere Grenze r_0, welche eine Integrationskonstante ist, so groß gewählt werden, daß das Integral des Exponenten näherungsweise gegeben wird durch

$$\begin{aligned} &\int\limits_{r_0}^{r} \sqrt{k^2 - l(l+1)/r'^2 - v(r')}\, dr' \\ &\qquad \approx k(r - r_0) + \frac{l(l+1)}{2k}\left(\frac{1}{r} - \frac{1}{r_0}\right) - \frac{1}{2k}\int\limits_{r_0}^{r} v(r')\, dr'. \end{aligned} \tag{39.3}$$

Wir präzisieren nun, was wir unter „Potential endlicher Reichweite" verstehen wollen: die Existenz des letzten Integrals für $r \to \infty$, d. h.

$$\left|\int\limits_{r_0}^{\infty} v(r')\, dr'\right| < \infty. \tag{39.4}$$

Für hinreichend große r unterscheidet sich dann (39.3) von kr nur um eine Konstante, (39.2) führt zu der asymptotischen Gestalt

$$r\, u_l \sim \mathrm{e}^{\pm i k r + i \times \mathrm{const.}}$$

Es gibt somit zwei unabhängige Lösungen u_{l+}, u_{l-} von Gl. (39.1), welche sich asymptotisch wie eine ein- bzw. auslaufende Kugelwelle verhalten:

$$u_{l\pm}(r) \sim \frac{\mathrm{e}^{\pm i k r}}{r}. \tag{39.5}$$

Wir wollen voraussetzen, daß $v(r)$ für alle endlichen r endlich ist, ausgenommen eventuell den Punkt $r=0$, wo wir Coulomb-artige Singularitäten, d. h. einen Pol erster Ordnung zulassen können. Wir wissen aus § 36, daß $r=0$ dann eine reguläre Stelle der Differentialgleichung ist; es gibt eine im Nullpunkt reguläre Lösung proportional r^l; jede davon unabhängige Lösung verhält sich wie r^{-l-1}. Spektralfunktionen können nur die regulären Lösungen sein, da nur sie im ganzen Raum die Schrödinger-Gleichung erfüllen. Die reguläre Lösung muß eine Linearkombination der beiden unabhängigen Lösungen (39.5) sein, es muß also gelten

$$u_{l,\,\mathrm{reg}} = C_l(k)\, u_{l+} + D_l(k)\, u_{l-}. \tag{39.6}$$

Wir wollen im folgenden untersuchen, wie sich die Koeffizienten C_l und D_l für beliebige komplexe Werte von k verhalten.

Die Zerlegung (39.6) kann für komplexes k nur dadurch gewonnen werden, daß man sie von reellem k analytisch fortsetzt; denn für komplexes k wird von den beiden Funktionen $u_+(r)$ und $u_-(r)$ die eine für $r\to\infty$ unendlich groß gegen die andere, bei jeder Linearkombination bestimmt die große Funktion allein das asymptotische Verhalten, sie ist also durch die Forderung (39.5) nicht festgelegt. — Bei der analytischen Fortsetzung von u_+ und u_- in der komplexen k-Ebene kann es vorkommen, daß die Funktionen vieldeutig sind, und daß sie in gewissen Gebieten nicht mehr durch (39.5) asymptotisch dargestellt werden. Wenn allerdings das Potential außerhalb einer großen Kugel identisch Null ist, ist man sicher, daß die asymptotische Darstellung in die ganze k-Ebene analytisch fortsetzbar ist, weil sich nämlich dann die strenge Lösung von der asymptotischen nur durch ein Polynom in $1/r$ unterscheidet (man hat ja dann außerhalb der Kugel die Lösungen ψ_l von § 34). Hinreichend für die Analytizität der Asymptotik ist bereits, daß das Potential für $r\to\infty$ stärker als exponentiell abnimmt (z.B. wie $\exp(-ar^2)$). Wir wollen im folgenden diese verschärfte Anforderung an das Potential stellen, um die Diskussion zu vereinfachen.

Sie sind durch die Schrödinger-Gleichung nur bis auf einen gemeinsamen konstanten Faktor bestimmt, der von k abhängen kann. Fest liegt jedoch ihr Verhältnis, die sog. *Streuamplitude*

$$S_l(k) \equiv C_l(k)/D_l(k). \tag{39.7}$$

Für reelle k ist S vom Betrage eins, da wegen der Teilchenerhaltung einlaufende und auslaufende Kugelwelle gleich stark sind. Bei komplexem k besteht die Möglichkeit, daß C_l oder D_l verschwindet, d. h. also, daß u_{l-} bzw. u_{l+} selbst schon die reguläre Lösung ist. Hierunter fallen z.B. alle diskreten Energiewerte (gebundene Zustände), bei denen k rein imaginär ist und $u_{l\,\mathrm{reg}}$ im Unendlichen exponentiell abfällt. Um die mögliche Lage solcher Nullstellen von $C_l(k)$ oder $D_l(k)$ zu untersuchen, stellen wir Energie und Wellenzahl durch Real- und Imaginärteil dar:

$$E = E_1 + iE_2; \qquad k = k_1 + ik_2. \tag{39.8}$$

Zwischen ihnen bestehen die Beziehungen

$$E_1 = \frac{\hbar^2}{2\mu}(k_1^2 - k_2^2); \qquad E_2 = \frac{\hbar^2}{\mu} k_1 k_2 . \tag{39.9}$$

Für die möglichen Lagen der Nullstellen der Koeffizientenfunktion $D_l(k)$ können wir nun eine wichtige Aussage gewinnen. — Falls $D_l(k)$ verschwindet, ist nach (39.6) u_{l+} im Nullpunkt regulär. Aus der radialen Gleichung

$$\left[\frac{d^2}{dr^2} + k^2 - \frac{l(l+1)}{r^2} - v(r)\right] r\, u_{l+} = 0 \tag{39.10}$$

folgt durch Übergang zum konjugiert Komplexen

$$\left[\frac{d^2}{dr^2} + k^{*2} - \frac{l(l+1)}{r^2} - v(r)\right] r\, u_{l+}^* = 0 . \tag{39.11}$$

Multiplizieren wir (39.10) mit $r\, u_{l+}^*$, (39.11) mit $r\, u_{l+}$, bilden die Differenz und integrieren von $r = 0$ bis $r = R$ so ergibt sich

$$\int_0^R dr \frac{d}{dr}\left(r^2\left[u_{l+}^* \frac{d u_{l+}}{dr} - u_{l+} \frac{d u_{l+}^*}{dr}\right]\right) + 4i\, k_1 k_2 \int_0^R dr\, r^2 u_{l+}^* u_{l+} = 0 .$$

Wegen der vorausgesetzten Regularität von u_{l+} im Nullpunkt existieren beide Integrale. Das erste läßt sich überdies elementar ausintegrieren und liefert nur von der oberen Grenze einen Beitrag. Wählen wir R so groß, daß die asymptotische Formel (39.5) angewandt werden kann, so können wir du_{l+}/dr durch iku_{l+} und du_{l+}^*/dr durch $-ik^* u_{l+}^*$ ersetzen. Das Ergebnis ist

$$k_1 \,|R\, u_{l+}(R)|^2 + 2k_1 k_2 \int_0^R dr\, |r\, u_{l+}|^2 = 0 . \tag{39.12}$$

Diese Gleichung läßt sich nur erfüllen, wenn

$$k_1 = 0 \quad \text{oder} \quad k_2 < 0 . \tag{39.13}$$

Abb. 14 zeigt die Gebiete der komplexen k-Ebene, in welchen Nullstellen von $D_l(k)$ liegen können. An den Nullstellen von $D_l(k)$ unterhalb

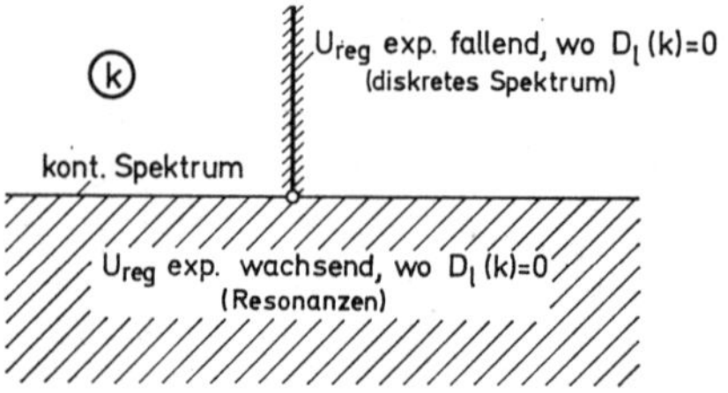

Abb. 14. Mögliche Lage der Nullstellen von $D_l(k)$

der reellen Achse wachsen die zugehörigen regulären Funktionen im Unendlichen exponentiell an. An Nullstellen von $D_l(k)$ auf der positiv imaginären Achse fallen die regulären Wellenfunktionen im Unendlichen exponentiell ab; sie sind deswegen Ortsdarstellung von Hilbert-Vektoren diskreter Energiezustände. Die uneigentlichen Eigenfunktionen des kontinuierlichen Spektrums können nur bei positiven Energien, d. h. auf der reellen k-Achse liegen. — Da die Energie proportional zu k^2 ist, wird durch die k-Ebene von Abb. 14 die schlichte E-Ebene zweifach überdeckt. Nimmt man die positive E-Achse (entsprechend der reellen k-Achse) als Verzweigungsschnitt, so erhält man ein erstes, sog. *„physikalisches“ Blatt* der Riemannschen Energiefläche der Streuamplitude $S_l(E)$ welches in Abb. 15 dargestellt ist. Auf der negativen E-Achse

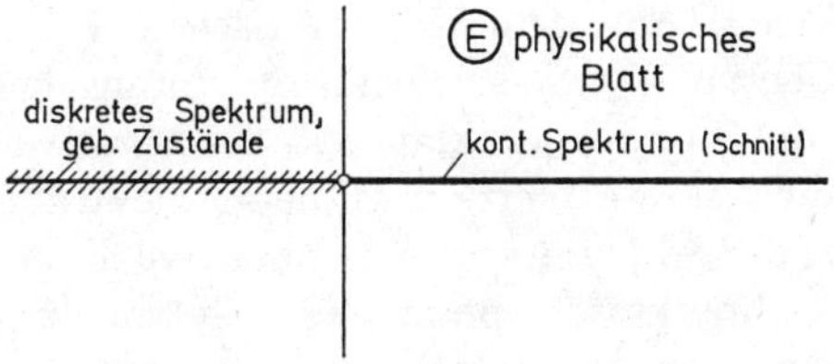

Abb. 15. Physikalisches Blatt der Energie-Fläche von $S_l(E)$

liegen die diskreten Energiewerte — oder gebundenen Zustände — des Systems, sofern solche existieren. Die positive Achse enthält das kontinuierliche Spektrum. Setzt man über das kontinuierliche Spektrum hinweg fort (nach oben oder nach unten), so gelangt man in das zweite, *„unphysikalische“ Blatt*, in welchem weitere Nullstellen von $D_l(k)$ liegen können, welche man, sofern sie in der Nähe des kontinuierlichen Spektrums sind, als *„Resonanzen“* bezeichnet; wir werden dies in Kap. IV näher betrachten. Für alle Resonanzen wächst $u_{l,\text{reg}}$ im räumlich Unendlichen exponentiell an.

Im allg. ist $D_l(k)$ für großen negativen Imaginärteil von k nicht mehr definierbar (s. Bemerkung nach Gl. (39.6)), man kann in diesem — physikalisch uninteressanten — Gebiet dann nicht von Resonanzen sprechen.

Die Nullstellen von $D_l(k)$ sind Unendlichkeitsstellen der Streuamplitude $S_l(E)$. Wir kommen so zu dem höchst bemerkenswerten Ergebnis, daß das asymptotische Verhalten der Lösungen der Schrödinger-Gleichung die gebundenen Zustände festlegt, wenn wir nur die Streuamplitude als *analytische Funktion* der komplexen Variablen E kennen. Dazu genügt es aber schon, diese Funktion auf einem endlichen Intervall des kontinuierlichen Spektrums zu kennen: Das Verhalten in der gesamten komplexen Ebene kann dann durch analytische Fortsetzung erschlossen werden.

Wir hätten statt $D_l(k)$ natürlich auch den Koeffizienten $C_l(k)$ von (39.6) auf Nullstellen untersuchen können; wegen (39.5) würde dies eine Vertauschung von k mit $-k$ bedeuten, im übrigen aber genau dieselben regulären Funktionen $u_{l,\,\mathrm{reg}}$ ein zweites Mal liefern; wir fänden lediglich die physikalischen Zustände im „unphysikalischen" Blatt und die unphysikalischen im „physikalischen" Blatt. *Jeder Unendlichkeitsstelle* von $S_l(E)$ *im physikalischen Blatt entspricht* somit *eine Nullstelle im unphysikalischen Blatt und umgekehrt*. Bei der Bezeichnung „physikalisch" bzw. „unphysikalisch" geht man von der Zuordnung der gebundenen Zustände zu *Unendlichkeits*stellen von $S_l(E)$ aus.

Wir wollen noch die richtige Normierung der (eigentlichen oder uneigentlichen) Eigenfunktionen des reellen Energiespektrums auf die Streuamplitude $S_l(E)$ zurückführen. — Wir beginnen mit dem *kontinuierlichen Spektrum*. Aus dem asymptotischen Verhalten (39.5) der beiden Summanden von (39.6), sowie aus der vorangehenden Diskussion der Nullstellen von C und D ist klar, daß bei negativen Energien (rein imaginärem k) nur diskrete Werte des Energiespektrums liegen können, das kontinuierliche Spektrum somit auf positive Energien, d. h. reelle Werte von k beschränkt ist; ohne Beschränkung der Allgemeinheit können wir $k \geqq 0$ wählen. Wir setzen an

$$d\mu(E) = dk; \qquad \langle \boldsymbol{r} |\, k, l, m\rangle = N_l(k)\, u_{l\,\mathrm{reg}}(k, r)\, Y_l^m(\Omega). \tag{39.14}$$

Die Normierung wird nach Gl. (19.3) festgelegt durch

$$\lim_{\Delta\to 0} \Delta \langle k, \Delta | k, \Delta\rangle = 1; \qquad |k, \Delta\rangle \equiv \frac{1}{\Delta} \int\limits_{k-\Delta/2}^{k+\Delta/2} dk' \,|k', l, m\rangle. \tag{39.15}$$

Mit (39.14) erhalten wir hieraus

$$\langle \boldsymbol{r} | k, \Delta\rangle = Y_l^m(\Omega)\, \langle r | k, \Delta\rangle; \tag{39.16}$$

worin

$$\langle r | k, \Delta\rangle \equiv \frac{1}{\Delta} \int\limits_{k-\Delta/2}^{k+\Delta/2} dk'\, N_l(k')\, u_{l,\,\mathrm{reg}}(k', r). \tag{39.17}$$

Die Normierungsbedingung wird

$$\lim_{\Delta\to 0} \Delta \int\limits_0^\infty dr\, r^2 \,|\langle r | k, \Delta\rangle|^2 = 1. \tag{39.18}$$

Jedes endliche r-Intervall liefert zu dem Integral nur einen endlichen Beitrag, der wegen des Faktors Δ im Limes fortfällt. Wir machen deshalb keinen Fehler, wenn wir für die Funktion $u_{l,\,\mathrm{reg}}$ die asymptotische Darstellung einsetzen. Für den Normierungsfaktor $N_l(k')$ dürfen wir dabei ebenso wie für $C_l(k')$ und $D_l(k')$ den Wert bei $k' = k$ einsetzen, da wir diese Funktionen als stetig voraussetzen dürfen und nur der Limes

$\Delta \to 0$ interessiert. Wir erhalten damit

$$\langle r | k, \Delta \rangle \equiv N_l(k) \frac{2}{r\Delta} \sin\left(\frac{r\Delta}{2}\right) u_{l,\mathrm{reg}}(k, r). \tag{39.19}$$

Die linke Seite von (39.18) nimmt nun folgende Gestalt an:

$$|N_l(k)|^2 \lim_{\Delta \to 0} \Delta \int_0^\infty dr \left(\frac{\sin \frac{r\Delta}{2}}{\frac{r\Delta}{2}} \right)^2 |C_l(k)\, e^{ikr} + D_l(k)\, e^{-ikr}|^2.$$

Mit $t \equiv \frac{r\Delta}{2}$ als neuer Variablen folgt

$$2\,|N_l(k)|^2 \lim_{\Delta \to 0} \int_0^\infty dt \left(\frac{\sin t}{t}\right)^2 \Big[|C_l(k)|^2 + |D_l(k)|^2 + C_l(k)\, D_l^*(k)\, e^{\frac{4ik}{\Delta} t} + C_l(k)\, D_l^*(k)\, e^{-\frac{4ik}{\Delta} t} \Big].$$

Die beiden letzten Summanden liefern wegen der im Limes $\Delta \to 0$ beliebig raschen Oszillation keinen Beitrag. Das Integral über $(\sin t/t)^2$ ist $\pi/2$ (s. § 30), so daß (39.18) schließlich liefert

$$\pi\, |N_l(k)|^2 (|C_l(k)|^2 + |D_l(k)|^2) = 1. \tag{39.20}$$

Für reelle k ist wegen der Teilchenerhaltung $|C_l| = |D_l|$ (man prüfe dies explizit durch Einsetzen der asymptotischen Formel für $u_{l,\mathrm{reg}}$ in Gl. (11.5) — der Schrödingersche Strom in radialer Richtung muß verschwinden, speziell auch im asymptotischen Gebiet). Wir können deshalb Gl. (39.20) befriedigen, wenn wir den Normierungsfaktor in folgender Weise wählen:

$$N_l(k) = \frac{1}{\sqrt{2\pi}\, D(k)}. \tag{39.21}$$

Die normierten Funktionen des kontinuierlichen Spektrums werden damit

$$\langle \mathbf{r} | k, l, m \rangle = \frac{1}{\sqrt{2\pi}} Y_l^m(\Omega)\, [S_l(k)\, u_{l+}(k, r) + u_{l-}(k, r)]. \tag{39.22}$$

Über einen willkürlichen Phasenfaktor haben wir in bequemer Weise verfügt. Wir hätten in (39.21) statt $D_l(k)$ auch $C_l(k)$ in Nenner schreiben können und damit in der eckigen Klammer von (39.22) den Ausdruck $u_{l+} + S^{-1} u_{l+}$ erhalten. Auch $S^{\frac{1}{2}} u_{l+} + S^{-\frac{1}{2}} u_{l-}$ führt zur richtigen Normierung, überdies zu einer Funktion, die eindeutig von der Energie abhängt; umläuft man in der Energieebene den Nullpunkt, so wechselt k, da es proportional zu $\sqrt{E}$ ist, das Vorzeichen, es geht deshalb u_{l+} in u_{l-} über und umgekehrt, und S_l in S^{-1}. Der Ausdruck (39.22), analytisch ins unphysikalische Blatt fortgesetzt, unterscheidet sich von dem

Wert im physikalischen Blatt um einen Faktor S_l^{-1}. — Die Vieldeutigkeit in der Phasenwahl von (39.22) verschwindet, wenn man zur Darstellung von Informationen und zur Formulierung von Voraussagen den statistischen Operator benützt. Dann treten nämlich — wir werden dies später am Beispiel genauer sehen — immer zwei Faktoren zum selben k auf, wenn auch mit verschiedenen Koordinatenvektoren, etwa $\boldsymbol{r}'$ und $\boldsymbol{r}''$. Für reelle k ist $S_l(k)$ eine Zahl auf dem Einheitskreis der komplexen Ebene, somit gilt

$$S_l^*(k) = S_l^{-1}(k); \qquad k \text{ reell.} \tag{39.23}$$

Weiterhin ersieht man aus der asymptotischen Darstellung (39.5), daß

$$u_{l+}^*(k, r) = u_{l-}(k, r), \tag{39.24}$$

da die Bestimmungsgleichung (39.1) reell ist. Deshalb gilt

$$\langle k, l, m | \boldsymbol{r} \rangle = \frac{1}{\sqrt{2\pi}} Y_l^{m*}(\Omega) \left[S_l^{-1}(k)\, u_{l-}(k, r) + u_{l+}(k, r) \right]. \tag{39.25}$$

und damit wird

$$\begin{aligned} \langle \boldsymbol{r}' | k, l, m \rangle \langle k, l, m | \boldsymbol{r}'' \rangle &= \frac{1}{2\pi} Y_l^{m*}(\Omega'') Y_l^m(\Omega') \\ &\cdot \left[S_l(k)\, u_{l+}(k, r')\, u_{l+}(k, r'') + S_l^{-1}(k)\, u_{l-}(k, r')\, u_{l-}(k, r'') \right. \\ &\left. + u_{l+}(kr')\, u_{l-}(kr'') + u_{l-}(kr')\, u_{l+}(kr'') \right]. \end{aligned} \tag{39.26}$$

Das Verhalten dieses bilinearen Ausdrucks in der komplexen E- bzw. k-Ebene wird durch die beiden Koeffizienten $S_l(k)$ und $S_l^{-1}(k)$ bestimmt; er hat Unendlichkeitsstellen sowohl an den Nullstellen wie an den Unendlichkeitsstellen von $S_l(k)$.

Wir nehmen nun die Normierung der Funktionen des *diskreten Spektrums* vor, und zwar nach dem in § 38 angewandten Verfahren. Wir gehen aus von den uneigentlichen Eigenfunktionen des kontinuierlichen Spektrums in der Gestalt (39.25) und setzen diese von positiven zu positiv imaginären k analytisch fort (s. Abb. 14), um die Umgebung des diskreten Energiespektrums zu erreichen. Bei einem diskreten Energiewert wird $S_l^{-1}(k) = 0$, die Funktion $\langle k, l, m | \boldsymbol{r} \rangle$ bleibt endlich. Die analytische Fortsetzung der uneigentlichen Funktion $\langle \boldsymbol{r} | k, l, m \rangle$ von Gl. (39.22) dagegen wird an einem Punkt des diskreten Spektrums unendlich ($\langle \boldsymbol{r} | k, l, m \rangle$ und $\langle k, l, m | \boldsymbol{r} \rangle$ sind nur für reelle Werte von k konjugiert komplex zueinander). Wir gehen nun aus von der Schrödinger-Gleichung für zwei Funktionen mit verschiedenen Werten k und k':

$$\left(\Delta - v(r) + k^{*2} \right) \langle k, l, m | \boldsymbol{r} \rangle^* = 0 \tag{39.27}$$

$$\left(\Delta - v(r) + k'^2 \right) \langle k', l, m | \boldsymbol{r} \rangle = 0. \tag{39.28}$$

k und k' seien beide rein imaginär, so daß $k^* = -k$, $k^{*2} = k^2$ ist. Weiter soll k ein Punkt des diskreten Spektrums sein, somit $S_l^{-1}(k) = 0$, während k' in der Umgebung von k liege. — Wir multiplizieren (39.27) mit $\langle k', l, m|\boldsymbol{r}\rangle$, (39.28) mit $\langle k, l, m|\boldsymbol{r}\rangle^*$, ziehen die Gleichungen voneinander ab und integrieren über eine Kugel vom Radius R:

$$\int\limits_{(R)} d^3\boldsymbol{r}\,\frac{\partial}{\partial \boldsymbol{r}}\cdot\left[\langle k, l, m|\boldsymbol{r}\rangle^*\left(\frac{\overleftarrow{\partial}}{\partial \boldsymbol{r}} - \frac{\overrightarrow{\partial}}{\partial \boldsymbol{r}}\right)\langle k', l, m|\boldsymbol{r}\rangle\right] = (k'^2 - k^2)\int\limits_{(R)} d^3\boldsymbol{r}\,\langle k, l, m|\boldsymbol{r}\rangle^*\langle k', l, m|\boldsymbol{r}\rangle. \tag{39.29}$$

Die linke Seite verwandeln wir nach dem Gaußschen Satz in ein Oberflächenintegral über die Radialkomponente der eckigen Klammer:

$$\frac{1}{2\pi}\,[R u_{l+}(k, R)]^*\left(\frac{\overleftarrow{d}}{dR} - \frac{\overrightarrow{d}}{dR}\right)[S_l^{-1}(k')\,R u_{l-}(k', R) + R u_{l+}(k', R)] = (k'^2 - k^2)\int\limits_{(R)} d^3\boldsymbol{r}\,\langle k, l, m|\boldsymbol{r}\rangle^*\,\langle k', l, m|\boldsymbol{r}\rangle.$$

Um zu dem Normierungsintegral zu gelangen, müssen wir den Limes $k' \to k$ durchführen; dabei würde sich jedoch auf beiden Seiten der Wert 0 ergeben. Wir differenzieren deshalb zuerst die Gleichung nach k' und lassen dann k' gegen k streben. Wählen wir R so groß, daß die asymptotischen Formeln auf der linken Seite verwendet werden können, so ergibt sich

$$\frac{1}{2\pi}\,e^{ikR}\,\frac{\partial}{\partial k'}\,[(ik + ik')\,S_l^{-1}(k')\,e^{-ik'R} + (ik - ik')\,e^{ik'R}]_{k'=k} = 2k\int\limits_{(R)} d^3\boldsymbol{r}\,|\langle k, l, m|\boldsymbol{r}\rangle|^2.$$

Da sowohl $S^{-1}(k')$ wie $k - k'$ für $k' = k$ verschwinden, folgt

$$\int\limits_{(R)} d^3\boldsymbol{r}\,|\langle k, l, m|\boldsymbol{r}\rangle|^2 = \frac{1}{4\pi k}\left[2ik\,\frac{dS_l^{-1}(k')}{dk'}\bigg|_{k'=k} - i\,e^{2ikR}\right]. \tag{39.29a}$$

Hierin können wir $R \to \infty$ gehen lassen; die linke Seite wird das Normierungsintegral, rechts verschwindet der letzte Summand. Das Endergebnis ist

$$\int\limits_{(\infty)} d^3\boldsymbol{r}\,|\langle k, l, m|\boldsymbol{r}\rangle|^2 = \frac{i}{2\pi}\,\frac{dS_l^{-1}(k')}{dk'}\bigg|_{k'=k}. \tag{39.30}$$

Links steht bestimmt eine endliche positive Zahl; daraus folgt, daß die erste Ableitung von $S^{-1}(k')$ an einem Punkt des diskreten Spektrums $\neq 0$ ist, daß somit S^{-1} dort in erster Ordnung 0 und S in erster Ordnung ∞ wird. Die Ableitung von S^{-1} ist das reziproke Residuum von S am

Pol:

$$\operatorname*{Res}_{k'=k} S_l(k') = \left(\frac{d S_l^{-1}}{d k'} \bigg|_{k'=k} \right)^{-1}. \tag{39.31}$$

Gl. (39.30) zeigt, wie wir aus der uneigentlichen Eigenfunktion $\langle k, l, m | \boldsymbol{r} \rangle$ des kontinuierlichen Spektrums eine normierte Eigenfunktion $\langle r | E, l, m \rangle$ des diskreten Spektrums gewinnen können, indem wir von positiven nach positiv imaginären Werten von k analytisch fortsetzen: Wir müssen noch einen Normierungsfaktor hinzufügen vom Betrag $\sqrt{2\pi \operatorname{Res} S(k)}$. Da von Gl. (39.25) an einem Punkt des diskreten Spektrums nur der Term u_{l+} stehenbleibt, gilt

$$\langle \boldsymbol{r} | E, l, m \rangle = \sqrt{\operatorname{Res} S_l(k)}\; Y_l^m(\Omega)\, u_+(k, r). \tag{39.32}$$

Anhang

Nichtzentrales Potential endlicher Reichweite

Wir haben uns in dem vorstehenden § auf Zentralpotentiale beschränkt, weil diese besonders wichtig sind und weil sie überdies die Zurückführung des gesamten Problems auf Radialfunktionen erlauben und dadurch die Darstellung explizit und durchsichtig machen. Der Zusammenhang zwischen der Streuamplitude und den Funktionen des reellen Energiespektrums ist jedoch für nicht zentrale Potentiale endlicher Reichweite der gleiche. Wir wollen kurz skizzieren, wie die Herleitung dieser Ergebnisse allgemeiner zu erfolgen hat. Anstelle von (39.1) haben wir auszugehen von der dreidimensionalen Schrödinger-Gleichung

$$[\Delta + k^2 - v(\boldsymbol{r})]\, \psi(\boldsymbol{r}) = 0. \tag{A 39.1}$$

Ein konservatives System mit drei kinematischen Freiheitsgraden hat stets neben der Energie noch zwei miteinander verträgliche Konstanten der Bewegung, welche zwar im allgemeinen nicht mehr eine Komponente und Betrag des Drehimpulses sind; doch wollen wir uns darauf verlassen, daß es zwei derartige Konstanten mit rein diskretem Spektrum gibt, so daß wir getrennt die Unter-Hilbert-Räume untersuchen können, für welche die Konstanten der Bewegung feste Werte haben. In einem solchen Unterraum wird ein (eigentlicher oder uneigentlicher) Eigenvektor durch Angabe der Energie bzw. k eindeutig festgelegt. Seine Koordinatendarstellung ist eine im gesamten Raum reguläre Funktion $\psi_{\text{reg}}(\boldsymbol{r})$; dabei ist wieder vorauszusetzen, daß das Potential außer Coulomb-Singularitäten überall endlich ist. Beschränken wir uns nicht auf das reelle Energiespektrum, gehen wir vielmehr zu beliebigen komplexen k-Werten über, so gibt es immer noch genau eine Lösung, welche im gesamten endlichen Raum regulär ist; es gibt aber auch je eine Lösung, welche sich im Unendlichen bis auf einen winkelabhängigen Faktor wie $\exp(ikr)/r$ bzw. $\exp(-ikr)/r$ erhält, also das folgende asymptotische Verhalten zeigt:

$$\psi_\pm(k, \boldsymbol{r}) \sim F_\pm(k, \Omega)\frac{e^{\pm ikr}}{r}. \qquad \text{(A 39.2)}$$

Daß jede aus- oder einlaufende Welle asymptotisch diese Form hat, folgt daraus, daß einerseits im Unendlichen (wegen der endlichen Reichweite des Potentials) unsere Lösungen in die des freien Teilchens übergehen, und daß andererseits, wie wir in § 34 gesehen haben, ein vollständiges System von aus- bzw. einlaufenden freien Wellen (nämlich die Wellen zu festen l und m) diese Gestalt besitzt. — Die reguläre Lösung muß eine Überlagerung der beiden unabhängigen Lösungen $\psi_\pm$ sein:

$$\psi_{\text{reg}}(k, \boldsymbol{r}) = C(k)\,\psi_+(k, \boldsymbol{r}) + D(k)\,\psi_-(k, \boldsymbol{r}). \qquad \text{(A 39.3)}$$

Mathematisch kommt es nicht auf die Festlegung zweier Konstanten der Bewegung an, sondern lediglich darauf, daß wir eine Schar von Lösungen $\psi_{\text{reg}}(k, \boldsymbol{r})$ aussondern, welche nur von dem einen Parameter k abhängt, von diesem aber analytisch und eindeutig (genau genommen kann ψ noch einen mehrdeutigen Normierungsfaktor enthalten). Zur Vereinfachung nehmen wir an, daß die Winkelfaktoren der asymptotischen Darstellung in folgender Weise normiert sind:

$$\int d\Omega\,|F_\pm(k, \Omega)|^2 = 1 \quad \text{für } k \text{ reell.} \qquad \text{(A 39.4)}$$

Diese Voraussetzung ist jedoch nicht wesentlich.

Um die mögliche Lage der Nullstellen von $D(k)$ zu untersuchen, beachte man, daß dort nach (A 39.3) ψ_+ die reguläre Lösung ist, so daß man bilineare Ausdrücke in ψ_+ und ψ_+^* über jedes endliche Raumgebiet integrieren kann. Die Schrödinger-Gleichung für diese beiden Funktionen lautet nach (A 39.1)

$$(\Delta + k^2 - v)\psi_+(k, \boldsymbol{r}) = 0; \qquad \text{(A 39.5)}$$

$$(\Delta + k^{*2} - v)\psi_-^*(k^*, r) = 0. \qquad \text{(A 39.6)}$$

Multiplizieren wir die Gleichung mit der jeweils anderen Funktion, subtrahieren und integrieren über eine Kugel von sehr großem Radius R, so folgt

$$\int\limits_{(R)} d^3\boldsymbol{r}\,\frac{\partial}{\partial \boldsymbol{r}}\cdot\left(\psi_+^*\,\frac{\partial\psi_+}{\partial\boldsymbol{r}} - \psi_+\,\frac{\partial\psi_+^*}{\partial\boldsymbol{r}}\right) + (k^2 - k^{*2})\int\limits_{(R)} d^3\boldsymbol{r}\,\psi_+^*\,\psi_+ = 0.$$

Das erste Integral formt man mittels des Gauß'schen Satzes in ein Oberflächenintegral mit dem Integranden $\psi_+^*\,\dfrac{\partial\psi_+}{\partial r} - \psi_+\,\dfrac{\partial\psi_+^*}{\partial r}$ um; aus diesem entsteht unter Verwendung der asymptotischen Formel (A 39.2)

$2ik_1\psi_+^*\psi_+$. So ergibt sich

$$k_1 \int d\Omega |R\psi_+(k, R)|^2 + 2k_1k_2 \int_{(R)} d^3\boldsymbol{r} |\psi_+|^2 = 0. \tag{A 39.7}$$

Hieraus folgt die in Abb. 14 und Abb. 15 gezeichnete mögliche Lage von Nullstellen von $D(k)$, d.h. Unendlichkeitsstellen der Streuamplitude S.

Die Normierung der uneigentlichen Eigenfunktionen des kontinuierlichen Spektrums (also für reelle k, für welche (A 39.4) gilt) läßt sich genau nach dem Vorbild von Gl. (39.14) bis (39.22) durchführen und ergibt

$$\langle\boldsymbol{r}|k\rangle = \frac{1}{\sqrt{2\pi}}[S(k)\psi_+(k, \boldsymbol{r}) + \psi_-(k, \boldsymbol{r})]. \tag{A 39.8}$$

Weiter hat man

$$\langle k|\boldsymbol{r}\rangle = \frac{1}{\sqrt{2\pi}}[S^{-1}(k)\psi_+^*(k, \boldsymbol{r}) + \psi_-^*(k, \boldsymbol{r})]. \tag{A 39.9}$$

$$\begin{aligned}\langle\boldsymbol{r}'|k\rangle\langle k|\boldsymbol{r}''\rangle = \frac{1}{2\pi}[&S(k)\psi_+(k, \boldsymbol{r}')\psi_-^*(k, \boldsymbol{r}'') \\ &+ S^{-1}(k)\psi_-(k, \boldsymbol{r}')\psi_+^*(k, \boldsymbol{r}'') + \psi_+(k, \boldsymbol{r}')\psi_+^*(k, \boldsymbol{r}'') \\ &+ \psi_-(k, \boldsymbol{r}')\psi_-^*(k, \boldsymbol{r}'')].\end{aligned} \tag{A 39.10}$$

Um die Funktionen des diskreten Spektrums zu normieren, gehen wir von Gl. (39.29) aus, welche nach Anwendung des Gaußschen Satzes liefert

$$\begin{aligned}\frac{1}{2\pi}\int_{(r=R)} d\Omega\,[r\psi_-^*]^*\left(\frac{\overleftarrow{\partial}}{\partial r} - \frac{\overrightarrow{\partial}}{\partial r}\right)[S^{-1}(k')r\psi_+^*(k', \boldsymbol{r}) + r\psi_-^*(k', \boldsymbol{r})] \\ = (k'^2 - k^2)\int_{(R)} d^3\boldsymbol{r}\,\langle k|\boldsymbol{r}\rangle^*\langle k'|\boldsymbol{r}\rangle.\end{aligned} \tag{A 39.11}$$

Wenden wir auf der linken Seite die asymptotischen Formeln (A 39.2) an, differenzieren nach k' und setzen $k' = k$, so erhalten wir

$$\begin{aligned}\int_{(R)} d^3\boldsymbol{r}\,|\langle k|\boldsymbol{r}\rangle|^2 = \frac{1}{4\pi k}\Big[2ik\frac{dS^{-1}(k')}{dk'}\Big|_k \int d\Omega\, F_-(k^*, \Omega)\, F_+^*(k, \Omega) \\ - i\,\mathrm{e}^{2ikR}\int d\Omega |F_-^*(k, \Omega)|^2;\end{aligned}$$

und hieraus folgt dann endgültig

$$\int_{(\infty)} d^3\boldsymbol{r} |\langle k|\boldsymbol{r}\rangle|^2 = \frac{i}{2\pi}\frac{dS^{-1}(k')}{dk'}\Big|_k \int d\Omega\, F_-(k^*, \Omega)\, F_+^*(k, \Omega). \tag{A 39.12}$$

Der normierte Eigenvektor des diskreten Spektrums erhält die Darstellung

$$\langle\boldsymbol{r}|E\rangle = \sqrt{\frac{\operatorname{Res} S(k)}{\int d\Omega\, F_-(k^*, \Omega)\, F_+^*(k, \Omega)}}\;\psi_+(k, \boldsymbol{r}). \tag{A 39.13}$$

§ 40. Geladenes Teilchen im homogenen elektrischen Feld

Die Wirkung eines zeitlich konstanten und räumlich homogenen elektrischen Feldes auf ein geladenes Teilchen läßt sich beschreiben durch ein Potential $-\boldsymbol{F}\cdot\boldsymbol{r}$, wo der Vektor $\boldsymbol{F}$ Produkt aus Ladung des Teilchens und elektrischer Feldstärke ist. Legt man eine kartesische Koordinate x in Richtung von $\boldsymbol{F}$, so ist der Hamilton-Operator

$$H=\frac{\boldsymbol{p}^2}{2\mu}-F x. \tag{40.1}$$

Da die Linearimpulse senkrecht zur x-Richtung mit H vertauschen, kann man die folgenden beiden Summanden des Hamilton-Operators getrennt diagonalisieren

$$H_\perp=\frac{p_y^2+p_z^2}{2\mu};\qquad H_\|=\frac{p_x^2}{2\mu}-F x. \tag{40.2}$$

$H_\perp$ ist als Hamilton-Operator der zweidimensionalen Bewegung eines freien Teilchens durch das Fourier-Spektrum zu diagonalisieren. $H_\|$ führt auf die folgende Schrödinger-Gleichung

$$\left(H_\|-\frac{\hbar^2}{2\mu}\,\varepsilon\right)\psi(x,\varepsilon)=0. \tag{40.3}$$

ε ist, bis auf einen Faktor $\hbar^2/2\mu$, den wir der Bequemlichkeit halber abgespalten haben, die auf die Bewegung der x-Richtung entfallende Energie. Spalten wir auch von der Kraft F denselben Faktor ab:

$$F\equiv\frac{\hbar^2}{2\mu}f \tag{40.4}$$

so wird die Schrödinger-Gleichung

$$\left(\frac{d^2}{dx^2}+fx+\varepsilon\right)\psi(x,\varepsilon)=0. \tag{40.5}$$

Die allgemeine Lösung läßt sich in der Form einer Integraldarstellung sofort angeben:

$$\psi(x,\varepsilon)=\frac{1}{\pi i}\int dt\,\mathrm{e}^{(fx+\varepsilon)t+\frac{f^2}{3}t^3}. \tag{40.6}$$

Dies löst (40.5), wenn der Integrationsweg so gewählt wird, daß die Exponentialfunktion an den Grenzen verschwindet, daß also beide Integrationsgrenzen im Unendlichen liegen, und zwar in den in Abb. 16 schraffierten Sektoren. Dann gilt nämlich

$$0=\int dt\frac{d}{dt}\,\mathrm{e}^{(fx+\varepsilon)t+\frac{f^2}{3}t^3}=\int dt\,[fx+\varepsilon+(ft)^2]\,\mathrm{e}^{(fx+\varepsilon)t+\frac{f^2}{3}t^3}.$$

Da man die beiden Faktoren ft des dritten Summanden erzeugen kann, indem man die Exponentialfunktion nach x differenziert, ist dies mit

Gl. (40.5) gleichbedeutend. Die Funktion (40.6) ist ein Airysches Integral und läßt sich durch Zylinderfunktionen vom Index $\frac{1}{3}$ ausdrücken (s. Watson[5], S. 188ff.).

Indem man je zwei der Sektoren von Fig. 16 durch einen Integrationsweg verbindet, erhält man drei verschiedene Funktionen $\psi(x)$, von denen jedoch nur zwei linear unabhängig sind. Unter ihnen haben wir nun diejenige Lösung auszuwählen, welche als Spektralfunktion brauchbar ist. Dazu müssen wir das Verhalten der verschiedenerlei Funktionen

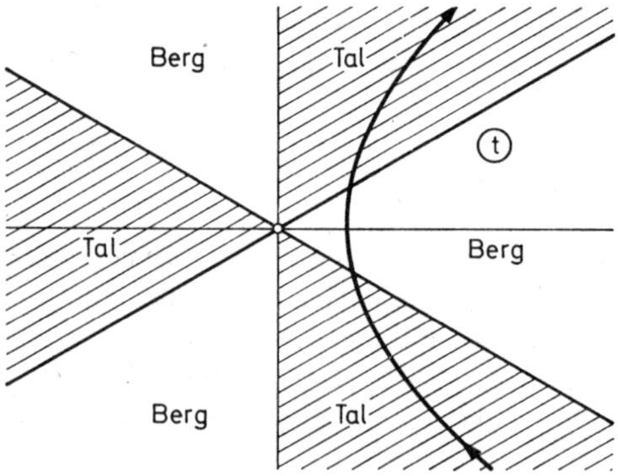

Abb. 16. Integrationsweg für reguläre Lösung

$\psi(x)$ untersuchen. Die klassische Bahn eines Teilchens im homogenen elektrischen Feld ist die Wurfparabel; wenn wir nur die x-Komponente betrachten, entspricht die Bewegung dem senkrechten Wurf. Das Teilchen kann von $x = +\infty$ gegen das Feld anlaufen, bis seine kinetische Energie aufgezehrt, d.h. $fx + \varepsilon = 0$ ist. In diesem klassischen Umkehrpunkt $x_u = -\varepsilon/f$ kommt das Teilchen zur Ruhe und entfernt sich dann wieder beschleunigt nach $+\infty$. Wellenmechanisch bedeutet dies, daß rechts vom Umkehrpunkt oszillierende de Broglie-Wellen auftreten; links davon wird der kinetische Impuls imaginär, so daß nur exponentiell gedämpfte oder anwachsende Wellen möglich sind. Lösungen, welche für $x \to -\infty$ exponentiell anwachsen, sind als Spektralfunktionen unbrauchbar; wir haben solche Lösungen auszuwählen, welche dort exponentiell abfallen. Wie verhält sich nun der Integrand von (40.6), wenn x eine sehr große negative Zahl wird? Er wird dann offenbar für positive Werte von t stark verkleinert, für negative t dagegen vergrößert; wenigstens solange t nicht so groß wird, daß das t^3-Glied das Verhalten bestimmt. Dies hat zur Folge, daß ein Weg, der in das linke Tal hineinführt, zunächst bergauf geht bis zu einem Sattelpunkt, der dort liegt, wo die Ableitung des

5 Theory of Bessel Functions, Cambridge 1952.

Exponenten verschwindet, nämlich bei

$$t_S = -\frac{\sqrt{-fx-\varepsilon}}{f}. \tag{40.7}$$

Der Wert des Integranden an diesem Sattelpunkt ist

$$\exp\left(\frac{2}{3f}\left[-fx-\varepsilon\right]^{\frac{3}{2}}\right).$$

Er wird im Limes $x \to -\infty$ exponentiell groß; jede Funktion der Gestalt (40.6) wächst für große negative x exponentiell an, sofern $t = -\infty$ zu den Integrationsgrenzen zählt. Für Spektralfunktionen kommt deshalb nur der in Abb. 16 eingezeichnete Integrationsweg in Frage:

$$\psi(x, \varepsilon) = \frac{1}{\pi i} \int_{e^{-i\pi/3}\infty}^{e^{i\pi/3}\infty} dt \exp\left[(fx+\varepsilon)t + f^2 t^3/3\right]. \tag{40.8}$$

Daß das Energiespektrum von (40.1) bzw. (40.5) nur kontinuierlich sein kann, ist klar; die Funktionen (40.8) hängen nur von dem Argument $fx+\varepsilon$ ab, so daß eine Änderung von ε und eine Änderung von x einander äquivalent sind — das Energiespektrum muß ebenso kontinuierlich sein, wie das Spektrum der Koordinate x. Die Funktionen dürfen demnach nicht normierbar sein. Wir wollen uns davon überzeugen, indem wir das Verhalten für sehr große x nach der Sattelpunktsmethode untersuchen. Für sehr *große negative* x senkt sich der rechte Berg von Abb. 16 (in der Umgebung der positiven Achse) so stark ab, daß von einem auf ihm gelegenen Sattelpunkt sehr steile Rinnen in die beiden benachbarten Täler hinabführen. Der Sattelpunkt liegt bei

$$t_S = +\frac{\sqrt{-fx-\varepsilon}}{f}. \tag{40.9}$$

Der Exponent von (40.8) läßt sich umschreiben zu

$$-\frac{2(-fx-\varepsilon)^{\frac{3}{2}}}{3f} + f\sqrt{-fx-\varepsilon}\,(t-t_S)^2 + \frac{f^2}{3}(t-t_S)^3. \tag{40.10}$$

Das konstante Glied sorgt dafür, daß der Integrand von (40.8) überall für $x \to -\infty$ nach 0 strebt. Der zweite Summand bewirkt, daß beim Fortschreiten in positiv oder negativ imaginärer Richtung über den Sattelpunkt der Integrand um so steiler abfällt, je größer der Betrag von x ist. Der dritte Summand wird demgegenüber erst interessant, wenn $|t-t_S|$ in die Größenordnung $\sqrt{-fx-\varepsilon}/f$ kommt; dort ist aber wegen des zweiten Summanden der Integrand bereits so stark abgefallen, daß die weiteren Beiträge nicht mehr von Interesse sind. Man kann deshalb $\psi(x)$ für sehr große negative x mit verschwindendem relativen

Fehler darstellen durch

$$\psi(x,\varepsilon) \sim \frac{1}{\pi i} \exp\left[-\frac{2}{3}(-f x-\varepsilon)^{\frac{3}{2}}/f\right] \int_{-i\infty}^{+i\infty} d\tau\, e^{f\sqrt{-fx-\varepsilon}\,\tau^2}.$$

Mit der Variablen $\sigma \equiv \frac{\tau}{i}\sqrt{f}(-f x-\varepsilon)^{\frac{1}{4}}$ führt man das Integral über in $\int_{-\infty}^{+\infty} d\sigma \exp(-\sigma^2) = \sqrt{\pi}$, so daß

$$\psi(x,\varepsilon) \sim \frac{1}{\sqrt{\pi f}(-f x-\varepsilon)^{\frac{1}{4}}} \exp\left[-\frac{2}{3}(-f x-\varepsilon)^{\frac{3}{2}}/f\right]. \qquad \text{für} \quad x \to -\infty \tag{40.11}$$

Damit ist gesichert, daß $|\psi|$ für $x \to -\infty$ quadratintegrierbar ist; *anders* natürlich *für* $x \to +\infty$. Dafür wird der Integrand in der rechten Halbebene stark angehoben, in der linken Halbebene abgesenkt. Sattelpunkte entstehen bei

$$t_S = \pm i \frac{\sqrt{f x+\varepsilon}}{f}. \tag{40.12}$$

d.h. auf der imaginären Achse. Der Weg kann deshalb so gelegt werden, daß er über den negativ imaginären Sattelpunkt nach $x = -\infty$ führt und von dort über den positiv imaginären Sattelpunkt zurück (s. Abb. 17). An beiden Sattelpunkten ist der Exponent von (40.8) rein imaginär, die Exponentialfunktion somit vom Betrage 1. Wir können den Exponenten wieder umformen in die Gestalt (40.10), wobei wir unter $(-f x-\varepsilon)^{\frac{1}{2}}$ verstehen $\pm i\sqrt{f x+\varepsilon}$. Wir erhalten so

$$\pm \frac{2i(f x+\varepsilon)^{\frac{3}{2}}}{3f} \pm i f\sqrt{f x+\varepsilon}\,(t-t_S)^2 + \frac{f^2}{3}(t-t_S)^3. \tag{40.13}$$

Der Weg fällt vom Sattelpunkt am steilsten ab, wenn man ihn unter 45° zur imaginären Achse legt. Die Auswertung erfolgt im übrigen genau

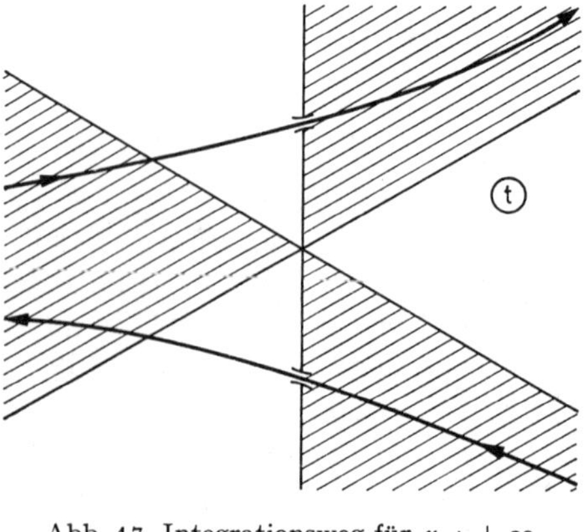

Abb. 17. Integrationsweg für $x \to +\infty$

nach dem Muster des vorangegangenen Falles und liefert

$$\psi(x,\varepsilon) \sim \frac{2}{\sqrt{\pi f}} \cdot \frac{1}{(f x+\varepsilon)^{\frac{1}{4}}} \sin\left\{\frac{2(f x+\varepsilon)^{\frac{3}{2}}}{3 f}+\frac{\pi}{4}\right\} \quad \text{für} \quad x \to +\infty . \tag{40.14}$$

Diese Funktion oszilliert zwar mit wachsendem x immer stärker, doch ist sie deswegen nicht quadratintegrierbar; $\sin^2$ wird im Mittel $=1/2$, $|\psi|^2$ nimmt also wie $1/\sqrt{x}$ ab. Wir führen nun ε als Spektralparameter ein, setzen $d\mu(E)=d\varepsilon$ und fragen nach den richtig normierten uneigentlichen Eigenfunktionen $\langle x|\varepsilon\rangle$. Dazu konstruieren wir zuerst wieder die Hilfs-Hilbert-Vektoren

$$|\varepsilon,\Delta\rangle \equiv \frac{1}{\Delta}\int_{\varepsilon-\Delta/2}^{\varepsilon+\Delta/2} d\varepsilon'\,|\varepsilon'\rangle ; \qquad \langle x|\varepsilon\rangle \equiv N\cdot\psi(x,\varepsilon); \tag{40.15}$$

für welche zu fordern ist

$$\lim_{\Delta\to 0} \Delta\,\langle\varepsilon,\Delta|\varepsilon,\Delta\rangle = 1 . \tag{40.16}$$

oder

$$\lim_{\Delta\to 0} \Delta \int_{-\infty}^{+\infty} d x\,|\langle x|\varepsilon,\Delta\rangle|^2 = 1 . \tag{40.16a}$$

Da $\psi(x,\varepsilon)$ für $x\to-\infty$ gem. (40.11) exponentiell abnimmt und nur bei $x\to+\infty$ nicht quadratintegrierbar ist, kommen alle Beiträge zu (40.16a) aus dem asymptotischen Gebiet $x\to+\infty$, wo (40.14) gilt; dort ist

$$\frac{1}{\Delta}\int_{\varepsilon-\Delta/2}^{\varepsilon+\Delta/2} d\varepsilon' \sin\left\{\frac{2(f x+\varepsilon')^{\frac{3}{2}}}{3 f}+\frac{\pi}{4}\right\} \approx \frac{f}{\Delta\sqrt{f x+\varepsilon}}\left[-\cos\left\{\frac{2(f x+\varepsilon')^{\frac{3}{2}}}{3 f}+\frac{\pi}{4}\right\}\right]_{\varepsilon-\Delta/2}^{\varepsilon+\Delta/2}$$

Entwickelt man

$$\left(f x+\varepsilon \pm \frac{\Delta}{2}\right)^{\frac{3}{2}} = (f x+\varepsilon)^{\frac{3}{2}} \pm \frac{3}{2}(f x+\varepsilon)^{\frac{1}{2}}\cdot\frac{\Delta}{2} + 0\left(\frac{1}{\sqrt{f x+\varepsilon}}\right),$$

so erhält man bis auf Zusatzterme, die (auch im Limes $x\to\infty$) verschwinden, durch die Mittelung über das Intervall Δ

$$\langle x|\varepsilon,\Delta\rangle \sim \frac{\sin\alpha}{\alpha} N\psi(x,\varepsilon); \qquad \alpha \equiv \frac{\sqrt{f x+\varepsilon}}{2 f}\Delta \quad \text{für} \quad x\to+\infty . \tag{40.17}$$

Man macht keinen Fehler, wenn man in (40.16a) die Integration bei einem endlichen Wert x_0 beginnen läßt und (40.17) verwendet:

$$\lim_{\Delta\to 0} N^2\Delta \int_{x_0}^{+\infty} d x\,\frac{\sin^2\alpha}{\alpha^2}\,|\psi(x,\varepsilon)|^2 = 1 .$$

Führt man α als Integrationsvariable ein und verwendet (40.14), so folgt

$$\frac{16N^2}{\pi f}\int_{\alpha_0}^{\infty} d\alpha \frac{\sin^2\alpha}{\alpha^2}\sin^2\left\{\frac{16\alpha^3}{3\Delta^3}f^2+\frac{\pi}{4}\right\}=1.$$

Im Limes $\Delta\to 0$ geht die untere Grenze gegen Null, während das letzte Sinusquadrat immer rascher oszilliert und deswegen durch seinen Mittelwert $\frac{1}{2}$ ersetzt werden kann. Das Integral ergibt dann (s. das Ende von § 30) $\pi/4$ und wir haben schließlich

$$\frac{4N^2}{f}=1. \tag{40.18}$$

Aus (40.15) und (40.8) erhalten wir nun

$$\langle x|\varepsilon\rangle=\frac{\sqrt{f}}{2\pi i}\int_{e^{-i\pi/3}\infty}^{e^{i\pi/3}\infty} dt\,\exp\left\{(f x+\varepsilon)t+\frac{f^2}{3}t^3\right\}. \tag{40.19}$$

Zu einer anderen interessanten Formulierung unseres Problems gelangt man mit Hilfe einer Eichtransformation: Wenn man zu dS hinzufügt $-d(F x t)$, so erhält man als Impuls $p'_x=p_x-Ft$ und als Energie $E'=E+Fx$. Aus (40.2) verschwindet das Potentialglied, und man hat stattdessen

$$H'_{\|}=\frac{(p_x+Ft)^2}{2\mu}. \tag{40.20}$$

Damit hat man den explizit konservativen Charakter des Problems zerstört, da t im Hamilton-Operator vorkommt; anderseits ist nunmehr p_x, das heißt also der kanonische (wohlgemerkt: nicht der kinetische) Impuls mit dem Hamilton-Operator vertauschbar, somit Konstante der Bewegung. Die Schrödinger-Gleichung

$$\left[\frac{1}{2\mu}\left(\frac{\hbar}{i}\frac{\partial}{\partial x}+Ft\right)^2+\frac{\hbar}{i}\frac{\partial}{\partial t}\right]\psi'(x,t)=0 \tag{40.21}$$

läßt sich deshalb elementar lösen:

$$\psi'_\pm(k,x,t)=\frac{1}{\sqrt{2\pi}}\exp\left\{\pm ikx-\frac{i\hbar}{2\mu}\int_{t_0}^{t}\left(k\pm\frac{F}{\hbar}\tau\right)^2 d\tau\right\} \tag{40.22}$$

Da die x-Abhängigkeit dieser Funktionen harmonisch ist, kann man Funktionen von x nach ihnen in ein Fourierintegral entwickeln; die Koeffizienten enthalten freilich die Zeit explizit. Während die Konstante der Bewegung $p=\hbar k$ als *kanonischer* Impuls keine unmittelbare physikalische Bedeutung hat, ist die Energie nach der Umeichung (40.20) rein kinetisch. Kinetischer Impuls und kinetische Energie haben für (40.22) die folgenden Werte

$$p_{\text{kin}} = \pm \hbar k + F t; \quad E_{\text{kin}} = E' = \frac{(\hbar k \pm F t)^2}{2\mu}. \tag{40.23}$$

Der kinetische Impuls und die kinetische Energie sind somit an allen Stellen x stets die gleichen, nehmen jedoch wegen der beschleunigenden Wirkung des Feldes mit der Zeit ständig zu. Elektronenoptisch wäre dies ein Strahl, der so manipuliert wird, daß alle Elektronen — auch wenn sie sich unter verschiedenem Potential befinden — zur selben Zeit dieselbe Geschwindigkeit haben. Man könnte sich etwa denken, daß man einen homogenen Elektronenstrahl zunächst ohne Beschleunigungsspannung herstellt und dann schlagartig das elektrische Feld einschaltet.

Die Lösungen (40.22) kann man mit Hilfe einer Eichtransformation (s. § 25) natürlich auch in Lösungen von

$$\left(H_{\|} + \frac{\hbar}{i}\frac{\partial}{\partial t}\right)\psi = \left(\frac{p_x^2}{2\mu} - F x + \frac{\hbar}{i}\frac{\partial}{\partial t}\right)\psi = 0 \tag{40.24}$$

verwandeln. Die Eichtransformation ist

$$\psi(k, x, t) = \mathrm{e}^{\frac{i}{\hbar} F x t}\, \psi'(k, x, t). \tag{40.25}$$

Mit ihrer Hilfe erhalten wir aus (40.22) die folgende Lösung von (40.24):

$$\psi_{\pm}(k, x, t) = \frac{1}{\sqrt{2\pi}}\,\mathrm{e}^{i\left(\pm k + \frac{F t}{\hbar}\right)x - \frac{i\hbar}{2\mu}\int\limits_{t_0}^{t}\left(k \pm \frac{F}{\hbar}\tau\right)^2 dt}. \tag{40.26}$$

Man überzeugt sich leicht durch Einsetzen, daß dies tatsächlich (40.24) erfüllt. Die Lösungen (40.26) wurden erstmals durch Darwin[6] aufgefunden. Die kinetischen Größen haben sich durch die Eichtransformation natürlich nicht geändert, doch rechnen wir in (40.26) mit geänderten kanonischen Größen:

$$p_{\text{kin}} = p = \pm \hbar k + F t; \quad E_{\text{kin}} = E + F x = \frac{(\pm \hbar k + F t)^2}{2\mu}. \tag{40.27}$$

Während die Energie in (40.23) nur zeitabhängig war, hängt sie nunmehr von Zeit *und* Ort ab. — Auch nach den Funktionen (40.26) kann man eine Funktion von x in ein Fourierintegral entwickeln.

§ 41. Geladenes Teilchen im homogenen Magnetfeld

Die Kraft auf ein geladenes Teilchen im Magnetfeld ist gemäß (4.9a) gegeben durch $\boldsymbol{v} \times \boldsymbol{B}$, wo $\boldsymbol{B}$ magnetische Feldstärke mal Ladung des Teilchens ist. Im Hamilton-Operator (4.16) tritt der zugehörige poten-

6 Darwin, C. G.; Proc. Roy. Soc. A 154, 61 (1936).

tielle Impuls $\boldsymbol{A}$ auf, der für konstantes $\boldsymbol{B}$ geschrieben werden kann

$$\boldsymbol{A} = \tfrac{1}{2}\boldsymbol{B} \times \boldsymbol{r}. \tag{41.1}$$

Bildet man davon die Rotation, so ergibt sich nach einer einfachen Regel der Vektoralgebra

$$\frac{\partial}{\partial \boldsymbol{r}} \times \boldsymbol{A} = \frac{1}{2} \frac{\partial}{\partial \boldsymbol{r}} \times (\boldsymbol{B} \times \boldsymbol{r}) = \frac{1}{2} \boldsymbol{B} \frac{\partial}{\partial \boldsymbol{r}} \cdot \boldsymbol{r} - \frac{1}{2} \boldsymbol{B} \cdot \frac{\partial}{\partial \boldsymbol{r}} \boldsymbol{r} = \boldsymbol{B}.$$

Als Hamilton-Operator hat man

$$H = \frac{(\boldsymbol{p} - \frac{1}{2}\boldsymbol{B} \times \boldsymbol{r})^2}{2\mu}. \tag{41.2}$$

Führt man ein Koordinatensystem ein, dessen z-Achse die Richtung des Magnetfeldes $\boldsymbol{B}$ hat, dann zerfällt der Hamilton-Operator in zwei Summanden

$$H_{\|} \equiv \frac{p_z^2}{2\mu}; \qquad H_{\perp} = \frac{(\boldsymbol{p}_{\perp} - \boldsymbol{A})^2}{2\mu}; \tag{41.3}$$

von denen der erste nur den (gleichzeitig kinetischen und kanonischen) Impuls p_z enthält, während der zweite die zum Feld senkrechte Komponente $\boldsymbol{p}_{\perp}$ des kanonischen und den potentiellen Impuls $\boldsymbol{A}$ enthält, welcher gemäß (41.1) nur von den zum Feld senkrechten Komponenten des Lagevektors abhängig ist. p_z ist Konstante der Bewegung, $H_{\|}$ wird als Hamilton-Operator der eindimensionalen Bewegung eines freien Teilchens durch das Fourier-Spektrum diagonalisiert. Zu $H_{\perp}$ gehören zwei kinematische Freiheitsgrade, somit gibt es neben der Energie $H_{\perp}$ noch eine Konstante der Bewegung, und zwar ist dies die z-Komponente des kanonischen Drehimpulses, wenn wir die in (41.1) angegebene Eichung des Vektorpotentials zugrunde legen. Wir wollen das Problem jedoch zuerst in einer anderen Eichung untersuchen, welche uns sofort auf den linearen harmonischen Oszillator zurückführt. In cartesischen Koordinaten wird das Vektorpotential (41.1) $(-y, x, 0) \cdot B/2$. Wir eichen es um, indem wir den Gradienten von $Bxy/2$ hinzufügen. Dadurch entsteht

$$\boldsymbol{A}' = B \cdot (0, x, 0); \tag{41.4}$$

$$H'_{\perp} = \frac{p_x^2}{2\mu} + \frac{(p_y - Bx)^2}{2\mu}. \tag{41.5}$$

Nun ist p_y Konstante der Bewegung. Verlegt man den Nullpunkt des Koordinatensystems mittels

$$x' = x - p_y/B \tag{41.6}$$

so entsteht mit

$$H'_{\perp} = \frac{1}{2\mu}\,(p_{x'}^2 + B^2 x'^2) \tag{41.7}$$

der Hamilton-Operator eines linearen harmonischen Oszillators, den wir von Gl. (28.6) kennen. Die zugehörige Oszillatorfrequenz ist

$$\omega_B \equiv B/\mu . \tag{41.8}$$

Klassisch bewegt sich ein geladenes Teilchen im homogenen Magnetfeld auf Kreis- bzw. Spiralbahnen, welche mit der Winkelgeschwindigkeit ω_B durchlaufen werden. ω_B ist die zweifache Larmorfrequenz, s. § 50. (41.7) hat ein diskretes Spektrum, dessen Energiewerte und Eigenvektoren wir aus (28.22) und (28.38) entnehmen. Fügen wir noch das Fourier-Spektrum von $p_y \equiv \hbar k_y$ und $p_z \equiv \hbar k_z$ hinzu, so ergibt sich

$$\begin{aligned}\langle \boldsymbol{r} | n, k_y, k_z \rangle &= \frac{1}{2\pi} \cdot \frac{1}{\sqrt{2^n n!}} \left(\frac{B}{\pi\hbar}\right)^{\frac{1}{4}} \\ &\cdot \exp\left\{ i(k_y y + k_z z) - \frac{1}{2\hbar B}(p_y - Bx)^2 \right\} \times H_n\left(\frac{Bx - p_y}{\sqrt{\hbar B}}\right).\end{aligned} \tag{41.9}$$

Der zugehörige Energiewert setzt sich aus den Energiewerten von $H_\parallel$ und $H_\perp$ zusammen:

$$E_{n,k_y,k_z} = \frac{\hbar^2 k_z^2}{2\mu} + \left(n + \frac{1}{2}\right)\frac{\hbar B}{\mu} . \tag{41.10}$$

Er hängt von dem Eigenwert k_y bzw. p_y nicht ab; dieser bestimmt vielmehr die räumliche Lage der durch (41.9) gegebenen Ladungsverteilung, welche nur von x abhängt und nur in einer gewissen Umgebung des Punktes $x' = 0$, d.h. $x = p_y/B$ von merklicher Größe ist. Die Verhältnisse sind in Abb. 18 dargestellt. Die klassische Bewegung eines Teilchens, dessen Hamilton-Operator (41.7) ist, ist eine Pendelbewegung um die Gleichgewichtslage $x' = 0$. Ist die Energie des Teilchens $E_\perp$, so liegen die Umkehrpunkte des Pendels bei $x' = \sqrt{2\mu E_\perp}/B$. Nun ist allerdings (41.7) nicht als harmonische Oszillatorgleichung aufgestellt, sondern beschreibt die Bewegung eines Teilchens im homogenen Magnetfeld, welches senkrecht zur xy-Ebene steht. Ein solches Teilchen bewegt sich klassisch auf Spiralen, deren Achse die z-Richtung hat, und deren Projektion auf die xy-Ebene Kreise sind, welche neben der Pendelbewegung der x-Richtung auch noch eine entsprechende Pendelung in der y-Richtung mit Phasenverschiebung $\pi/2$ enthalten. Die klassischen Kreisbahnen, welche mit einer festen Wahl von $E_\perp$ und p_y verträglich sind, sind in der Abbildung zwischen ihren beiden Enveloppen $x' = \pm\sqrt{2\mu E_\perp}/B$ eingezeichnet. In der Quantentheorie ist es nicht möglich, eine von diesen Kreis- bzw. Spiralbahnen festzulegen, weil die kanonischen Impulse p_y und p_z genau bekannt sind — nach der Unschärferelation muß die Koordinate y ebenso wie die Koordinate z völlig unbestimmt bleiben; aus diesem Grund ist die Ladungsdichte senkrecht zur x-Richtung geschichtet. In

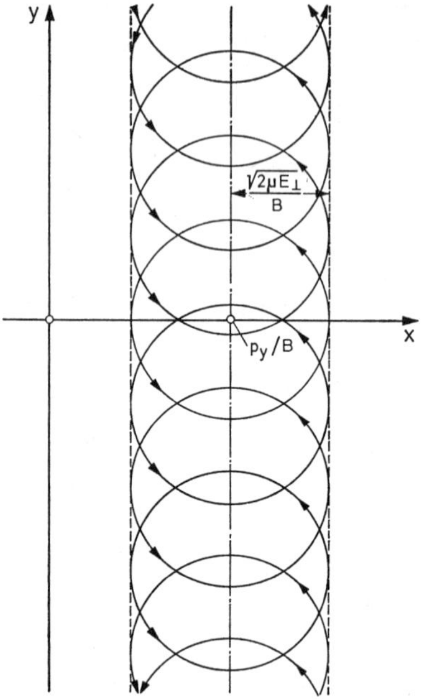

Abb. 18. Klassische Bahnen, welche festem k_z, k_y, E entsprechen

der x-Richtung entspricht die Ausdehnung dagegen der klassischen Kreisbewegung, lediglich ist die Ladungsdichte außerhalb des klassisch zugänglichen Gebietes nicht Null; sie fällt stattdessen exponentiell ab. Von den drei Integrationskonstanten n, k_y, k_z des Lösungssystems (41.9) bestimmen n und k_z offenbar die Breite und Struktur der mit starker Amplitude belegten Schicht senkrecht zur x-Achse. Variation von k_y bzw. p_y verschiebt die Lösung in der x-Richtung. Das Gesamtsystem besteht aus Funktionen, welche um verschiedene Mittelpunkte auf der x-Achse konzentriert sind. Es liegt in der Natur der Sache, daß bei einer Lösung dieser Art willkürlich *eine* Richtung senkrecht zum Magnetfeld als x-Richtung ausgezeichnet werden muß. Geben wir stattdessen von der ursprünglichen Eichung (41.1) aus, so gelangen wir zu zylindersymmetrischen Dichteverteilungen, welche im Grunde genommen aber, wie wir sehen werden, auf analoge Weise zustande kommen. Wir führen in $H_\perp$ Polarkoordinaten ϱ, φ ein. Da der Ortsvektor $\boldsymbol{r} = \boldsymbol{e}_z z + \boldsymbol{e}_\varrho \varrho$ ist, wird das Vektorpotential

$$\boldsymbol{A} = \frac{B}{2} \varrho \boldsymbol{e}_\varphi . \qquad (41.11)$$

Durch Einfügen der Identität ergibt sich wie in § 35

$$\left(\boldsymbol{p}_\perp - \frac{1}{2} \boldsymbol{B} \times \boldsymbol{r}\right)^2 = \boldsymbol{p} \cdot \boldsymbol{e}_\varrho \boldsymbol{e}_\varrho \cdot \boldsymbol{p} + \left(\boldsymbol{p} \cdot \boldsymbol{e}_\varphi - \frac{B}{2} \varrho\right)\left((\boldsymbol{e}_\varphi \cdot \boldsymbol{p} - \frac{B}{2} \varrho\right).$$

Durchläuft man mit diesem Ausdruck die Gln. (35.29), (35.30), wendet sodann wie in (35.32) und (35.33) die Schrödinger-Gleichung auf $\sqrt{\varrho}\,\psi$ an, so gelangt man zu

$$\left[p_\varrho^2 - \frac{\hbar^2}{4\varrho^2} + \left(\frac{1}{\varrho}\,p_\varphi - \frac{B}{2}\,\varrho\right)^2\right]\sqrt{\varrho}\,\psi = 2\mu E_\perp \sqrt{\varrho}\,\psi. \qquad (41.12)$$

p_φ ist Konstante der Bewegung, als Eigenwert können wir $m\hbar$ zugrunde legen. Nach Ausführung des Klammerquadrats hat man

$$\left[p_\varrho^2 + \hbar^2\,\frac{(m-\frac{1}{2})(m+\frac{1}{2})}{\varrho^2} + \left(\frac{B}{2}\right)^2 \varrho^2\right]\sqrt{\varrho}\,\psi = (2\mu E_\perp + m\hbar B)\sqrt{\varrho}\,\psi. \qquad (41.13)$$

Die linke Seite hat die Gestalt (35.35), wenn man dort einsetzt

$$\omega = \frac{\omega_B}{2} \equiv \omega_L. \qquad (41.14)$$

Das Problem entspricht also mathematisch einem zweidimensionalen Oszillator mit der Larmorschen Frequenz. Die Eigenvektoren können wir aus (35.37) entnehmen, der Energiewert ist jedoch verändert wegen des Zusatzgliedes auf der rechten Seite von (41.13):

$$E_\perp = (n_\perp - m + 1)\,\frac{\hbar B}{2\mu}. \qquad (41.15)$$

Dabei nimmt m die Werte (35.38) an, und wir sind in Übereinstimmung mit (41.10), wenn wir setzen

$$n \equiv \frac{n_\perp - m}{2}. \qquad (41.16)$$

Wegen (35.38) ist dies stets eine ganze Zahl. Zu einer Quantenzahl n des Elektrons im homogenen Magnetfeld erhält man Zustände mit Drehimpulsquantenzahlen

$$-n \leqq m < \infty. \qquad (41.17)$$

Die physikalische Natur der Lösungen durchschaut man am besten, wenn man die dazugehörigen klassischen Bahnspiralen betrachtet. Die klassischen Umkehrpunkte lesen wir aus Gl. (41.12) ab, indem wir p_ϱ ebenso wie die Quantenkorrektur $-\hbar^2/4\varrho^2$ Null setzen:

$$\varrho_{\mathrm{Umk}} = \left|\frac{\sqrt{2\mu E_\perp}}{B} \pm \sqrt{\frac{2p_\varphi}{B} + \frac{2\mu E_\perp}{B^2}}\right|. \qquad (41.18)$$

Für positive p_φ ist ihre Differenz, für negative ihre Summe gleich dem klassischen Spiraldurchmesser $2\sqrt{2\mu E_\perp}/B$. Daraus folgen die in Abb. 19 angegebenen Bahnscharen. Der größtmögliche negative Drehimpuls läßt nur eine einzige klassische Kreisbahn zu. Deshalb sind die Lösungen zu $m = -n$ die am stärksten lokalisierten Lösungen des Magnetfeldproblems. Allgemein zeigen die Lösungen keine Winkelabhängigkeit der

Aufenthaltswahrscheinlichkeit, eben weil der zu φ kanonisch konjugierte Impuls p_φ festgelegt ist, so daß die klassischen Spiralbahnen auf eine Zylinderschale gleichmäßig verschmiert werden. Die Wellenamplitude dringt — exponentiell abnehmend — in das klassisch verbotene Gebiet außerhalb dieser Zyinderschale vor. Für verschwindenden Drehimpuls schrumpft der innere Radius der Zylinderschale auf Null, für negative Drehimpulse umschließen die klassischen Bahnen den Nullpunkt.

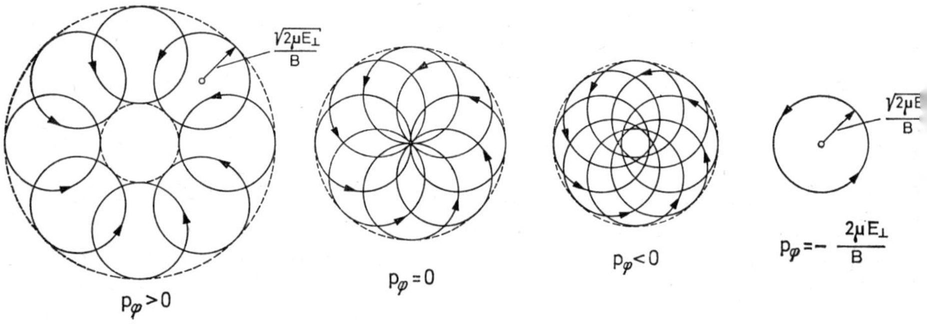

Abb. 19. Bahnscharen zu gegebenem Drehimpuls im homogenen Magnetfeld

Anhang

Konstantes elektromagnetisches Feld

Den Fall konstanten elektromagnetischen Feldes kann man durch geschickte Eichung auf die beiden vorangehenden §§ zurückführen. Man nimmt die z-Achse in Richtung des Magnetfeldes $\boldsymbol{B}$ und legt das elektrische Feld $\boldsymbol{F}$ in die x-z-Ebene ($\boldsymbol{F}$, $\boldsymbol{B}$ sei Ladung mal Feld). Der Winkel zwischen beiden sei α. Die Potentiale wählen wir [vgl. (4.11)]

$$\boldsymbol{A} = (0, x, 0)\,B; \qquad V = -(z\cos\alpha + x\sin\alpha)F. \tag{A 41.1}$$

Der Hamilton-Operator ist dann

$$2\mu H = p_x^2 + (p_y - Bx)^2 + p_z^2 - 2\mu(z\cos\alpha + x\sin\alpha)F. \tag{A 41.2}$$

Dies läßt sich in folgender Weise umformen

$$H = H_x + H_z - \frac{F}{B}\,p_y \sin\alpha - \frac{\mu F^2}{2B^2}\sin^2\alpha. \tag{A 41.3}$$

Darin ist

$$2\mu H_x \equiv p_x^2 + \left(Bx - p_y - \frac{\mu F}{B}\sin\alpha\right)^2 \tag{A 41.4}$$

von der Gestalt (41.5), man kann das Spektrum und die Spektralfunktionen des Operators $H'_\perp$ durch einfache Umbenennung in die entsprechenden Größen für H_x überführen. Weiter ist

$$2\mu H_z \equiv p_z^2 - 2\mu F z \cos\alpha \tag{A 41.5}$$

identisch mit $H_\parallel$ aus Gl. (40.2), wenn wir dort nur F durch $F\cos\alpha$ ersetzen. Die Aufteilung in H_x und H_z entspricht dem klassischen Bewegungstypus im homogenen elektromagnetischen Feld: Man hat eine beschleunigte Bewegung in Richtung des magnetischen Feldes, sofern das elektrische Feld eine Komponente in dieser Richtung besitzt; in der Ebene senkrecht zum Magnetfeld wird die beschleunigende Wirkung des elektrischen Feldes durch die magnetische Ablenkung beseitigt. Eine konstante Geschwindigkeit in der y-Richtung, welche sich als Effekt des elektrischen Feldes einstellt, bleibt in der Quantenmechanik wegen der vollständigen Unschärfe der y-Richtung verborgen, so daß die Lösung in der x-y-Ebene ganz der Lösung in einem homogenen Magnetfeld gleicht.

§ 42. Eichtranslationen

In den beiden letzten §§ haben wir freie Teilchen im homogenen Feld behandelt. Obgleich der Raum dabei homogen ist, d.h. alle Raumpunkte physikalisch gleichberechtigt sind, war es notwendig, einen Raumpunkt als Ursprung des Koordinatensystems auszuzeichnen; der Hamilton-Operator ist nicht invariant gegen Translationen. Die verschiedenen Gestalten der Schrödinger-Gleichung, welche man durch Translationen auseinander erzeugen kann, müssen jedoch physikalisch äquivalent sein. In der Tat lassen sie sich durch Eichtransformationen ineinander überführen; dies zeigt am einfachsten die klassische Wirkungsformulierung. Wir haben ein Wirkungselement

$$dS = dS_{\text{kin}} + \boldsymbol{A}(\boldsymbol{r}, t)\cdot d\boldsymbol{r} - V(\boldsymbol{r}, t)\,dt. \tag{42.1}$$

Die Potentiale $\boldsymbol{A}$ und V unterscheiden sich von $\frac{1}{2}\boldsymbol{B}\times\boldsymbol{r}$ und $-\boldsymbol{F}\cdot\boldsymbol{r}$ höchstens durch eine Eichung:

$$\boldsymbol{A} = \frac{1}{2}\boldsymbol{B}\times\boldsymbol{r} + \frac{\partial G(\boldsymbol{r}, t)}{\partial \boldsymbol{r}}; \qquad V = -\boldsymbol{F}\cdot\boldsymbol{r} - \frac{\partial G(\boldsymbol{r}, t)}{\partial t}. \tag{42.2}$$

$G(\boldsymbol{r}, t)$ kann dabei eine beliebige differenzierbare Funktion der Raumkoordinaten und der Zeit sein. Ersetzen wir $\boldsymbol{r}$ durch $\boldsymbol{r}+\boldsymbol{a}$, so entsteht

$$\begin{aligned} \boldsymbol{A}' &= \boldsymbol{A} + \frac{\partial}{\partial \boldsymbol{r}}\left[\frac{1}{2}\boldsymbol{B}\times\boldsymbol{a}\cdot\boldsymbol{r} + G(\boldsymbol{r}+\boldsymbol{a}, t) - G(\boldsymbol{r}, t)\right]; \\ V' &= V - \frac{\partial}{\partial t}\left[\boldsymbol{F}\cdot\boldsymbol{a}t + G(\boldsymbol{r}+\boldsymbol{a}, t) - G(\boldsymbol{r}, t)\right]. \end{aligned} \tag{42.3}$$

Dies bedeutet aber, daß dS sich bei der Translation nur um ein vollständiges Differential ändert:

$$dS' = dS + dK(\boldsymbol{a}, \boldsymbol{F}, \boldsymbol{B}, \boldsymbol{r}, t); \tag{42.4}$$

mit

$$K(\boldsymbol{a}, \boldsymbol{F}, \boldsymbol{B}, \boldsymbol{r}, t) \equiv \boldsymbol{a} \cdot (\boldsymbol{F} t + \tfrac{1}{2} \boldsymbol{r} \times \boldsymbol{B}) + G(\boldsymbol{r} + \boldsymbol{a}, t) - G(\boldsymbol{r}, t). \quad (42.5)$$

Wir können in dieser Weise die *Wirkung einer Translation* auf die Schrödinger-Gleichung *durch eine Eichtransformation* der Gestalt (25.8) *erzeugen*, wenn wir für die Funktion K den Ausdruck (42.5) verwenden. Um diese Aussage mathematisch zu formulieren, wollen wir einen Operator der Translation einführen, der definiert sei dadurch, daß seine Anwendung auf eine beliebige Funktion des Koordinatenvektors das Ergebnis hat

$$T(\boldsymbol{a}) F(\boldsymbol{r}) \equiv F(\boldsymbol{r} + \boldsymbol{a}). \quad (42.6)$$

Wenden wir ihn auf $H\psi(\boldsymbol{r})$ an, so ergibt sich

$$T(\boldsymbol{a}) H \psi(\boldsymbol{r}) = H' \psi(\boldsymbol{r} + \boldsymbol{a}) = H' \, T(\boldsymbol{a}) \psi(\boldsymbol{r}).$$

Da dies für beliebige $\psi(\boldsymbol{r})$ gelten muß, haben wir die Operatorbeziehung

$$T(\boldsymbol{a}) H = H' \, T(\boldsymbol{a}). \quad (42.7)$$

Dies ist, genauso wie die Eichtransformation, eine Ähnlichkeitstransformation, denn $T(\boldsymbol{a})$ hat eine reziproke Operation $T(-\boldsymbol{a})$, somit gilt

$$T(\boldsymbol{a}) H T^{-1}(\boldsymbol{a}) = H'. \quad (42.7\text{a})$$

Wir können also die Transformation des Operators der zeitabhängigen Schrödinger-Gleichung auf zwei Weisen erreichen:

$$H' + \frac{\hbar}{i} \frac{\partial}{\partial t} = T(\boldsymbol{a}) \left(H + \frac{\hbar}{i} \frac{\partial}{\partial t} \right) T^{-1}(\boldsymbol{a}) = \mathrm{e}^{\frac{i}{\hbar} K} \left(\frac{\hbar}{i} \frac{\partial}{\partial t} + H \right) \mathrm{e}^{-\frac{i}{\hbar} K}.$$

Multipliziert man dies von links mit $\mathrm{e}^{-\frac{i}{\hbar} K}$ und von rechts mit $T(\boldsymbol{a})$, so folgt die Vertauschungsrelation

$$\left[\mathrm{e}^{-\frac{i}{\hbar} K(\boldsymbol{a}, \boldsymbol{F}, \boldsymbol{B}, \boldsymbol{r}, t)} T(\boldsymbol{a}), \frac{\hbar}{i} \frac{\partial}{\partial t} + H \right] = 0. \quad (42.8)$$

Wir haben damit eine Operation gefunden, bestehend in einer Translation und einer nachfolgenden Umeichung, welche mit dem Operator der Schrödinger-Gleichung vertauscht. Beim *freien* Teilchen vertauscht die Translation selbst mit dem Schrödinger-Operator, man kann deshalb aus einer Lösung $\psi(\boldsymbol{r}, t)$ der Schrödinger-Gleichung eine andere gewinnen, die aus ψ durch Translation hervorgeht: $T(\boldsymbol{a}) \psi(\boldsymbol{r}) = \psi(\boldsymbol{r} + \boldsymbol{a})$. Im homogenen Feld übernehmen die Transformationsoperatoren

$$T(\boldsymbol{a}, \boldsymbol{F}, \boldsymbol{B}, \boldsymbol{r}, t) \equiv \mathrm{e}^{-\frac{i}{\hbar} K(\boldsymbol{a}, \boldsymbol{F}, \boldsymbol{B}, \boldsymbol{r}, t)} \, T(\boldsymbol{a}) \quad (42.9)$$

die Rolle der Translationen: sie vertauschen mit dem Operator der Schrödinger-Gleichung. Multipliziert man die Schrödinger-Gleichung von links mit diesem Operator, so erhält man aus einer Lösung ψ eine andere, welche durch „*Eichtranslation*“ aus ihr entsteht:

$$T(\boldsymbol{a}, \boldsymbol{F}, \boldsymbol{B}, \boldsymbol{r}, t)\,\psi(\boldsymbol{r}, t) = \mathrm{e}^{-\frac{i}{\hbar}K(\boldsymbol{a},\boldsymbol{F},\boldsymbol{B},\boldsymbol{r},t)}\,\psi(\boldsymbol{r}+\boldsymbol{a}, t). \tag{42.10}$$

Besonders durchsichtig werden die Verhältnisse, wenn man zu infinitesimalen Translationen übergeht. Man hat dann

$$\begin{aligned} K(d\boldsymbol{a}, \boldsymbol{F}, \boldsymbol{B}, \boldsymbol{r}, t) &= d\boldsymbol{a}\cdot\left(\boldsymbol{F}t + \frac{1}{2}\boldsymbol{r}\times\boldsymbol{B} + \frac{\partial G}{\partial \boldsymbol{r}}\right)\\ &= d\boldsymbol{a}\cdot(\boldsymbol{F}t + \boldsymbol{A} + \boldsymbol{r}\times\boldsymbol{B}); \end{aligned} \tag{42.11}$$

und nach (42.10)

$$\begin{aligned} T(d\boldsymbol{a}, \boldsymbol{F}, \boldsymbol{B}, \boldsymbol{r}, t)\,\psi(\boldsymbol{r}, t) = \psi(\boldsymbol{r}, t) &- \frac{i}{\hbar}K(d\boldsymbol{a}, \boldsymbol{F}, \boldsymbol{B}, \boldsymbol{r}, t)\,\psi(\boldsymbol{r}, t)\\ &+ d\boldsymbol{a}\cdot\frac{\partial\psi(\boldsymbol{r}, t)}{\partial\boldsymbol{r}}, \end{aligned} \tag{42.12}$$

somit

$$\begin{aligned} &T(d\boldsymbol{a}, \boldsymbol{F}, \boldsymbol{B}, \boldsymbol{r}, t)\,\psi(\boldsymbol{r}, t)\\ &\quad = \psi(\boldsymbol{r}, t) + \frac{i}{\hbar}(\boldsymbol{p} - \boldsymbol{A} - \boldsymbol{r}\times\boldsymbol{B} - \boldsymbol{F}t)\cdot d\boldsymbol{a}\,\psi(\boldsymbol{r}, t). \end{aligned} \tag{42.13}$$

Nun kann man Gl. (42.8) auch in folgender Weise lesen

$$\frac{\partial T(\boldsymbol{a}, \boldsymbol{F}, \boldsymbol{B}, \boldsymbol{r}, t)}{\partial t} + \frac{i}{\hbar}[H, T(\boldsymbol{a}, \boldsymbol{F}, \boldsymbol{B}, \boldsymbol{r}, t)] = 0. \tag{42.14}$$

Nach Gl. (15.6) — bzw. auch direkt (15.14) — heißt dies, daß der Operator T der Eichtranslation sich bei der Bewegung nicht ändert. Angewandt auf die infinitesimale Transformation (42.13) ist das die Aussage

$$\frac{d\boldsymbol{p}_{\mathrm{kin}}}{dt} = \boldsymbol{F} + \frac{d\boldsymbol{r}}{dt}\times\boldsymbol{B}, \tag{42.15}$$

also die klassische Bewegungsgleichung (4.9a). Wir hätten auch den umgekehrten Weg gehen können: Da die klassische Bewegungsgleichung (42.15) sich als vollständige zeitliche Ableitung schreiben läßt, folgt aus ihr die Erhaltung der Größe

$$\tilde{\boldsymbol{p}} \equiv \boldsymbol{p} - \boldsymbol{A} - \boldsymbol{F}t - \boldsymbol{r}\times\boldsymbol{B}, \tag{42.16}$$

und damit auch von

$$T(\boldsymbol{a}, \boldsymbol{F}, \boldsymbol{B}, \boldsymbol{r}, t) = \mathrm{e}^{\frac{i}{\hbar}\boldsymbol{a}\cdot\tilde{\boldsymbol{p}}}. \tag{42.17}$$

Die Umrechnung dieser Exponentialfunktion in die Gestalt (42.9) erfordert jedoch einige Kunstgriffe, da $\boldsymbol{a}\cdot\boldsymbol{p}$ im allgemeinen nicht mit $\boldsymbol{a}\cdot\boldsymbol{A}$ vertauschbar ist, und deshalb auf (42.17) das Multiplikationstheorem der Exponentialfunktionen nicht angewandt werden kann. Auch die beiden Faktoren (42.9) sind nicht vertauschbar, vielmehr gilt

$$e^{-\frac{i}{\hbar}K(\boldsymbol{a},\boldsymbol{F},\boldsymbol{B},\boldsymbol{r},t)}\,T(\boldsymbol{a}) = T(\boldsymbol{a})\,e^{-\frac{i}{\hbar}K(\boldsymbol{a},\boldsymbol{F},\boldsymbol{B},\boldsymbol{r}-\boldsymbol{a},t)}; \tag{42.18}$$

denn bei Anwendung der rechten Seite von (42.18) muß die Translation auch auf den Eichfaktor ausgeübt werden, wodurch der Eichfaktor der linken Seite entsteht.

Die Erhaltungsgröße $\tilde{\boldsymbol{p}}$ von Gl. (42.16) ist ein Vektor, dessen Komponenten nicht miteinander vertauschen. Die Vertauschungsrelationen erhalten wir, wenn wir das Kreuzprodukt $\tilde{\boldsymbol{p}} \times \tilde{\boldsymbol{p}}$ berechnen, welches nicht verschwindet, weil $\boldsymbol{p}$ nicht mit $\boldsymbol{A} + \boldsymbol{r} \times \boldsymbol{B}$ vertauscht. Deswegen gilt

$$\tilde{\boldsymbol{p}} \times \tilde{\boldsymbol{p}} = -\frac{\hbar}{i}\,\mathrm{rot}\,(\boldsymbol{A} + \boldsymbol{r} \times \boldsymbol{B}).$$

Da rot $\boldsymbol{A} = \boldsymbol{B}$ ist und rot $(\boldsymbol{r} \times \boldsymbol{B}) = -2\boldsymbol{B}$, haben wir schließlich

$$\tilde{\boldsymbol{p}} \times \tilde{\boldsymbol{p}} = \frac{\hbar}{i}\,\boldsymbol{B}. \tag{42.19}$$

Die zum Magnetfeld $\boldsymbol{B}$ parallele Komponente von $\tilde{\boldsymbol{p}}$ vertauscht mit allen anderen Komponenten. Legen wir wie früher die z-Achse in Richtung $\boldsymbol{B}$, so ergibt sich für zwei zu $\boldsymbol{B}$ senkrechte Richtungen x und y die Vertauschungsrelation

$$[\tilde{p}_x, \tilde{p}_y] = \frac{\hbar}{i}\,B. \tag{42.20}$$

Somit haben wir zwischen den Größen $\tilde{p}_x/B$ und $\tilde{p}_y$ die kanonische Vertauschungsrelation. Legen wir den Wert von $\tilde{p}_y$ fest, so bleibt $\tilde{p}_x$ völlig unbestimmt.

§ 43. Teilchen im Potentialtopf

Als einfaches und exakt lösbares Modell ist ein radialsymmetrischer Potentialtopf interessant:

$$V(r) = \begin{cases} V_0 & \text{für } r \leqq a \\ 0 & \text{für } r > a. \end{cases} \tag{43.1}$$

Der Drehimpuls ist Konstante der Bewegung, man kann ihn gleichzeitig mit dem Hamilton-Operator diagonalisieren; zu Drehimpulsquantenzahlen l, m hat man dann eine radiale Schrödinger-Gleichung

$$\left[\frac{d^2}{dr^2} - \frac{l(l+1)}{r^2} + \frac{2\mu(E - V(r))}{\hbar^2}\right]\psi(r) = 0. \tag{43.2}$$

Wir führen die Abkürzungen ein

$$k \equiv \frac{\sqrt{2\mu E}}{\hbar}; \quad k_0 \equiv \frac{\sqrt{2\mu(E - V_0)}}{\hbar}; \tag{43.3}$$

und erhalten

$$\left(\frac{d^2}{dr^2} - \frac{l(l+1)}{r^2} + k_0^2\right) r\psi = 0; \quad r \leqq a;$$
$$\left(\frac{d^2}{dr^2} - \frac{l(l+1)}{r^2} + k^2\right) r\psi = 0; \quad r \geqq a; \tag{43.4}$$

mit den Grenzbedingungen

$$\psi, \frac{d\psi}{dr} \text{ stetig bei } r = a. \tag{43.5}$$

Sie folgen daraus, daß bei $r=a$ das Potential zwar unstetig, jedoch endlich bleibt; damit bleibt nach (43.2) die zweite Ableitung von ψ endlich, somit kann an dem einen Punkt der Unstetigkeit keine endliche Änderung von $d\psi/dr$ und erst recht keine Unstetigkeit in ψ auftreten.

Besonders einfach werden die Gleichungen im Unterraum $l=0$; (43.4) wird dann durch Sinus und Cosinus von $k_0 r$ bzw. kr gelöst. Wegen der erforderlichen Stetigkeit von ψ im Nullpunkt kommt für $r \leqq a$ nur der Sinus in Frage. Die richtig normierte Eigenfunktion des kontinuierlichen Spektrums $r\psi = \langle r|k\rangle$ hat die folgende Gestalt [s. (34.13), (34.19)]

$$\langle r|k\rangle = \begin{cases} \dfrac{2A}{\sqrt{2\pi}} \sin k_0 r; & r \leqq a; \\ \dfrac{2}{\sqrt{2\pi}} \sin(kr+\alpha); & r \geqq a. \end{cases} \tag{43.6}$$

k ist reell; wir setzen es positiv voraus. k_0 ist für $V_0 < 0$ ebenfalls reell und kann positiv genommen werden; für $V_0 > 0$ wird k_0 reell, sofern wir $(\hbar k)^2/2\mu > V_0$ wählen, was wir zunächst tun wollen. Die Randbedingung bei $r=a$ liefert:

$$A \sin k_0 a = \sin(ka+\alpha);$$
$$k_0 A \cos k_0 a = k \cos(ka+\alpha).$$

Hieraus kann man durch Elimination sowohl die Amplitude A im Topf, wie auch die Streuamplitude $S = -\,e^{2i\alpha}$ berechnen:

$$A^2 = \frac{1}{\sin^2 k_0 a + \left(\dfrac{k_0}{k}\right)^2 \cos^2 k_0 a}. \tag{43.7}$$

$$S = -\,e^{-2ika} \frac{\dfrac{k_0}{k}\cos k_0 a + i \sin k_0 a}{\dfrac{k_0}{k}\cos k_0 a - i \sin k_0 a}. \tag{43.8}$$

Der Nenner (43.7) ist gleich dem Produkt aus Zähler und Nenner von (43.8); hierdurch kommt zum Ausdruck — was wir aus § 39 allgemein wissen —, daß bei der analytischen Fortsetzung der normierten Funktionen des kontinuierlichen Spektrums Singularitäten sowohl an den Polen wie an den Nullstellen von S liegen (es ist lediglich eine Frage der Phasenwahl, wie sich diese Singularitäten auf $|k\rangle$ und $\langle k|$ verteilen). Um gebundene Zustände und Resonanzen aufzufinden, haben wir die Pole von S zu diskutieren. Wir suchen zunächst die Pole von A^2 auf und drücken dabei k^2 durch k_0^2 aus. Führen wir die Bezeichnung

$$\zeta \equiv k_0 a; \qquad v^2 \equiv -\frac{2\mu V_0}{\hbar^2} a^2; \qquad (ka)^2 = \zeta^2 - v^2 \tag{43.9}$$

ein, so erhalten wir als Bedingung für eine Polstelle von (43.7)

$$v \sin\zeta = \zeta. \tag{43.10}$$

Dabei müssen wir, um alle Polstellen von A^2 zu erfassen, für v beiderlei Wurzeln aus dem in (43.9) definierten v^2 zulassen. Die Polstellen von S wählen wir anschließend dadurch aus, daß wir ka in folgender Weise durch ζ ausdrücken

$$ka = -i\zeta \cot\zeta. \tag{43.11}$$

v wird reell, wenn V_0 negativ ist, wir also einen Potential*topf* haben. Ist V_0 positiv, so haben wir einen Potential*berg* und v wird imaginär. Wir finden somit die Lösungen ζ von Gl. (43.10) auf den Linien der komplexen ζ-Ebene, auf welchen $\sin\zeta/\zeta$ reell, bzw. rein imaginär ist. Um diese Linien zu bestimmen, stellen wir $\zeta = \xi + i\eta$ durch Real- und Imaginärteil dar und berechnen

$$\mathrm{Re}\left(\frac{\sin\zeta}{\zeta}\right) = \frac{\xi \sin\xi \cosh\eta + \eta \cos\xi \sinh\eta}{\xi^2 + \eta^2}; \tag{43.12}$$

$$\mathrm{Im}\left(\frac{\sin\zeta}{\zeta}\right) = \frac{\xi \cos\xi \sinh\eta - \eta \sin\xi \cosh\eta}{\xi^2 + \eta^2}. \tag{43.13}$$

Wir untersuchen den Fall $v > 0$, Potential*topf*. $\sin\xi/\xi$ ist reell, wenn der Imaginärteil verschwindet, und dies geschieht nach (43.13) für $\xi = 0$ und für $\eta = 0$, das heißt also auf der reellen und imaginären ζ-Achse, und außerdem auf den Linien

$$\xi \cot\xi = \eta \coth\eta. \tag{43.14}$$

Die rechte Seite ist stets positiv, somit muß für positive ξ auch $\cot\xi$ positiv sein (bei negativem ξ ist es umgekehrt, jedoch können wir uns auf positive ξ beschränken, da S nach (43.8) gegen einen Vorzeichenwechsel von ζ invariant ist). Dies bedeutet, daß (43.14) nur gelöst werden kann in einem der Streifen $n\pi < \xi < (n + \frac{1}{2})\pi$ [$n > 0$ ganz]. Für jeden Wert von η gibt es in jedem Streifen genau einen Wert von ξ, der (43.14) löst; für $\eta = 0$ ist die rechte Seite 1, ξ rückt deshalb umso näher an

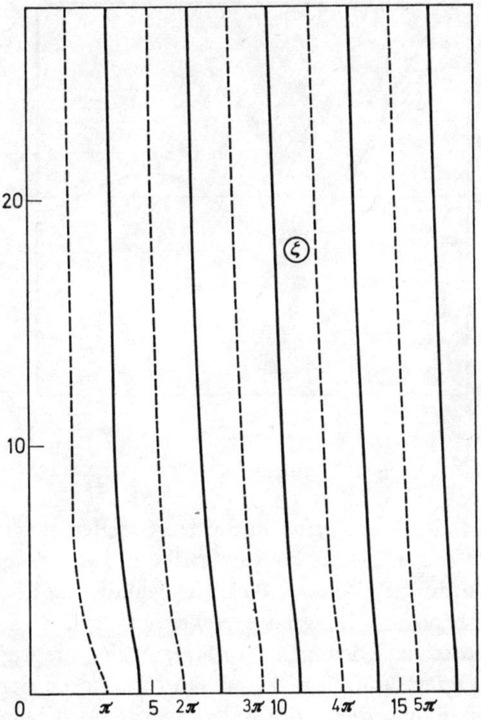

Abb. 20. Kurven $\sin \zeta/\zeta$ reell ———; imaginär – – –

$(n+\frac{1}{2})\,\pi$ (wo der $\cot \xi$ klein wird), je größer n ist. Strebt $\eta \to \infty$ so muß umgekehrt, da ξ beschränkt ist, $\cot \xi$ nach $+\infty$ streben, somit nähert sich ξ asymptotisch dem Wert $n\pi$ an (s. Abb. 20).

Um auf diesen Kurven die Lösungen von (43.10) aufzusuchen, müssen wir noch den *Betrag* von $\sin \zeta/\zeta$ ermitteln. Es gilt:

$$\left|\frac{\sin \zeta}{\zeta}\right|^2 = \frac{\sin^2 \xi + \sinh^2 \eta}{\xi^2 + \eta^2}\,. \tag{43.15}$$

Man sieht, daß dies auf der imaginären ζ-Achse stets >1 ist, und zwar monoton von dem Wert 1 im Nullpunkt bis Unendlich anwächst. Auf der reellen Achse ist $\sin \zeta/\zeta$ stets von Betrag kleiner als 1 und oszilliert (s. Abb. 21). Die Extrema dieser Kurve liegen an den reellen Punkten, für welche $\xi \cot \xi = 1$ ist, welche somit Gl. (43.14) lösen. Schreitet man von dort auf den gekrümmten Kurven von Abb. 20 fort, so wächst (43.15) monoton gegen Unendlich. Man sieht, daß in jedem Streifen $n\pi < \xi < (n+1)\pi$, $n>0$, jeder nicht negative Wert von (43.15) genau zweimal vorkommt, und zwar liegen die zugehörigen Lösungen von (43.10) auf der reellen Achse,

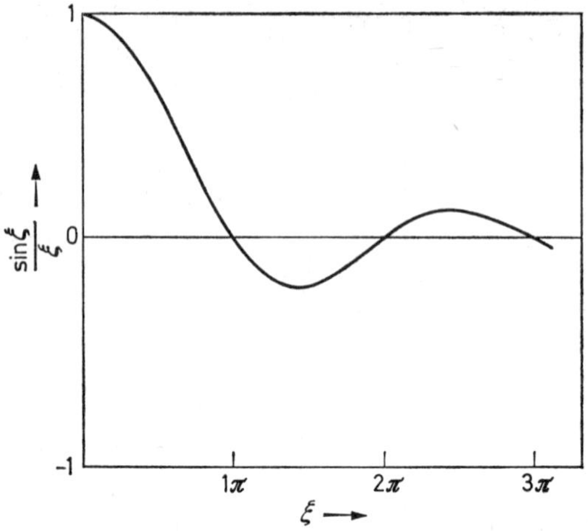

Abb. 21. sin ξ/ξ

sofern in Abb. 21 der Wert $|1/v|$ in diesem Streifen noch überschritten wird, andernfalls liegen sie in konjugiert komplexer Lage auf der gekrümmten Kurve; im Streifen $n=0$ gibt es genau *eine* Lösung, sie rückt für $v^2<1$ auf die positiv imaginäre Achse. Ist $v^2>1$, so gibt es eine ungerade Zahl positiver Lösungen ζ in einigen der niedrigsten Streifen, und je zwei konjugiert komplexe Lösungen in höheren Streifen. — Mittels (43.11) können wir diese Lösungen in die ka-Ebene übertragen; einen Überblick erhalten wir, wenn wir das Lösungspaar des n-ten Streifens als Funktion des Parameters v^2 untersuchen (Abb. 22, ausgezogene Kurven). Ist v^2 sehr groß, so ist eine Lösung bei $\zeta=n\pi+\varepsilon$, $\cot\zeta$ ist positiv und sehr groß, somit wird nach (43.11) ka sehr groß negativ imaginär. Die zweite Lösung liegt bei $\zeta=(n+1)\pi-\varepsilon$, $\cot\zeta$ ist negativ sehr groß, und deswegen wird ka sehr groß positiv imaginär; diese Lösung liegt im physikalischen Blatt der k-Ebene und entspricht einem gebundenen Zustand. Lassen wir $1/v^2$ zunehmen, so rücken diese beiden Lösungen auf der reellen ζ-Achse bzw. imaginären ka-Achse aufeinander zu und treffen sich dort, wo $\zeta\cot\zeta=1$, $ka=-i$ ist. Bevor dies eintritt, wandert der gebundene Zustand in das nichtphysikalische Blatt aus und wird zur Resonanz. Lassen wir v^2 weiter abnehmen, dann erhalten wir zwei Lösungen, welche auf der n-ten Kurve von Abb. 20 beiderseits in imaginärer Richtung auswandern und schließlich sich asymptotisch der Linie $\xi=n\pi$ annähern. Für sehr große η wird dabei näherungsweise

$$\cot\zeta=i\,\frac{e^{in\pi-\eta}+e^{-in\pi+\eta}}{e^{in\pi-\eta}-e^{-in\pi+\eta}}\sim -i\,\mathrm{sign}\,(\eta)\,.$$

Somit gilt nach (43.11) asymptotisch

$$ka\sim-(n\pi+i\eta)\,\mathrm{sign}\,(\eta)=-n\pi\,\mathrm{sign}\,(\eta)-i\,|\eta|\,.$$

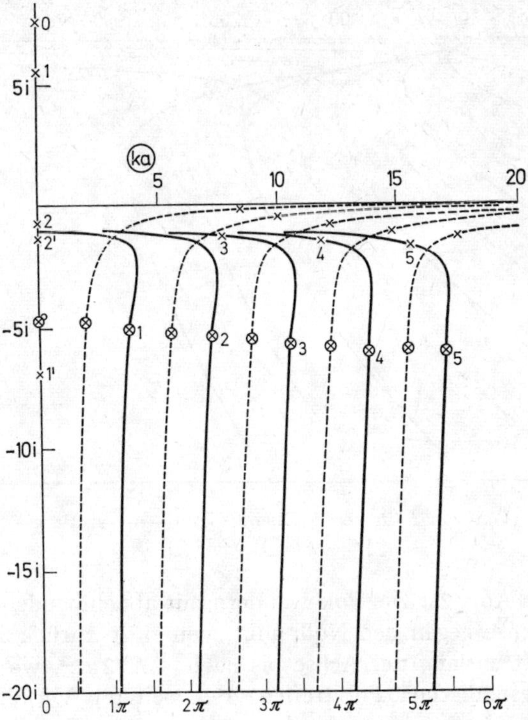

Abb. 22. Polkurven von S in der ka-Ebene: Topf ———; Berg – – –. Lage der Pole für $|v| = 7{,}8 \times$; $0{,}085 \otimes$

Die beiden Werte von ka verlassen (Abb. 22) bei $ka = -i$ die imaginäre Achse in reeller Richtung und nähern sich im negativ imaginär Unendlichen den Linien $\xi = \pm n\pi$ an. Eine Sonderstellung nimmt der nullte Streifen $0 \leqq \zeta < \pi$ ein; in ihm gibt es eine positive Lösung, welche zunächst von π nach $\pi/2$ wandert — ka wandert dabei als tiefster gebundener Zustand von $+i\infty$ nach 0. Sodann nimmt ξ von $\pi/2$ bis 0 ab, ka wandert weiter von 0 nach $-i$; dann nimmt η von 0 nach $i\infty$ zu und ka setzt seine Wanderung auf der imaginären Achse nach $-i\infty$ fort. In Abb. 22 sind eingezeichnet die Lagen der Pole von S für einen bestimmten Wert von $v\,(=7{,}8)$, für welchen es noch fünf Pole auf der imaginären ka-Achse gibt (dies bedeutet, daß in Abb. 21 der zweite Streifen eben noch zwei Schnittpunkte enthält, die beide bereits links von $5\pi/2$ liegen). — Überträgt man Abb. 22 in die Energieebene, wobei man wegen (43.11) und (43.10) schreiben kann

$$E = \frac{1}{2} V_0 (1 + \cos 2\xi \cosh 2\eta) - \frac{i}{2} V_0 \sin 2\xi \sinh 2\eta; \qquad (43.16)$$

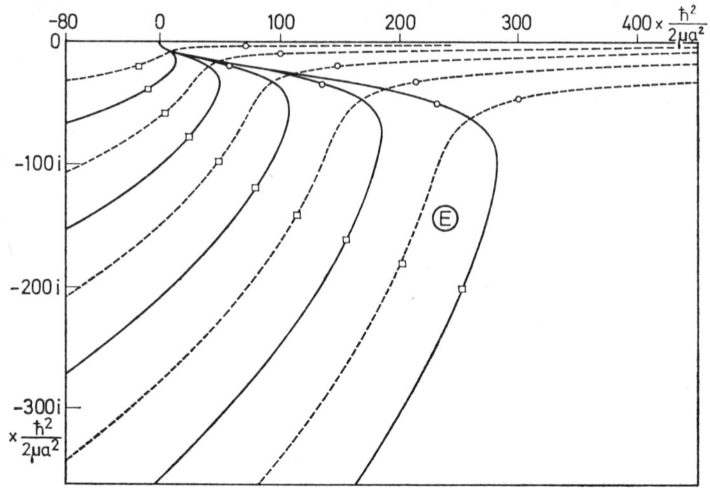

Abb. 23. Polkurven von S in der E-Ebene: Topf ———; Berg — — —. Pole für $|v| = 7{,}8$ ○; 0,085 □

so ergibt sich Abb. 23. Die Pole wandern mit abnehmendem $|V_0|$ auf der negativen Achse gegen den Nullpunkt, von dort zurück ins unphysikalische Blatt entlang der Achse bis nach $-\hbar^2/2\mu a^2$, wo sie sich mit einem unphysikalischen Pol treffen. Bei weiterer Verminderung der Potentialtiefe wandern zwei konjugiert komplexe Pole in imaginärer Richtung aus, durchlaufen einen Bogen in der rechten Halbebene, welcher wieder in die linke Halbebene zurückkehrt und nach dem Unendlichen führt.

Falls $V_0 > 0$ ist, verläuft die Diskussion ähnlich. $\sin\zeta/\zeta$ muß dann rein imaginär sein, somit nach (43.12)

$$\xi \tan \xi = -\eta \tanh \eta . \tag{43.17}$$

Da die rechte Seite stets $\leqq 0$ ist, bewegen sich die Lösungskurven nunmehr in den Streifen $(n + \frac{1}{2})\pi < \xi < (n+1)\pi$. Sie schneiden die reelle Achse in $(n+1)\pi$ und verlaufen im übrigen ähnlich, wie die Kurven $\sin\zeta/\zeta =$ reell; sie sind in Abb. 20 gestrichelt mit eingezeichnet. Im Schnitt der Kurven mit der reellen Achse ist $\sin\zeta/\zeta = 0$, $1/v = 0$; längs der Kurven geht $1/v$ monoton $\to \pm i\,\infty$. Somit kommt auf jeder dieser Kurven jeder rein imaginäre Wert v genau einmal vor, jeder negative Wert v^2 zweimal. Die entsprechenden Kurven sowohl in der Ebene ka wie in der Energieebene sind in den Abb. 22 und 23 gestrichelt mit eingetragen. Mit zunehmender Höhe des Potentialbergs wandern die Resonanzen von der linken in die rechte E-Halbebene und nähern sich dabei immer mehr der positiven Achse.

§ 44. Potentialtopf mit Wall

Bis jetzt haben wir von Gl. (43.2) nur den Fall $l=0$ diskutiert, für welchen das Potential als Funktion von r den Verlauf hat, welcher in Abb. 24 gestrichelt eingezeichnet ist. Ist $l \neq 0$, dann erhält man zusätzlich das „Zentrifugalpotential"

$$V_z = \frac{\hbar^2 l(l+1)}{2\mu r^2}. \tag{44.1}$$

In Fig. 24 ist dieses Potential punktiert. Addiert man beide Anteile, so erhält man die ausgezogene Kurve. Das schraffierte Gebiet ist eine Potentialmulde (im Dreidimensionalen eine Kugelschale) in welcher,

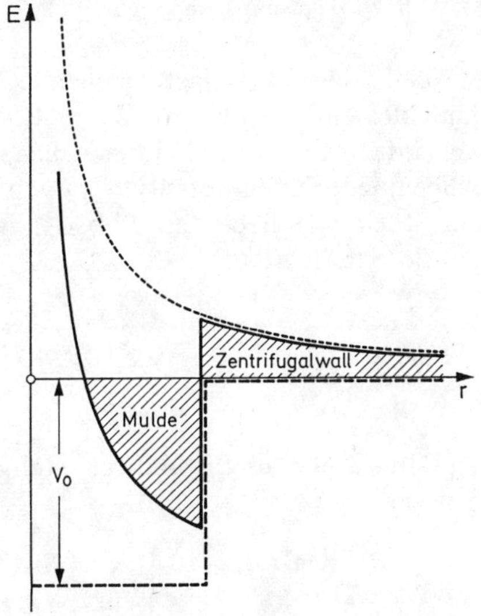

Abb. 24. Topf mit Zentrifugalwall

sofern sie nur tief und breit genug ist, stehende Wellen möglich sind. Soweit ähnelt der Fall qualitativ dem Fall ohne Drehimpuls; ein wesentlicher Unterschied besteht jedoch darin, daß es für kleine positive Energien im Gebiet $r > a$ einen Potentialwall gibt, der klassisch ein Teilchen kleiner Energie weder aus dem Inneren nach außen noch von außen in die Mulde gelangen läßt. Wellenmechanisch kann das Elektron als gedämpfte Welle den Wall durchtunneln; doch ist die Wahrscheinlichkeit hierfür unter Umständen so klein, daß man eine Welle im Topf von einer stehenden kaum unterscheiden kann. Ein im physikalischen Blatt befindlicher Pol der Streuamplitude $S_l(E)$ wandert mit abnehmender Topftiefe entlang der negativen E-Achse nach Null und schreitet dann

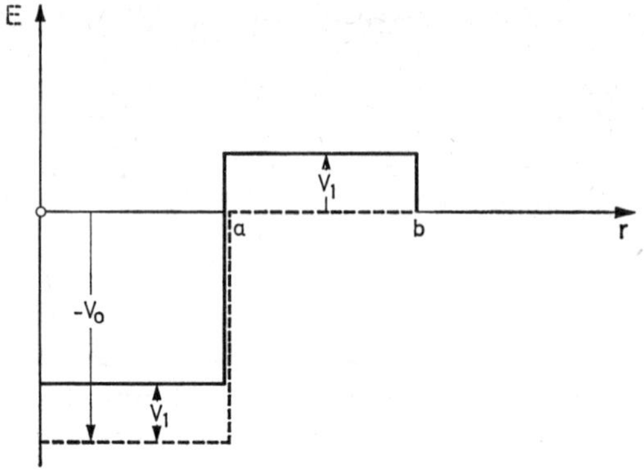

Abb. 25. Topf mit homogenem Wall

längs der positiv reellen Achse als „fast“ stehende Welle weiter mit einem anfänglich ganz kleinen Imaginärteil. Wir wollen dieses Verhalten qualitativ an einem einfacheren Modell untersuchen, indem wir beim Drehimpuls $l=0$ bleiben, jedoch den Potentialtopf von Null bis zu einem Radius $b>a$ um ein Stück V_1 anheben. (s. Abb. 25). Anstelle von (43.1) haben wir damit den Potentialverlauf

$$V(r)=\begin{cases} V_1+V_0 & \text{für } r\leqq a; \\ V_1 & a<r\leqq b; \\ 0 & b<r. \end{cases} \tag{44.2}$$

Die Lösung muß aus drei Teilen stetig und mit stetiger Ableitung zusammengesetzt werden:

$$\langle r|k\rangle=\begin{Bmatrix} A\sin(k_0 r) \\ B_+\,e^{ik_1 r}+B_-\,e^{-ik_1 r} \\ C\,e^{ikr}+D\,e^{-ikr} \end{Bmatrix} \text{ für } \begin{cases} r\leqq a \\ a\leqq r\leqq b \\ b\leqq r. \end{cases} \tag{44.3}$$

Dabei ist

$$E=\hbar^2k^2/2\mu; \qquad E-V_0-V_1=\hbar^2k_0^2/2\mu;$$
$$E-V_1=\frac{\hbar^2k_1^2}{2\mu}. \tag{44.4}$$

Die Stetigkeit von Funktion und Ableitung bei $r=a$ und $r=b$ liefert die folgenden vier Bedingungen:

$$\begin{aligned} A\sin k_0 a&=B_+\,e^{ik_1 a}+B_-\,e^{-ik_1 a}; \\ k_0 A\cos k_0 a&=i k_1\,[B_+\,e^{ik_1 a}-B_-\,e^{-ik_1 a}]; \\ C\,e^{ikb}+D\,e^{-ikb}&=B_+\,e^{ik_1 b}+B\,e^{-ik_1 b}; \\ k\,[C\,e^{ikb}-D\,e^{-ikb}]&=k_1\,[B_+\,e^{ik_1 b}-B_-\,e^{-ik_1 b}]. \end{aligned} \tag{44.5}$$

Eliminiert man B_+ und B_-, so erhält man

$$C = \frac{i}{4k_1 k} K_+ A \, e^{-ikb}; \qquad D = \frac{i}{4k_1 k} K_- A \, e^{ikb}; \tag{44.6}$$

mit den Abkürzungen

$$\begin{aligned} K_+ &= (k+k_1)(ik_1 \sin k_0 a + k_0 \cos k_0 a) \, e^{ik_1 d} \\ &\quad + (k-k_1)(ik_1 \sin k_0 a - k_0 \cos k_0 a) \, e^{-ik_1 d}; \\ K_- &= (k-k_1)(ik_1 \sin k_0 a + k_0 \cos k_0 a) \, e^{ik_1 d} \\ &\quad + (k+k_1)(ik_1 \sin k_0 a - k_0 \cos k_0 a) \, e^{-ik_1 d}; \\ d &\equiv b - a. \end{aligned} \tag{44.7}$$

Nach Gl. (39.7) ergibt sich für Streuamplitude

$$S = e^{-2ikb} \frac{K_+}{K_-}. \tag{44.8}$$

Dies gilt soweit für sämtliche Lösungen der Schrödinger-Gleichung, ob sie nun zu Hilbert-Vektoren führen oder nicht; also für beliebige komplexe Werte der Energie bzw. der Wellenzahl k. Für positive Energien erhält man die richtigen pro dk normierten uneigentlichen Wellenfunktionen des kontinuierlichen Spektrums durch die Wahl

$$2\pi CD = 1; \quad \to \quad A^2 = \frac{(4ik_1 k)^2}{2\pi K_+ K_-}; \quad \text{für } k > 0. \tag{44.9}$$

Wir sehen erneut explizit, daß die analytische Fortsetzung der uneigentlichen Hilbert-Vektoren des kontinuierlichen Spektrums zu Singularitäten (Unendlichkeitsstellen von A) genau an allen Nullstellen und allen Unendlichkeitsstellen von S führt. Für positive Werte von k sind im übrigen — wie es wegen der Unitarität von S sein muß — K_+ und K_- stets von gleichem Betrage, gleichgültig ob k_0 und k_1 reell oder rein imaginär sind.

Wir überlegen nun, was geschieht, wenn wir durch Vergrößern von V_1 die Tiefe des Potentialtopfs vermindern, und dabei eine Nullstelle von S aus dem physikalischen Blatt auswandert. Im physikalischen Blatt ist, wie wir wissen, k an einem Pol von S positiv imaginär. Auch k_1 wird dann rein imaginär (das Vorzeichen ist gleichgültig, da $K_\pm$ lediglich das Vorzeichen wechselt, wenn man k_1 durch $-k_1$ ersetzt). Wir wollen nun voraussetzen, daß die Höhe V_1 und die Breite d des Potentialwalls so groß ist, daß für Energiewerte in der Nähe von Null $|k_1 d| \gg 1$ ist. Wählen wir k_1 positiv imaginär, so bedeutet dies, daß auch $e^{-ik_1 d} \gg 1$ wird, daß also gemäß

(44.7) K_- nur dann verschwinden kann, wenn

$$i k_1 \sin k_0 a - k_0 \cos k_0 a \approx 0 . \tag{44.10}$$

Damit kommen wir angenähert auf die Pole der Streuamplitude des einfachen Potentialtopfs nach Gl. (43.8) zurück, wenn wir nur die Wellenzahl k_1 mit dem früheren k identifizieren. Dies bedeutet, daß die Pole von S, also insbesondere die stehenden Wellen im Topf, energetisch mit dem Topf um V_1 hochgeschoben werden. Solange k den Wert Null dabei nicht erreicht, bleibt der Pol auf der reellen Energieachse bzw. auf der positiven imaginären k-Achse; denn iK_- ist dort eine reelle Funktion der reellen Größen ik, ik_1, k_0, der Imaginärteil verschwindet identisch, somit bleibt nur eine einzige reelle Gleichung zu erfüllen, was mit reellen Werten der Variablen möglich ist. Dies ändert sich, wenn die Energie

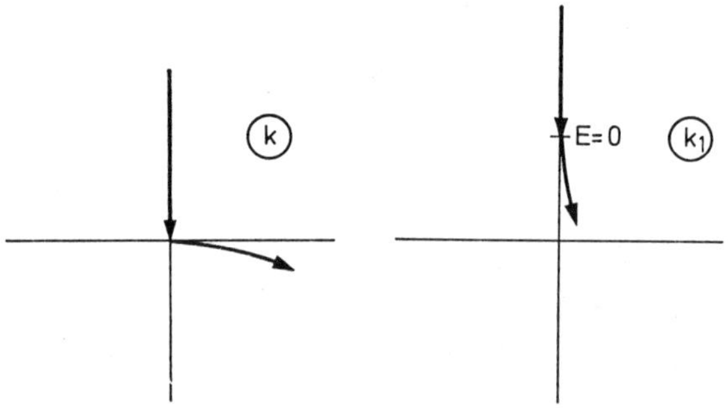

Abb. 26. Wanderung von k und k_1 bei Heben des Potentialtopfs

auf die positive Achse wandert, somit k reell wird. Dort verlangt das Verschwinden von K_- die Erfüllung zweier reeller Gleichungen, nämlich Verschwinden des Realteils und des Imaginärteils; dies kann durch Wahl *einer* reellen Variablen nicht befriedigt werden, die Nullstellen liegen daher nicht auf, sondern in der Nähe der positiven Energieachse, bzw. positiv imaginären k_1-Achse. Nach wie vor gilt jedoch in sehr guter Näherung (nämlich bis auf Glieder der Ordnung $\exp(-2|k_1|d)$) für die Polstellen von S die Bedingung (44.10), in welcher k nicht vorkommt, welche mit anderen Worten von dem Anheben des Potentialtopfs unabhängig ist. Die Wanderung von k_1 wird somit von dem Umstand, daß das Energieniveau über den Wert Null emporgehoben wird, nur insofern berührt, als es ganz wenig von der imaginären Achse abweicht (s. Abb. 26). k dagegen wandert ins unphysikalische Blatt ein, verläßt abrupt die imaginäre Achse und wendet sich dicht unterhalb der reellen Achse nach rechts. Dies ändert sich erst dann wesentlich, wenn k_1 sich der reellen Achse nähert, und sodann ins negativ imaginäre Blatt hinüberwechselt.

§ 45. WKB-Verfahren

Die Beziehung (7.3) zwischen Wirkung und Phase haben wir in § 10 benützt, um aus der Gestalt $a \times \exp(i\Phi)$ einer ebenen Welle die Schrödinger-Gleichung zu erschließen. Diese wird für ein ortsabhängiges Potential nicht mehr durch ebene Wellen gelöst. Wendet man die Gleichung aber auf einen Fall an, für welchen angenähert die Gesetze der klassischen Mechanik gelten, so kann man sie durch Phasenfaktoren mit langsam veränderlichen Amplituden lösen. Hierauf beruht das Näherungsverfahren von Wentzel, Kramers und Brillouin (WKB-Verfahren), welches zur Lösung der eindimensionalen zeitunabhängigen Schrödinger-Gleichung

$$\left(\frac{d^2}{dx^2} + \frac{p^2(x)}{\hbar^2}\right)\psi(x) = 0 \tag{45.1}$$

verwendet werden kann. Hierin ist $p(x)$ der ortsabhängige Impuls

$$p(x) = \sqrt{2\mu(E - V(x))}\,. \tag{45.2}$$

Zur Lösung macht man den Ansatz

$$\psi(x) = T(x)\,\mathrm{e}^{\frac{i}{\hbar}\int^x p(\xi)\,d\xi} \tag{45.3}$$

Dabei hofft man, daß bei langsam veränderlichem $V(x)$ die Amplitude $T(x)$ langsam veränderlich ist und durch ein Näherungsverfahren ermittelt werden kann. Einsetzen in (45.1) liefert

$$\hbar T'' + i(2T'p + Tp') = 0\,. \tag{45.4}$$

Die Striche bedeuten Ableitungen nach x. Unter der Voraussetzung

$$\hbar\,|T''| \ll \begin{cases} |T'p| \\ |Tp'| \end{cases} \tag{45.5}$$

kann man den ersten Summanden gegen den zweiten vernachlässigen; dann wird (45.4) gelöst durch $T(x) = p(x)^{-\frac{1}{2}}$. Damit hat man als Näherungslösung von (45.1) die WKB-Funktion

$$\psi(x) = \frac{1}{\sqrt{p(x)}}\,\mathrm{e}^{\frac{i}{\hbar}\int^x p(\xi)\,d\xi} \tag{45.6}$$

Sie wird ersichtlich unbrauchbar in der Umgebung einer Nullstelle von $p(x)$. Genau dort wird auch die Voraussetzung (45.5) verletzt; diese lautet mit $T = p^{-\frac{1}{2}}$:

$$\hbar\left|\frac{3}{2}\frac{p'^2}{p^2} - \frac{p''}{p}\right| \ll |p'|\,. \tag{45.5a}$$

Man sieht, daß diese Ungleichung nahe einer Nullstelle von p auch im klassischen Grenzfall falsch wird. — Die Nullstellen von $p(x)$ sind die Umkehrpunkte der klassischen Mechanik, an welchen die kinetische Energie verschwindet; das Teilchen kann dort nicht weiter gegen das Potential anlaufen und wird reflektiert. In der Umgebung der Umkehrpunkte gilt es, anstelle von (45.6) eine bessere Lösung aufzufinden. Nach Langer kann man zu diesem Zweck das Potential in der Umgebung des Umkehrpunkts x_0 bis zum linearen Glied in $(x-x_0)$ Taylor-entwickeln, und die Wellengleichung nach § 40 durch ein Airy-Integral lösen; die gesamte Lösung muß man dann aus Lösungen für die Umgebung der Umkehrpunkte und Lösungen (45.6) der übrigen Gebiete zusammenstückeln. Man kann statt dessen aber auch eine einzige geschlossene Lösung finden, welche für alle x-Werte brauchbar ist, indem man nach Miller und Good[7] das gegebene Problem auf ein exakt lösbares Modell-Problem

$$\left(\frac{d^2}{dS^2}+\frac{P^2(S)}{\hbar^2}\right)\Omega(S)=0 \tag{45.7}$$

abbildet. Die „Impulsfunktion" $P(S)$ des Modells wählt man so, daß $P^2(S)$ ebensoviele Nullstellen gleicher Ordnung hat wie $p^2(x)$. Bei der Abbildung werden Umkehrpunkte auf Umkehrpunkte, Gebiete $p^2>0$ auf $P^2>0$, Gebiete $p^2<0$ auf $P^2<0$ abgebildet. Die Abbildung wird vorgenommen durch

$$S=S(x); \quad \psi(x)=T(x)\,\Omega\big(S(x)\big). \tag{45.8}$$

In die Abbildung $\psi\to\Omega$ fügt man einen Amplitudenfaktor $T(x)$ ein, weil er eine Vereinfachung ermöglicht (s. u.). Aus (45.8) folgt

$$\psi''(x)=T''(x)\,\Omega\big(S(x)\big)+(2T'S'+TS'')\frac{d\Omega}{dS}+TS'^2\frac{d^2\Omega}{dS^2}. \tag{45.9}$$

Die Freiheit, $T(x)$ beliebig zu wählen, benützt man, um den zweiten Summanden zum Verschwinden zu bringen; dazu setzt man

$$T(x)=S'(x)^{-\frac{1}{2}}. \tag{45.10}$$

Im letzten Summanden von (45.9) ersetzt man $d^2\Omega/dS^2$ nach (45.7):

$$\psi''(x)=\left\{T''(x)-TS'^2\frac{P^2(S(x))}{\hbar^2}\right\}\Omega\big(S(x)\big). \tag{45.11}$$

Aus der Schrödinger-Gl. (45.1) ergibt sich für $S(x)$ die Differentialgleichung

$$\hbar^2T''(x)+\{p^2(x)-S'^2(x)\,P^2(S(x))\}\,T(x)=0. \tag{45.12}$$

Im klassischen Grenzfall vernachlässigt man $\hbar^2T''$ und erhält wegen

7 Miller, S. C., Good, R. M. jr.: Phys. Rev. **91**, 174 (1953).

$S'(x) = dS/dx$:

$$P(S)\, dS = p(x)\, dx. \tag{45.13}$$

Dies läßt eine Quadratur zu; die Wahl einer Integrationskonstanten kann man dazu benützen, um die Abbildung *eines* Umkehrpunktes x_0 auf einen Umkehrpunkt S_0 des Modells sicherzustellen:

$$\int_{S_0}^{S(x)} P(\sigma)\, d\sigma = \int_{x_0}^{x} p(\xi)\, d\xi. \tag{45.14}$$

Die Anpassung weiterer Umkehrpunkte muß durch Wahl von Parametern der Modellfunktion $P(S)$ erreicht werden (s. das folgende Beispiel 3). — Durch (45.14) wird $S(x)$ implizit festgelegt. Als Näherungslösung der Schrödinger-Gleichung haben wir nunmehr

$$\psi(x) = \frac{1}{\sqrt{S'(x)}}\, \Omega\big(S(x)\big). \tag{45.15}$$

Sie bleibt auch am Umkehrpunkt x_0 (bei richtiger Anpassung der Parameter genauso an den anderen Umkehrpunkten) brauchbar, weil $S'(x_0)$ endlich ist. Durch Differentiation von (45.14) erhält man nämlich

$$S'(x)\, P\big(S(x)\big) = p(x). \tag{45.16}$$

Hat $P(S)$ — wie vorausgesetzt — bei S_0 eine Nullstelle derselben Ordnung wie $p(x)$ bei x_0, dann ist $S'(x_0)$ demnach endlich. Damit wird auch $T''(x_0)$ endlich, und die Vernachlässigung des ersten Summanden von (45.12) ist gerechtfertigt.

Beispiele: 1. Hat $p(x)$ keine Nullstelle, so wählt man $P(S) = 1$ und kehrt zu der WKB-Lösung (45.6) zurück.

2. Hat $p^2(x)$ eine Nullstelle erster Ordnung bei x_0, so wählt man $P^2(S) = S$. Man erhält Gl. (45.7) aus (40.5), wenn man ersetzt: $x \to S$, $\varepsilon \to 0$, $f \to \hbar^{-2}$, $\psi \to \Omega$. Die Lösung liest man aus (40.8) ab:

$$\Omega(S) = \frac{1}{\pi i} \int \mathrm{d}t \exp\left[(St + t^3/3)/\hbar\right]. \tag{45.17}$$

Zu ermitteln bleibt die Abbildung $S(x)$. Mit $S_0 = 0$ liefert (45.14)

$$S(x) = \Big[\tfrac{3}{2} \int_{x_0}^{x} p(\xi)\, d\xi\Big]^{\frac{2}{3}}. \tag{45.18}$$

Wir wollen uns überzeugen, daß $S'(x)$ wirklich bei x_0 endlich bleibt. Wir entwickeln in der Umgebung von x_0

$$p^2(\xi) \approx p^{2\prime}(x_0)(\xi - x_0); \qquad \tfrac{3}{2} \int_{x_0}^{x} p(\xi)\, d\xi \approx \sqrt{p^{2\prime}(x_0)} \cdot (x - x_0)^{\frac{3}{2}}.$$

Daraus folgt

$$S(x) \approx \sqrt[3]{p^{2\prime}(x_0)} \cdot (x - x_0); \qquad S'(x_0) = \sqrt[3]{p^{2\prime}(x_0)}.$$

3. Durchtunneln eines Potentialwalls (s. Abb. 24, 25), welcher in dem Intervall von x_1 bis x_2 die Energie des Teilchens übersteigt; man hat dabei die zwei Umkehrpunkte x_1, x_2. Als Modell mit einem Wall und zwei Umkehrpunkten $S = \pm C$ wählt man

$$P^2(S) = S^2 - C^2; \qquad \left(\frac{d^2}{dS^2} + (S^2 - C^2)/\hbar^2\right)\Omega = 0. \tag{45.19}$$

Dies geht in die Oszillatorgleichung (29.4) über, wenn man setzt

$$\xi = \sqrt{i/\hbar}\, S; \qquad n = -\frac{1 - iC^2/\hbar}{2}. \tag{45.20}$$

Die allgemeine Lösung von (45.19) ist nach (29.5) das komplexe Integral

$$\Omega(S) = e^{iS^2/2\hbar} \cdot \frac{1}{2\pi i} \oint dz\, e^{-z^2} \left(z - \sqrt{i/\hbar}\, S\right)^{(1 - iC^2/\hbar)/2} \tag{45.21}$$

Man erhält zwei unabhängige Lösungen mit den beiden Integrationswegen von Abb. 9; C_2 liefert eine nach rechts, C_1 eine nach links fortschreitende Welle (es sei dem Leser empfohlen, dies aus der Asymptotik nachzuweisen). — Wir bestimmen nun die Abbildung $S(x)$. Um x_1 auf $-C$ abzubilden, fordern wir nach (45.14)

$$i \int_{-C}^{S} (C^2 - \sigma^2)^{\frac{1}{2}} d\sigma = \int_{x_1}^{x_2} p(\xi)\, d\xi. \tag{45.22}$$

Da x_2 auf den Modellpunkt $+C$ abzubilden ist, muß gelten

$$i \int_{-C}^{C} (C^2 - \sigma^2)^{\frac{1}{2}} d\sigma = \int_{x_1}^{x_2} p(\xi)\, d\xi$$

oder

$$C^2 = \frac{2}{\pi i} \int_{x_1}^{x_2} p(\xi)\, d\xi. \tag{45.23}$$

Durch (45.22) ist $S(x)$ implizit bestimmt; das Integral der linken Seite läßt sich zwar elementar berechnen, führt aber auf eine transzendente Gleichung für S; diese kann man numerisch lösen. — Aus (45.15) entnimmt man sodann die gesuchte Näherungs-Lösung der Schrödinger-Gleichung.

KAPITEL IV

Streuung und Zerfall

§ 46. Streuung am Zentralpotential

Im vorangegangenen Kapitel haben wir atomare Systeme im wesentlichen unter dem Gesichtspunkt des Spektrums physikalischer Größen betrachtet, d.h. also vom Standpunkt der Quantenmechanik. Wir wissen, daß der rein wellenoptische Aspekt dem völlig gleichberechtigt ist. Wir können die Schrödinger-Gleichung im vierdimensionalen Raum-Zeit-Kontinuum, wenn wir wollen, primär als die mathematische Beschreibung eines raumzeitlichen wellenoptischen Vorgangs verstehen, etwa eines Kathodenstrahls, den wir als klassische Wellenstrahlung auffassen (die Tatsache, daß er einzelne Elektronen enthält ergibt sich dann erst quantentheoretisch, s. Kap. V). Eine Schrödinger-Gleichung der Gestalt

$$[\Delta + k^2 - v(r)]\, u(\mathbf{r}) = 0 \tag{46.1}$$

mit einer Funktion $v(r)$, wo r der Abstand von einem gegebenen Zentrum ist, beschreibt optisch gesehen eine Wellenausbreitung in einem Medium, dessen Brechungsexponent

$$n(r) = \frac{\sqrt{k^2 - v(r)}}{k} \tag{46.2}$$

eine Funktion von r ist. Wir wissen, daß dieser Brechungsindex bei einem Kathodenstrahl dadurch erzeugt wird, daß ein radialsymmetrisches elektrisches Potential

$$V(r) = v(r) \times 0{,}38 \times 10^{-19}\ \mathrm{Vm}^2 \tag{46.3}$$

herrscht. Die universelle Konstante $0{,}38 \times 10^{-19}\ \mathrm{Vm}^2$ kann durch optische Experimente mit Kathodenstrahlen ermittelt werden; erst die Quantisierung des Feldes erlaubt die Zurückführung dieser universellen Konstanten auf die Kombination $\hbar^2/2\mu e$ der Planckschen Konstanten und der Eigenschaften μ, e der Feldquanten. Wir setzen voraus, daß das Potential endliche Reichweite besitzt (im Sinne von § 39). Wir haben dann ein im Großen homogenes optisches Medium mit einer kugelförmigen Schliere, an welcher ankommende Wellen gestreut werden. Läßt man in dem homogenen Medium eine Welle $u_0(\boldsymbol{r})$ (ausgehend von irgendeiner Sorte von Strahlungsquelle) einfallen, also eine Lösung der Gleichung

$$(\Delta + k^2)\, u_0(\boldsymbol{r}) = 0; \tag{46.4}$$

so wird diese infolge der Anwesenheit der Schliere eine Streuwelle $u_S(\boldsymbol{r})$ erzeugen, so daß die Lösung von (46.1) sich zusammensetzt aus

$$u(\boldsymbol{r}) = u_0(\boldsymbol{r}) + u_S(\boldsymbol{r}). \tag{46.5}$$

u ist Lösung von (46.1), u_0 von (46.4); die Streuwelle u_S dagegen löst keine von beiden Gleichungen, sie ist jedoch wie die Gesamtlösung u bei vorgegebenen u_0 festgelegt, wenn man den physikalischen Aspekt des Vorganges präzisiert: Da u_S durch die Primärwelle *erzeugt* werden soll, darf die Streuwelle nur *auslaufende Anteile* enthalten, also nur solche Wellen, welche sich im Unendlichen bis auf eine Winkelfunktion wie $\exp(ikr)/r$ verhalten. Daß gerade diese Wellen auslaufend sind, hängt damit zusammen, daß wir entsprechend der üblichen Konvention in (10.2) den zeitabhängigen Phasenfaktor $\exp(-i\omega t)$ gewählt haben. Man macht sich die Sache allerdings zu leicht, wenn man nur auf die gesamte Phase der Welle $\Phi = kr - \omega t$ sieht und aus ihr ablesen will, daß die Flächen konstanter Phase mit wachsender Zeit nach größeren r wandern; denn die Frequenz einer Schrödinger-Welle ist nur bis auf eine Eichung, also sicher nur bis auf eine Konstante bestimmt, welche wir auch so festlegen können, daß ω negativ wird. *Ob die Wellen aus- oder einlaufend* sind, *entscheidet sich* vielmehr *aus der Gruppengeschwindigkeit.* Bei einem Wellenvorgang fester Frequenz ω ist die Dichte im Schrödinger-Feld zeitlich konstant, es ist deshalb unmöglich, die Ausbreitung zu verfolgen; man kann dies erst tun, wenn man durch Überlagerung von Wellen etwas verschiedener Frequenzen eine Wellengruppe bildet, welche lokalisiert ist und sich dem Streuzentrum nähert, um es nach Erzeugung von Streuwellen wieder zu verlassen. Dabei geht in radialer Richtung eine gestreute Wellengruppe aus, deren Gruppengeschwindigkeit, wie wir wissen, $= d\omega/d\boldsymbol{k}$ ist. Bei den Schrödinger-Wellen ist $\omega = \hbar k^2/2\mu$, die Gruppengeschwindigkeit also $\hbar \boldsymbol{k}$; aus *diesem* Grunde ist die Gruppengeschwindigkeit von Wellen $\sim \exp(ikr - i\omega t)/r$ vom Zentrum weg gerichtet.

Da man alle einfallenden Wellen $u_0(\boldsymbol{r})$ nach ebenen Wellen Fourier-entwickeln kann, genügt es, die Streuung einer ebenen einfallenden Welle zu berechnen. Die Aufgabe der Beugungstheorie reduziert sich deshalb darauf, eine Lösung von (46.1) zu finden, welche sich von einer gegebenen ebenen Welle $\exp(i\boldsymbol{k}\cdot\boldsymbol{r})$ nur durch asymptotisch auslaufende Anteile unterscheidet. Die mathematischen Hilfsmittel zur Lösung dieser Aufgabe haben wir im wesentlichen bereits in § 34 und § 39 bereitgestellt.

Wir entwickeln zunächst die ebene Welle nach Drehimpulseigenfunktionen. Zu diesem Zweck legen wir in die Richtung des Vektors $\boldsymbol{k}$ die Achse eines Polarkoordinatensystems und haben

$$u_0(\boldsymbol{r}) \equiv \mathrm{e}^{i\boldsymbol{k}\cdot\boldsymbol{r}} = \mathrm{e}^{ikr\cos\vartheta} \tag{46.6}$$

Da dies φ nicht enthält, hat der Differentialoperator $\frac{1}{i}\,\partial/\partial\varphi$ den Eigenwert Null, es treten somit bei der Entwicklung nur Kugelflächenfunktionen Y_l^m mit $m=0$ auf, und wir können ansetzen

$$\mathrm{e}^{ikr\cos\vartheta} = \sum_{l=0}^{\infty} a_l\,\psi_l(kr)\,P_l(\cos\vartheta)\,. \tag{46.7}$$

Die ψ_l sind dabei die in (34.14) angegebenen Radialfunktionen des freien Schrödinger-Feldes. Um die Koeffizienten a_l zu bestimmen, benützen wir die asymptotische Form von Gl. (46.7) für $kr\to\infty$. In diesem Grenzfall haben wir in (34.14) sämtliche Differentiationen an $\sin\varrho$ auszuführen, da dies allein Glieder $\sim 1/\varrho$ liefert, während alle anderen Beiträge mit einer höheren Potenz von $1/\varrho$ gegen Null gehen. Man hat also asymptotisch

$$\psi_l(kr) \sim \frac{\sin\left(kr + l\,\frac{\pi}{2}\right)}{kr} = i^l\,\frac{\mathrm{e}^{ikr} - (-1)^l\mathrm{e}^{-ikr}}{2ikr}\,. \tag{46.8}$$

Dies ist von der Gestalt (39.6); die reguläre Lösung wird als Überlagerung einer auslaufenden Welle ψ_+ und einer einlaufenden Welle ψ_- dargestellt; hier speziell für das freie Teilchen, also Potential $V=0$. Entspr. (39.7) ist somit bei verschwindendem Potential die Streuamplitude gleich

$$S_l^{(0)}(k) = (-1)^{l-1}\,. \tag{46.9}$$

Führt man (46.8) in (46.7) ein, multipliziert sodann mit $P_{l'}(\cos\vartheta)$ und integriert über $d\cos\vartheta$, so erhält man wegen der Orthogonalität von Eigenfunktionen zu verschiedenen Werten von l und wegen des Normierungsintegrals (A 32.8) der Legendreschen-Polynome:

$$\int_{-1}^{+1} d(\cos\vartheta)\,P_l(\cos\vartheta)\,\mathrm{e}^{ikr\cos\vartheta} \sim \frac{2}{2l+1}\,a_l\,i^l\,\frac{\mathrm{e}^{ikr} - (-1)^l\mathrm{e}^{-ikr}}{2ikr}\,.$$

Das Integral kann man mit Hilfe einer partiellen Integration asymptotisch auswerten:

$$\int_{-1}^{+1} d(\cos\vartheta)\,P_l(\cos\vartheta)\,\mathrm{e}^{ikr\cos\vartheta} \sim \frac{1}{ikr}\left[P_l(\cos\vartheta)\,\mathrm{e}^{ikr\cos\vartheta}\right]_{-1}^{+1} - \frac{1}{ikr}\int_{-1}^{+1} d\,(\cos\vartheta)\,P_l'(\cos\vartheta)\,\mathrm{e}^{ikr\cos\vartheta}\,.$$

Das letzte Integral verschwindet im Limes $kr \to \infty$, da die Exponentialfunktion beliebig rasch oszilliert. Somit folgt durch Vergleich der beiden letzten Ausdrücke wegen (A 32.7):

$$a_l = (2l+1)\, i^{-l}. \tag{46.10}$$

Damit erhält die Entwicklung (46.7) die Gestalt

$$u_0 = \mathrm{e}^{ikr\cos\vartheta} = \sum_{l=0}^{\infty} (2l+1)\, i^{-l}\, \psi_l(kr)\, P_l(\cos\vartheta). \tag{46.11}$$

Wir wollen ohne Beweis anmerken, daß die Summe über l stets konvergiert, weil die sphärischen Besselfunktionen $\psi_l(kr)$ stärker als exponentiell gegen Null gehen, wenn $l \gg kr$ wird. — Unsere Aufgabe besteht nun darin, eine strenge Lösung u zu finden, welche sich von u_0 nur durch asymptotisch auslaufende Wellen unterscheidet. Nach (46.8) ist

$$i^{-l}\, \psi_l(kr) \sim \frac{(-1)^{l-1}}{2ik} \left(\frac{\mathrm{e}^{-ikr}}{r} + S_l^{(0)} \frac{\mathrm{e}^{ikr}}{r} \right). \tag{46.12}$$

Dies zeigt, daß $i^{-l}\psi_l$ beim Übergang zur strengen Lösung u nur ersetzt werden kann durch (Bezeichnung nach § 39):

$$\frac{(-1)^{l-1}}{2ik} (u_{l-} + S_l u_{l+}). \tag{46.13}$$

Somit lautet die strenge Lösung

$$u = \frac{1}{2ik} \sum_{l=0}^{\infty} (2l+1)(-1)^{l-1} (u_{l-} + S_l u_{l+})\, P_l(\cos\vartheta). \tag{46.14}$$

Auch hier sorgt wieder das Verhalten der regulären Lösung $u_{l-} + S_l u_{l+}$ bei $l \gg kr$ für die Konvergenz der Summe; aus diesem Grunde darf man die Grenzübergänge $l \to \infty$ und $kr \to \infty$ nicht vertauschen: würde man den asymptotischen Ausdruck (46.12) in die Summe (46.11) einsetzen, so würde man die Konvergenz zerstören. — Den strengen Ausdruck für die Streuwelle erhält man, indem man u_0 von u abzieht:

$$u_S = \frac{1}{2ik} \sum_{l=0}^{\infty} (2l+1)(-1)^{l-1} [u_{l-} + S_l u_{l+} + 2ik\, i^l \psi_l]\, P_l(\cos\vartheta). \tag{46.15}$$

Die eckige Klammer ist asymptotisch für sehr große r

$$[\ ] \sim (S_l - S_l^{(0)}) \frac{\mathrm{e}^{ikr}}{r}. \tag{46.16}$$

Ob man diesen asymptotischen Ausdruck in die Summe einsetzen darf, hängt davon ab, ob die Differenz $S_l - S_l^{(0)}$ mit wachsendem l hinreichend stark gegen Null geht, um die Summe konvergieren zu lassen; wir werden sehen, daß dies bei einem Streupotential endlicher Reichweite stets der Fall ist. Deshalb gilt für die Lösung (46.5) des Streuproblems die folgende asymptotische Formel:

$$u(\boldsymbol{r}) \sim e^{ikr\cos\vartheta} + F(\vartheta)\,\frac{e^{ikr}}{r} \tag{46.17}$$

mit einem nur von Winkel ϑ abhängigen *Streufaktor*

$$F(\vartheta) = \frac{1}{2ik}\sum_{l=0}^{\infty}(2_l+1)\left(\frac{S_l}{S_l^{(0)}} - 1\right)P_l(\cos\vartheta)\,. \tag{46.18}$$

Das Verhältnis der beiden Größen S_l und $S_l^{(0)}$, die beide vom Betrag eins sind, ist ein Phasenfaktor:

$$S_l(k) = e^{i\delta_l(k)}\,S_l^{(0)}\,. \tag{46.19}$$

Man nennt $\delta_l(k)$ die *Streuphase* des Potentials $V(r)$ für eine Wellenzahl k und eine Partialwelle l. (46.18) läßt sich unter Benützung von (46.19) in der Form schreiben

$$F(\vartheta) = \frac{1}{k}\sum_{l=0}^{\infty}(2l+1)\,e^{i\delta_l/2}\sin\frac{\delta_l}{2}\cdot P_l(\cos\vartheta)\,. \tag{46.20}$$

Das Verhältnis der gestreuten Intensität an einem Ort r, ϑ zur Primärintensität ist nach Gl. (46.17)

$$\frac{|u_S|^2}{|u_0|^2} = \frac{|F(\vartheta)|^2}{r^2}\,. \tag{46.21}$$

Wir berechnen hieraus den *differentiellen Streuquerschnitt* $d\sigma$, der definiert ist als diejenige Fläche, welche dem Primärstrahl entgegengestellt werden muß, um ihm gerade soviel Intensität zu entnehmen, wie von dem Streuzentrum in das Winkelelement $d\Omega$ gestreut wird; d.h. also

$$|u_0|^2 d\sigma = |u_S|^2 r^2 d\Omega\,. \tag{46.22}$$

Aus (46.22) und (46.21) ergibt sich

$$\frac{d\sigma}{d\Omega} = |F(\vartheta)|^2\,. \tag{46.23}$$

Setzt man hierin (46.20) ein, so folgt explizit

$$\begin{aligned}\frac{d\sigma}{d\Omega} = \frac{1}{k^2}\sum_{l=0}^{\infty}\sum_{l'=0}^{\infty}(2l+1)(2l'+1)\\ \cdot e^{i\frac{\delta_l-\delta_{l'}}{2}}\sin\frac{\delta_l}{2}\sin\frac{\delta_{l'}}{2}\,P_l(\cos\vartheta)\,P_{l'}(\cos\vartheta)\,.\end{aligned} \tag{46.24}$$

Durch Integration über den räumlichen Winkel erhält man den totalen Streuquerschnitt σ; dabei fallen wegen der Orthogonalität die

Glieder $l \neq l'$ fort, man kann Gl. (A 32.8) benützen und hat schließlich

$$\sigma = \frac{4\pi}{k^2} \sum_{l=0}^{\infty} (2l+1) \sin^2 \frac{\delta_l}{2}. \tag{46.25}$$

Wir wollen durch eine Abschätzung erhärten, daß für ein Potential endlicher Reichweite diese Summe stets konvergiert. Wir gehen dazu aus von der radialen Gleichung (39.1) für $R \equiv r u_l$:

$$\left[\frac{d^2}{dr^2} - \frac{l(l+1)}{r^2} + k^2 - v(r)\right] R(r) = 0. \tag{46.26}$$

Wir führen hierin eine Funktion Φ so ein, daß sie asymptotisch Phase der Welle wird:

$$\frac{1}{R} \frac{dR}{dr} \equiv k \cot \Phi. \tag{46.27}$$

In der Tat gilt für sehr große Werte von kr: $R = A \sin \Phi$; $\frac{d\Phi}{dr} = k$; und dies führt auf Gl. (46.27). Für kleinere Werte von kr ist die Bedeutung von Φ zwar nicht so klar, doch zeigt Φ die wesentlichen Eigenschaften einer Phase: An den Nullstellen von R durchläuft Φ die Werte $n\pi$, an den Nullstellen der Ableitung dR/dr die Werte $(n+\frac{1}{2})\pi$. In der Umgebung des Punktes $r=0$ ist $R(r)$ proportional zu r^{l+1}, also $\frac{1}{R}\frac{dR}{dr} \sim (l+1)/r$. Nach (46.27) wird $\cot \Phi$ bei $r=0$ unendlich, bei kleinen positiven Werten von r positiv; wir können deshalb dem Werte $r=0$ die Phase $\Phi = 0$ zuordnen. — Für sehr kleine Werte von r ist nach (46.26) d^2R/dr^2 von gleichem Vorzeichen wie R. Da ursprünglich auch dR/dr dieses selbe Vorzeichen besitzt, steigt R immer steiler an, bis ein Wendepunkt ($d^2R/dr^2 = 0$) überschritten wird. Dieser Wendepunkt liegt für sehr große Werte von l nahe bei $kr = l$. Die Phase ist an dieser Stelle also stets noch kleiner als $\pi/2$. — Wir stellen nun eine Differentialgleichung für Φ auf, indem wir (46.27) differenzieren und dann (46.26) zur Elimination der zweiten Ableitung benützen. Das Ergebnis ist

$$\frac{d\Phi}{dr} - k = -\frac{1}{k}\left(\frac{l(l+1)}{r^2} + v(r)\right) \sin^2 \Phi. \tag{46.28}$$

Wenn $v \equiv 0$ ist, so geht diese Gleichung über in

$$\frac{d\Phi_0}{dr} - k = -\frac{1}{k} \frac{l(l+1)}{r^2} \sin^2 \Phi_0. \tag{46.29}$$

Uns interessiert die Differenz

$$\Phi_l(r) \equiv \Phi(r) - \Phi_0(r), \tag{46.30}$$

aus welcher wir im $\lim r \to \infty$ die Streuphase erhalten:

$$\delta_l = 2 \lim_{r\to\infty} \Phi_l(r). \tag{46.31}$$

Nach (46.19), (46.9) ist nämlich

$$R \sim e^{-ikr} - e^{i(l\pi+\delta_l)} \cdot e^{ikr}$$
$$= -e^{i(\delta_l+l\pi)/2}\, 2i \sin(kr + l\pi/2 + \delta_l/2).$$

Das Argument des Sinus ist $=\Phi$, für $\delta_l = 0$ ist es Φ_0. — Indem wir (46.29) von (46.28) subtrahieren, gelangen wir zu der folgenden Differentialgleichung für Φ_l:

$$\frac{d\Phi_l}{dr} + \frac{l(l+1)}{2kr^2}[\sin 2\Phi_0 \sin 2\Phi_l + (1-\cos 2\Phi_l)\cos 2\Phi_0] \\ = -\frac{v(r)}{k}\sin^2\Phi. \tag{46.32}$$

Man kann abschätzen, daß die rechte Seite dieser Gleichung für sehr große l stärker als $1/l$ gegen Null geht. Solange kr nämlich $\ll l$ ist, ist $\cot\Phi \approx (l+1)/kr$, somit $\sin^2\Phi \approx 1/(1 + l^2/k^2r^2)$. In diesem Bereich sorgt somit der Faktor $\sin^2\Phi$ dafür, daß die rechte Seite wie $1/l^2$ klein ist. Wird dagegen kr von der Größenordnung l, so ist wegen der vorausgesetzten kurzen Reichweite $v(r)$ stärker als $1/l$ klein. Die linke Seite von (46.32) zeigt dann, daß ein Φ_l von einer Ordnung $\ll 1/l$ ausreicht, um die Gleichung zu erfüllen. Nach (46.31) ist deshalb auch δ_l für große l klein gegen die Ordnung $1/l$. Der Summand von (46.25) nimmt daher für $l \to \infty$ stärker als $1/l$ ab, die Summe konvergiert.

§ 47. Bedeutung von Resonanzen für die Streuung

Nach Gl. (46.18) ist die Amplitude der l-Streuung proportional zu

$$1 - (-1)^{l-1} S_l = 1 - e^{i\delta_l}. \tag{47.1}$$

Ist die Streuphase δ_l ein vielfaches von 2π, so ist die l-Streuung Null, ist δ_l ein ungerades Vielfaches von π, so wird sie maximal. Besitzt die analytische Funktion $S_l(E)$ einen Pol nahe der positiv reellen E-Achse (präziser: liegt der Pol näher an der E-Achse als an irgendeinem anderen Pol), so macht sich dies in der Streuung in charakteristischer Weise bemerkbar. Wir nehmen an, der Pol liege beim Energiewert $E_1 - iE_2$. Wegen der Unitarität liegt dann bei $E_1 + iE_2$ ein Pol von $S_l^{-1}(E)$, d.h. also eine *Nullstelle* von $S_l(E)$ (s. Abb. 27). Deshalb zeigt $S_l(E)$ in der

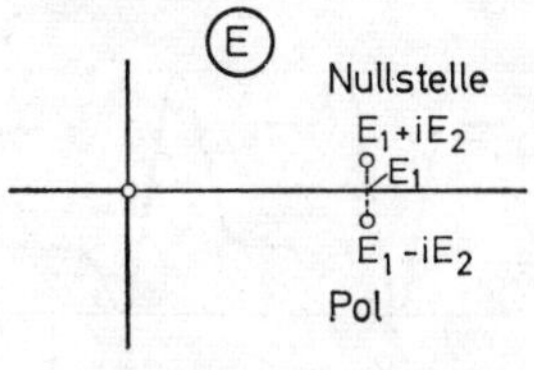

Abb. 27. Lage von Pol und Nullstelle von S_l

Umgebung von $E = E_1$ das folgende Verhalten:

$$S_l(E) \approx e^{i\alpha} \frac{E - E_1 - iE_2}{E - E_1 + iE_2}. \tag{47.2}$$

Dabei ist α eine reelle Funktion der Energie (d.h. reell für reelle Werte von E), welche langsam veränderlich ist und somit in der betrachteten Umgebung näherungsweise als konstant angesehen werden darf. Der Bruch ist ≈ 1, sofern $|E - E_1| \gg E_2$ ist. Läßt man jedoch E_1 von großen negativen nach großen positiven Werten wachsen, so umläuft $S_l(E)$ einmal den Einheitskreis im positiven Sinn (s. Abb. 28); die Phase des Zählers wächst dabei um π, die des Nenners nimmt um π ab. Bei diesem Umlauf nimmt S_l den Wert $+1$ wie auch -1 an, die Amplitude der l-ten Streuwelle zeigt also als Funktion der Energie das folgende Verhalten: Abseits der Resonanzstelle ist sie konstant $= |1 - e^{i\alpha}|^2$; läßt man die Energie dagegen an der Resonanzstelle vorbeigehen, so wird kurz nacheinander der Minimalbetrag Null und der Maximalbetrag vier angenommen. Einige mögliche Resonanzkurven sind in Abb. 29 dargestellt. — Eine Resonanz *einer* der Partialwellen macht sich auch im *gesamten* Streuquerschnitt bemerkbar.

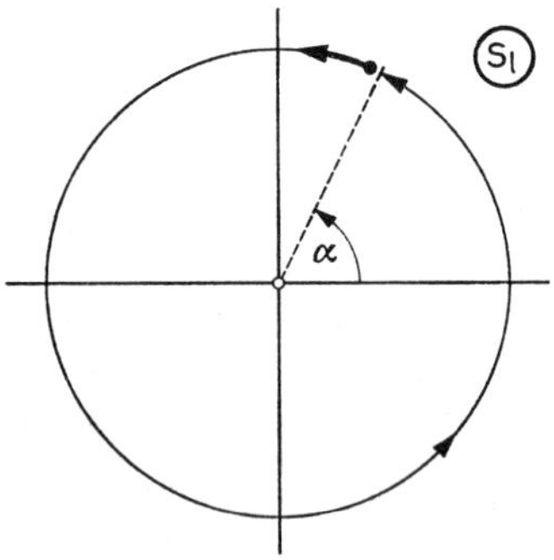

Abb. 28. Weg von $S_l(E)$ beim Passieren einer Resonanz

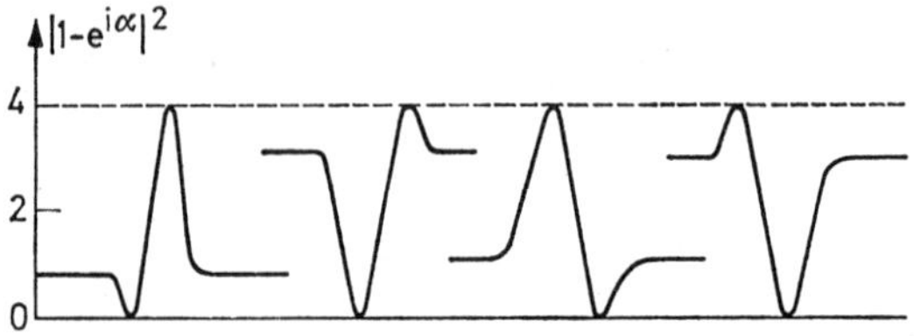

Abb. 29. Mögliche Formen von Resonanzkurven

Als Beispiel ziehen wir den Potentialtopf mit Wall von § 44 heran mit den Zahlenwerten $2\mu a^2 V_0/\hbar^2 = -9$; $2\mu a^2 V_1/\hbar^2 = 6{,}25$; $b = 2a$; $l = 0$. Für Energien unterhalb der Schwelle ist k_1 imaginär, wir setzen deshalb $k_1 = i\varkappa$, $\varkappa > 0$. Für (47.1) haben wir dann nach Gl. (44.8)

$$1-(-1)^{-1}S_0 = 1 + e^{-4ika}\,\frac{(ika+\varkappa a)(\varkappa a \sin k_0 a + k_0 a \cos k_0 a) + (ika-\varkappa a)(\varkappa a \sin k_0 a - k_0 a \cos k_0 a)\exp(-2\varkappa a)}{(ika-\varkappa a)(\varkappa a \sin k_0 a + k_0 a \cos k_0 a) + (ika+\varkappa a)(\varkappa a \sin k_0 a - k_0 a \cos k_0 a)\exp(-2\varkappa a)}\,. \tag{47.3}$$

Die Glieder mit $\exp(-2\varkappa a)$ — dies ist die Schwächung der Welle beim Durchtunneln des Walls — sind für die Resonanzerscheinung verantwortlich. Entfernt von der Resonanz ist ihr Einfluß unwesentlich und genähert

$$|1-e^{i\delta}|^2 \approx 4\,\frac{(ka\cos 2ka - \varkappa a \sin 2ka)^2}{k^2a^2+\varkappa^2 a^2}\,. \tag{47.4}$$

Wesentliche Abweichungen von diesem mittleren Verlauf der Streuintensität erhält man in der Umgebung der Stelle, wo $\varkappa a \sin k_0 a + k_0 a \cos k_0 a = 0$ ist; an dieser Stelle selbst hat nach (47.3) S_0 gerade den halben Einheitskreis durchlaufen. Abb. 30 zeigt die Wanderung von S_0

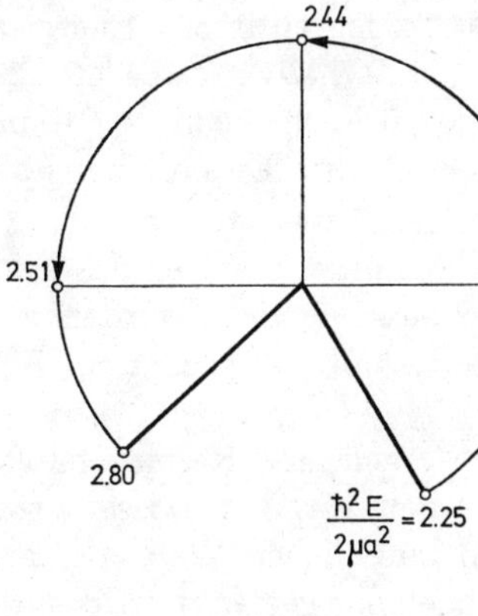

Abb. 30. Wanderung der Streuphase, Potentialtopf mit Wall

in der komplexen Ebene. Kurz vor der Resonanzstelle wird der Maximalwert der Streuintensität erreicht ($S_0 = 1$), sodann sinkt die Intensität bis Null ab ($S_0 = -1$), um wieder zu dem normalen Wert (47.4) zurückzukehren. Die Intensität ist in Abb. 31 eingezeichnet, dazu (gestrichelt) der „normale" Verlauf. — Als physikalischen Grund für die starke Variation der Streuintensität in der Umgebung von Pol- bzw. Nullstellen von S_0 kann man ansehen, daß Wellenfunktionen aus diesem Energiebereich im Potentialtopf besonders große Amplituden haben. Dies gilt

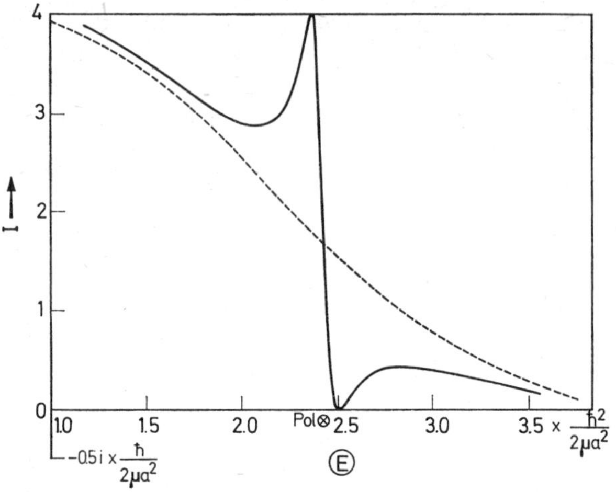

Abb. 31. Oben: Streuintensität in der Umgebung einer Resonanz; unten: Lage des Pols in der E-Ebene

nicht nur für den Potentialtopf, sondern ganz allgemein, als Folge der Gleichungen (39.7) und (39.21); befindet sich nämlich eine Resonanzstelle in unmittelbarer Nähe der positiven Energieachse, dann besitzt $D_l(k)$ eine Nullstelle dicht unterhalb der reellen Energieachse, ist deshalb auf der reellen Energieachse sehr klein, so daß nach (39.21) der Normierungsfaktor $N_l(k)$ sehr groß wird. Dies hat zur Folge, daß die Wellenfunktion, welche ja im Unendlichen fest auf $1/\sqrt{2\pi}$ normiert ist, im Endlichen sehr groß wird (nämlich dort, wo das Potential groß ist); die Wellenfunktionen dieses Energiebereichs werden vom Potential besonders stark beeinflußt und deshalb bei geeigneter Phasenlage sehr stark gestreut.

Sehr nahe an der Achse gelegene Resonanzstellen erhält man, wie wir aus den vorangegangenen Kapiteln wissen, stets dann, wenn ein Potentialtopf durch einen künstlichen Wall oder auch durch den Zentrifugal-Wall von der Umgebung getrennt wird und die Energie nicht ausreicht, um den Wall zu überschreiten. Deshalb erhält man auch für den einfachen Potentialtopf bei $l>0$ für bestimmte kleine positive Energien Resonanzerscheinungen, welche der Abb. 31 ähneln. In Abb. 32 sind die Verhältnisse für $l=1$ dargestellt, und zwar für verschiedene Topftiefen, bei welchen gerade kein gebundener Zustand mehr möglich ist. Da der Zentrifugalwall für $l=1$ noch verhältnismäßig niedrig ist, liegen die Pole von S_1 nicht besonders nahe an der reellen Achse, die Resonanzen werden breit. Bereits für $l=2$ erhält man jedoch in einem beträchtlichen Energiegebiet sehr scharfe Resonanzen, wie dies Abb. 33 zeigt.

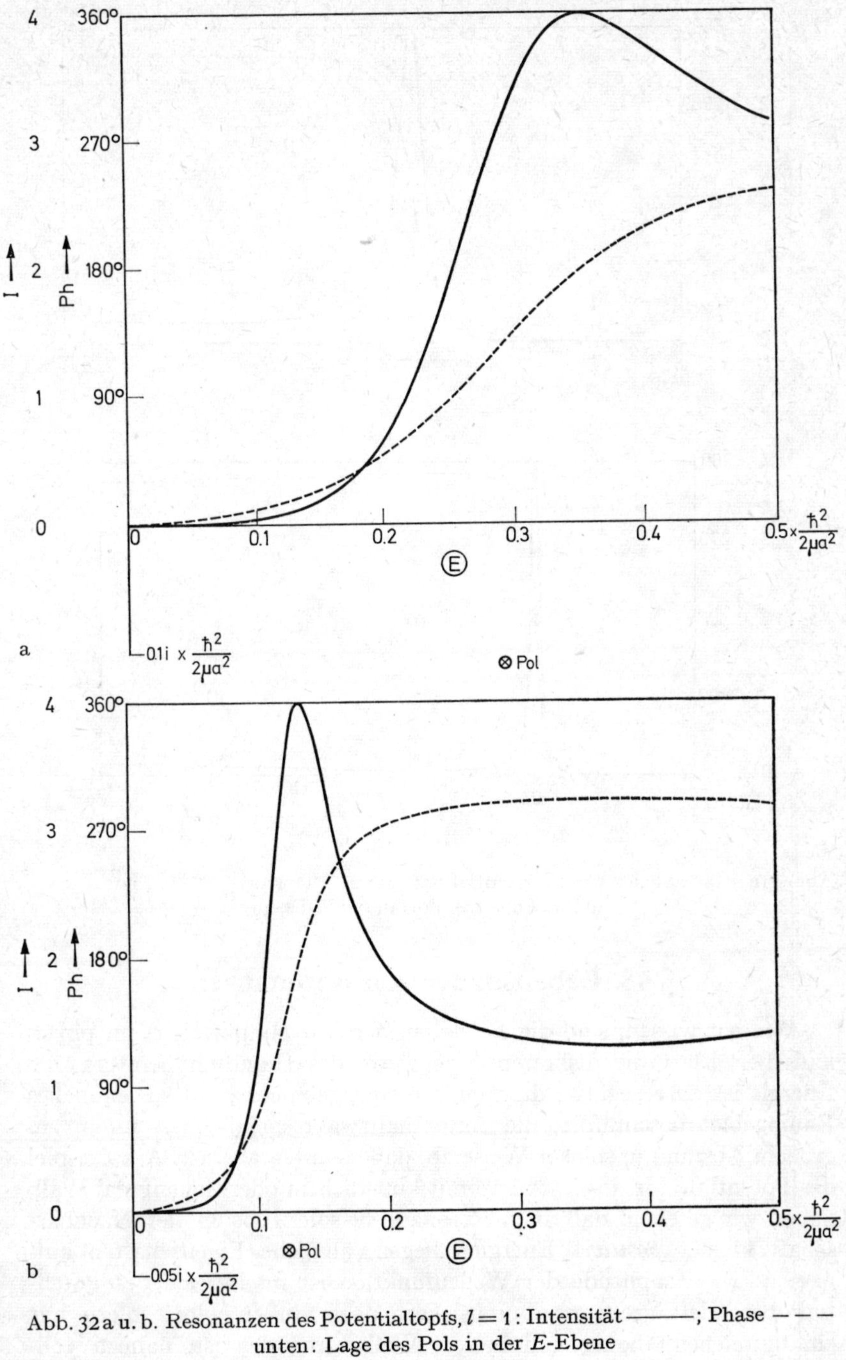

Abb. 32 a u. b. Resonanzen des Potentialtopfs, $l = 1$: Intensität ———; Phase – – –
unten: Lage des Pols in der E-Ebene

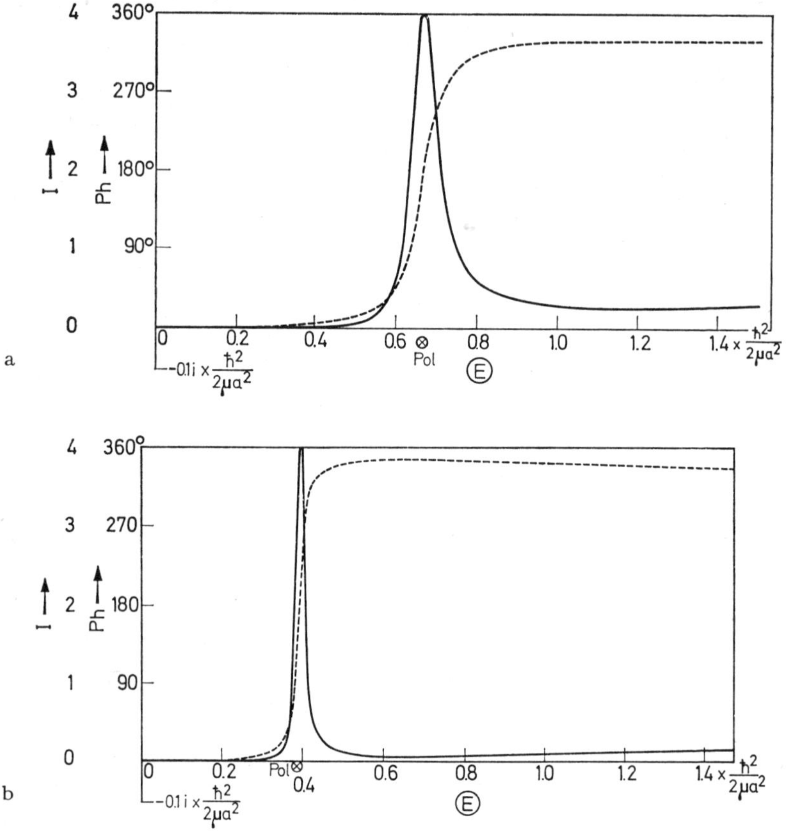

Abb. 33a u. b. Resonanzen des Potentialtopfs, $l = 2$: Intensität ———; Phase – – –
unten: Lage des Pols in der E-Ebene

§ 48. Lebensdauer von Resonanzen

Wie wir wissen, sind die Polstellen der Streuamplitude S im physikalischen Blatt die diskreten Eigenwerte des Hamiltonoperators; die Energie ist dort negativ, die Teilchen sind gebunden, auf ein endliches Raumgebiet beschränkt; die Aufenthaltswahrscheinlichkeit nimmt in großem Abstand in solcher Weise ab, daß sie integrabel ist. Am Beispiel des Potentialtopfs, insbesondere mit künstlichem oder Zentrifugal-Wall, haben wir gesehen, daß auch Resonanzen, sofern sie in der Nachbarschaft kleiner *positiver* Energien liegen, ähnliche Eigenschaften aufweisen: Die Amplitude der Wellenfunktion ist im Bereich des Potentials besonders groß, ein Durchsickern nach Außen wird, sofern nur ein hinreichend hoher und breiter Wall vorhanden ist, nahezu voll-

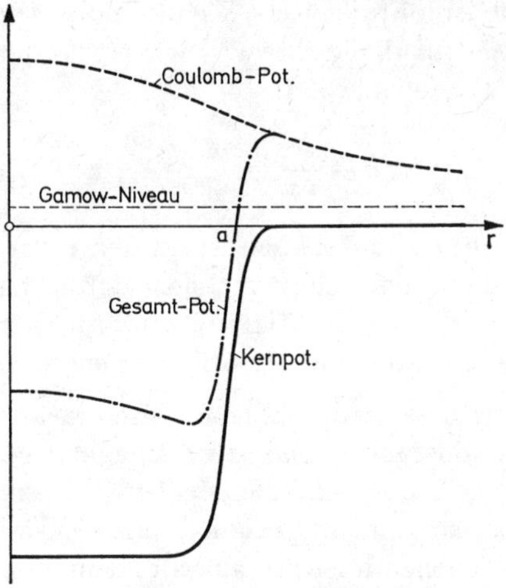

Abb. 34. Gamowsches Potential

ständig verhindert. Auf diesen Umstand gründete Gamow seine Theorie des α-Zerfalls. Stellt man das Potential der Kernkräfte durch eine Potentialmulde dar (s. Abb. 34), welche sich bis zum Kernrand bei $r=a$ erstreckt, und addiert das Coulombpotential (gestrichelte Kurve in Abb. 34), so resultiert ein Potentialverlauf (—·—·—), bei welchem eine abgeflachte Potentialmulde durch einen „Coulombwall" von der Umgebung abgeschlossen wird. Innerhalb des Coulombwalls sind stehende Wellen möglich, welche, weil sie durch den Wall sickern, *allmählich gedämpft werden.* Gamow sucht deshalb Lösungen der Schrödinger-Gleichung

$$H\psi = E\psi, \tag{48.1}$$

deren Energie einen negativ imaginären Anteil hat:

$$E = E_1 - i\hbar\gamma, \tag{48.2}$$

so daß die zeitabhängige Wellenfunktion

$$\psi(E, \boldsymbol{r}, t) = \langle \boldsymbol{r} | E \rangle \, \mathrm{e}^{-\frac{i}{\hbar}Et} \tag{48.3}$$

mit zunehmender Zeit exponentiell abklingt. Weiter fordert Gamow, daß aus dem Kern eine Welle *nur ausläuft,* daß also asymptotisch gilt

$$\langle \boldsymbol{r} | E \rangle \sim C \, \mathrm{e}^{ikr} \tag{48.4}$$

Dies bedeutet aber, daß man einen Energiewert E aufsucht, für welchen der Koeffizient D von Gl. (39.6) verschwindet; E ist eine *Polstelle der*

Streuamplitude. Die Amplitude der Welle im Topf nimmt bei der Gamowschen Lösung wie $e^{-\gamma t}$ ab, die Dichte $\psi^* \psi$ wie $e^{-2\gamma t}$. Der Inhalt des Topfes verringert sich im Laufe einer Zeit

$$T = \frac{1}{2\gamma} = \frac{\hbar}{2|\operatorname{Im}(E)|} \tag{48.5}$$

um einen Faktor $1/e$; das α-Teilchen ist an den Kern in gewisser Weise gebunden, man muß jedoch damit rechnen, daß es nach einer Zeit von der Größenordnung T den Potentialwall durchtunnelt hat und dadurch freigesetzt wird — der „Zustand" besitzt eine endliche *Lebensdauer* T.

Dieser handgreifliche und einfache Zusammenhang zwischen der Lebensdauer eines Zustandes und dem Imaginärteil der zugehörigen Energie besitzt einige grobe Schönheitsfehler. Zum einen ist die Wellenfunktion (48.4) überhaupt nicht geeignet, einen Zustand zu beschreiben, in dem sich das α-Teilchen im Kern aufhält; denn die Wellenzahl

$$k = \frac{\sqrt{2\mu E}}{\hbar} = \frac{\sqrt{2\mu E_1}}{\hbar} \sqrt{1 - i\hbar\gamma/E_1} \tag{48.6}$$

hat genau wie die Energie einen *negativen* Imaginärteil (so muß es ja sein, denn Resonanzen liegen im unphysikalischen Blatt), so daß die Wellenfunktion (48.4) für $r \to \infty$ exponentiell *anwächst*. Physikalisch ist dies leicht interpretierbar: Die Gamowsche Wellenfunktion beschreibt einen wellenoptischen Vorgang, bei welchem, angefangen von der Zeit $t = -\infty$ bis zu beliebig großen positiven Zeiten dauernd eine Welle aus dem Topf heraussickert. Der Topfinhalt war in diesem Bild vor sehr langer Zeit sehr groß ($e^{-\gamma t}$ wird ja für große negative Zeiten $\gg 1$), und man findet deshalb in großer Entfernung eine Welle, welche den Topf verlassen hat, als der Topfinhalt um einen Exponentialfaktor größer war als jetzt. Wenn es auch einleuchtend ist, daß diese wellenoptische Betrachtungsweise das Wesentliche des α-Zerfallsvorgangs trifft, so ist doch recht störend, daß die Wellenfunktionen (48.3), (48.4) nicht normierbar sind, also keinesfalls einen Zustand darstellen; daß der Energieeigenwert (48.2) nicht reell ist, obwohl H ein selbstadjungierter Operator ist; drittens kann es bei positiven Energien überhaupt keinen diskreten Quantenzustand geben, vielmehr haben wir dort ein kontinuierliches Spektrum. Wollen wir also einen Anfangszustand vorgeben, bei welchem sich das α-Teilchen im Inneren des Potentialtopfs aufhält, den Topf jedoch im Prinzip verlassen kann — dies setzt positive Energie voraus — so muß die Wellenfunktion eine Überlagerung aus Funktionen des kontinuierlichen Energiespektrums sein. Wir können die Wellenfunktion der Zeit $t = 0$ so vorgeben, daß sie nur im Topf große Werte annimmt und außerhalb entweder Null ist oder sehr rasch abfällt, und sie nach den Eigenfunktionen unseres Problems entwickeln:

$$\psi(\boldsymbol{r}, 0) = \int dE \langle \boldsymbol{r} | E \rangle \langle E | \psi \rangle . \tag{48.7}$$

Die Entwicklungskoeffizienten können wir berechnen nach

$$\langle E | \psi \rangle = \int d^3\boldsymbol{r} \langle E | \boldsymbol{r} \rangle \psi(\boldsymbol{r}, 0) . \tag{48.8}$$

Die Eigenfunktionen $\langle \boldsymbol{r} | E \rangle$ hängen außer von E noch von anderen Parametern ab (etwa Drehimpuls), über welche in (48.7) zusätzlich zu summieren ist; der Kürze halber schreiben wir das nicht an. Da wir die Zeitabhängigkeit der Funktionen des Energiespektrums kennen, folgt aus (48.7) die zukünftige Entwicklung:

$$\psi(\boldsymbol{r}, t) = \int dE \langle \boldsymbol{r} | E \rangle \langle E | \psi \rangle \, \mathrm{e}^{-\frac{i}{\hbar} Et} \tag{48.9}$$

Es sieht auf den ersten Blick so aus, als ob hierbei der Ausgangspunkt der Gamowschen Theorie völlig verloren wäre; denn wodurch wird der Punkt $E = E_1$ der reellen Energieachse vor irgendwelchen anderen Energiewerten ausgezeichnet? Diese Frage ist jedoch leicht zu beantworten: Wir wissen, daß die Funktionen des kontinuierlichen Spektrums, deren Energiewert sehr nahe an einer Resonanzstelle liegt, im Potentialgebiet besonders große Werte annehmen. Berechnen wir also nach (48.8) die Entwicklungskoeffizienten $\langle E | \psi \rangle$ einer Funktion $\psi(\boldsymbol{r}, 0)$, welche nur im Inneren des Topfes wesentlich von Null verschieden ist, so werden wir für Energiewerte aus der Umgebung des Gamowschen Pols besonders große Werte erhalten; $|\langle E | \psi \rangle|^2 dE$ ist aber die Wahrscheinlichkeit, das Teilchen in einem Intervall dE beim Energiewert E zu finden. Man kann also aus der Aussage „Teilchen im Topf" Folgerungen für das Energiespektrum ziehen. — Weniger schön ist an der skizzierten Methode, daß man entsprechend (48.7) eine willkürliche Funktion $\psi(\boldsymbol{r}, 0)$ vorgibt, um die sehr einfache Information „Teilchen im Topf" darzustellen; man benützt also unendlich viele Parameter (nämlich die sämtlichen Werte der Funktion für verschiedene Argumente $\boldsymbol{r}$), um die Antwort auf die einfache Ja-Nein-Frage darzustellen „Ist das Teilchen im Topf oder nicht?". Die praktische Verwendung von Wellenpaketen zur Behandlung von Zerfallsproblemen läßt sich damit rechtfertigen, daß die wesentlichen Ergebnisse — insbesondere der Zerfallszeit — nicht davon abhängen, wie man speziell das Wellenpaket $\psi(\boldsymbol{r}, 0)$ wählt, wenn es nur im Topf konzentriert ist. Es ist jedoch konsequenter und in der Anwendung sogar einfacher, die Methode des statistischen Operators auf das Zerfallsproblem anzuwenden.

Zu diesem Zweck suchen wir zuerst den statistischen Operator, welcher die Angabe „das Teilchen ist im Topf" beschreibt. Dabei stehen wir — wie stets bei der Aufstellung eines statistischen Operators — vor einer Entscheidung, die unserem Urteil überlassen ist: Wir müssen einen Abstand R vom Nullpunkt angeben, den das Teilchen bestimmt nicht überschreitet, wenn die Information „Teilchen drinnen" vorliegt. Praktisch müssen wir uns etwa denken, daß uns ein Chemiker aus einem Uranerz soeben eine Menge Uran frisch isoliert hat (oder aus einem Reaktorprodukt einen ganz bestimmten α-aktiven Stoff), so daß wir über einen Atomkern dieses Stoffes die Information haben „das α-Teilchen befindet sich drinnen". Wir kennen den ungefähren Radius des betreffenden Atomkerns, und es bleibt unserem Urteil überlassen, ob wir garantieren wollen, daß das Teilchen sich innerhalb einer Kugel befindet, deren Radius etwa der zwei- oder dreifache Kernradius ist. Da dies im Augenblick die einzige Information sein soll, die wir zu Kenntnis nehmen, ist der statistische Operator gleich dem Projektionsoperator auf denjenigen Unterraum des Hilbert-Raums, für welchen ein Aufenthalt des Teilchens außerhalb einer Kugel vom Radius R ausgeschlossen ist; er hat die Gestalt

$$W_0 = \Pi_R = \int_{(R)} d^3\boldsymbol{r}\, |\boldsymbol{r}\rangle\langle\boldsymbol{r}|. \tag{48.10}$$

Das Integral ist über die Kugel vom Radius R zu erstrecken, und $|\boldsymbol{r}\rangle$ ist der uneigentliche Vektor zum Ort $\boldsymbol{r}$, oder unmittelbar ausgedrückt: Π_R ist der uns bekannte Operator, dessen Anwendung darin besteht, daß man eine Wellen-Funktion für Argumente $|\boldsymbol{r}| \leqq R$ unverändert läßt und für $|\boldsymbol{r}| > R$ Null setzt. W_0 ist nicht normierbar; die Spur ist unendlich, da der Unterraum des Hilbert-Raums, auf welchem Π_R projiziert (in der $\boldsymbol{r}$-Darstellung der Raum aller Funktionen, die außerhalb des Radius R verschwinden) unendlich viele Dimensionen hat; die Spur eines Projektionsoperators ist immer gleich der Dimensionszahl. Dennoch können wir mit W_0 *relative* Wahrscheinlichkeiten berechnen, insbesondere Erwartungswerte für die Energie. Der Projektionsoperator auf ein Energieintervall dE ist $\Pi_{dE} = |E\rangle\langle E|\, dE$ (wieder stillschweigend summiert über die Parameter, von welchen $|E\rangle$ abhängt), und sein relativer Erwartungswert ist gegeben durch

$$\Pi_{dE}^{\mathrm{rel}} = dE \int_{(R)} d^3\boldsymbol{r}\, \langle E|\boldsymbol{r}\rangle\langle\boldsymbol{r}|E\rangle. \tag{48.11}$$

Man erhält die Aussage, daß Energien besonders wahrscheinlich sind, für welche die Wellenfunktion innerhalb der Kugel R besonders große Werte annimmt, d. h. also Energien in der Nähe von Resonanzen[8]. Die relativen Energie-Erwartungswerte sind ebensowenig normierbar wie W_0, denn für sehr große Energien macht sich das Potential nur mehr wenig bemerkbar, die Wellen, welche alle auf $1/\sqrt{2\pi}$ normiert sind,

8 R. W. Gurney, E. U. Condon, Phys. Rev. **33**, 127 (1929).

durchdringen den Potentialtopf fast ungeschwächt, $|\langle E|\boldsymbol{r}\rangle|^2$ hat für große Energien einen endlichen Grenzwert (genau genommen gilt dies, wenn wir dk als Maß auf der Energieachse einführen, für die Wellenfunktionen $\langle k|\boldsymbol{r}\rangle$).

Das Fazit ist, daß durch die Information „Teilchen drinnen“ Energiewerte in der Umgebung der Gamowschen Pole stark hervorgehoben werden, daß aber im Großen gesehen alle Energiebereiche, insbesondere auch Bereiche beliebig hoher Energie, gleich wahrscheinlich bleiben. Der physikalische Grund hierfür ist, daß der Potentialwall nur für niederenergetische Teilchen den Innenraum vom Außenraum trennt; im Gebiet der niedrigen Energie bedeutet die Aussage „Teilchen drinnen“ eine Bevorzugung von Energiewerten, für welche die Wellenfunktion sich fast ausschließlich im Inneren des Topfes befindet. Für hochenergetische Teilchen dagegen sagt der statistische Operator (48.10) nichts wesentliches aus — befindet sich ein solches Teilchen in einem Augenblick im Topf, so wird es ihn nach kurzer Zeit aufgrund seiner großen Geschwindigkeit verlassen haben. Dies weist darauf hin, daß wir das Gamowsche Problem nur dann erfolgreich mit dem statistischen Operator behandeln können, wenn wir die zeitliche Entwicklung untersuchen.

Nehmen wir zu einem Zeitpunkt t_0 die Information „Teilchen drinnen“ zur Kenntnis, so wird diese zwar — im Schrödinger-Bild — durch den statistischen Operator Π_R beschrieben, ändert sich jedoch im Laufe der Zeit entsprechend Gl. (22.14), (22.11a):

$$W_0(t) = \mathrm{e}^{-\frac{i}{\hbar}H(t-t_0)}\,\Pi_R\,\mathrm{e}^{\frac{i}{\hbar}H(t-t_0)} \tag{48.12}$$

Wie wir in § 22 gesehen haben, hängt die zeitliche Veränderung des statistischen Operators von dem verwendeten Bild ab — im Heisenberg-Bild ist er konstant; vom Bild unabhängig sind jedoch die physikalischen Folgen. Unverändert bleibt die Spur von W (im vorliegenden Fall ist sie zu allen Zeiten unendlich). Ebenfalls unverändert bleiben Erwartungswerte für alle Konstanten der Bewegung, d. h. für alle Operatoren, welche mit H vertauschbar sind — so ändert sich nichts an der besprochenen Gestalt des Energiespektrums. Dagegen ändern sich im Laufe der Zeit Aussagen, welche sich auf Größen beziehen, die nicht Konstante der Bewegung sind. Von dieser Art ist unsere Information, daß zur Zeit $t = t_0$ das Teilchen drinnen ist. Wir können aus dem statistischen Operator (48.12) ablesen, daß wir zu einem Zeitpunkt $t > t_0$ nicht erwarten dürfen, das Teilchen noch im Topf zu finden — wir wissen ja, daß mit überwiegender Wahrscheinlichkeit das Teilchen eine sehr große Energie hat und infolgedessen den Topf nach kurzer Zeit verläßt. Um dies mathematisch zu sehen, berechnen wir

$$\mathrm{Sp}\left(\Pi_R\, W_0(t)\right) = \int d^3\boldsymbol{r}\,\langle\boldsymbol{r}|\,W_0(t)\,|\boldsymbol{r}\rangle. \tag{48.13}$$

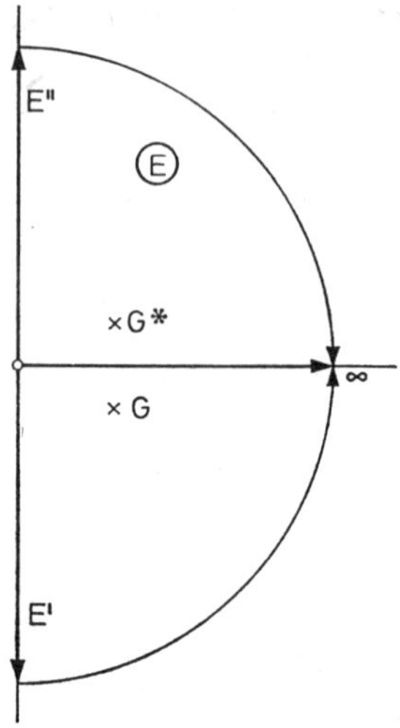

Abb. 35. Integrationswege in der Energie-Ebene

Der Integrand ist die Diagonalgestalt des Matrixelementes

$$\langle \boldsymbol{r}' | W_0(t) | \boldsymbol{r}'' \rangle = \langle \boldsymbol{r}' | \, e^{-\frac{i}{\hbar} H(t-t_0)} \, \Pi_R \, e^{\frac{i}{\hbar} H(t-t_0)} | \boldsymbol{r}'' \rangle . \qquad (48.14)$$

Wir stellen die Zeitentwicklungsoperatoren über dem Energiespektrum, den Projektionsoperator Π_R über dem Ortsspektrum dar:

$$\langle \boldsymbol{r}' | W_0(t) | \boldsymbol{r}'' \rangle = \int_0^\infty dE' \int_0^\infty dE'' \langle \boldsymbol{r}' | E' \rangle \, e^{-\frac{i}{\hbar} E'(t-t_0)} \int_{(R)} d^3\boldsymbol{r} \, \langle E' | \boldsymbol{r} \rangle$$

$$\cdot \langle \boldsymbol{r} | E'' \rangle \, e^{\frac{i}{\hbar} E''(t-t_0)} \langle E'' | \boldsymbol{r}'' \rangle .$$

Der Einfachheit halber setzen wir voraus, daß es für das betrachtete Teilchen im Topf keinen gebundenen Zustand gibt, daß also ein rein kontinuierliches Spektrum bei positiven Energien vorliegt, dessen Wellenfunktionen $\langle \boldsymbol{r} | E \rangle$ uns als analytische Funktionen von E bekannt sind; dann können wir die Integrationen über E' und E'' in die komplexe Energieebene verschieben. Die Exponentialfunktionen legen es nahe, vom Nullpunkt aus längs der positiv imaginären E''-Achse und der negativ imaginären E'-Achse fortzuschreiten, um dann durch Kreisbögen im Unendlichen zum Endpunkt $+\infty$ zu gelangen — diese Kreisbögen liefern wegen der Exponentialfaktoren keinen Beitrag (s. Abb. 35). Die Verschiebung der Integrationswege ist freilich nur möglich, wenn die Funktion in dem überstrichenen Bereich der E-Ebene eindeutig ist; liegen in diesem Gebiet Pole, dann unterscheiden sich die Integrale vor und nach der Verschiebung um Residuenbeiträge. In der Tat haben wir Pole des Integranden sowohl an den Polen wie an den Nullstellen von S. Wir entnehmen dies explizit aus (39.26) und A (39.10). Wir nehmen *einen* Gamowpol G unterhalb der reellen Achse als Pol von S und den konjugiert komplexen Punkt G^* als Nullstelle von S an (sind mehrere Gamowpole von Bedeutung, so muß im folgenden über diese Pole summiert werden). Das Integral über E'' liefert dann das $2\pi i$-fache Residuum bei G^*, das Integral über E' das $-2\pi i$-fache Residuum bei G, zusätzlich zu dem Integral über die imaginäre Halbachse. So ergibt sich

$$\begin{aligned}\langle \boldsymbol{r}'|W_0(t)|\boldsymbol{r}''\rangle &= \left\{\int_0^{-i\infty} dE' - 2\pi i \operatorname*{Res}_{E'=G}\right\}\left\{\int_0^{i\infty} dE'' + 2\pi i \operatorname*{Res}_{E''=G^*}\right\} \\ &\quad e^{\frac{i}{\hbar}(E''-E')(t-t_0)} \cdot \langle \boldsymbol{r}'|E'\rangle \int_{(R)} d^3\boldsymbol{r}\, \langle E'|\boldsymbol{r}\rangle\langle \boldsymbol{r}|E''\rangle\langle E''|\boldsymbol{r}''\rangle.\end{aligned} \tag{48.15}$$

Nun nimmt der Integrand für makroskopische Zeitintervalle $t-t_0$ längs der imaginären Integrationswege sehr rasch ab. Ist etwa $t-t_0$ eine Sekunde, so ist

$$\frac{\hbar}{t-t_0} = 10^{-34}\,J = 0{,}66\times 10^{-15}\,\text{e Volt},$$

also ungeheuer klein gegen irgendwelche Energien, die für den Atomkern von Bedeutung sind. Deshalb liefern die Integrale vernachlässigbar kleine Beiträge, und nur das Doppelresiduum kann von Interesse sein. Mit Hilfe von Gl. (A 39.10) können wir diese Doppelresiduen ausdrücken durch die Residuen von S bzw. S^{-1} und die Funktionen ψ_+, ψ_- an der Polstelle. Diese sind gerade gleich den Gamowschen Funktionen, wobei wir die Definition (A 39.2) und die Normierungskonvention (A 39.4) zugrunde legen können. Die Residuenbeiträge liefern

$$\begin{aligned}\langle \boldsymbol{r}'|\,W_0(t)\,|\boldsymbol{r}''\rangle &= e^{\frac{i}{\hbar}(G^*-G)(t-t_0)}\,\frac{\psi_+(k_G,\boldsymbol{r}')\,\psi_+^*(k_G^*,\boldsymbol{r}'')}{(dS^{-1}/dk)_G\,(dS/dk)_{G^*}} \\ &\quad\cdot\int_{(R)} d^3\boldsymbol{r}\,\psi_-^*(k_G,\boldsymbol{r})\,\psi_-(k_G^*,r).\end{aligned} \tag{48.16}$$

Wir müssen uns dabei erinnern, daß das Funktionssymbol ψ^* diejenige analytische Funktion bedeutet, welche für reelle Argumente die konjugiert komplexen Werte zu der Funktion ψ annimmt. Dies hat zur Folge, daß die Funktionen ψ^* und ψ, für konjugiert komplexe Argumente genommen, zueinander konjugiert komplex sind; dies trifft für die beiden Funktionen vor dem Integral ebenso wie für die beiden Funktionen unter dem Integral zu. — Bei der Bildung der Residuen muß beachtet werden, daß in Gl. (A 39.10) die pro dk normierten Eigenfunktionen verwendet werden; es gilt

$$dE\langle \boldsymbol{r}|E\rangle\langle E|\boldsymbol{r}''\rangle = dk\langle \boldsymbol{r}|k\rangle\langle k|\boldsymbol{r}''\rangle.$$

Man führt deshalb zweckmäßig k als Integrationsvariable ein, bevor man die Residuen bildet. — Der Exponentialfaktor in Gl. (48.16) ist offenbar (s. Gl. (48.2)) der Gamowsche Abklingfaktor; für sehr große Zeiten wird er schließlich noch kleiner als die vernachlässigten Restintegrale — man kann dann aus Gl. (48.16) nur noch ablesen, daß $\langle \boldsymbol{r}'|\, W_0(t)\,|\boldsymbol{r}''\rangle$ verschwindend klein ist; wir kommen hierauf später zurück. (48.16) ist endlich und liefert auch einen endlichen Ausdruck für (48.13):

$$\mathrm{Sp}\big(\Pi_R W_0(t)\big) = \frac{e^{\frac{i}{\hbar}(G^*-G)(t-t_0)}}{(dS^{-1}/dk)_G\,(dS/dk)_{G^*}} \cdot \int\limits_{(R)} d^3\boldsymbol{r}\,|\psi_+(k_G, r)|^2 \int\limits_{R} d^3\boldsymbol{r}\,|\psi_-(k_G^*, r)|^2. \tag{48.17}$$

Da $\mathrm{Sp}(W_0)=\infty$, ergibt sich aus (21.8) $\overline{\Pi}_R = 0$, wir können also nicht damit rechnen, nach endlicher Zeit das Teilchen noch im Topf zu finden. — In den Endausdrücken (48.16) und (48.17) kommen die von Gamow benützten Energie-„Eigenfunktionen" zu komplexen Energiewerten vor; doch tritt keine der grundsätzlichen Schwierigkeiten auf, die der Gamowschen Theorie anhaften: Wir gelangen zu $\psi_+(k_G, \boldsymbol{r})$ durch analytische Fortsetzung der Funktionen des reellen Spektrums nur deshalb, weil wir die Technik der komplexen Integration verwenden. Daß die Funktionen $\psi_+(k_G, \boldsymbol{r})$ und $\psi_-(k_G^*, \boldsymbol{r})$ im Unendlichen anwachsen, stört nicht, weil sie nur für endliche Werte von r, nämlich innerhalb der Kugel R, benützt werden.

Was wir bisher aus dem statistischen Operator abgelesen haben, ist recht dürftig: Wenn wir nichts wissen, als daß zu einem Anfangs-Zeitpunkt t_0 das Teilchen „drinnen" ist, so können wir sicher sein, daß es zu einem merklich späteren Zeitpunkt t nicht mehr drinnen ist. Wir müssen etwas mehr Kenntnisse hineinstecken, um zu brauchbaren Aussagen zu kommen. Wir wissen über eine α-aktive Substanz in jedem Fall erheblich mehr als nur, daß zu *einem* bestimmten Zeitpunkt das α-Teilchen *drinnen* war. Gleichgültig, ob es sich um eine natürlich radioaktive Substanz wie Uran handelt, oder ob wir eine im Reaktor aktivierte Substanz chemisch isolieren, so wissen wir stets, daß die α-Teilchen mindestens solange drinnen waren, wie die chemische Manupulation gedauert hat, also eine gewisse makroskopische Zeitspanne. Daraus können wir schließen, daß die Energie der α-Teilchen nicht oberhalb des Potentialwalls gelegen war, da sie sonst während der

Manipulation sicher entwichen wären. Dies gibt verschiedene Möglichkeiten einen statistischen Operator zu wählen, dessen Informationsgehalt größer ist als der von (48.12). Wir können etwa als Vorkenntnis hineinstecken, daß die Energie $<V_1$ ist (V_1 Höhe des Potentialwalls); sodann sei gesichert, daß das Teilchen zu einem Anfangszeitpunkt $t=0$ im Topf ist. Damit ist nach den Methoden von § 22 der statistische Operator festgelegt, und wir können aus ihm das richtige Zerfallsgesetz ablesen. Wir wollen jedoch einen anderen Weg beschreiten, welcher konsequenter und mathematisch einfacher ist. Wir stecken als Information hinein, daß für einen Zeitpunkt $t_0 \equiv -\tau$ das α-Teilchen im Topf war, und daß es zur Zeit $t=0$ immer noch drinnen ist. Für $-\tau \leqq t < 0$ wird diese Information durch den statistischen Operator $W_0(t)$ von Gl. (48.12) gegeben, und für positive Zeiten nach Gl. (22.1) und (22.14) durch

$$\begin{aligned} &\mathrm{e}^{-\frac{i}{\hbar}Ht} \Pi_R W_0(\tau) \Pi_R \mathrm{e}^{\frac{i}{\hbar}Ht} \\ &\quad = \mathrm{e}^{-\frac{i}{\hbar}Ht} \int_{(R)} d^3\boldsymbol{r}' \int_{(R)} d^3\boldsymbol{r}'' \, |\boldsymbol{r}'\rangle\langle\boldsymbol{r}'| \, W_0(\tau) \, |\boldsymbol{r}''\rangle\langle\boldsymbol{r}''| \, \mathrm{e}^{\frac{i}{\hbar}Ht}. \end{aligned} \tag{48.18}$$

Das hierin enthaltene Matrixelement haben wir in Gestalt von Gl. (48.16) im Prinzip berechnet, wenn auch unter Vernachlässigung der Restintegrale; diese Vernachlässigung ist jedoch hier unbedenklich, da das Zeitintervall τ nicht sehr groß gegen die Halbwertszeit der Substanz sein darf — man muß die chemische Präparation so rasch durchführen, daß noch ein merklicher Bruchteil des Präparats übrigbleibt. Deshalb kann der Gamowsche Exponentialfaktor für das Zeitintervall τ nicht sehr klein sein, die Vernachlässigung des Restintegrals ist hochgradig gerechtfertigt. — Da wir mit nicht normierten statistischen Operatoren rechnen, kommt es auf konstante Faktoren im Integranden nicht an. Wir können daher wählen

$$\begin{aligned} W_1(t) = \mathrm{e}^{-\frac{i}{\hbar}Ht} &\int_{(R)} d^3\boldsymbol{r}' \int_{(R)} d^3\boldsymbol{r}'' \, |\boldsymbol{r}'\rangle \, \psi_+(k_G, \boldsymbol{r}') \\ &\cdot \psi_+^*(k_G^*, \boldsymbol{r}'') \langle\boldsymbol{r}''| \, \mathrm{e}^{\frac{i}{\hbar}Ht}. \end{aligned} \tag{48.19}$$

Die Länge des Zeitintervalls τ kommt hierin nicht mehr vor; die Information ist von τ unabhängig, soferne τ makroskopisch, jedoch nicht groß gegen die Zerfallsdauer ist. — Vergleichen wir $W_1(t)$ mit $W_0(t)$ nach Gl. (48.12) und (48.10), so erkennen wir als hervorstechenden Unterschied, daß (48.12) ein Einfachintegral mit den uneigentlichen Vektoren $|\boldsymbol{r}\rangle\langle\boldsymbol{r}|$ enthält, während (48.19) ein Zweifachintegral mit zwei verschiedenen uneigentlichen Vektoren $|\boldsymbol{r}'\rangle\langle\boldsymbol{r}''|$ aufweist. Dies hat zur Folge, daß $W_1(t)$, im Gegensatz zu $W_0(t)$, normierbar ist:

$$\mathrm{Sp}\big(W_1(t)\big) = \int_{(R)} d^3\boldsymbol{r} \, |\psi_+(k_G, \boldsymbol{r})|^2. \tag{48.20}$$

Es lohnt sich, den Ausdruck (48.19) genauer unter die Lupe zu nehmen, denn er ist die adäquate mathematische Formulierung dafür, daß das System sich in einem „instabilen Zustand" befindet, welcher mit einer gewissen Wahrscheinlichkeit zerfällt. Die naiv pragmatische Formulierung der ursprünglichen Gamow-Theorie, nach welcher ein „zerfallender Zustand" ein gebundener Zustand mit einem kleinen Imaginärteil der Energie ist, erwies sich ja bei näherem Hinsehen als nicht haltbar. Dennoch hat (48.19) große Ähnlichkeit mit der naiven Interpretation. Ersetzen wir nämlich $\psi_+(k_G, \boldsymbol{r})$ durch eine Eigenfunktion $\langle \boldsymbol{r} | E_n \rangle$ zu einem Energieeigenwert E_n, und entsprechend $\psi_+^*(k_G^*, \boldsymbol{r})$ durch $\langle E_n | \boldsymbol{r} \rangle$, integrieren nicht über das Innere der Kugel vom Radius R, sondern über den gesamten unendlichen Raum, dann liefern die Integrale $\int d^3\boldsymbol{r}' \, | \boldsymbol{r}' \rangle \langle \boldsymbol{r}' |$ und $\int d^3\boldsymbol{r}'' \, | \boldsymbol{r}'' \rangle \langle \boldsymbol{r}'' |$ nach Gl. (17.17) jeweils die identische Abbildung, und anstelle von $W_1(t)$ erhalten wir $| E_n \rangle \langle E_n |$, also die Projektion auf den Quantenzustand n. Dies zeigt aber genau, inwiefern (48.19) *nicht* Projektion auf einen Quantenzustand ist: Das Integral über $\boldsymbol{r}'$ und $\boldsymbol{r}''$ *kann nicht* über den gesamten Raum erstreckt werden, weil die Gamowfunktionen im Unendlichen anwachsen, und deshalb kann (48.19) nicht als Projektionsoperator auf einen Zustand interpretiert werden. Oder, von der anderen Seite betrachtet: Den Ausdruck (48.19), der *beinahe* so aussieht wie die Projektion auf einen Quantenzustand mit der Wellenfunktion $\psi_+(k_G, \boldsymbol{r})$, kann nur deshalb angeschrieben werden, weil man die Raumintegration bei einem endlichen Radius R abbricht, wodurch man das räumliche Anwachsen der Gamowschen Wellenfunktion unschädlich macht. Die physikalische Konsequenz dieses Unterschiedes zwischen einem gebundenen Zustand und einem „instabilen Zustand" sieht man am besten am Energiespektrum; man hat anstelle einer einzigen festen Energie E_n eine kontinuierliche Energieverteilung, welche in der Umgebung des Gamowschen Wertes ein ausgeprägtes Maximum besitzt. Wir wollen dies zunächst berechnen. Wir haben

$$\mathrm{Sp}(\Pi_{dE} W_1(t)) = \langle E | W_1 | E \rangle \, dE = \Big| \int_{(R)} d^3\boldsymbol{r} \, \langle E | \boldsymbol{r} \rangle \, \psi_+(k_G, \boldsymbol{r}) \Big|^2. \tag{48.21}$$

Dies geht — im Gegensatz zu (48.11) — im Limes $E \to \infty$ nach Null, da die Wellenfunktion $\langle E | \boldsymbol{r} \rangle$ für große Werte von E sehr rasch oszilliert (die Wellenlänge geht gegen Null), so daß das Faltungsintegral mit der festen Funktion ψ_+ gegen Null geht. Deshalb liegt die Energie mit *überwiegender* Wahrscheinlichkeit in der Umgebung des Gamowschen Pols G.

Wir wollen noch kurz den allgemeineren Fall ins Auge fassen, in welchem mehrere Gamowsche Pole Summanden der Gestalt (48.16) zu dem Matrixelement $\langle \boldsymbol{r}' | W_0 | \boldsymbol{r}'' \rangle$ liefern. Wegen des Abklingfaktors, der für jeden dieser Pole verschieden ist je nach dem Imaginärteil der Energie, hängt der relative Beitrag der verschiedenen Gamowpole von der Zeit $t-t_0 \equiv \tau$ ab. Warten wir lange genug, dann liefert der Gamowsche Pol mit dem kleinsten Imaginärteil den Hauptbeitrag zu (48.17), wir können die anderen Summanden vernachlässigen; im (48.19) haben wir nur die Gamowsche Funktion dieses einen Pols. (48.21) zeigt nun, daß auch im Energiespektrum die anderen Pole unterdrückt sind. In dieser Gleichung kommt nämlich das Faltungsintegral der uneigentlichen Eigenfunktionen $\langle E|\boldsymbol{r}\rangle$ mit $\psi_+(k_G, \boldsymbol{r})$ vor, genommen über das Innere der Kugel. Dies Faltungsintegral kann nur für solche Energien beträchtlich werden, für welche die Wellenfunktion $\langle E|\boldsymbol{r}\rangle$ im Topf groß ist, also in der Umgebung der verschiedenen Gamowschen Pole. Liegt die Energie jedoch in einem der höheren Gamowschen Pole, dann ist $\langle E|\boldsymbol{r}\rangle$ nahezu orthogonal auf $\psi_+(k_G, \boldsymbol{r})$; denn diese beiden Funktionen entsprechen nahezu stehenden Wellen im Inneren des Topfs — sie wären stehende Wellen, wenn sie nicht geringfügig nach außen durchsickern würden. Stehende Wellen zu verschiedenen Energiewerten sind in Strenge orthogonal; „fast" stehende Wellen sind in sehr guter Näherung orthogonal. Es bleibt deshalb im Energiespektrum (48.21) nur die Umgebung des ersten Gamowschen Pols G als ausgeprägtes Maximum bestehen. — Daß im übrigen die Energieverteilung (48.21) integrabel ist, folgt einfach aus der Existenz der Spur (48.20); denn es gilt nach Gl. (19.10)

$$\mathrm{Sp}(W_1) = \mathrm{Sp}\left(\int_0^\infty dE\,|E\rangle\langle E|\,W_1\right) = \int_0^\infty dE\,\langle E|\,W_1\,|E\rangle. \tag{48.22}$$

Wir erinnern uns bei dieser Gelegenheit, daß streng genommen anstelle von $|E\rangle$ immer stehen müßte $|E, l, m\rangle$, wo l und m Drehimpulsquantenzahlen oder auch andere Quantenzahlen sein können; dementsprechend anstelle von $\int dE$ immer $\sum_{l,m}\int dE$. Es hängt von der Struktur des Potentials ab, zu welchen Werten von l und m der Gamowpol mit dem kleinsten Imaginärteil gehört, der den statistischen Operator (48.19) determiniert.

Das Integral von Gl. (48.20) haben wir in Gestalt von Gl. (A 39.7) berechnet. Wir dürfen nun voraussetzen, daß auf der Oberfläche der Kugel vom Radius R bereits ψ_+ durch die asymptotische Formel (A 39.2) ersetzbar ist; dies besagt nämlich, daß die Kugelfläche R außerhalb des Potentialbereichs liegt — das müssen wir haben, wenn der Projektionsoperator Π_R wirklich bedeuten soll, daß das Teilchen sich im Potentialtopf befindet. Benützen wir noch die Voraussetzung (A 39.4), so ergibt sich (k_G ist nahezu reell)

$$\int_{(R)} d^3\boldsymbol{r}\,|\psi_+(k_G, \boldsymbol{r})|^2 = \frac{i}{k_G^* - k_G}\, e^{i(k_G - k_G^*)R}. \tag{48.23}$$

Analog können wir auch das Integral von Gl. (48.21) berechnen. Wir haben zunächst

$$(k^2-k_G^2)\int_{(R)} d^3\boldsymbol{r}\,\langle E|\boldsymbol{r}\rangle\,\psi_+(k_G,\boldsymbol{r})$$
$$=R^2\int d\Omega\left[\langle E|\boldsymbol{r}\rangle\frac{\partial\psi_+(k_G,\boldsymbol{r})}{\partial r}-\psi_+(k_G,\boldsymbol{r})\frac{\partial\langle E|\boldsymbol{r}\rangle}{\partial r}\right]_{r=R}.$$

Die asymptotischen Formeln (A 39.9) und (A 39.2) $\left(\text{beachte dabei, daß } \langle E|\boldsymbol{r}\rangle=\sqrt{\frac{dk}{dE}}\,\langle k|\boldsymbol{r}\rangle \text{ ist}\right)$ führen dies über in

$$\int d^3\boldsymbol{r}\,\langle E|\boldsymbol{r}\rangle\,\psi_+(k_G,\boldsymbol{r})$$
$$=\sqrt{\frac{1}{2\pi}\frac{dk}{dE}}\left\{\int d\Omega\,F_+^*(k,\Omega)\,F_+(k_G,\Omega)\cdot S^{-1}(k)\,\frac{i}{k-k_G}\,e^{i(k_G-k)R}\right. \tag{48.24}$$
$$\left.-\int d\Omega\,F_-^*(k,\Omega)\,F_+(k_G,\Omega)\,\frac{i}{k+k_G}\,e^{i(k_G+k)R}\right\}.$$

Der interessantere von den beiden Termen ist der erste, da er in der Umgebung der Gamowschen Polstelle resonant wird. Wenn wir uns für dieses Resonanzverhalten interessieren, können wir den zweiten Summanden vernachlässigen — er wird allerdings bei sehr hohen Energien wieder wesentlich, da er durch Kompensation des ersten Summanden für den Abfall der Energieverteilung sorgt. Für nicht sehr hohe Energien folgt jedenfalls durch Beibehaltung des ersten Terms allein

$$\frac{Sp\,(\Pi_{dE}\,W_1(t))}{dE}=\frac{e^{i(k_G-k_G^*)R}}{2\pi|k-k_G|^2}\frac{dk}{dE}\left|\int d\Omega\,F_+^*(k,\Omega)\,F_+(k_G,\Omega)\right|^2. \tag{48.25}$$

Dividieren wir dies durch (48.23), so erhalten wir für die spektrale Verteilung

$$\frac{\overline{\Pi}_{dE}}{dE}=\frac{k_G^*-k_G}{2\pi i|k-k_G|^2}\frac{dk}{dE}\left|\int d\Omega\,F_+^*(k,\Omega)\,F_+(k_G,\Omega)\right|^2 \tag{48.26}$$

oder schließlich, wenn wir k_G in Real- und Imaginärteil zerlegen, $F_+(k_G,\Omega)$ durch $F_+(k,\Omega)$ ersetzen (ein kleiner Fehler, wo $\overline{\Pi}_{dE}$ groß ist):

$$\overline{\Pi}_{dE}=\frac{1}{\pi}\cdot\frac{|k_{G,2}|}{|k-k_{G1}|^2+k_{G2}^2}\,dk. \tag{48.26a}$$

Wiewohl dieser Ausdruck unter der Voraussetzung nicht zu hoher Energien abgeleitet ist, kann er praktisch für alle Energien verwendet werden — denn für hohe Energien ergibt er ebenso wie die strenge Verteilungsfunktion vernachlässigbar kleine Beiträge. Dagegen muß man voraussetzen, daß $k_{G1}\gg k_{G2}$ — rückt nämlich k_G zu nahe an den Nullpunkt, so wird die Aufteilung in Restintegrale und Residuenbeitrag problematisch. Man sieht dies auch dem Endergebnis (48.26a) an: $\int \overline{\Pi}_{dE}$ liefert nur dann — wie es sein muß — den Wert 1, wenn man über dk von $-\infty$ bis $+\infty$ integriert, während an sich nur von $k=0$ bis ∞ integriert wird; die Beiträge negativer k müssen vernachlässigbar klein sein, wenn Gl. (48.26a) gelten soll.

Wir wenden uns nun der Hauptaufgabe, nämlich der Berechnung des Zerfallsgesetzes zu, also des Erwartungswertes

$$\overline{\Pi_R(t)} = \int_{(R)} d^3\boldsymbol{r} \langle \boldsymbol{r} | W_1(t) | \boldsymbol{r} \rangle / \mathrm{Sp}(W_1). \tag{48.27}$$

Aus (48.19) erhalten wir

$$\langle \boldsymbol{r} | W_1(t) | \boldsymbol{r} \rangle = \int_{(R)} d^3\boldsymbol{r}' \int_{(R)} d^3\boldsymbol{r}'' \langle \boldsymbol{r} | \mathrm{e}^{-\frac{i}{\hbar}Ht} | \boldsymbol{r}' \rangle \psi_+(k_G, \boldsymbol{r}') \cdot \psi_+^*(k_G^*, \boldsymbol{r}'') \langle \boldsymbol{r}'' | \mathrm{e}^{\frac{i}{\hbar}Ht} | \boldsymbol{r} \rangle .$$

Die Auswertung erfolgt nach dem uns bekannten Schema. Wir stellen zunächst die Zeitentwicklungsoperatoren mittels des Energiespektrums dar:

$$\begin{aligned} \langle \boldsymbol{r} | W_1(t) | \boldsymbol{r} \rangle = & \int_0^\infty dE' \int_0^\infty dE'' \, \mathrm{e}^{i(E''-E')t} \langle \boldsymbol{r} | E' \rangle \\ & \cdot \int_{(R)} d^3\boldsymbol{r}' \langle E' | \boldsymbol{r}' \rangle \psi_+(k_G, \boldsymbol{r}') \\ & \cdot \int_{(R)} d^3\boldsymbol{r}'' \psi_+^*(k_G^*, \boldsymbol{r}'') \langle \boldsymbol{r}'' | E'' \rangle \langle E'' | \boldsymbol{r} \rangle . \end{aligned} \tag{48.27a}$$

Den Integrationsweg deformieren wir wieder gemäß Abb. 35 und behalten nur die Residuenbeiträge bei. So gelangen wir über Gl. (48.27) und (48.20) zu dem Endergebnis

$$\overline{\Pi}_R = \mathrm{e}^{\frac{i}{\hbar}(G^*-G)t} \left| \frac{\int_{(R)} d^3\boldsymbol{r} \, \psi_-^*(k_G, \boldsymbol{r}) \, \psi_+(k_G, r)}{(dS^{-1}/dk)_G} \right|^2 . \tag{48.28}$$

Wir finden hier den Gamowschen Zerfallsfaktor multipliziert mit einem Absolutquadrat, für welches wir aus physikalischen Gründen den Wert 1 erwarten sollten — denn für sehr kleine Zeiten sollte die Wahrscheinlichkeit, das Teilchen noch im Topf zu finden, nahezu gleich 1 werden. In der Tat bestätigt sich dies, wenn wir das Integral explizit berechnen, wozu wir wieder den Weg über ein Oberflächenintegral einschlagen. Wir gehen vor wie bei Herleitung von Gl. (39.30), haben jedoch die Erschwerung, daß der Radius R festgehalten werden muß und nicht ins Unendliche verschoben werden kann. Um das Integral von Gl. (48.28) zu berechnen, ersetzen wir zunächst $\psi_-^*(k_G, \boldsymbol{r})$ durch eine reguläre Funktion (s. Gl. (A 39.9))

$$\psi_{\mathrm{reg}}^*(k, \boldsymbol{r}) \equiv S^{-1}(k) \, \psi_+^*(k, \boldsymbol{r}) + \psi_-^*(k, \boldsymbol{r}) \tag{48.29}$$

an einer Stelle k, welche in der Nähe von k_G liegen und nach k_G wandern soll. Sodann leiten wir aus den Schrödinger-Gleichungen

$$\left(\Delta + k_G^2 - v(\boldsymbol{r})\right) \psi_+ (k_G, \boldsymbol{r}) = 0; \tag{48.30}$$

$$\left(\Delta + k^2 - v(\boldsymbol{r})\right) \psi^*_{\text{reg}}(k, \boldsymbol{r}) = 0 \tag{48.30a}$$

die Beziehung ab

$$(k^2 - k_G^2) \int_{(R)} \psi_+ (k_G, \boldsymbol{r}) \, \psi^*_{\text{reg}}(k, \boldsymbol{r}) \, d^3\boldsymbol{r}$$

$$= R^2 \int d\Omega \left[\psi^*_{\text{reg}}(k, \boldsymbol{r}) \frac{\partial}{\partial r} \psi_+ (k_G, \boldsymbol{r}) - \psi_+ (k_G, \boldsymbol{r}) \frac{\partial}{\partial r} \psi^*_{\text{reg}}(k, \boldsymbol{r})\right]_{r=R}.$$

Setzen wir auf der rechten Seite für ψ^*_{reg} den Ausdruck (48.29) ein und benützen sodann die asymptotische Formel (A 39.2), so ergibt sich

$$(k^2 - k_G^2) \int_{(R)} \psi_+ (k_G, \boldsymbol{r}) \, \psi^*_{\text{reg}}(k, \boldsymbol{r}) \, d^3\boldsymbol{r} =$$

$$i (k_G + k) \, \mathrm{e}^{i(k_G - k)R} \, S^{-1}(k) \int d\Omega \, F_+^*(k, \Omega) \, F_+(k_G, \Omega)$$

$$+ i (k_G - k) \, \mathrm{e}^{i(k_G + k)R} \int d\Omega \, F_-^*(k, \Omega) \, F_+(k_G, \Omega).$$

Im Limes $k \to k_G$ verschwindet die linke Seite der Gleichung ebenso wie die beiden Summanden der rechten Seite — der erste Summand, weil $S^{-1}(k_G) = 0$. Wir bilden deshalb wieder die Ableitung nach k und setzen dann $k = k_G$. In dieser Weise erhalten wir das Ergebnis

$$\begin{aligned} &\int_{(R)} \psi_-^* (k_G, \boldsymbol{r}) \, \psi_+ (k_G, \boldsymbol{r}) \, d^3\boldsymbol{r} \\ &= i \left.\frac{\partial S^{-1}(k)}{\partial k}\right|_{k_G} - \frac{i}{2k_G} \, \mathrm{e}^{2ik_G R} \int d\Omega \, F_-^*(k_G, \Omega) \, F_+(k_G, \Omega). \end{aligned} \tag{48.31}$$

(Das erste Oberflächenintegral ist 1, da es die analytische Fortsetzung des Integrals (A 39.4) von reellem k nach k_G ist). Setzen wir dies in (48.28) ein, so wird das Absolutquadrat des Bruches gleich 1, wenn in (48.31) der letzte Summand vernachlässigt werden kann. Dies läßt sich nun in der Tat rechtfertigen, da in der Umgebung der Resonanzstelle ein Pol von S bei k_G und eine Nullstelle bei k_G^* liegt, und wir voraussetzen mußten, daß der Imaginärteil von k_G klein ist gegen den Realteil. Somit wird $|S^{-1}| \equiv |(k - k_G)/(k - k_G^*)|$; $|dS^{-1}/dk|_{k_G} \approx 1/|k_G - k_G^*|$, und dies ist nach Voraussetzung groß gegen $1/k_G$, damit gegen den zweiten Summanden von (48.31). Daran kann auch der Exponentialfaktor $\exp(2i\, k_G\, R)$ nichts ändern, welcher zwar größer als eins ist ($\mathrm{Im}\, k_G < 0$), jedoch müssen wir voraussetzen, daß $\mathrm{Im}(k_G\, R) \ll 1$ — dies bedeutet, daß während der Fortbewegung der Materiewelle um die Strecke R der Topfinhalt nicht wesentlich abnimmt. Somit erhalten wir endgültig aus (48.28)

$$\overline{\Pi}_R = e^{\frac{i}{\hbar}(G^* - G)t} = e^{-2\gamma t}. \tag{48.32}$$

In dem letzten Ausdruck haben wir die Abkürzung der Gamowschen Theorie γ eingeführt. — Unser Ergebnis ist das exponentielle Gesetz für den α-Zerfall. Wir müssen aber beachten, daß wir dieses Gesetz nur für nicht allzu große Zeiten abgeleitet haben, nämlich für Zeiten, welche die Vernachlässigung der Restintegrale (über die imaginären Energieachsen) gegen die Residuenbeiträge erlauben. Für sehr große Zeiten wird schließlich der Exponentialfaktor (48.32) kleiner als das Doppelintegral (48.27a), genommen über die imaginären Halbachsen, da in diesen Integralen von dem Punkt $E' = 0$ bzw. $E'' = 0$ aus integriert wird, an welchen die Exponentialfaktoren den Wert eins haben — die Integrale fallen deshalb mit wachsender Zeit nicht exponentiell, sondern wie eine negative Potenz von t ab, (48.32) dagegen stärker als jede Potenz. Es ist jedoch nicht sinnvoll, dies — wie es gelegentlich in der Literatur geschieht — als „Abweichung vom exponentiellen Zerfallsgesetz" zu interpretieren, also zu behaupten, daß der radioaktive Zerfall nach sehr langen Zeiten langsamer als exponentiell erfolgt. Zutreffend ist vielmehr, daß nach sehr langen Zeiten (sie liegen in der Größenordnung von einigen hundert Halbwertszeiten) über das System keine andere Aussage mehr gemacht werden kann, als daß es mit einer an Gewißheit grenzenden Wahrscheinlichkeit zerfallen ist. Eine Aussage über die Größe oder zeitliche Veränderung dieser Restwahrscheinlichkeit läßt sich aus der Anfangsinformation nicht entnehmen. Daß diese Interpretation des Phänomens die einzig zutreffende ist, wird dadurch erwiesen, daß das Potenzgesetz des Abfalls für sehr große Zeiten einen Koeffizienten enthält, der von der genauen Wahl des Anfangsradius R abhängt, also von der unvermeidbaren Willkür in der Beurteilung des Anfangszustandes[9].

§ 49. Störungstheorie und Resolvente

Wir haben bis jetzt Streuung als *strenges* Beugungsproblem behandelt. Die meisten Streuprobleme sind jedoch mathematisch zu schwierig, um eine geschlossene strenge Lösung zuzulassen. Man wendet deshalb Näherungsverfahren an, die stets darauf beruhen, daß man den Hamiltonoperator in zwei Summanden zerlegt:

$$H = H^{(0)} + H^{(1)}. \tag{49.1}$$

Dabei soll $H^{(0)}$ ein Anteil sein, dessen Spektrum sich elementar behandeln läßt (z.B. die kinetische Energie allein), während der zweite

9 s. Franz, W.: Z. Physik **184**, 181 (1965).

Summand $H^{(1)}$ klein genug sein soll, um die Lösung des Gesamtproblems H durch ein oder mehrere Näherungsschritte aus Lösungen des Problems $H^{(0)}$ herzuleiten. $H^{(1)}$ bezeichnet man dann als „Störung", die angewandten Näherungsverfahren als „Störungstheorie". Der Begriff ist aus der Astronomie entlehnt: dort kann man die Bahn eines einzelnen Planeten um die Sonne nach der Keplerschen Theorie genau berechnen, die Bewegung des gesamten Planetensystems läßt jedoch eine elementare Lösung nicht zu wegen der Gravitationskräfte, welche die Planeten aufeinander ausüben —, doch sind diese klein verglichen mit der Anziehungskraft der Sonne, so daß man ihren Einfluß *näherungsweise* berücksichtigen kann.

Man kann für ein Problem der Gestalt (49.1) zwei ganz verschiedene Aufgaben störungstheoretisch behandeln: Zum einen die Berechnung der Spektralvektoren von H, also der Eigenvektoren des diskreten Spektrums und der uneigentlichen des kontinuierlichen Spektrums (stationäre Störungstheorie). Zum zweiten kann man untersuchen, wie ein Anfangszustand, der stationärer Zustand von $H^{(0)}$ ist, sich im Laufe der Zeit unter dem Einfluß der Störung $H^{(1)}$ ändert; dies ist die sog. nichtstationäre Störungstheorie, auf welche wir in einem späteren § eingehen.

Die *stationäre Störungstheorie* hat die Aufgabe, die Vektoren $|\alpha\rangle$ zu Energie E_α durch ein Näherungsverfahren zu ermitteln, wobei E_α, wie gesagt, im diskreten oder kontinuierlichen Spektrum liegen kann — im letzten Fall ist $|\alpha\rangle$ ein uneigentlicher Vektor. Die Eigenwertgleichung schreiben wir in der Gestalt

$$(E - H^{(0)})\,|\alpha\rangle = H^{(1)}\,|\alpha\rangle. \tag{49.2}$$

Die Idee der Störungsrechnung besteht darin, daß man wegen der Kleinheit der Störung $H^{(1)}$ nur einen kleinen Fehler begeht, wenn man auf der rechten Seite anstelle der wahren Lösung $|\alpha\rangle$ eine Näherung einsetzt und dann nach dem Vektor $|\alpha\rangle$ der linken Seite auflöst. Man ersetzt (49.2) durch zwei gekoppelte Gleichungen:

$$|\beta\rangle = H^{(1)}\,|\alpha\rangle; \tag{49.3}$$

$$(E - H^{(0)})\,|\alpha\rangle = |\beta\rangle; \tag{49.4}$$

und führt in (49.3) anstelle des wahren $|\alpha\rangle$ eine Näherung ein. Der Ablauf der Näherungsverfahren soll uns erst im folgenden § beschäftigen. Zunächst sei die Frage untersucht, ob und wie die inhomogene Bestimmungsgleichung (49.4) für $|\alpha\rangle$ bei gegebenem $|\beta\rangle$ gelöst werden kann. Die Lösung ist sofort gegeben, wenn zu der Transformation $E - H^{(0)}$ des Hilbert-Raums die Umkehrtransformation existiert. Es ist zweckmäßig, dabei beliebige komplexe Werte z der Energie zu betrachten. Die Umkehrtransformation $(z-H^{(0)})^{-1}$ nennt man die *Resolvente* des Operators $H^{(0)}$. Sie ist Funktion der komplexen Variablen z und des Operators $H^{(0)}$ und kann, wie jede Funktion eines selbstadjungierten Operators, nach Gl. (17.13) über dem Spektrum von $H^{(0)}$ dargestellt werden:

$$(z-H^{(0)})^{-1}=\int \Pi_{dE}^{(0)} \frac{1}{z-E}. \tag{49.5}$$

$\Pi_{dE}^{(0)}$ ist dabei der Projektionsoperator auf das Energieintervall dE des Operators $H^{(0)}$. — Wir müssen zuerst fragen, unter welchen Umständen die Resolvente existiert. Die Spektraldarstellung zeigt, daß sie sicher existiert, wenn der Punkt z in endlichem Abstand von dem diskreten und kontinuierlichen Spektrum von $H^{(0)}$ liegt:

$$|z-E| \geqq d > 0 \quad \text{für alle } E \text{ des Spektrums.} \tag{49.6}$$

Zum Beweis wählen wir einen beliebigen Hilbert-Vektor $|\varphi\rangle$; sein Absolutquadrat ist in der Energiedarstellung

$$\|\varphi\|^2=\langle\varphi|\varphi\rangle=\int \langle\varphi|\,\Pi_{dE}^{(0)}\,|\varphi\rangle. \tag{49.7}$$

Wenden wir auf $|\varphi\rangle$ die Resolvente an und quadrieren, so haben wir

$$\|(z-H^{(0)})^{-1}\varphi\|=\int \frac{\langle\varphi|\Pi_{dE}^{(0)}|\varphi\rangle}{|z-E|^2} \leqq \frac{1}{d^2}\|\varphi\|^2. \tag{49.8}$$

Ein Hilbert-Vektor wird also durch Anwendung der Resolventen höchstens auf das $1/d$-fache verlängert, die Resolvente ist ein beschränkter Operator, ihr Definitionsbereich der gesamte Hilbert-Raum.

Die Voraussetzung (49.6) wird verletzt, wenn z ein Punkt des diskreten oder kontinuierlichen Spektrums von $H^{(0)}$ ist. Die Spektraldarstellung (49.5) enthält — als Lebesque-Integral — für jede Stelle des diskreten Spektrums einen Beitrag $\Pi_n/(z-E_n)$; *die Resolvente besitzt an jedem Punkt des diskreten Spektrums von $H^{(0)}$ einen einfachen Pol*, für $z=E_n$ existiert die Resolvente nicht. Dieser Tatbestand ist aus der analytischen Geometrie von Räumen *endlicher* Dimension wohl bekannt: Eine Matrix besitzt nur dann eine Reziproke, wenn sie keinen Eigenwert Null hat, wenn also die Determinate nicht verschwindet — dies bedeutet jedoch keineswegs, daß Gl. (49.4) unlösbar sein muß; sie ist genau dann lösbar, wenn $|\beta\rangle$ auf dem Unterraum $\Pi_n \mathfrak{H}$ orthogonal ist. Wir können dann Gl. (49.4) in dem Komplementärraum $(I-\Pi_n)\mathfrak{H}$ lösen und gewinnen so eine partikuläre Lösung, zu der wir eine Lösung der homogenen Gleichung, d. h. einen beliebigen Vektor aus dem Unterraum $\Pi_n \mathfrak{H}$ hinzufügen können.

Liegt z im kontinuierlichen Spektrum von $H^{(0)}$, so wird die homogene Gleichung durch keinen Hilbert-Vektor gelöst; dennoch ist die inhomogene Gl. (49.4) nicht für beliebige Inhomogenitäten $|\beta\rangle$ lösbar. Man erkennt dies am einfachsten, indem man (49.4) von rechts nach links liest. Gibt man einen Hilbert-Vektor $|\alpha\rangle$ aus dem Definitionsbereich von $H^{(0)}$ vor, so wird die Spektraldarstellung von $|\beta\rangle$:

$$|\beta\rangle = \int (E - E')\, \Pi_{dE'}\, |\alpha\rangle . \tag{49.9}$$

$\Pi_{dE'}\,|\beta\rangle$ hat also eine Nullstelle bei $E' = E$. Umgekehrt ist für jedes $|\beta\rangle$, welches eine Spektraldarstellung dieser Gestalt besitzt, $|\alpha\rangle$ *eindeutig* bestimmt durch

$$|\alpha\rangle = \int \frac{1}{E - E'}\, \Pi_{dE'}\, |\beta\rangle , \tag{49.10}$$

da ja die homogene Gleichung keinen Hilbert-Vektor als Lösung hat. Die Verhältnisse für das kontinuierliche Spektrum sind also durch zweierlei charakterisiert: Einerseits existiert eine Lösung nicht für alle möglichen Vektoren $|\beta\rangle$, genau wie für ein im diskreten Spektrum gelegenes z; andererseits liegt die Lösung — wenn sie überhaupt möglich ist — eindeutig fest, wie für einen Punkt z entfernt vom Spektrum. Der wesentliche Unterschied zwischen einem im diskreten und im kontinuierlichen Spektrum gelegenen z besteht in der Bedingung für die Inhomogenität $|\beta\rangle$. Ist $z = E_n$ so muß $|\beta\rangle$ dem *Unterraum* $(I - \Pi_n)\,\mathfrak{H}$ angehören, die zugelassenen *Vektoren* $|\beta\rangle$ *liegen* deshalb im Hilbert-Raum *nicht dicht*. Dagegen läßt sich jeder beliebige Vektor approximieren durch Vektoren $|\beta\rangle$ der Gestalt (49.9); man kann nämlich jeden Hilbert-Vektor $|\varphi\rangle$ approximieren durch eine Folge von Vektoren $|\varphi, \nu\rangle$, welche sich von $|\varphi\rangle$ dadurch unterscheiden, daß $\Pi_{dE'}\,|\varphi, \nu\rangle = 0$ für $|E' - E| < \varepsilon_\nu$; $\lim\limits_{\nu\to\infty} \varepsilon_\nu = 0$. Mit anderen Worten: ein Hilbert-Vektor ändert sich nicht, wenn man seine Komponente für einen Punkt des kontinuierlichen Spektrums wegläßt, jedoch im allgemeinen sehr wohl, wenn eine diskrete Komponente fehlt.

Zusammenfassend können wir sagen, daß die Resolvente für alle Punkte in endlichem Abstand vom Spektrum ein beschränkter Operator ist, mit $\mathfrak{H}$ als Definitionsbereich. An den Punkten des kontinuierlichen Spektrums ist die Resolvente nicht beschränkt, jedoch ist ihr Definitionsbereich im Hilbert-Rraum dicht. An den Punkten des diskreten Spektrums hat die Resolvente einfache Pole.

Bis jetzt haben wir nur *Hilbert-Vektoren* als Lösungen von Gl. (49.4) ins Auge gefaßt. Wollen wir Störungsrechnung auch für die uneigentlichen Spektralfunktionen treiben, so müssen wir auch *uneigentliche* Vektoren $|\alpha\rangle$ als Lösung von (49.4) zulassen. Damit entfällt die Bedingung (49.9) (in welcher $|\alpha\rangle$ einen *Hilbert*-Vektor bedeutet). Wir wollen deshalb annehmen, daß wir von $|\beta\rangle$ die Projektion $\Pi_{dE'}|\beta\rangle$ auf alle Intervalle dE' des Spektrums kennen, in welchem $|\beta\rangle$ keine Singularität besitzt; aus (49.4) folgt dann

$$\Pi_{dE'}|\alpha\rangle = \frac{1}{E-E'}\Pi_{dE'}|\beta\rangle. \tag{49.11}$$

Wir suchen uneigentliche Vektoren $|\alpha\rangle$ des kontinuierlichen E-Spektrums, aus welchen wir durch Integration über endliche Energieintervalle Hilbert-Vektoren gewinnen. Wir fordern damit, daß

$$\int_E^{E+\Delta E} dE'' \frac{1}{E''-E'}\Pi_{dE'}|\beta\rangle \in \mathfrak{H}.$$

Ist E' nicht im Intervall, so ist das Integral über E'' sofort ausführbar:

$$\int_E^{E+\Delta E} dE'' \frac{1}{E''-E'} = \log\left(1+\frac{\Delta E}{E-E'}\right).$$

Liegt E' im Intervall, so können wir das Integral als Hauptwert definieren

$$HW\int_E^{E+\Delta E} \frac{dE''}{E''-E'} = \lim_{\varepsilon\to 0}\left\{\int_E^{E'-\varepsilon} + \int_{E'+\varepsilon}^{E+\Delta E}\right\}\frac{dE''}{E''-E'} = \log\left|1+\frac{\Delta E}{E-E'}\right|.$$

$|\alpha\rangle$ ist demnach genau dann ein Hilbert-Vektor, wenn $|\beta\rangle$ Hilbert-Vektor ist; denn die Konvergenz des Integrals $\int\langle\beta|\,\Pi_{dE'}|\beta\rangle$ wird durch einen zusätzlichen Faktor $\log|1+\Delta E/(E-E')|$ im Integranden weder erleichtert noch zerstört. *Wir können also (49.4) durch uneigentliche Vektoren genau dann lösen, wenn die Inhomogenität $|\beta\rangle$ ein Hilbert-Vektor* ist. Für die Störungsrechnung bedeutet dies, daß der Störoperator $H^{(1)}$ in (49.3), angewandt auf den uneigentlichen Vektor $|\alpha\rangle$, einen Hilbert-Vektor $|\beta\rangle$ erzeugen muß. Dies geschieht in der Tat, wenn eine im Unendlichen des Koordinatenraums nicht quadratintegrierbare Wellenfunktion des uneigentlichen Spektrums mit einer Potentialfunktion endlicher Reichweite multipliziert wird. — Da wir jetzt uneigentliche Vektoren zulassen, ist auch die homogene Gl. (49.4) lösbar durch einen uneigentlichen Vektor $|\alpha, 0\rangle$ des Spektrums von $H^{(0)}$. Die allgemeine Lösung von (49.4) wird also

$$|\alpha\rangle = |\alpha, 0\rangle + (E-H^{(0)})^{-1}|\beta\rangle. \tag{49.12}$$

Das Spektraltheorem (17.13)

$$F(P) = \int F(p)\,\Pi_{dp} \tag{49.13}$$

läßt sich in ein Cauchy-Integral über die Resolvente von P umformen, vorausgesetzt, daß die Funktion $F(p)$ eine analytische Funktion ist, die in allen Punkten p des reellen Spektrums des Operators P holomorph ist. $F(p)$ können wir für einen festen Wert von p als Cauchy-Integral darstellen.

$$F(p) = \frac{1}{2\pi i} \oint \frac{F(z)}{z-p}\, dz. \tag{49.14}$$

Der Integrationsweg muß den Punkt $z=p$ positiv umlaufen. Wollen wir die Darstellung (49.14) in den Integranden von (49.13) einsetzen, so müssen wir dafür sorgen, daß der komplexe Integrationsweg das gesamte reelle Spektrum des Operators im positiven Sinne umläuft; wir integrieren also unterhalb der reellen Achse von $-\infty$ nach $+\infty$ und oberhalb der reellen Achse zurück, schließen jedoch alle Singularitäten

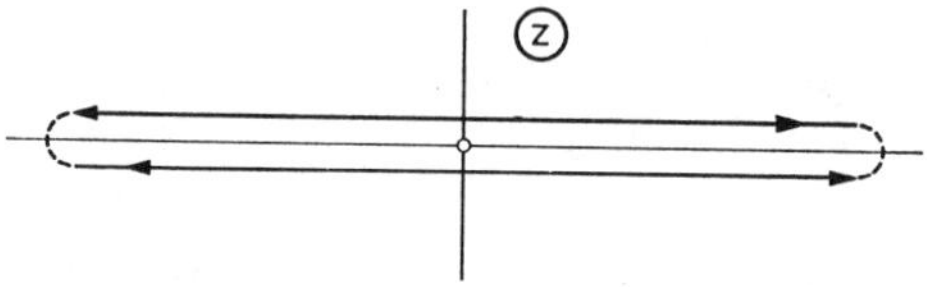

Abb. 36. Integrationsweg für Gl. (49.15)

der Funktion $F(z)$ aus, die evtl. auch — außerhalb des Spektrums — auf der reellen Achse liegen können. Wir müssen dabei bedenken, daß das Integral (49.13), sofern es sich bis ins Unendliche der reellen p-Achse erstreckt, dort als uneigentliches Integral zu verstehen ist, d. h. als Limes von Integralen über ein sehr großes endliches Intervall der p-Achse. Diese endlichen p-Intervalle können wir in jedem Schritt des Grenzübergangs durch den Integrationsweg vollständig einschließen. — Setzen wir (49.14) in (49.13) ein und vertauschen die Integrationsfolgen, so entsteht

$$F(P) = \frac{1}{2\pi i} \oint dz\,(z-P)^{-1} F(z). \tag{49.15}$$

§ 50. Störungsrechnung im diskreten Spektrum

Wir stellen uns jetzt die Aufgabe, einen diskreten Eigenvektor des Hamilton-Operators (49.1) durch Störungsrechnung aufzufinden. Bekannt seien sämtliche eigentlichen und uneigentlichen Spektraleigenvektoren von $H^{(0)}$, unter ihnen insbesondere ein *Hilbert-Vektor* $|\nu, 0\rangle$, dessen Eigenwertgleichung lautet

$$(E_\nu^{(0)} - H^{(0)})\,|\nu, 0\rangle = 0. \tag{50.1}$$

Ist die Störung $H^{(1)}$ klein, so werden wir erwarten, daß es einen Eigenvektor $|\nu\rangle$ des Gesamtproblems gibt, der sich von $|\nu, 0\rangle$ nur wenig unterscheidet und der Eigenwertgleichung genügt

$$(E_\nu - H^{(0)})\,|\nu\rangle = H^{(1)}\,|\nu\rangle. \tag{50.2}$$

Eine der Schwierigkeiten des Störungsproblems im diskreten Spektrum haben wir im vergangenen Paragraphen bereits kennengelernt: Die Resolvente existiert dort nicht, da sie an einem Punkt des diskreten Spektrums einen Pol hat. Auch wenn E_ν nicht genau mit dem Energiewert $E_\nu^{(0)}$ der nullten Näherung übereinstimmt, enthält die Resolvente $(E_\nu - H^{(0)})^{-1}$ einen Summanden $|\nu, 0\rangle\langle\nu, 0|/(E_\nu - E_\nu^{(0)})$, der um so größer wird, je kleiner die Störung ist, so daß man mit ihm keine störungstheoretische Entwicklung erhalten kann. Hinzu kommt, daß man den strengen Energiewert E_ν nicht kennt, infolgedessen die Resolvente überhaupt nicht anschreiben kann. Bei der Störungstheorie im diskreten Spektrum muß man deshalb sukzessive sowohl die Energie wie auch die Spektralfunktionen durch Näherungsschritte ermitteln.

Trivialer Fall: Die Aufgabe der Störungsrechnung wird trivial, wenn die Operatoren $H^{(0)}$ und $H^{(1)}$ vertauschen, wenn also

$$[H^{(0)}, H^{(1)}] = 0. \tag{50.3}$$

Man kann dann $H^{(0)}$ und $H^{(1)}$ gleichzeitig diagonalisieren. Ist $|\nu, 0\rangle$ ein gemeinsamer Einheits-Eigenvektor, so löst er sowohl Gl. (50.1) wie auch (50.2), und die letzte Beziehung bestimmt lediglich die strenge Energie zu

$$E_\nu = E_\nu^{(0)} + \langle\nu, 0|\, H^{(1)}\,|\nu, 0\rangle. \tag{50.4}$$

Gehört zu dem Energiewert $E_\nu^{(0)}$ des Operators $H^{(0)}$ nur ein eindimensionaler Unterraum von $\mathfrak{H}$, dann ist der zugehörige Einheitsvektor $|\nu, 0\rangle$ automatisch auch Eigenvektor von $H^{(1)}$. Ist der Unterraum $\Pi_\nu\mathfrak{H}$ mehrdimensional (gibt es also mehrere unabhängige Eigenvektoren von $H^{(0)}$ zum Eigenwert $E_\nu^{(0)}$), dann muß im Unterraum $\Pi_\nu\mathfrak{H}$ der Operator $H^{(1)}$ erst diagonalisiert werden (wegen (50.3) ist dies bestimmt möglich), bevor Gl. (50.4) auf die Basisvektoren angewandt werden kann.

Als Beispiel diene uns der *Zeeman-Effekt des Wasserstoffatoms*, also die Veränderung der Energiewerte durch ein konstantes äußeres Magnetfeld. Der Hamilton-Operator des Systems ist gegeben durch Gl. (4.16), wenn wir dort für V das Coulomb-Potential des Kerns mal Elektronenladung wählen und für den potentiellen Impuls

$$\boldsymbol{A} = \frac{e}{2}\,\boldsymbol{B}\times\boldsymbol{r}, \tag{50.5}$$

wobei $\boldsymbol{B}$ die konstante magnetische Feldintensität ist. Ist das Magnetfeld so klein, daß man sich nur für Größen erster Ordnung in B zu interessieren braucht, so erhält man

$$H = H^{(0)} + H^{(1)} \tag{50.6}$$

mit

$$H^{(0)} = \frac{\boldsymbol{p}^2}{2\mu} + V; \qquad H^{(1)} = -\frac{e}{2\mu} \boldsymbol{B} \cdot \boldsymbol{r} \times \boldsymbol{p}. \tag{50.7}$$

Die diskreten Eigenvektoren von $H^{(0)}$ werden, wie wir wissen, durch eine Hauptquantenzahl n charakterisiert, und können im übrigen so eingerichtet werden, daß auch noch der Gesamtdrehimpuls durch eine Quantenzahl l und die z-Komponente des Drehimpulses durch die Quantenzahl m festgelegt wird. Die Energieeigenwerte sind dann die Balmerschen von Gl. (36.18):

$$H^{(0)} |n, l, m\rangle = E_n |n, l, m\rangle; \qquad E_n = -\frac{\mu}{2} \left(\frac{\alpha Z}{n} c\right)^2. \qquad [\alpha = 1/137] \tag{50.8}$$

Der Störungsterm $H^{(1)}$ ist das Vielfache der Komponente des Drehimpulses $\boldsymbol{J} \equiv \boldsymbol{r} \times \boldsymbol{p}$ in Richtung des Magnetfeldes, und deshalb mit $H^{(0)}$ vertauschbar. Richten wir das Lösungssystem (50.8) so ein, daß $H^{(1)}$ diagonal wird, so sind wir fertig; dazu brauchen wir aber lediglich die z-Achse parallel zu $\boldsymbol{B}$ zu verlegen. Dann gilt für die Eigenvektoren des ungestörten Systems

$$H^{(1)} |n, l, m\rangle = -\frac{eB}{2\mu} \hbar m |n, l, m\rangle; \tag{50.9}$$

und man hat, entsprechend Gl. (50.4), die geänderten Energiewerte

$$E_{n,m} = E_n - m \frac{\hbar e}{2\mu} B. \tag{50.10}$$

Man erhält so die *Zeeman-Verschiebung* der Energieniveaus proportional zur Quantenzahl m; aus diesem Grunde bezeichnet man m als „magnetische Quantenzahl" — diese hat aber, wohlgemerkt, primär nichts mit dem Magnetfeld zu tun, sondern bestimmt lediglich eine Komponente des Drehimpulses. Die Energieverschiebung rührt daher, daß ein umlaufendes Elektron wegen seiner elektrischen Ladung ein magnetisches Moment besitzt, welches — soferne es parallel zum Magnetfeld steht — zu einer Energieerniedrigung führt. Dabei ist die Komponente des magnetischen Moments in der z-Richtung gegeben durch

$$(\text{magn. Moment})_z = \frac{e\hbar}{2\mu} m = \frac{e}{2\mu} J_z; \tag{50.11}$$

sie ist ein ganzzahliges Vielfaches des sog. „Bohrschen Magnetons“ $= e\hbar/2\mu = 5{,}788 \times 10^{-5}$ eV/Tesla. Daß sich magnetisches Moment und Drehimpuls um einen Faktor $e/2\mu$ unterscheiden, sofern der Drehimpuls eine Konstante der Bewegung ist, folgt bereits aus der klassischen Definition von Drehimpuls und magnetischen Moment: Für einen Kreisstrom ist das magnetische Moment gleich Stromstärke I mal umlaufener Fläche F; für eine Ladung e, welche auf einer geschlossenen Bahn mit einer Umlaufzeit T umläuft, ist der Strom $I = e/T$, die Fläche dagegen ist $\frac{1}{2}\int \boldsymbol{r} \times d\boldsymbol{r} = \frac{1}{2}\int \boldsymbol{r} \times \boldsymbol{v}\, dt$. Ist der Drehimpuls eine Konstante der Bewegung, so ist an jedem Punkt der Bahn $\boldsymbol{r} \times \boldsymbol{v} = \boldsymbol{J}/\mu$, und man hat deshalb

$$\text{magn. Moment} = \frac{e}{T} \cdot \frac{1}{2\mu} \boldsymbol{J} T = \frac{e}{2\mu} \boldsymbol{J}.$$

Diese Beziehung, und damit Gl. (50.11), gilt jedoch *nur für den Bahnumlauf* eines Teilchens von gegebener Ladung e und Masse μ; magnetische Momente, welche auf andere Weise entstehen (Spin), folgen anderen Gesetzen; die Aufspaltungsformel (50.10) ergibt sich nur, wenn man den *Spin* des Elektrons *vernachlässigt*. — In Wahrheit zeigt das Wasserstoffatom den sog. „anomalen Zeeman-Effekt“. Erst bei hohen magnetischen Feldstärken (welche aber immer noch klein genug sind, um Störungsrechnung zu erlauben) wird Gl. (50.10) gültig — man bezeichnet dies als *Paschen-Back-Effekt*.

Störung eines einfachen Energieniveaus. Im nichttrivialen Fall, wenn also (50.3) nicht gilt, muß sowohl der Energiewert wie auch der Eigenvektor sukzessive korrigiert werden. Gibt es zu einem diskreten Energiewert $E_\nu^{(0)}$ nur einen einzigen Eigenvektor $|\nu, 0\rangle$, so kann man aus (50.2) durch Multiplikation mit $|\nu, 0\rangle$ eine Gleichung für den exakten Eigenwert E_ν erhalten

$$(E_\nu - E_\nu^{(0)}) \langle \nu, 0 | \nu \rangle = \langle \nu, 0 | H^{(1)} | \nu \rangle. \tag{50.12}$$

Es ist am einfachsten, den strengen Eigenvektor $|\nu\rangle$ nicht als Einheitsvektor voraussetzen, sondern stattdessen zu fordern:

$$\langle \nu, 0 | \nu \rangle = 1. \tag{50.13}$$

Man kann dann nachträglich das Quadrat des Vektors $|\nu\rangle$ berechnen und daraus den Einheitsvektor bestimmen. Die Voraussetzung (50.13) ist deshalb unbedenklich, weil wir einen Vektor $|\nu\rangle$ suchen, der sich nur wenig von $|\nu, 0\rangle$ unterscheidet, der also bestimmt nicht zu $|\nu, 0\rangle$ orthogonal ist. — Aus (50.12) und (50.13) folgt

$$E_\nu = E_\nu^{(0)} + \langle \nu, 0 | H^{(1)} | \nu \rangle. \tag{50.14}$$

Durch (50.13) haben wir festgelegt, daß der Vektor $|\nu\rangle$ sich von $|\nu, 0\rangle$ nur durch einen Vektor des Komplementärraums $(I - |\nu, 0\rangle\langle\nu, 0|)\mathfrak{H}$ unterscheiden soll. Wir ermitteln diesen, indem wir (50.2) im Komplementärraum durch die Resolvente lösen. So erhalten wir

$$|\nu\rangle = |\nu, 0\rangle + \int_{\neq\nu} \Pi_{dE}^{(0)} \frac{H^{(1)}|\nu\rangle}{E_\nu^{(0)} + \langle\nu, 0|H^{(1)}|\nu\rangle - E}. \qquad (50.15)$$

Durch die Bezeichnung $\neq\nu$ an dem Integral ist angedeutet, daß die Stelle $E_\nu^{(0)}$ des Energiespektrums von $H^{(0)}$ auszulassen ist. (50.15) ist nicht die explizite Lösung des Problems, da der unbekannte Vektor $|\nu\rangle$ unter dem Integral im Zähler wie auch im Nenner vorkommt — wir haben lediglich die Bestimmungsgleichung (50.2) (Schrödinger-Differentialgleichung) in eine Integralgleichung verwandelt. Diese kann aber durch sukzessive Näherungen gelöst werden, indem jeweils die $(k-1)$-te Näherung $|\nu, k-1\rangle$ auf der rechten Seite eingesetzt wird, um als linke Seite die k-te Näherung $|\nu, k\rangle$ zu erhalten:

$$|\nu, k\rangle = |\nu, 0\rangle + \int_{\neq\nu} \Pi_{dE}^{(0)} \frac{H^{(1)}|\nu, k-1\rangle}{E_\nu^{(k)} - E}; \qquad (50.16)$$

mit

$$E_\nu^{(k)} = E_\nu^{(0)} + \langle\nu, 0|\, H^{(1)}\, |\nu, k-1\rangle. \qquad (50.16a)$$

Für die Störenergie 2. Ordnung folgt explizit:

$$E_\nu^{(2)} = E_\nu^{(0)} + \langle\nu, 0|\, H^{(1)}\, |\nu, 0\rangle + \int_{\neq\nu} \frac{\langle\nu, 0|H^{(1)}\Pi_{dE}^{(0)}H^{(1)}|\nu, 0\rangle}{E_\nu^{(0)} - E}. \qquad (50.16b)$$

Da der Zähler des Integranden positiv definit ist, hat der Zusatz 2. Ordnung stets den Erfolg, das Niveau von den Nachbarniveaus zu entfernen; der Grundzustand wird dadurch stets erniedrigt. — Will man eine Entwicklung nach steigenden Potenzen von $H^{(1)}$ erhalten, so muß man die im Nenner (50.16) enthaltenen kleinen Größen bis zur Ordnung $k-1$ in den Zähler entwickeln; das Verfahren wird jedoch dadurch erheblich komplizierter und unhandlicher. Mit (50.16) kann man unmittelbar in eine numerische Berechnung, etwa mit Hilfe eines Computers, eintreten.

Störung eines Unterraums endlicher Dimension. Gl. (50.16) gibt nur dann wirklich eine nach Ordnungen von $H^{(1)}$ fortschreitendes Näherungsverfahren, wenn der Nenner des Integranden für alle Stellen des Spektrums $E \neq E_\nu$ groß ist gegen die Matrixelemente von $H^{(1)}$. Dies ist nicht der Fall, wenn zur Energie $E_\nu^{(0)}$ ein mehrdimensionaler Unterraum gehört (wenn es also mehrere unabhängige Eigenvektoren derselben Energie gibt), oder wenn mehrere Eigenwerte so nahe beisammen liegen, daß ihr Abstand von der Größenordnung $H^{(1)}$ oder kleiner wird. — Wir wollen annehmen, der Hilbert-Raum habe einen Unterraum $\mathfrak{U}$ von endlicher Dimension, aufgespannt von diskreten Eigenvektoren $|\nu, 0\rangle$ zu fast gleichen Energiewerten $E_\nu^{(0)}$; doch sei der Abstand zwischen den Energiewerten $E_\nu^{(0)}$ und allen anderen Stellen des Spektrums von $H^{(0)}$ groß gegen die Matrixelemente von $H^{(1)}$. Wir können dann innerhalb des Unterraums $\mathfrak{U}$ keine Störungsrechnung treiben, müssen vielmehr dort den gesamten Hamilton-Operator in Strenge diagonalisieren. Wir führen den Projektionsoperator auf $\mathfrak{U}$ ein in der Gestalt

$$\Pi = \sum_{\mu \in \mathfrak{U}} |\mu, 0\rangle \langle \mu, 0| \quad \leftrightarrow \quad \mathfrak{U} = \Pi \mathfrak{H}. \tag{50.17}$$

Dann suchen wir innerhalb von $\mathfrak{U}$ ein neues Basissystem $|\nu, \bar{0}\rangle$ auf, für welches gilt

$$(E_\nu^{(1)} - H^{(0)} - \Pi H^{(1)} \Pi) \, |\nu, \bar{0}\rangle = 0. \tag{50.18}$$

Die neuen Basisvektoren finden wir als Linearkombination der alten:

$$|\nu, \bar{0}\rangle = \sum_\mu |\mu, 0\rangle \langle \mu, 0 | \nu, \bar{0}\rangle. \tag{50.19}$$

Aus (50.18) folgt ein homogenes Gleichungssystem für die Entwicklungskoeffizienten (man setze (50.19) in (50.18) ein und multipliziere von links mit $|\lambda, 0\rangle$):

$$\sum_\mu \{(E_\nu^{(1)} - E_\lambda^{(0)}) \, \delta_{\lambda\mu} - \langle \lambda, 0| \, H^{(1)} \, |\mu, 0\rangle\} \langle \mu, 0 | \nu, \bar{0}\rangle = 0. \tag{50.20}$$

Dieses System ist nur lösbar, wenn die Determinante verschwindet; man erhält die Eigenwerte als die Wurzeln der „Säkulargleichung":

$$\|(E_\nu^{(1)} - E_\lambda^{(0)}) \, \delta_{\lambda\mu} - \langle \lambda, 0| \, H^{(1)} \, |\mu, 0\rangle\| = 0. \tag{50.21}$$

Nach Bestimmung der Eigenwerte folgen aus (50.20) auch die Entwicklungskoeffizienten der Eigenvektoren. Um im Näherungsverfahren fortzuschreiten, schreibt man (50.2) so um, daß der Operator von (50.18) als ungestörter Anteil auf die linke Seite kommt:

$$(E_\nu - H^{(0)} - \Pi H^{(1)} \Pi) \, |\nu\rangle = (H^{(1)} - \Pi H^{(1)} \Pi) \, |\nu\rangle. \tag{50.22}$$

Wir wollen nur noch die erste Näherung bestimmen, indem wir auf der rechten Seite einen der Vektoren $|\nu, \bar{0}\rangle$ einsetzen:

$$(E_\nu^{(1)} - H^{(0)} - \Pi H^{(1)} \Pi) \, |\nu, 1\rangle = (I - \Pi) \, H^{(1)} \, |\nu, \bar{0}\rangle.$$

Da $\Pi \, |\nu, \bar{0}\rangle = |\nu, \bar{0}\rangle$ ist, hat sich die rechte Seite gegenüber (50.22) vereinfacht und ist nunmehr ein Vektor des Komplementärraums zu $\mathfrak{U}$. Multipliziert man die Gleichung von links mit $|\nu, \bar{0}\rangle$, so verschwindet die rechte Seite. Indem man die linke Seite mit Gl. (50.18) vergleicht, sieht man, daß wir mit Recht $E_\nu^{(1)}$ als Eigenwert genommen haben. Wegen (50.18) löst $|\nu, \bar{0}\rangle$ die homogene Gleichung. Eine partikuläre Lösung der inhomogenen Gleichung gewinnt man, indem man im Komplementärraum $(I-\Pi)\mathfrak{H}$ mit der Resolventen multipliziert — dabei fällt der Term $\Pi H^{(1)} \Pi$ weg. Das Ergebnis ist:

$$|\nu, 1\rangle = |\nu, \bar{0}\rangle + \int_{\perp\mathfrak{U}} \Pi_{dE}^{(0)} \frac{H^{(1)}|\nu, \bar{0}\rangle}{E_\nu^{(1)} - E}. \tag{50.23}$$

Die handgreiflichste Aussage der Störungstheorie ist in jedem Fall die *Energiestörung erster Ordnung*, zu deren Berechnung man nur die Eigenvektoren von $H^{(0)}$ benötigt; einen einzelnen Eigenvektor setzt man einfach in (50.16a) ein (mit $k=1$) — bei der Störung eines Unterraums endlicher Dimension hat man das Diagonalisierungsverfahren von Gl. (50.20) und (50.21) durchzuführen. Als Anwendungsbeispiel behandeln wir den Starkeffekt des Wasserstoffatoms.

§ 51. Stark-Effekt des Wasserstoff-Atoms

Verstehen wir wieder unter $H^{(0)}$ den Hamilton-Operator des Wasserstoffatoms, dann können wir ein Wasserstoffatom im homogenen elektrischen Feld beschreiben durch

$$H = H^{(0)} + H^{(1)}; \qquad H^{(1)} = -eFz. \tag{51.1}$$

F ist die elektrische Feldstärke, sie sei parallel zur z-Achse eines kartesischen Koordinatensystem gerichtet. $H^{(0)}$ ist invariant gegen alle Drehungen; deshalb kann man die Zustände des Wasserstoffs klassifizieren durch Hauptquantenzahl n und Drehimpulsquantenzahlen l und m. $H^{(1)}$ ist nur gegen Drehungen um die z-Achse invariant, deswegen ist nur die z-Komponente J_z des Drehimpulses Konstante der Bewegung. Man kann H und J_z gemeinsam diagonalisieren; führt man parabolische Koordinaten ein, so kann man diese Aufgabe sogar in geschlossener Form lösen — wir wollen dies aber nicht tun, da uns der Stark-Effekt als Anwendungsbeispiel für die Störungsrechnung dienen soll. Die Störungsrechnung können wir jedenfalls in einem Unterraum von festem m durchführen. Wir wollen dabei nur die Wasserstoffzustände mit den Hauptquantenzahlen $n=1, 2, 3$ berücksichtigen, deren Schrödinger-Funktion nach § 37 berechnet werden können (s. Tabelle 2).

$H^{(0)}$ ist für diese Eigenfunktionen diagonal mit den Eigenwerten (50.8); die von Null verschiedenen Matrixelemente von $H^{(1)}$ berechnen wir zwecks Durchführung der Störungsrechnung getrennt für die verschiedenen Unterräume von festem m.

Tabelle 2.

nlm	$\langle \mathbf{r} \mid n, l, m\rangle$		
100	$\frac{1}{\sqrt{\pi a^3}}$	$\cdot 1$	$\cdot e^{-r/a}$
200	$\frac{1}{2\sqrt{2\pi a^3}}$	$\cdot 1$	$\cdot \left(1-\frac{r}{2a}\right) e^{-r/2a}$
210	$\frac{1}{4\sqrt{2\pi a^5}}$	$\cdot \cos\vartheta$	$\cdot r\, e^{-r/2a}$
21 ± 1	$\frac{1}{8\sqrt{\pi a^5}}$	$\cdot \sin\vartheta\, e^{\pm i\varphi}$	$\cdot r\, e^{-r/2a}$
300	$\frac{3}{3\sqrt{3\pi a^3}}$	$\cdot 1$	$\cdot \left(1-\frac{2r}{3a}+\frac{2r^2}{27a^2}\right) e^{-r/3a}$
310	$\frac{4}{27\sqrt{2\pi a^5}}$	$\cdot \cos\vartheta$	$\cdot r\left(1-\frac{r}{6a}\right) e^{-r/3a}$
31 ± 1	$\frac{2}{27\sqrt{\pi a^5}}$	$\cdot \sin\vartheta\, e^{\pm i\varphi}$	$\cdot r\left(1-\frac{r}{6a}\right) e^{-r/3a}$
320	$\frac{1}{81\sqrt{6\pi a^7}}$	$\cdot (3\cos^2\vartheta-1)$	$\cdot r^2\, e^{-r/3a}$
32 ± 1	$\frac{1}{81\sqrt{\pi a^7}}$	$\cdot \cos \sin\vartheta\, e^{\pm i\varphi}$	$\cdot r^2\, e^{-r/3a}$
32 ± 2	$\frac{1}{2\cdot 81\cdot\sqrt{\pi a^7}}$	$\cdot \sin^2\vartheta\, e^{\pm 2i\varphi}$	$\cdot r^2\, e^{-r/3a}$

Unterraum $m=0$. Durch elementare Integration errechnet man die folgende Matrix von $z=r\cos\vartheta$:

$$\left(\frac{z}{a}\right)=\begin{array}{c|cccccc}
 & 100 & 200 & 210 & 300 & 310 & 320 \\ \hline
100 & 0, & 0, & \frac{2^7\sqrt{2}}{3^5}, & 0, & \frac{3^3}{2^6\sqrt{2}}, & 0 \\
200 & 0, & 0, & -3, & 0, & \frac{3^3\cdot 2^{10}}{5^6}, & 0 \\
210 & \frac{2^7\sqrt{2}}{3^5}, & -3, & 0, & \frac{3^3\cdot 2^7}{5^6}\sqrt{6}, & 0, & \frac{2^{12}\cdot 3^3}{5^7}\sqrt{3} \\
300 & 0, & 0, & \frac{3^3\cdot 2^7}{5^6}\sqrt{6}, & 0, & -3\sqrt{6}, & 0 \\
310 & \frac{3^3}{2^6\sqrt{2}}, & \frac{3^3\cdot 2^{10}}{5^6}, & 0, & -3\sqrt{6}, & 0, & -3\sqrt{3} \\
320 & 0, & 0, & \frac{2^{12}\cdot 3^3}{5^7}\sqrt{3}, & 0, & -3\sqrt{3}, & 0
\end{array} \qquad (51.2)$$

Da sämtliche Diagonalelemente verschwinden, bekommen wir eine Energiestörung erster Ordnung nur in den mehrdimensionalen Eigenräumen von $H^{(0)}$. Zu $n=1$ gibt es nur einen Eigenvektor, der zugehörige Energiewert ist in erster Ordnung ungestört:

$$E_{10}^{(1)} = E_1 = -\frac{\mu}{2}(\alpha c)^2. \tag{51.3}$$

Im Unterraum $n=2$ hat die Teilmatrix von H die Gestalt

$$\Pi_{20} H \Pi_{20} = \begin{pmatrix} E_2, & 3aeF \\ 3aeF, & E_2 \end{pmatrix}.$$

Die Säkulargleichung (50.21) wird

$$0 = \begin{vmatrix} E_{20}^{(1)} - E_2, & -3aeF \\ -3aeF, & E_{20}^{(1)} - E_2 \end{vmatrix} = (E_{20}^{(1)} - E_2)^2 - (3aeF)^2. \tag{51.4}$$

Wir erhalten somit die folgenden Energieniveaus erster Ordnung

$$E_{20,\pm 1}^{(1)} = E_2 \pm 3aeF = -\frac{\mu}{8}(\alpha c)^2 \pm 3aeF. \tag{51.4a}$$

Wir verwenden dabei für die Energieniveaus die zweckmäßige Notation $E_{nm,j}^{(k)}$, wobei n die Hauptquantenzahl ist, m die z-Komponente des Drehimpulses, k die Ordnung und j eine Nummer für die verschiedenen zu n und m gehörigen Niveaus. — Für $n=3$ ist die Säkulargleichung

$$0 = \begin{vmatrix} E_{30}^{(1)} - E_3, & -3\sqrt{6}\,aeF, & 0 \\ -3\sqrt{6}\,aeF, & E_{30}^{(1)} - E_3, & -3\sqrt{3}\,aeF \\ 0, & -3\sqrt{3}\,aeF, & E_{30}^{(1)} - E_3 \end{vmatrix}. \tag{51.5}$$

Wir erhalten damit die Energieniveaus

$$E_{30,j}^{(1)} = E_3 + j \cdot 9aeF; \quad j = 0, \pm 1. \tag{51.5a}$$

Unterraum $m=1$ (oder -1).

Für diesen Unterraum erhält man

$$\left(\frac{z}{a}\right) = \begin{array}{c|ccc|} & 21\pm1 & 31\pm1 & 32\pm1 \\ \hline 21\pm1 & 0, & 0, & \frac{2^{11}\cdot 3^4}{5^7} \\ 31\pm1 & 0, & 0, & -\frac{9}{2} \\ 32\pm1 & \frac{2^{11}\cdot 3^4}{5^7}, & -\frac{9}{2}, & 0 \end{array} \tag{51.6}$$

Das Niveau $n=2$ bleibt ungestört:

$$E_{2,\pm 1}^{(1)} = E_2. \tag{51.7}$$

Für $n=3$ haben wir die Säkulardeterminante

$$\begin{vmatrix} E^{(1)}_{3,\pm 1}-E_3, & -\frac{9}{2}aeF \\ -\frac{9}{2}aeF, & E^{(1)}_{3,\pm 1}-E_3 \end{vmatrix}, \tag{51.8}$$

welche die beiden verschobenen Niveaus liefert

$$E^{(1)}_{3,\pm 1,\pm 1}=E_3 \pm \frac{9}{2}aeF. \tag{51.8a}$$

Unterraum $m=2$ (oder -2). Da dieser Unterraum eindimensional ist, haben wir keine Energiestörung nullter Ordnung:

$$E^{(1)}_{3,\pm 2}=E_3. \tag{51.9}$$

Das gesamte Aufspaltungsbild zeigt Abb. 37; dabei sind an den Starkniveaus, welche rechts (in übertriebenem Maßstab) eingezeichnet sind, die Werte der Quantenzahl m angemerkt.

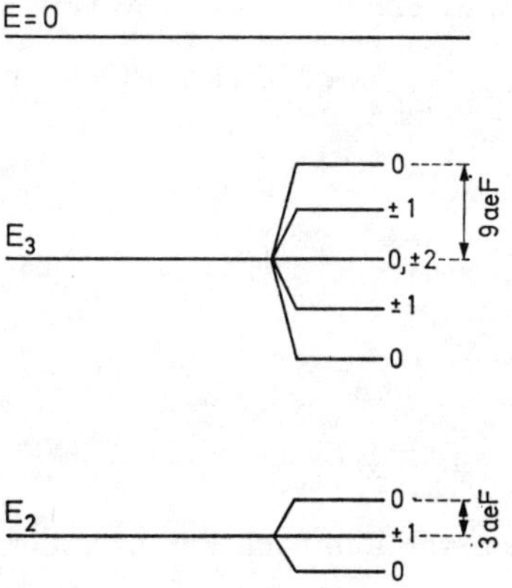

Abb. 37. Starkaufspaltung 1. Ordnung der drei tiefsten Wasserstoffniveaus

Störungstheorie zweiter Ordnung. Hierfür diene uns als Beispiel der Grundzustand $n=1$. Nehmen wir von Gl. (50.16) nur die Beiträge des diskreten Spektrums mit, so erhalten wir in erster Näherung (die Ordnung als hochgestellter Index angemerkt):

$$|1\rangle^{(1)}=|1,0,0\rangle+\sum_{\substack{n,l\\ n\neq 1}}|n,l,0\rangle\frac{\langle n,l,0|H^{(1)}|1,0,0\rangle}{E_1-E_n}. \tag{51.10}$$

Die ersten drei Glieder dieser Reihe können wir aus der Matrix (51.2) entnehmen:

$$|1\rangle^{(1)} = |1, 0, 0\rangle + |2, 1, 0\rangle \frac{2^7\sqrt{2}}{3^5} \frac{a e F}{E_1 - E_2} + |3, 1, 0\rangle \frac{3^3}{2^6\sqrt{2}} \cdot \frac{a e F}{E_1 - E_3} + \cdots .$$

Setzen wir die Balmerschen Energiewerte ein, so kommt

$$|1\rangle^{(1)} = |1, 0, 0\rangle - |2, 1, 0\rangle \cdot \frac{2^{10}\sqrt{2}}{3^6} \cdot \frac{a e F}{\alpha^2 \mu c^2} - |3, 1, 0\rangle \frac{3^5}{2^8\sqrt{2}} \cdot \frac{a e F}{\alpha^2 \mu c^2} \cdots . \tag{51.11}$$

Die Zahlenkoeffizienten haben dabei die Werte

$$\frac{2^{10}\sqrt{2}}{3^6} = 1{,}9865 ; \quad \frac{3^5}{2^8\sqrt{2}} = 0{,}67120 . \tag{51.11 a}$$

Die Koeffizienten der Glieder erster Ordnung fallen demnach nicht sehr rasch ab, so daß man mit vergleichbaren Beiträgen der höheren Balmerterme, ja auch des Kontinuums rechnen muß, besonders, weil die Energienenner von (51.10) in der Balmerserie nur unwesentlich zunehmen. — Günstiger sieht dies bei dem Ausdruck für die Energie zweiter Ordnung aus, welche wir aus Gl. (50.16b) entnehmen:

$$E_1^{(2)} = E_1 + \sum_{\substack{n, l \\ n \neq 1}} \frac{|\langle n, l, 0 | H^{(1)} | 1, 0, 0\rangle|^2}{E_1 - E_n} \tag{51.12}$$

oder

$$E_1^{(2)} = E_1 - \left(\frac{2^{18}}{3^{11}} + \frac{3^8}{2^{15}} + \cdots\right) \frac{(a e F)^2}{\alpha^2 \mu c^2} ; \tag{51.13}$$

mit den numerischen Werten

$$\frac{2^{18}}{3^{11}} = 1{,}4798 ; \quad \frac{3^8}{2^{15}} = 0{,}2002 . \tag{51.13 a}$$

Die Starkkorrekturen schreiten nach Potenzen der Größe

$$\frac{a e F}{\alpha^2 \mu c^2} = 1{,}95 \times 10^{-10} \frac{\text{cm}}{\text{Volt}} \times F$$

fort. Deshalb werden die Störungen erster Ordnung erst bei Feldern von ~ 100 kV/cm von der relativen Größenordnung 10^{-4}. Die Zusätze, welche der *Zustandsvektor* nach Gl. (51.11) erleidet, sind also sehr klein; die Aufspaltung erster Ordnung von Abb. 37 dagegen wird bei großen elektrischen Feldern durchaus beobachtbar, man erhält Verschiebungen der Wellenlängen von Spektrallinien in der Größenordnung $\gtrsim 10$ ÅE. Die Energiekorrekturen zweiter Ordnung nach Gl. (51.13) bleiben in jedem Falle außerordentlich klein.

§ 52. Störungstheorie im kontinuierlichen Spektrum, Greensche Funktion

Wir haben in § 49 überlegt, daß eine Störungstheorie im kontinuierlichen Spektrum nur dann sinnvoll ist, wenn der Störoperator die Eigenschaft hat, aus einem uneigentlichen Vektor $|\alpha\rangle$ einen Hilbert-Vektor $H^{(1)}|\alpha\rangle$ zu erzeugen. Dann aber können wir das Gleichungspaar (49.3) und (49.4) unmittelbar durch (49.12) lösen:

$$|\alpha\rangle = |\alpha, 0\rangle + (E - H^{(0)})^{-1} H^{(1)} |\alpha\rangle. \tag{52.1}$$

Diese „Lösung" ist zunächst wieder nur eine Beziehung für den unbekannten Vektor $|\alpha\rangle$. Indem man sukzessive auf der rechten Seite für $|\alpha\rangle$ die gesamte rechte Seite einsetzt, erhält man die Reihe

$$\begin{aligned} |\alpha\rangle &= |\alpha, 0\rangle + (E - H^{(0)})^{-1} H^{(1)} |\alpha, 0\rangle \\ &+ (E - H^{(0)})^{-1} \cdot H^{(1)} (E - H^{(0)})^{-1} H^{(1)} |\alpha, 0\rangle + \cdots. \end{aligned} \tag{52.2}$$

Falls sie konvergiert, ist das Problem gelöst. Zu jedem Energiewert des Kontinuums gehört freilich nicht nur *eine* Lösung $|\alpha, 0\rangle$ des ungestörten Problems, sondern ein ganzer Unterraum; mit Hilfe von Gl. (52.2) kann man zu jedem Vektor $|\alpha, 0\rangle$ des ungestörten Problems einen Vektor $|\alpha\rangle$ des gestörten Problems auffinden, die gesamte Spektralschar von $H^{(0)}$ damit eindeutig und umkehrbar auf die Spektralschar des strengen Problems abbilden. Die Umkehrtransformation erhält man, indem man die Rollen von H und $H^{(0)}$ sowie das Vorzeichen von $H^{(1)}$ wechselt.

Die Koordinatendarstellung der Resolvente ist die seit mehr als hundert Jahren in der Potentialtheorie (bzw. allgemein in der Theorie der Differentialgleichungen) bekannte *Greensche Funktion* (benannt nach G. Green, 1793–1841). Die Greensche Funktion

$$G(\boldsymbol{r}, \boldsymbol{r}') \equiv \langle \boldsymbol{r}| \, (E - H^{(0)})^{-1} \,|\boldsymbol{r}'\rangle \tag{52.3}$$

der Schrödinger-Gleichung verhilft zur Lösung von Gl. (49.4) durch eine Quadratur:

$$\langle \boldsymbol{r}|\alpha\rangle = \int d^3\boldsymbol{r}\, G(\boldsymbol{r}, \boldsymbol{r}') \langle \boldsymbol{r}'|\beta\rangle. \tag{52.4}$$

Es spielt dabei keine Rolle, ob wir die Schrödinger-Gleichung eines einzelnen Teilchens behandeln, oder eines Systems von mehreren Teilchen – im letzten Falle steht $\boldsymbol{r}$ für einen Vektor des Konfigurationsraums, welcher durch sämtliche Teilchenkoordinaten aufgespannt wird. Was über die Existenz und Eindeutigkeit der Lösungen (52.4) zu sagen ist, können wir aus § 49 übernehmen: Ist die Wellenfunktion $\langle \boldsymbol{r}'|\beta\rangle$ quadratintegrierbar, so gibt es eine Lösung $\langle \boldsymbol{r}|\alpha\rangle$. Besitzt die Entwicklung von $\langle \boldsymbol{r}'|\beta\rangle$ nach den Spektralfunktionen $\langle \boldsymbol{r}'|E'\rangle$ von $H^{(0)}$ bei dem vorgegebenen Energiewert E eine Nullstelle, dann ist auch $\langle \boldsymbol{r} | \alpha \rangle$ quadratintegrierbar, überdies gibt es dann nur eine Lösung. Hat das Spektrum keine Nullstelle bei $E' = E$, dann ist $\langle \boldsymbol{r} | \alpha \rangle$ nicht quadratintegrierbar und nur bis auf eine (ebenfalls nicht quadratintegrierbare) Lösung der homogenen Gl. (49.4) bestimmt.

Die Gln. (52.1) und (52. 2) setzen gerade den letzten Fall voraus, und die Greensche Funktion liefert uns die Lösung des folgenden Differentialgleichungsproblems: Wir gehen aus von der Schrödinger-Gleichung

$$\left(E - H^{(0)}(\boldsymbol{r})\right) \langle \boldsymbol{r} | \alpha \rangle = H^{(1)}(\boldsymbol{r}) \langle \boldsymbol{r} | \alpha \rangle . \tag{52.5}$$

$H^{(0)}(\boldsymbol{r})$ ist dabei die Ortsdarstellung des ungestörten Hamilton-Operators als Differentialoperator, welcher von der Variablen $\boldsymbol{r}$ und Ableitungen nach $\boldsymbol{r}$ abhängt, $H^{(1)}(\boldsymbol{r})$ mag eine von $\boldsymbol{r}$ abhängige Potentialfunktion oder auch ein Differentialoperator sein (falls der klassische Störungsanteil den Impuls enthält). In jedem Fall muß $H^{(1)}(\boldsymbol{r})$ dafür sorgen, daß die nicht quadratnormierbare Wellenfunktion $\langle \boldsymbol{r} | \alpha \rangle$ des kontinuierlichen Energiespektrums in eine quadratintegrierbare Funktion $H^{(1)}(\boldsymbol{r}) \langle \boldsymbol{r} | \alpha \rangle$ übergeführt wird. Dann kann man als ersten Schritt die Differentialgleichung in eine Integralgleichung, nämlich die Ortsdarstellung von (52.1) verwandeln:

$$\langle \boldsymbol{r} | \alpha \rangle = \langle \boldsymbol{r} | \alpha, 0 \rangle + \int d^3\boldsymbol{r}'\, G(\boldsymbol{r}, \boldsymbol{r}')\, H^{(1)}(\boldsymbol{r}') \langle \boldsymbol{r}' | \alpha \rangle . \tag{52.6}$$

$\langle \boldsymbol{r} | \alpha, 0 \rangle$ ist dabei eine beliebige Lösung der homogenen Gl. (52.5), und insofern sagt Gl. (52.6) mehr aus als Gl. (52.5); mit anderen Worten: Es folgt wohl (52.5) aus (52.6), jedoch (52.6) nicht eindeutig aus (52.5). Der nächste Schritt ist die Lösung der Integralgleichung (52.6) durch die v. Neumannsche Reihe:

$$\begin{aligned} \langle \boldsymbol{r} | \alpha \rangle = \langle \boldsymbol{r} | \alpha, 0 \rangle &+ \int d^3\boldsymbol{r}'\, G(\boldsymbol{r}, \boldsymbol{r}')\, H^{(1)}(\boldsymbol{r}') \langle \boldsymbol{r}' | \alpha, 0 \rangle \\ &+ \int d^3\boldsymbol{r}' \int d^3\boldsymbol{r}''\, G(\boldsymbol{r}, \boldsymbol{r}')\, H^{(1)}(\boldsymbol{r}')\, G(\boldsymbol{r}', \boldsymbol{r}'') \\ &\cdot H^{(1)}(\boldsymbol{r}'') \langle \boldsymbol{r}'' | \alpha, 0 \rangle + \cdots . \end{aligned} \tag{52.7}$$

Das wichtigste Anwendungsbeispiel ist die *Greensche Funktion des freien Teilchens.* Wir gehen aus von dem Hamilton-Operator

$$H^{(0)} = \boldsymbol{p}^2 / 2\,\mu \tag{52.8}$$

eines einzelnen freien Teilchens. Die Spektraldarstellung dieses Operators gibt man am einfachsten als Fourierentwicklung an, indem man

$$d\mu(E) = d^3\boldsymbol{k}; \qquad \langle \boldsymbol{r} | \boldsymbol{k} \rangle = \mathrm{e}^{i\boldsymbol{k}\cdot\boldsymbol{r}} / (2\pi)^{\frac{3}{2}} \tag{52.9}$$

zugrunde legt. Man erhält so das Spektraltheorem (s. (17.13)) in der Gestalt

$$F(H^{(0)}) = \int d^3\boldsymbol{k}\, F\left(\frac{\hbar^2 k^2}{2\mu}\right) | \boldsymbol{k} \rangle \langle \boldsymbol{k} | . \tag{52.10}$$

Die Resolvente berechnen wir zunächst für komplexe Energiewerte, indem wir sie auf die Resolvente des Operators $\boldsymbol{p}^2/\hbar^2$ zurückführen:

$$(z - H^{(0)})^{-1} = \frac{2\mu}{\hbar^2}\left(y^2 - \frac{\boldsymbol{p}^2}{\hbar^2}\right)^{-1}; \quad z \equiv \frac{\hbar^2}{2\mu}\, y^2. \tag{52.11}$$

Mittels (52.10) folgt die Spektraldarstellung

$$(y^2 - \boldsymbol{p}^2/\hbar^2)^{-1} = \int d^3\boldsymbol{k}\, \frac{1}{y^2 - k^2}\, |\boldsymbol{k}\rangle\langle\boldsymbol{k}| \quad \text{für } \mathrm{Im}(y) > 0. \tag{52.12}$$

Damit die Resolvente wirklich existiert, setzen wir voraus, daß y^2 nicht reell ist; ohne Beschränkung der Allgemeinheit können wir für y positiven Imaginärteil zugrunde legen. Wir geben von (52.12) die Ortsdarstellung, indem wir (52.9) benützen:

$$\langle\boldsymbol{r}|\,(y^2 - \boldsymbol{p}^2/\hbar^2)^{-1}|\boldsymbol{r}'\rangle = \int d^3\boldsymbol{k}\, \frac{1}{y^2 - k^2}\, \frac{1}{(2\pi)^3}\, \mathrm{e}^{i\boldsymbol{k}\cdot(\boldsymbol{r}-\boldsymbol{r}')} \tag{52.13}$$

Zur Berechnung des Integrals führen wir im $\boldsymbol{k}$-Raum ein Polarkoordinatensystem in Richtung des Vektors $\boldsymbol{r} - \boldsymbol{r}'$ ein, so daß also

$$\boldsymbol{k}\cdot(\boldsymbol{r} - \boldsymbol{r}') = k\,|\boldsymbol{r} - \boldsymbol{r}'|\,\cos\vartheta\,.$$

Die Winkelintegrationen sind dann elementar. Überdies können wir $-\boldsymbol{p}^2/\hbar^2$ in der Ortsdarstellung durch den Laplace-Operator Δ ersetzen und haben

$$\begin{aligned}&\langle\boldsymbol{r}|\,(y^2 + \Delta')^{-1}|\boldsymbol{r}'\rangle\\ &= \frac{1}{4\pi^2 i\,|\boldsymbol{r}' - \boldsymbol{r}|}\int_0^\infty dk\, \frac{k}{y^2 - k^2}\left(\mathrm{e}^{ik|\boldsymbol{r}'-\boldsymbol{r}|} - \mathrm{e}^{-ik|\boldsymbol{r}'-\boldsymbol{r}|}\right).\end{aligned} \tag{52.13 a}$$

Der Integrand ist eine gerade Funktion von k, deshalb können wir $\int_0^\infty dk$ ersetzen durch $\frac{1}{2}\int_{\infty}^{+\infty} dk$. Der Integrationsweg kann für jeden der beiden Summanden in solcher Weise durch einen unendlichen Halbkreis geschlossen werden, daß dieser Kreisbogen keinen Beitrag liefert (für den ersten Summanden in der oberen, für den zweiten in der unteren Halbebene). Der Wert des Integrals ist gleich den Residuenbeiträgen an den Stellen $k = \pm y$, von welchen nach Voraussetzung der erste in der oberen, der zweite in der unteren Halbebene liegt. Wir erhalten schließlich

$$\langle\boldsymbol{r}|\,(y^2 + \Delta')^{-1}|\boldsymbol{r}'\rangle = -\frac{\mathrm{e}^{iy|\boldsymbol{r}'-\boldsymbol{r}|}}{4\pi|\boldsymbol{r}' - \boldsymbol{r}|} \equiv -G_y(\boldsymbol{r}, \boldsymbol{r}')\,. \tag{52.14}$$

$-G_y$ ist die Greensche Funktion des Operators $\boldsymbol{p}^2/\hbar^2 = -\Delta$. Wir führen statt dessen die Greensche Funktion $+G_y$ des Laplace-Operators ein, welche sich von (52.14) durch das Vorzeichen unterscheidet. Sie führt die Lösung der inhomogenen Gleichung

$$(\Delta + y^2)\,\psi(\boldsymbol{r}) = -\,\varphi(\boldsymbol{r}) \tag{52.15}$$

auf eine Quadratur zurück

$$\psi(\boldsymbol{r}) = \int d^3\boldsymbol{r}'\, G_y(\boldsymbol{r}, \boldsymbol{r}')\, \varphi(\boldsymbol{r}')\,. \tag{52.16}$$

Da wir bisher y als nicht reell vorausgesetzt haben, ist die Greensche Funktion als Ortsdarstellung der Resolventen eindeutig festgelegt, und (52.16) liefert die einzige quadratintegrierbare Lösung von (52.15), sofern die Inhomogenität $\varphi(r')$ quadratintegrierbar ist. Um den praktisch besonders interessanten Fall zu erfassen, daß y reell ist und damit $-y^2$ auf dem reellen Spektrum des Laplace-Operators Δ — d. h. $\hbar^2 y^2/2\mu$ auf dem positiven Spektrum von $H^{(0)}$ — liegt, läßt man y in der komplexen Ebene gegen die reelle Achse wandern. Nun haben wir zwar festgelegt, daß der Imaginärteil von y positiv ist, den Realteil können wir jedoch sowohl positiv wie negativ wählen — setzen wir k positiv voraus, so erhalten wir durch den Grenzübergang $y \to \pm k$ aus (52.14) zwei Greensche Funktionen

$$G_\pm(\boldsymbol{r}, \boldsymbol{r}') = \frac{e^{\pm ik|\boldsymbol{r}'-\boldsymbol{r}|}}{4\pi\,|\boldsymbol{r}'-\boldsymbol{r}|}\,. \tag{52.17}$$

Falls das Fourierspektrum der Inhomogenität $\varphi(\boldsymbol{r})$ bei $k^2 = y^2$ eine Nullstelle hat, gibt es genau eine quadratintegrierbare Lösung $\psi(\boldsymbol{r})$ von (52.15); es kommt zu ihrer Ermittlung nicht darauf an, welche der beiden Greenschen Funktionen (52.17) wir benützen. Im allgemeinen hat (52.15) jedoch nur nicht-quadratintegrierbare Lösungen $\psi(\boldsymbol{r})$, welche durch (52.16) nur bis auf eine Lösung der homogenen Gleichung bestimmt sind; es kommt auch hierbei im Grunde nicht darauf an, welche der Greenschen Funktionen (52.17) wir benützen, da die Differenz $G_+ - G_-$ eine im Punkte $\boldsymbol{r}' = \boldsymbol{r}$ reguläre Lösung der homogenen Gl. (52.15) ist. Dagegen kommt es sehr wohl auf die Wahl der Greenschen Funktion an, wenn wir nach dem Schema der Gln. (52.3) bis (52.7) uneigentliche Vektoren des kontinuierlichen Spektrums gewinnen wollen. Dies gelingt uns nach § 49 nur, wenn wir die Spektraldarstellung der Resolventen in der Umgebung der Singularität $E' = E$ als Hauptwert definieren. Wir haben also für reelle Werte von y bei der Berechnung der Resolventen etwas vorsichtiger zu sein: Das Integral (52.13a), dessen Integrand nunmehr bei $k^2 = y^2$ singulär ist, muß als Hauptwertintegral verstanden werden. Damit erhalten wir (y durch k, k durch k' ersetzt)

$$G(\boldsymbol{r}, \boldsymbol{r}') = \frac{1}{8\pi^2 i\,|\boldsymbol{r}'-\boldsymbol{r}|} \times HW \int_{-\infty}^{+\infty} dk'\, \frac{k'}{k'^2 - k^2}\left(e^{ik'|\boldsymbol{r}'-\boldsymbol{r}|} - e^{-ik'|\boldsymbol{r}'-\boldsymbol{r}|}\right). \tag{52.18}$$

Dies ist zunächst zu verstehen als Integral von $-\infty$ bis $-k-\varepsilon$, von $-k+\varepsilon$ bis $k-\varepsilon$, und sodann von $k+\varepsilon$ bis ∞; von die Summe dieser dieser drei Integrale ist schließlich der Limes $\varepsilon \to 0$ zu nehmen. Wir können uns jedoch leicht klarmachen, daß wir den Hauptwert genauso gut als Mittelwert zweier Integrale definieren können, von denen das

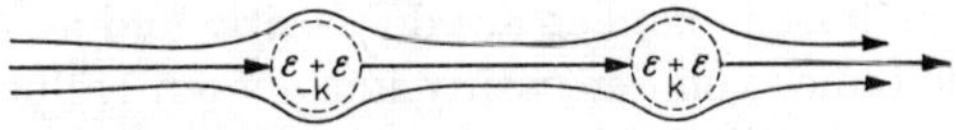

Abb. 38. Integrationswege des Hauptwerts

eine dicht oberhalb, das andere dicht unterhalb der reellen Achse von $-\infty$ nach $+\infty$ verläuft. Denn im Limes sehr kleiner ε ist das Integral

$$\int\limits_{k-\varepsilon}^{k+\varepsilon} d k' \frac{k'}{k'^2 - k^2} \sin(k' \,|\boldsymbol{r}' - \boldsymbol{r}|),$$

genommen über einen Halbkreis oberhalb der reellen Achse, gegeben durch

$$\lim_{\varepsilon \to 0} \int\limits_{-\varepsilon}^{\varepsilon} \frac{d(\varepsilon \cdot e^{i\varphi})}{2k\,\varepsilon\, e^{i\varphi}}\, k \sin(k\,|\boldsymbol{r}' - \boldsymbol{r}|) = -i\,\frac{\pi}{2} \sin(k\,|\boldsymbol{r}' - \boldsymbol{r}|).$$

Nimmt man den Halbkreis unterhalb der reellen Achse, so erhält man den gleichen Ausdruck mit entgegengesetztem Vorzeichen. Der Mittelwert der beiden Integrale über die Halbkreise ist also Null. Damit ersetzen wir in (52.18) das Hauptwertintegral durch die halbe Summe zweier Integrale, von denen das eine oberhalb der beiden Singularitäten $k' = \pm k$ verläuft, der andere unterhalb. — Nun kann man die Integrationswege durch unendlich große Halbbögen schließen, für den Integranden $\exp(i k' \,|\boldsymbol{r}' - \boldsymbol{r}|)$ in der oberen, für $\exp(-i k' \,|\boldsymbol{r}' - \boldsymbol{r}|)$ in der unteren Halbebene. Das Ergebnis ist

$$G(\boldsymbol{r}, \boldsymbol{r}') = \frac{\cos(k\,|\boldsymbol{r}' - \boldsymbol{r}|)}{4\pi\,|\boldsymbol{r}' - \boldsymbol{r}|} = \frac{1}{2} G_+(\boldsymbol{r}, \boldsymbol{r}') + \frac{1}{2} G_-(\boldsymbol{r}, \boldsymbol{r}'). \qquad (52.19)$$

Die drei Greenschen Funktionen G_+, G_- und G haben die Singularität an der Stelle $\boldsymbol{r}'$ gemeinsam, unterscheiden sich jedoch durch ihr asymptotisches Verhalten im Unendlichen: G_+ ist eine auslaufende, G_- eine einlaufende und G eine stehende Welle. Da die uneigentlichen Funktionen des kontinuierlichen Spektrums stehende Wellen sind, ist es natürlich, daß man zu ihrer störungstheoretischen Behandlung die stehende Welle G verwendet. Anders steht es, wenn man das optische Problem der Streuung einer einfallenden Primärwelle an der Störung $H^{(1)}$ behandelt;

dann fragt man aus physikalischen Gründen nach *auslaufenden* Streuwellen, man hat die Greensche Funktion G_+ zu benützen.

Was für freie Teilchen gilt, überträgt sich weitgehend auch auf den allgemeinen Fall: Die Resolvente $(z-H^{(0)})^{-1}$ liegt für komplexe z eindeutig fest; beim Übergang zu einem Punkt E des kontinuierlichen Energiespektrums von $H^{(0)}$ hat man zwei unabhängige Möglichkeiten, $z \to E$ wandern zu lassen, nämlich aus der positiv und negativ imaginären Halbebene. Der Limes von der positiv imaginären Halbebene her liefert eine Störung mit dem Charakter von auslaufenden Wellen; kommt man aus der negativ imaginären Halbebene, so erhält man einlaufende Wellen; der Mittelwert zwischen beiden ist der Hauptwert, den man benötigt, um Störungstheorie der uneigentlichen Spektralvektoren zu treiben.

§ 53. Bornsche Näherung der Streutheorie

Ein freies Teilchen in einem Stör-Potential $V(\boldsymbol{r})$ hat den Hamilton-Operator

$$H = \frac{\boldsymbol{p}^2}{2\mu} + V(\boldsymbol{r}) . \tag{53.1}$$

Die Schrödinger-Gleichung für die Wellenfunktion lautet

$$(\Delta + k^2)\,\psi(\boldsymbol{r}) = \frac{2\mu\, V(\boldsymbol{r})}{\hbar^2}\,\psi(\boldsymbol{r}) \tag{53.2}$$

mit der Abkürzung

$$k^2 \equiv \frac{2\mu E}{\hbar^2} . \tag{53.3}$$

Wir behandeln (53.2) rein wellenoptisch. $V(\boldsymbol{r})$ habe endliche Reichweite, so daß für sehr große r die rechte Seite vernachlässigbar klein ist. Aus dem Raum außerhalb des Potentialgebietes falle eine ungestörte Welle $\psi_0(\boldsymbol{r})$ ein, welche Lösung der homogenen Gleichung ist. k sei positiv, so daß $-k^2$ auf dem kontinuierlichen Spektrum des Laplace-Operators liegt. Wir suchen nun nach dem Schema des vorangegangenen § nach einer zusätzlichen auslaufenden Streuwelle, welche zusammen mit $\psi_0(\boldsymbol{r})$ Gl. (53.2) erfüllt. Wir haben für $\psi(\boldsymbol{r})$ die Integralgleichung

$$\psi(\boldsymbol{r}) = \psi_0(\boldsymbol{r}) - \int d^3\boldsymbol{r}'\, G_+(\boldsymbol{r}, \boldsymbol{r}')\, \frac{2\mu\, V(\boldsymbol{r}')}{\hbar^2}\, \psi(\boldsymbol{r}') . \tag{53.4}$$

Nullte Näherung ist die vorgegebene einfallende Welle $\psi_0(\boldsymbol{r})$, die erste Näherung erhält man, indem man auf der rechten Seite ψ_0 für ψ einsetzt. Wir lassen eine ebene Welle

$$\psi_0(\boldsymbol{r}) = e^{i\boldsymbol{k}_0\cdot\boldsymbol{r}}; \qquad [|\boldsymbol{k}_0| = k] \tag{53.5}$$

auf ein atomares System einfallen, welches in einem mikroskopisch kleinen Bereich um $\boldsymbol{r}=0$ ein von Null verschiedenes Potential $V(\boldsymbol{r})$ erzeugt und damit — optisch gesehen — eine Schliere mit von 1 verschiedenem Brechungsexponenten, s. § 46. Setzen wir in (53.4) die Greensche Funktion explizit ein, so folgt

$$\psi(\boldsymbol{r}) = e^{i\boldsymbol{k}_0\cdot\boldsymbol{r}} - \int d^3\boldsymbol{r}' \frac{e^{ik|\boldsymbol{r}'-\boldsymbol{r}|}}{4\pi|\boldsymbol{r}'-\boldsymbol{r}|} \cdot \frac{2\mu V(\boldsymbol{r}')}{\hbar^2} \cdot e^{i\boldsymbol{k}_0\cdot\boldsymbol{r}'}. \tag{53.6}$$

Beobachtet man die Streuung im Laboratorium, dann ist der Abstand $r \equiv |\boldsymbol{r}|$ stets sehr groß gegen den Durchmesser des streuenden Objekts, also gegen diejenigen Werte $r' \equiv |\boldsymbol{r}'|$, welche zu dem Integral beitragen. Man kann deshalb entwickeln

$$|\boldsymbol{r}-\boldsymbol{r}'| = r\sqrt{1 - \frac{2\boldsymbol{r}'\cdot\boldsymbol{r}}{r^2} + \frac{\boldsymbol{r}'^2}{r^2}} = r - \frac{\boldsymbol{r}}{r}\cdot\boldsymbol{r}' + 0\left(\frac{r'^2}{r}\right). \tag{53.7}$$

Damit wird

$$\frac{e^{ik|\boldsymbol{r}'-\boldsymbol{r}|}}{|\boldsymbol{r}'-\boldsymbol{r}|} = \frac{e^{ikr}}{r} \cdot e^{-ik\frac{\boldsymbol{r}}{r}\cdot\boldsymbol{r}'} + 0\left(\frac{r'}{r^2}\right). \tag{53.8}$$

Bis auf Zusatzterme, welche im Limes $r'/r \to 0$ verschwinden, hat man

$$\psi(\boldsymbol{r}) = e^{i\boldsymbol{k}_0\cdot\boldsymbol{r}} - \frac{e^{ikr}}{4\pi r}\int d^3\boldsymbol{r}'\, e^{i(\boldsymbol{k}_0-\boldsymbol{k})\cdot\boldsymbol{r}'} \frac{2\mu V(\boldsymbol{r}')}{\hbar^2}. \tag{53.9}$$

Im Exponenten ist die Abkürzung eingeführt

$$\boldsymbol{k} \equiv \frac{\boldsymbol{r}}{r} k. \tag{53.10}$$

(53.9) ist die sog. „Bornsche Näherung“. Vergleichen wir sie mit der Definition des Streufaktors nach Gl. (46.17) (im allgemeinen darf er von beiden Polarwinkeln abhängen), so erhalten wir für den *Streufaktor der Bornschen Näherung*

$$F(\Omega) = -\int d^3\boldsymbol{r}'\, e^{i(\boldsymbol{k}_0-\boldsymbol{k})\cdot\boldsymbol{r}} \frac{\mu}{2\pi\hbar^2} V(\boldsymbol{r}'). \tag{53.11}$$

Er ist der Fourier-Koeffizient des — mit $-\sqrt{2\pi}\mu/\hbar^2$ multiplizierten — Potentials $V(\boldsymbol{r})$ zur Wellenzahl $\boldsymbol{k}-\boldsymbol{k}_0$, welche in der korpuskularen Deutung der Impulsänderung entspricht, welche das gestreute Teilchen erleidet. Mit

$$V(\boldsymbol{K}) \equiv \frac{1}{(2\pi)^{\frac{3}{2}}}\int d^3\boldsymbol{r}\, e^{-i\boldsymbol{K}\cdot\boldsymbol{r}} V(\boldsymbol{r}), \tag{53.12}$$

wird

$$F(\Omega) = -\sqrt{2\pi}\frac{\mu}{\hbar^2} V(\boldsymbol{k}-\boldsymbol{k}_0). \tag{53.12a}$$

Der differentielle Streuquerschnitt wird nach (46.23)

$$\frac{d\sigma}{d\Omega} = 2\pi\left|\frac{\mu}{\hbar^2} V(\boldsymbol{k}-\boldsymbol{k}_0)\right|^2. \tag{53.13}$$

Er ist, wie der Streufaktor, allein bestimmt durch den Fourier-Koeffizienten des streuenden Potentials zur Impulsänderung. Ein Potential kann somit nur solche Impulsänderungen erzeugen, welche in seinem Fourier-Spektrum vorkommen. Dies ist der Grund dafür, daß ein Kathodenstrahl durch ein Stück Kristall nur selektiv nach den Laueschen Regeln gestreut wird — das Fourier-Spektrum des Kristall-Potentials enthält nur eine diskrete Folge von $\boldsymbol{K}$-Vektoren.

Ob die Bornsche Näherung gut ist, hängt davon ab, ob in (53.6) das Integral klein gegen $|\exp(i\boldsymbol{k}_0 \cdot \boldsymbol{r})| = 1$ ist oder nicht, und zwar *im Potentialgebiet*, da dieses nach (53.4) zur 2. Näherung beiträgt. Ist V so klein, daß für alle $\boldsymbol{r}$ gilt: $\int d^3\boldsymbol{r}' \frac{2\mu}{\hbar^2} V(\boldsymbol{r}')/|\boldsymbol{r}-\boldsymbol{r}'| \ll 1$, dann ist die Bornsche Näherung in jedem Falle gut; diese Voraussetzung ist aber bei atomaren Streuzentren nie erfüllt. Das Coulomb-Potential zwischen einer Ladung e und einem Wasserstoffatom im Grundzustand etwa ist $V(r) = \alpha\hbar c\,(1/r + 1/a)\,\mathrm{e}^{-2r/a}$ (s. Tabelle 3, S. 268; verifiziere, daß $-\Delta V$ gleich $\frac{\mathrm{e}^2}{\varepsilon_0}\varrho_{1,00}$ ist!) liefert für $\boldsymbol{r} = 0$:

$$\frac{2\mu}{\hbar^2}\int d^3\boldsymbol{r}' \frac{V(\boldsymbol{r}')}{4\pi r'} = \frac{3}{2}\,.$$

Deshalb müssen die *Phasenfaktoren* das Integral von (53.6) herabsetzen; dazu muß $1/k$ klein werden gegen Ausdehnung a des Streuers, also $ka \gg 1$. *Die Bornsche Näherung ist nur für große Energien gut.*

Nach der Bornschen Methode können wir auch den allgemeineren Fall behandeln, daß ein einfallender Teilchenstrahl an einem zusammengesetzten atomaren System gestreut wird, welches bei der Streuung seinen Zustand ändern kann. Der Hamilton-Operator setzt sich dabei aus drei Teilen zusammen

$$H = \frac{\boldsymbol{p}^2}{2\mu} + H^{(0)} + V\,. \tag{53.14}$$

$\boldsymbol{p}^2/2\mu$ ist der Hamilton-Operator des freien einfallenden Teilchens (genauer: $\boldsymbol{p}$ ist der Impuls der Relativitätsbewegung zwischen Teilchen und Streuer, s. Ende dieses §), $H^{(0)}$ soll der Hamilton-Operator des streuenden Systems sein und V die Wechselwirkung des einfallenden Teilchens mit dem Streuer. Die ersten beiden Summanden übernehmen dann die Rolle des früheren $H^{(0)}$, V soll als Störung behandelt werden. Um zwischen dem Hamilton-Operator des einfallenden Teilchens und des Streusystems so klar unterscheiden zu können, müssen wir freilich voraussetzen, daß das Streusystem kein Teilchen von der Art des einfallenden enthält — sonst müssen wir Austauscheffekte berücksichtigen (s. § 54). Wir gehen bezüglich des einfallenden und dann gestreuten Teilchens zur Ortsdarstellung über und schreiben für den Zustandsvektor des Gesamtsystems $|\psi(\boldsymbol{r})\rangle$. Die Schrödinger-Gleichung nimmt die Gestalt an

$$\left[\Delta + \frac{2\mu}{\hbar^2}(E - H^{(0)})\right]|\psi(\boldsymbol{r})\rangle = \frac{2\mu}{\hbar^2} V(\boldsymbol{r})|\psi(\boldsymbol{r})\rangle. \tag{53.15}$$

$V(\boldsymbol{r})$ ist bezügl. $\boldsymbol{r}$ Orts-dargestellt, bezügl. des Streusystems ein Operator. $|\psi(\boldsymbol{r})\rangle$ entwickeln wir nach den (eigentlichen oder uneigentlichen) Zustandsvektoren $|\alpha\rangle$ von $H^{(0)}$:

$$|\psi(\boldsymbol{r})\rangle = \int d\mu(\alpha)\, \psi_\alpha(\boldsymbol{r})\, |\alpha\rangle. \tag{53.16}$$

Die Entwicklungskoeffizienten $\psi_\alpha(\boldsymbol{r})$ sind nunmehr ein ganzer Satz von Schrödinger-Funktionen, für welche wir ein System von gekoppelten Schrödinger-Gleichungen erhalten. Setzen wir nämlich (53.16) in (53.15) ein, so folgt

$$\int d\mu(\alpha) \left[\Delta + \frac{2\mu}{\hbar^2}(E - E_\alpha)\right] \psi_\alpha(\boldsymbol{r})\, |\alpha\rangle$$
$$= \frac{2\mu}{\hbar^2} \int d\mu(\alpha) \int d\mu(\alpha')\, |\alpha\rangle\langle\alpha|\, V\psi_{\alpha'}(\boldsymbol{r})\, |\alpha'\rangle.$$

Beiderseits müssen die Entwicklungskoeffizienten bezügl. der Vektoren $|\alpha\rangle$ übereinstimmen; hieraus folgen die Schrödinger-Gleichungen

$$(\Delta + k_\alpha^2)\, \psi_\alpha(\boldsymbol{r}) = \frac{2\mu}{\hbar^2} \int d\mu(\alpha')\, V_{\alpha\alpha'}(\boldsymbol{r})\, \psi_{\alpha'}(\boldsymbol{r}); \tag{53.17}$$

mit den Abkürzungen

$$k_\alpha^2 \equiv \frac{2\mu}{\hbar^2}(E - E_\alpha); \qquad V_{\alpha\alpha'}(\boldsymbol{r}) = \langle\alpha|\, V(\boldsymbol{r})\, |\alpha'\rangle. \tag{53.18}$$

Die Matrixelemente $V_{\alpha\alpha'}(\boldsymbol{r})$ sind nur noch Funktionen von $\boldsymbol{r}$, somit werden die freien Schrödinger-Gleichungen der Funktionen $\psi_\alpha(\boldsymbol{r})$ rechts durch eine Matrix von Potentialfunktionen $V_{\alpha\alpha'}(\boldsymbol{r})$ gekoppelt.

Bevor wir die mathematische Behandlung fortsetzen, müssen wir uns über die physikalische Situation klar werden. Wenn wir einen reinen Streuvorgang haben wollen, dann muß das Streuzentrum stabil sein, sich also zeitlich nur verändern, wenn ein Streuprozeß stattfindet — mit anderen Worten, das streuende System muß in einem stabilen gebundenen Zustand sein. Wenn der Streuvorgang rasch genug erfolgt, so mag auch ein „zerfallender Zustand" zugelassen sein; wir wissen aus § 48, was wir von zerfallenden Zuständen zu halten haben und wie sie zu behandeln sind. Um klare Verhältnisse zu haben, wollen wir voraussetzen, daß das System sich vor der Streuung in einem diskreten Eigenzustand $|i\rangle$ befindet. — Das Energiespektrum eines realistischen Streusystems erstreckt sich stets zu beliebig hohen Energien, deshalb wird für einen Teil des Energiespektrums k_α imaginär. Für niedrige Energien, zumindest bis E_i, ist k_α jedoch reell, da wir ja ein mit positiver Energie einfallendes Teilchen voraussetzen und $E - E_i$ die Energie dieses Teilchens ist. Wollen wir als Vorbereitung der Bornschen Näherung das Differentialgleichungssystem (53.17) in ein Integralgleichungssystem verwandeln, so können wir dies für reelle, wie auch imaginäre k_α durch Anwendung der Greenschen Funktion G_+ erreichen, wenn wir k_α entweder positiv oder positiv imaginär voraussetzen. Für imaginäre k_α können wir (53.17) eindeutig nach dem $\psi_\alpha(\boldsymbol{r})$ der linken Seite auflösen, und zwar erhalten wir eine quadratintegrierbare Funktion — für $k_\alpha > 0$ dagegen haben wir eine nicht (quadrat-) integrierbare Lösung der homogenen Gleichung frei, und erhalten auch aus dem Integral eine nicht integrierbare Zusatzfunktion. Als nullte Näherung wählen wir eine auf den Streuer im Zustand $|i\rangle$ einfallende ebene Welle:

$$|\psi^{(0)}(\boldsymbol{r})\rangle = e^{i\boldsymbol{k}_0\cdot\boldsymbol{r}}\,|i\rangle. \tag{53.19}$$

Daher sind nach Gl. (53.16) die Wellenfunktionen der nullten Näherung

$$\psi_\alpha^{(0)}(\boldsymbol{r}) = \delta_{\alpha i}\, e^{i\boldsymbol{k}\cdot\boldsymbol{r}}. \tag{53.20}$$

Wir lassen sie als Inhomogenitäten in den Integralgleichungen erscheinen. Damit wird das Integralgleichungssystem

$$\psi_\alpha(\boldsymbol{r}) = \delta_{\alpha i}\, e^{i\boldsymbol{k}_0\cdot\boldsymbol{r}} - \frac{2\mu}{\hbar^2}\int d\mu(\alpha')\,\frac{e^{ik_\alpha|\boldsymbol{r}'-\boldsymbol{r}|}}{4\pi\,|\boldsymbol{r}'-\boldsymbol{r}|}\,V_{\alpha\alpha'}(\boldsymbol{r}')\,\psi_{\alpha'}(\boldsymbol{r}'). \tag{53.21}$$

In erster Näherung setzen wir unter dem Integral (53.20) ein; entwickeln wir überdies die Greenschen Funktionen nach Gl. (53.8), so resultiert

$$\psi_\alpha(\boldsymbol{r}) = \delta_{\alpha i}\, e^{i\boldsymbol{k}_0\cdot\boldsymbol{r}} - \frac{e^{ik_\alpha r}}{r}\sqrt{2\pi}\,\frac{\mu}{\hbar^2}\,V_{\alpha i}(\boldsymbol{k}_\alpha - \boldsymbol{k}_0). \tag{53.22}$$

Dabei ist die Fourier-Transformierte entspr. Gl. (53.12) definiert, und k_α entspr. Gl. (53.18). Nach dem Ansatz (53.16) sind die Wellenfunktionen $\psi_\alpha(\boldsymbol{r})$ die Wellenamplituden, welche wir bekommen, falls das System nach der Streuung in den Zustand $|\alpha\rangle$ übergegangen bzw. — für $\alpha = i$ — im Ausgangszustand geblieben ist. Nur in der Komponente $\alpha = i$ kommt die Primärwelle vor, und deshalb kann nur diese mit der Primärwelle interferieren — sie ist die sog. *kohärente* Komponente der Streuung. Die übrigen Komponenten $\alpha \neq i$ können weder mit der Primärwelle noch untereinander interferieren, sie sind die *inkohärenten* Anteile der Streuung. Unter den inkohärenten Anteilen kann es solche geben, für welche $k_\alpha = k_i$ ist, soferne nämlich das Streusystem mehrere Zustände der Energie E_i besitzt. Da bei all diesen Übergängen sich die Energie des Streusystems nicht ändert (wenn auch möglicherweise sein Zustand), nennt man diese Anteile *elastische Streuung* — die elastische Streuung kann also zum Teil kohärent, zum Teil inkohärent sein. Alle Komponenten für welche $k_\alpha \neq k_i$ ist, sind *unelastische* Anteile; befand sich das System im Grundzustand, so kann bei der unelastischen Streuung Energie nur vom gestreuten Teilchen an das System abgegeben werden; war der Ausgangszustand nicht der Grundzustand, so kann das gestreute Teilchen auch Energie vom Streusystem zusätzlich erhalten. In (53.22) kommen im Prinzip auch noch $\psi_\alpha(\boldsymbol{r})$ vor von Zuständen α, zu deren Erreichung die Energie des Primärteilchens nicht ausreicht — tatsächlich sind diese Beiträge jedoch gleich Null, da der Exponentialfaktor $\exp(-|k_\alpha| r)$ exponentiell klein ist, also viel kleiner als alle die Größen, welche wir vernachlässigt haben. Aus (53.22) erhalten wir für jedes α, also für jeden kohärenten, inkohärenten, elastischen oder unelastischen Streuvorgang einen Streufaktor

$$F_\alpha(\Omega) = -\sqrt{2\pi}\,\frac{\mu}{\hbar^2}\,V_{\alpha i}(\boldsymbol{k}_\alpha - \boldsymbol{k}_0)\,; \tag{53.23}$$

und einen differentiellen Streuquerschnitt

$$\frac{d\sigma_\alpha}{d\Omega} = 2\pi\,\frac{k_\alpha}{k_0}\left|\frac{\mu}{\hbar^2}\,V_{\alpha i}(\boldsymbol{k}_\alpha - \boldsymbol{k}_0)\right|^2. \tag{53.24}$$

Bei der unelastischen Streuung hat man zu beachten, daß es nach der Definition des Streuquerschnitts (s. vor (46.22)) auf den Teilchen*fluß* ankommt, also Dichte $\times\,\hbar k/\mu$, so daß man einen Faktor k_α/k_0 gegenüber Gl. (46.22) einfügen muß. Im Experiment beobachtet man (nach Ausblenden des Primärstrahls) die Summe all dieser Streuintensitäten. Von den Streufaktoren $F_\alpha(\Omega)$ ist nur der kohärente eine beobachtbare Größe; man kann ihn einschließlich der Phase messen, wenn man Interferenzen der kohärenten Streuwelle mit der Primärwelle beobachtet. Bei allen anderen Komponenten der Streuung ist die Phase des Streufaktors unbestimmt (sie hängt von der Phasenwahl in den Vektoren $|\alpha\rangle$ des Streusystems ab). — Man kann die Intensitäten bzw. Streuquerschnitte $d\sigma_\alpha/d\Omega$ auf zwei verschiedene Weisen sortieren: einmal nach den Energien der gestreuten Teilchen, also nach den Werten von k_α; zum zweiten besteht die Möglichkeit, eine Eigenschaft des zurückbleibenden Streuzentrums zu messen, bzw. durch eine Koinzidenz-Anordnung auszuwählen. Beides läuft darauf hinaus, unter den an sich möglichen Endzuständen nur einen Unter-Hilbert-Raum $\Pi_{\text{end}}\,\mathfrak{H}$ zuzulassen. Das Ergebnis muß durch den Projektionsoperator

$$\Pi_{\text{end}} = \int_{\text{end}} d\mu(\alpha)\,|\alpha\rangle\langle\alpha| \tag{53.25}$$

ausdrückbar sein. In der Tat: Nach (53.18) ist

$$V_{\alpha i}(\boldsymbol{r}') = \langle\alpha|\,V(\boldsymbol{r}')\,|i\rangle$$

und deshalb nach (53.12), (53.18) und (53.10)

$$V_{\alpha i}(\boldsymbol{k}_\alpha - \boldsymbol{k}_0) = \langle\alpha|\,\frac{1}{(2\pi)^{\frac{3}{2}}}\int d^3\boldsymbol{r}'\,\exp\left(i\left(\boldsymbol{k}_0 - \frac{\sqrt{2\mu(E-H^{(0)})}}{\hbar}\,\frac{\boldsymbol{r}}{r}\right)V(\boldsymbol{r}')\right)|i\rangle.$$

$\boldsymbol{r}$ ist der Ortsvektor des Beobachters, $\boldsymbol{r}'$ der des Streuteilchens. Damit wird die Summe der Streuquerschnitte mit Endzuständen $\Pi_{\text{end}}\,\mathfrak{H}$:

$$\begin{aligned}\frac{d\sigma_{\text{end}}}{d\Omega} &= \int\limits_{\text{end}} d\mu(\alpha)\,\frac{d\sigma_\alpha}{d\Omega}\\ &= 2\pi\left(\frac{\mu}{\hbar^2}\right)^2 \langle i|\int d^3\boldsymbol{r}'\,V(\boldsymbol{r}')\,\mathrm{e}^{-i\left(\boldsymbol{k}_0-\frac{\sqrt{2\mu(E-H^{(0)})}}{\hbar}\frac{\boldsymbol{r}}{r}\right)\cdot\boldsymbol{r}'}\,\Pi_{\text{end}} \qquad (53.26)\\ &\times\int d^3\boldsymbol{r}''\,\mathrm{e}^{i\left(\boldsymbol{k}_0-\frac{\sqrt{2\mu(E-H^{(0)})}}{\hbar}\frac{\boldsymbol{r}}{r}\right)\cdot\boldsymbol{r}''}\,V(\boldsymbol{r}'')\,|i\rangle.\end{aligned}$$

In dieser letzten Gestalt ist ersichtlich, daß die Summe über alle Streuquerschnitte mit $|\alpha\rangle\in\Pi_{\text{end}}\,\mathfrak{H}$ unabhängig davon ist, wie wir die Basisvektoren $|\alpha\rangle$ des Unter-Hilbert-Raums $\Pi_{\text{end}}\,\mathfrak{H}$ wählen. — Man kann somit zur Berechnung des Gesamtstreuquerschnitts (53.26) die Basis $|\alpha\rangle$ so einrichten, daß die Rechnung möglichst bequem wird; davon wollen wir im Beispiel des folgenden § Gebrauch machen.

Die Streuung zweier atomarer Systeme aneinander läßt sich sofort auf den vorigen Fall zurückführen. Nennen wir H_1 und H_2 die Hamilton-Operatoren der beiden Systeme im jeweiligen Schwerpunktssystem, M_1, M_2 die Massen, $\boldsymbol{p}_1$, $\boldsymbol{p}_2$ die Impulse der beiden Systeme, dann ist

$$H=\frac{\boldsymbol{p}_1^2}{2M_1}+H_1+\frac{\boldsymbol{p}_2^2}{2M_2}+H_2+V. \qquad (53.27)$$

V sei die Wechselwirkung der zwei Systeme. Wir führen den Massenmittelpunkt $\boldsymbol{R}$ und den Abstand $\boldsymbol{r}$ der beiderlei Schwerpunkte $\boldsymbol{r}_1$, $\boldsymbol{r}_2$ ein:

$$\boldsymbol{R}=\frac{M_1\boldsymbol{r}_1+M_2\boldsymbol{r}_2}{M_1+M_2};\qquad \boldsymbol{r}=\boldsymbol{r}_1-\boldsymbol{r}_2. \qquad (53.28)$$

Damit wird

$$\begin{aligned}\boldsymbol{p}_1 &\equiv \frac{\hbar}{i}\,\frac{\partial}{\partial\boldsymbol{r}_1}=\frac{\hbar}{i}\left(\frac{M_1}{M_1+M_2}\,\frac{\partial}{\partial\boldsymbol{R}}+\frac{\partial}{\partial\boldsymbol{r}}\right)=\frac{M_1}{M_1+M_2}\boldsymbol{P}+\boldsymbol{p};\\ \boldsymbol{p}_2 &= \frac{M_2}{M_1+M_2}\boldsymbol{P}-\boldsymbol{p};\end{aligned}$$

und

$$H=\frac{\boldsymbol{P}^2}{2(M_1+M_2)}+\frac{1}{2}\left(\frac{1}{M_1}+\frac{1}{M_2}\right)\boldsymbol{p}^2+H_1+H_2+V. \qquad (53.29)$$

Der Gesamtimpuls ist Konstante der Bewegung, und im Schwerpunktssystem bleibt

$$H_{\text{rel}}=\frac{1}{2M_{\text{red}}}\,\boldsymbol{p}^2+H^{(0)}+V \qquad (53.30)$$

mit

$$M_{\text{red}}\equiv\frac{M_1M_2}{M_1+M_2};\qquad H^{(0)}\equiv H_1+H_2. \qquad (53.31)$$

Damit ist das Problem auf die Gestalt (53.14) zurückgeführt. Allerdings haben wir alle Prozesse außer acht gelassen, bei welchen die beiden Systeme sich durch Austausch oder Abgabe von Teilsystemen ändern.

§ 54. Streuung eines geladenen Teilchens am Wasserstoff-Atom

Als Beispiel für die Anwendung der Bornschen Näherung diene die Streuung eines geladenen Teilchens am Wasserstoffatom. Wir nehmen an, daß dieses Teilchen weder ein Elektron (oder Positron) noch ein Proton ist; damit sind wir der Notwendigkeit enthoben, das Pauli-Prinzip anzuwenden und Austauscheffekte zu berücksichtigen. Charakterisieren wir das einfallende Teilchen durch einen Index 0, das Elektron durch einen Index e und das Proton durch einen Index P, so schreibt sich der Hamilton-Operator

$$H = \frac{\boldsymbol{p}_0^2}{2\mu_0} + \frac{\boldsymbol{p}_e^2}{2\mu_e} + \frac{\boldsymbol{p}_P^2}{2\mu_P} - \frac{e^2}{4\pi\varepsilon_0|\boldsymbol{r}_e - \boldsymbol{r}_P|} + V. \tag{54.1}$$

V ist die Wechselwirkung zwischen dem Wasserstoffatom und dem einfallenden Teilchen der Ladung Ze (e = Ladung des Elektrons):

$$V = \frac{Ze^2}{4\pi\varepsilon_0}\left\{\frac{1}{|\boldsymbol{r}_0 - \boldsymbol{r}_e|} - \frac{1}{|\boldsymbol{r}_0 - \boldsymbol{r}_P|}\right\}. \tag{54.2}$$

Wir formen den kinetischen Teil des Hamilton-Operators so um, daß das Wasserstoffatom in seinem Schwerpunktsystem von der Relativbewegung des einfallenden Teilchens getrennt wird; wir führen dazu ein:

$$\boldsymbol{R} \equiv \frac{\mu_0\boldsymbol{r}_0 + \mu_e\boldsymbol{r}_e + \mu_P\boldsymbol{r}_P}{\mu_0 + \mu_e + \mu_P}; \quad \boldsymbol{r} \equiv \boldsymbol{r}_0 - \frac{\mu_e\boldsymbol{r}_e + \mu_P\boldsymbol{r}_P}{\mu_e + \mu_P}; \quad \boldsymbol{r}_{\text{at}} \equiv \boldsymbol{r}_e - \boldsymbol{r}_P. \tag{54.3}$$

Die zwei Relativkoordinaten, von denen V abhängt, drücken sich in folgender Weise aus:

$$\begin{aligned} \boldsymbol{r}_0 - \boldsymbol{r}_e &= \boldsymbol{r} - \frac{\mu_P}{\mu_P + \mu_e}\boldsymbol{r}_{\text{at}}; \\ \boldsymbol{r}_0 - \boldsymbol{r}_P &= \boldsymbol{r} + \frac{\mu_e}{\mu_P + \mu_e}\boldsymbol{r}_{\text{at}}. \end{aligned} \tag{54.4}$$

Wir wenden nun zweimal Gl. (53.29) an. Zunächst ist

$$\frac{\boldsymbol{p}_e^2}{\mu_e} + \frac{\boldsymbol{p}_P^2}{\mu_P} = \frac{(\boldsymbol{p}_e + \boldsymbol{p}_P)^2}{\mu_e + \mu_P} + \left(\frac{1}{\mu_e} + \frac{1}{\mu_P}\right)\boldsymbol{p}_{\text{at}}^2;$$

und weiterhin

$$\frac{\boldsymbol{p}_0^2}{\mu_0} + \frac{(\boldsymbol{p}_e + \boldsymbol{p}_P)^2}{\mu_e + \mu_P} = \frac{(\boldsymbol{p}_0 + \boldsymbol{p}_e + \boldsymbol{p}_P)^2}{\mu_0 + \mu_e + \mu_P} + \left(\frac{1}{\mu_0} + \frac{1}{\mu_e + \mu_P}\right)\boldsymbol{p}^2.$$

Wir erhalten damit

$$H = \frac{\boldsymbol{P}^2}{2(\mu_0 + \mu_e + \mu_P)} + \frac{\boldsymbol{p}^2}{2\mu} + H^{(0)} + V \tag{54.5}$$

mit

$$H^{(0)} = \frac{1}{2\mu_{\text{at}}}\, \boldsymbol{p}_{\text{at}}^2 - \frac{e^2}{4\pi\varepsilon_0 r_{\text{at}}}; \tag{54.6}$$

und

$$V(\boldsymbol{r}, \boldsymbol{r}_{\text{at}}) = \frac{Z e^2}{4\pi\varepsilon_0} \left\{ \frac{1}{\left|\boldsymbol{r} - \dfrac{\mu_P}{\mu_P + \mu_e}\, \boldsymbol{r}_{\text{at}}\right|} - \frac{1}{\left|\boldsymbol{r} + \dfrac{\mu_e}{\mu_P + \mu_e}\, \boldsymbol{r}_{\text{at}}\right|} \right\}. \tag{54.7}$$

Als Abkürzungen haben wir die beiden reduzierten Massen eingeführt

$$\frac{1}{\mu} \equiv \frac{1}{\mu_0} + \frac{1}{\mu_P + \mu_e}; \qquad \frac{1}{\mu_{\text{at}}} = \frac{1}{\mu_e} + \frac{1}{\mu_P}. \tag{54.8}$$

Die Gln. (53.23) bzw. (53.24) oder (53.26) liefern uns direkt in Bornscher Näherung die Streuung im Schwerpunktsystem. Wir haben dabei unter $\hbar \boldsymbol{k}_0$ den Relativimpuls vor der Streuung zu verstehen, und unter $\hbar \boldsymbol{k}_\alpha$ den beobachteten Relativimpuls nach der Streuung. Zu berechnen sind die Matrixelemente von V zwischen dem Zustand des Wasserstoffatoms vor und nach der Streuung. — Wir wollen die Rechnung explizit durchführen für die Streuung an einem Wasserstoffatom im Grundzustand $n = 1$. Dafür benötigen wir Fouriertransformierte der folgenden Potentialfunktionen:

$$V_{n,l,m}(\boldsymbol{r}) = \langle n, l, m |\, V \,| 1, 0, 0\rangle = \int d^3 \boldsymbol{r}_{\text{at}}\, \varrho_{n,l,m}(\boldsymbol{r}_{\text{at}})\, V(\boldsymbol{r}, \boldsymbol{r}_{\text{at}}) \tag{54.9}$$

mit der Abkürzung

$$\varrho_{n,l,m}(\boldsymbol{r}_{\text{at}}) \equiv \langle n, l, m | \boldsymbol{r}_{\text{at}}\rangle \langle \boldsymbol{r}_{\text{at}} | 1, 0, 0\rangle. \tag{54.10}$$

Für $n = 1$ ist dies die Teilchendichte im $\boldsymbol{r}_{\text{at}}$-Raum. Wollte man die Wellenfunktionen sowie das Potential V explizit in (54.9) einsetzen, so ergäben sich etwas mühsame Integrationen; es ist wesentlich einfacher, das Problem auf die Poisson-Gleichung zurückzuführen. Setzt man nämlich (54.7) ein, so hat man

$$V_{n,l,m}(\boldsymbol{r}) = \int d^3 \boldsymbol{r}_{\text{at}}\, \varrho_{n,l,m}(\boldsymbol{r}_{\text{at}})\, \frac{Z e^2}{\varepsilon_0} \left\{ \frac{1}{4\pi \left|\boldsymbol{r} - \dfrac{\mu_P}{\mu_P + \mu_e}\, \boldsymbol{r}_{\text{at}}\right|} - \frac{1}{4\pi \left|\boldsymbol{r} + \dfrac{\mu_e}{\mu_P + \mu_e}\, \boldsymbol{r}_{\text{at}}\right|} \right\}. \tag{54.9a}$$

Die beiden Brüche in der geschweiften Klammer sind nach Gl. (52.17) Greensche Funktionen der Wellengleichung für $k = 0$ und $\boldsymbol{r}' = \dfrac{\mu_P}{\mu_P + \mu_e}\, \boldsymbol{r}_{\text{at}}$

bzw. $-\frac{\mu_e}{\mu_P+\mu_e}\boldsymbol{r}_{\mathrm{at}}$. Der Wert $k=0$ liegt am Ende des Spektrums des Laplace-Operators. Gl. (52.16) läßt sich dort noch anwenden, allerdings gibt es die Lösung $G_+ - G_-$ der homogenen Gleichung nicht mehr, da G_+ und G_- übereinstimmen. (54.9) ist jedenfalls Lösung der Poissongleichung

$$\Delta V_{n,l,m}(\boldsymbol{r}) = -\frac{Z e^2}{\varepsilon_0}\left\{\left(\frac{\mu_P+\mu_e}{\mu_P}\right)^3 \varrho_{n,l,m}\left(\frac{\mu_P+\mu_e}{\mu_P}\boldsymbol{r}\right) - \left(\frac{\mu_P+\mu_e}{\mu_P}\right)^3 \varrho_{n,l,m}\left(-\frac{\mu_P+\mu_e}{\mu_e}\boldsymbol{r}\right)\right\}. \tag{54.11}$$

Für das Diagonalglied $n=1$ hat diese Gleichung eine einfache physikalische Bedeutung: Auf der rechten Seite steht in der geschweiften Klammer die Teilchendichte der Elektronenwolke des Wasserstoffatoms minus die Teilchendichte der Protonenwolke, beides gesehen im Schwerpunktsystem des Atoms. Da der Schwerpunkt im Teilungsverhältnis $\mu_P:\mu_e$ zwischen Elektron und Proton liegt, ist die Elektronenwolke gegenüber ihrer Ausdehnung im Raum der Relativkoordinaten im Verhältnis $\mu_P/(\mu_P+\mu_e)$, die Protonenwolke im Verhältnis $\mu_e/(\mu_P+\mu_e)$ kontrahiert. Die Dichten werden zu verkleinerten Werten des Radius hereingeholt — daher die Argumente $(\mu_P+\mu_e)\boldsymbol{r}/\mu_{P,e}$ —, andererseits reziprok zur Volumverkleinerung vergrößert. Die Lösung von (54.11) für $n=1$ ist demnach die potentielle Energie des z-fach geladenen Aufteilchens im Coulomb-Feld der Ladungswolke des Wasserstoffatoms. — Die Lösungen von (54.11) werden wesentlich durch den Umstand bestimmt, daß das Fourier-Spektrum der rechten Seite bei $k=0$ eine Nullstelle besitzt; der Fourier-Koeffizient zu $k=0$ ist nämlich gerade das Raumintegral und dieses verschwindet (man führe in den beiden Summanden die Argumente der Dichtefunktion als neue Variable ein). Damit sind wir, entspr. § 52, sicher, daß (54.11) genau *eine* quadratintegrierbare Lösung besitzt, welche wir erhalten, indem wir die Resolvente in der Diagonaldarstellung, d.h. in der Fourier-Darstellung verwenden. Dies ist gleichbedeutend mit der Anwendung des Operators

$$-\Delta^{-1} = \int d^3\boldsymbol{K}\,\frac{|\boldsymbol{K}\rangle\langle\boldsymbol{K}|}{K^2}. \tag{54.12}$$

Die Fourier-Transformierte des Potentials $V_{n,l,m}$ erhält man also aus der Fourier-transformierten Dichte, indem man den Faktor $1/K^2$ einfügt. Um die rechte Seite von (54.11) Fourier-zu-transformieren, benützen wir die Gleichung

$$\int d^3\boldsymbol{r}\,\sigma^3\varrho(\sigma\boldsymbol{r})\,\mathrm{e}^{-i\boldsymbol{K}\cdot\boldsymbol{r}} = \int d^3\boldsymbol{r}'\,\varrho(\boldsymbol{r}')\,\mathrm{e}^{-i\frac{\boldsymbol{K}}{\sigma}\cdot\boldsymbol{r}'} = (2\pi)^{\frac{3}{2}}\varrho\left(\frac{\boldsymbol{K}}{\sigma}\right).$$

So gelangen wir zu dem Ergebnis

$$V_{n,l,m}(\boldsymbol{K}) = \frac{Ze^2}{\varepsilon_0 K^2}\left[\varrho_{n,l,m}\left(\frac{\mu_P}{\mu_P+\mu_e}\boldsymbol{K}\right) - \varrho_{n,l,m}\left(-\frac{\mu_e}{\mu_P+\mu_e}\boldsymbol{K}\right)\right]. \quad (54.13)$$

Wir haben damit direkt die Fourier-transformierten Potentiale berechnet, welche für die Bornsche Näherung benötigt werden, und die Bestimmung der räumlichen Funktionen $V_{n,l,m}(\boldsymbol{r})$ umgangen.

Die Größe (54.13) sei nunmehr explizit mit Hilfe von Tabelle 2 (S. 247) für $n = 1, 2, 3$, berechnet. Wenn man nicht gleichzeitig mit dem Streuexperiment die Orientierung des Drehimpulses im Wasserstoffatom bestimmt, so interessiert nur die Summe der Streuquerschnitte von gegebenem n und l. Wir können dann von Gl. (53.26) Gebrauch machen und bei gegebenem Vektor $\boldsymbol{r}$ die z-Achse des Polarkoordinatensystems parallel zu $\boldsymbol{K} = \boldsymbol{k}_n - \boldsymbol{k}_0$ legen. Dann ist $\exp(-i\boldsymbol{K}\cdot\boldsymbol{r}) = \exp(-iKr\cos\vartheta)$, und die Fourier-Koeffizienten aller $\varrho_{n,l,m}(\boldsymbol{K})$ mit $m \neq 0$ verschwinden wegen des Faktors $\exp(im\varphi)$, den diese Dichtefunktionen enthalten. Die Dichtefunktionen für $m = 0$ zeigt die erste Spalte von der Tabelle 3. Ihre Fourier-Transformierten lassen sich sämtlich durch Differentiation zurückführen auf die Fourier-Transformierte der *Yukawa-Funktion* $e^{-\beta r}/4\pi r$; wir nennen

$$Y(\beta, K) = \int d^3\boldsymbol{r}\, \frac{e^{-\beta r}}{4\pi r}\cdot e^{-iKr\cos\vartheta} = \frac{1}{K^2+\beta^2}. \quad (54.14)$$

Differenziert man nach K, so erhält man im Integranden einen Faktor $-ir\cos\vartheta$, differenziert man nach β, so bekommt man einen Faktor $-r$. Damit erhält man

$$\int d^3\boldsymbol{r}\cos\vartheta\,\frac{e^{-i\beta r}}{4\pi}\cdot e^{-iKr\cos\vartheta} = i\,\frac{\partial}{\partial K}\,Y(\beta, K); \quad (54.15)$$

und

$$\int d^3\boldsymbol{r}\,(3\cos^2\vartheta - 1)\,r\cdot\frac{e^{-\beta r}}{4\pi}\,e^{-iKr\cos\vartheta} = -\left(3\,\frac{\partial^2}{\partial K^2} + \frac{\partial^2}{\partial\beta^2}\right)Y(\beta, K). \quad (54.16)$$

Von den drei Raumfunktionen, deren Fourier-Transformierte damit angegeben ist, unterscheiden sich die $\varrho_{n,l,0}(\boldsymbol{r})$ durch Polynome in r, welche man durch Differentiationen nach β ersetzen kann. Auf diese Weise erhält man die zweite Spalte von Tabelle 3. Rechnet man dies explizit aus, so folgt die dritte Spalte. Dies wäre nun an den in Gl. (54.13) angegebenen Argumentwerten zu nehmen und zu addieren. Der erste Anteil führt dabei zur Streuung an dem Atomelektron, der zweite zu der Streuung an dem Proton, wobei sich die beiden Streu*amplituden* addieren. Man mag bemerken, daß deren Interferenz für gerade l zu einer Schwächung, für ungerade l zu einer Verstärkung führt. Die Schwächung bei geradem l hängt einfach damit zusammen, daß Proton und Elektron entgegengesetzt geladen sind. Bei ungeraden l ist jedoch $\varrho_{n,l,m}(\boldsymbol{r})$ eine ungerade Funktion des Ortes – da Proton und Elektron auf verschiedenen Seiten des Kerns stehen, führt dies auf Beiträge des gleichen Vorzeichens von beiden Ladungswolken. – Wir können nunmehr nach Gl. (53.24) die Streuquerschnitte angeben. Der kohärente und gleichzeitig elastische Anteil ist

$$\frac{d\sigma_1}{d\Omega} = \left(\frac{Ze^2\mu}{\pi\varepsilon_0\hbar^2}\right)^2 \frac{\beta^8}{K^4}\left[\frac{1}{(K_e^2+\beta^2)^2} - \frac{1}{(K_P^2+\beta^2)^2}\right]^2. \tag{54.17}$$

Hierbei ist, wie in der Tabelle, abgekürzt

$$\begin{aligned} &\boldsymbol{K} \equiv \boldsymbol{k}_1 - \boldsymbol{k}_0; \quad \beta \equiv 2/a; \quad a \equiv \frac{4\pi\varepsilon_0\hbar^2}{\mu_{at}e^2};\\ &K_e \equiv \frac{\mu_P}{\mu_P+\mu_e}K; \quad K_P = \frac{\mu_e}{\mu_P+\mu_e}K. \end{aligned} \tag{54.18}$$

Der erste Summand der eckigen Klammer rührt von der Streuung am Atomelektron, der zweite Summand von der Streuung am Proton her; wegen der Kleinheit von K_P überwiegt dabei stets der Anteil des Protons. Allerdings dürfen wir nicht, ohne gegen die Voraussetzungen unserer Rechnung zu verstoßen, die beiden Anteile getrennt berechnen, da die Potentiale des Protons und des Elektrons einzeln im Unendlichen nur $\sim 1/r$ abfallen und deshalb $V(\boldsymbol{r})$ nicht quadratintegrierbar ist, wie wir dies bei der Lösung von Gl. (53.15) bzw. (53.2) voraussetzen mußten. Wenn wir ohne Rücksicht auf dieses Bedenken aus (54.17) die Streuung am Kern alleine herausgreifen und das Massenverhältnis μ_e/μ_P durch 0 ersetzen, so erhalten wir eine Formel für die Streuung an einer ortsfesten Ladung e, welche mit der klassischen Rutherfordschen Streuformel, sowie auch mit einer strengen wellenmechanischen Berechnung übereinstimmt – was wir angesichts der verletzten Voraussetzung der Rechnung jedoch nur als Zufall ansehen dürfen:

$$\frac{d\sigma_{\text{Ruth}}}{d\Omega} = \left[\frac{Ze^2\mu}{\pi\varepsilon_0(\boldsymbol{p}_1-\boldsymbol{p}_0)^2}\right]^2. \tag{54.19}$$

Drückt man die Impulsdifferenz durch den Streuwinkel δ und die Energie des einfallenden Teilchens aus

$$(\boldsymbol{p}_1-\boldsymbol{p}_0)^2 = 2p^2(1-\cos\delta) = 8\mu E\sin^2\frac{\delta}{2};$$

dann nimmt die Rutherford-Formel die übliche Gestalt an:

$$\frac{d\sigma_{\text{Ruth}}}{d\Omega} = \left(\frac{Ze^2}{8\pi\varepsilon_0 E}\right)^2 \frac{1}{\sin^4\frac{\delta}{2}}. \tag{54.19a}$$

Dies wird beim Streuwinkel Null so stark unendlich, daß auch der gesamte Streuquerschnitt unendlich groß wird – als Folge der großen

Tabelle 3

n, l, m	$\varrho_{n,l,m}(\boldsymbol{r})$	$(2\pi)^{\frac{3}{2}}\,\varrho_{n,l,m}(\boldsymbol{K})$	$(2\pi)^{\frac{3}{2}}\,V_{n,l,m}(K)$; $K_e \equiv \frac{\mu_P}{\mu_P+\mu_e}K$; $K_P \equiv \frac{\mu_e}{\mu_P+\mu_e}K$.
1, 0, 0 $\left[\beta_1 = \frac{2}{a}\right]$	$\frac{1}{\pi a^3}\,e^{-\beta r}$	$\frac{\beta^4}{(K^2+\beta^2)^2}$	$\frac{Ze^2\beta^4}{\varepsilon_0 K^2}\left[\frac{1}{(K_e^2+\beta^2)^2} - \frac{1}{(K_P^2+\beta^2)^2}\right]$
2, 0, 0 $\left[\beta_2 = \frac{3}{2a}\right]$	$\frac{1}{\sqrt{2}\,2\pi a^3}\left(1-\frac{\beta r}{3}\right)e^{-\beta r}$	$\frac{64\sqrt{2}}{81}\cdot\frac{\beta^4 K^2}{(K^2+\beta^2)^3}$	$\frac{64\sqrt{2}\,Ze^2\beta^4}{81\,\varepsilon_0}\left[\frac{\left(\frac{\mu_P}{\mu_P+\mu_e}\right)^2}{(K_e^2+\beta^2)^3} - \frac{\left(\frac{\mu_e}{\mu_P+\mu_e}\right)^2}{(K_P^2+\beta^2)^3}\right]$
2, 1, 0	$\frac{\cos\vartheta}{\sqrt{2}\,2\pi a^4}\,r\,e^{-\beta r}$	$-i\,\frac{64\sqrt{2}}{81}\cdot\frac{\beta^5 K}{(K^2+\beta^2)^3}$	$-i\,\frac{64\sqrt{2}\,Ze^2\beta^5}{81\,\varepsilon_0 K}\left[\frac{\left(\frac{\mu_P}{\mu_P+\mu_e}\right)}{(K_e^2+\beta^2)^3} + \frac{\left(\frac{\mu_e}{\mu_P+\mu_e}\right)}{(K_P^2+\beta^2)^3}\right]$
3, 0, 0 $\left[\beta_3 = \frac{4}{3a}\right]$	$\frac{1}{\sqrt{3}\,3\pi a^3}\left(1-\frac{\beta r}{2}+\frac{\beta^2 r^2}{2r}\right)e^{-\beta r}$	$\frac{3\sqrt{3}}{16}\cdot\frac{\beta^5 K(3K^2+\beta^2)}{(K^2+\beta^2)^4}$	$\frac{3\sqrt{3}\,Ze^2\beta^4}{16\,\varepsilon_0}\left[\frac{\left(\frac{\mu_P}{\mu_P+\mu_e}\right)(3K_e^2+\beta^2)}{(K_e^2+\beta^2)^4} - \frac{\left(\frac{\mu_e}{\mu_P+\mu_e}\right)^2(3K_P^2+\beta^2)}{(K_P^2+\beta^2)^4}\right]$
3, 1, 0	$\frac{2\sqrt{2}\cos\vartheta}{27\pi a^4}\,r\left(1-\frac{\beta r}{8}\right)e^{-\beta r}$	$-i\,\frac{9}{4\sqrt{2}}\cdot\frac{\beta^5 K(3K+\beta^2)}{(K^2+\beta^2)^4}$	$-i\,\frac{9Ze^2\beta^5}{4\sqrt{2}\,\varepsilon_0 K}\left[\frac{\mu_P}{\mu_P+\mu_e}\,\frac{3K_e^2+\beta^2}{(K_e^2+\beta^2)^4} + \frac{\mu_e}{\mu_P+\mu_e}\,\frac{3K_P^2+\beta^2}{(K_P^2+\beta^2)^4}\right]$
3, 2, 0	$\frac{(3\cos^2\vartheta-1)}{\sqrt{6}\,81\pi a^5}\,r^2 e^{-\beta r}$	$-\frac{3\sqrt{3}}{8\sqrt{2}}\,\frac{\beta^6 K^2}{(K^2+\beta^2)^4}$	$-\frac{3\sqrt{3}\,Ze^2\beta^6}{8\sqrt{2}\,\varepsilon_0}\left[\frac{\left(\frac{\mu_P}{\mu_P+\mu_e}\right)^2}{(K_e^2+\beta^2)^4} - \frac{\left(\frac{\mu_e}{\mu_P+\mu_e}\right)^2}{(K_P^2+\beta^2)^4}\right]$

Reichweite des Coulomb-Potentials: auch Teilchen, welche in sehr großem Abstand passieren, werden noch abgelenkt. In Gl. (54.17) wird die Singularität bei $\delta = 0$ durch die eckige Klammer kompensiert; es ist

$$\frac{d\sigma_1}{d\Omega} = \left(\frac{Z e^2 \mu}{\pi \varepsilon_0 \hbar^2} \cdot \frac{\mu_P - \mu_e}{\mu_P + \mu_e}\right)^2 \beta^8 \frac{[K_e^2 + K_P^2 + 2\beta^2]^2}{(K_e^2 + \beta^2)^4 (K_P^2 + \beta^2)^4} . \tag{54.20}$$

K_P ist zweitausendmal kleiner als K_e und kann im Zähler vernachlässigt werden; im Nenner wird K_P^2 erst dann wichtig, wenn der Impulsübertrag die Größenordnung 10^7 eV/c annimmt — hierfür ist die gegebene nichtrelativistische Theorie nur zuständig, wenn $\mu \geqq 100\,\mu_e$.

Wir wenden uns nunmehr der *unelastischen Streuung* zu. Man könnte zunächst vermuten, daß man bei all den angegebenen Ausdrücken für $V_{n,l,0}(K)$, $n = 2, 3$, den Anteil der Kernstreuung gegenüber der Elektronenstreuung vernachlässigen kann, weil er mit dem kleinen Faktor $\mu_e/(\mu_P + \mu_e)$, teilweise sogar dem Quadrat dieser Größe behaftet ist. Tatsächlich werden aber die Elektronen- und Protonenbeiträge bei sehr mäßigem Impulsübertrag gleich groß: nämlich bei Werten für welche $K_P < \beta < K_e$ ist. Die Größenordnung dieses kritischen Impulsübertrags schätzt man ab, indem man β^2 gegen K_e^2 und K_P^2 gegen β^2 vernachlässigt. Man erhält dann für $l = 0$ die Größenordnung $K \approx (\mu_P/\mu_e)^{\frac{1}{3}}\beta$; für $l = 1$: $K \approx (\mu_P/\mu_e)^{\frac{1}{5}}\beta$ und für $l = 2$: $K \approx (\mu_P/\mu_e)^{\frac{1}{4}}\beta$. Trotz des großen Massenunterschiedes $\mu_P : \mu_e = 1836$ kommen die kritischen Werte von K damit in die Größenordnung $1/a$ bis $10/a$, der Impulsübertrag wird um 10 kV/c. Wenn das gestreute Teilchen ein Elektron ist, tritt dieser Impulsübertrag bereits bei Primärenergien um 10 kV auf, für schwerere Teilchen bei noch kleineren Energien. Man müßte also nach unseren Formeln für die inelastische Streuung nach $|2, 0, 0\rangle$; $|3, 0, 0\rangle$; $|3, 2, 0\rangle$ bereits bei kleinen Primärenergien in gewissen Richtungen Nullstellen der Streuintensität beobachten, welche von der Interferenzauslöschung der Elektronen- und Kernstreuung herrühren. Für die Übergänge nach $|2, 1, 0\rangle$ und $|3, 1, 0\rangle$ ist dies nicht der Fall, da dort die Interferenz zu einer Verstärkung führt. In jedem Falle wird bei Impulsüberträgen, die die genannte Größenordnung übersteigen, der Hauptanteil der inelastischen Streuung durch das Kernpotential verursacht. — Wir berechnen als nächstes den gesamten differentiellen Streuquerschnitt mit Endzuständen $n = 2$, vernachlässigen jedoch μ_e/μ_P gegen 1, soweit dies zulässig ist:

$$\begin{aligned}\frac{d\sigma_2}{d\Omega} = \frac{2^{11}}{3^8} \left(\frac{Z e^2 \mu}{\pi \varepsilon_0 \hbar^2}\right)^2 \frac{\beta^8}{K^2} \Bigg[\frac{1}{(K^2+\beta^2)^5} + \left(\frac{\mu_e}{\mu_P}\right)^2 \frac{1}{(K_P^2+\beta^2)^5} \\ + 2\,\frac{\mu_e}{\mu_P} \frac{\beta^2 - \mu_e K^2/\mu_P}{(K^2+\beta^2)^3 (K_P^2+\beta^2)^3} \Bigg]; \quad \left(\beta = \frac{3}{2a};\quad \boldsymbol{K} = \boldsymbol{k}_2 - \boldsymbol{k}_0\right).\end{aligned} \tag{54.20a}$$

Den entsprechenden Ausdruck für $d\sigma_3/d\Omega$ wollen wir nicht explizit anschreiben.

Streuung eines Elektrons, Austausch. Ist das gestreute Teilchen ein Elektron, so muß die Rechnung in zweierlei Hinsicht modifiziert werden: Zum einen läßt sich experimentell nicht unterscheiden, ob das einfallende Elektron gestreut oder durch das Atomelektron ersetzt wurde, zum zweiten muß die Wellenfunktion entsprechend dem Pauli-Prinzip bezügl. der beiden Elektronen antisymmetrisiert werden. Für die räumliche Eigenfunktion bedeutet dies: Falls die beiden Elektronen gleichen Spin haben, der Zustandsvektor also gegen Austausch des Spins invariant ist, muß er bei Vertauschung der beiden Koordinaten das Vorzeichen wechseln. Bei entgegengesetzten Spins ist es umgekehrt: der Zustandsvektor wechselt das Vorzeichen bei Vertauschung der Spins, muß deshalb gegen Vertauschung des Ortes invariant sein. Bereits bei Angabe des ungestörten Ausgangszustands läßt sich nicht unterscheiden, ob das Teilchen 1 im Atom sitzt und das Teilchen 2 einfällt oder umgekehrt. Die Wellenfunktion der Relativkoordinaten hat in nullter Näherung folgende Gestalt

$$\Psi_0(\boldsymbol{r}_{1\,\mathrm{at}}, \boldsymbol{r}_{2\,\mathrm{at}}) = \mathrm{e}^{i\boldsymbol{k}_0\cdot\boldsymbol{r}_1}\langle \boldsymbol{r}_{2\,\mathrm{at}}| 1, 0, 0\rangle \pm \mathrm{e}^{i\boldsymbol{k}_0\cdot\boldsymbol{r}_2}\langle \boldsymbol{r}_{1\,\mathrm{at}}| 1, 0, 0\rangle . \tag{54.21}$$

Wir haben zwei Sorten von Relativkoordinaten eingeführt, entsprechend Gl. (54.4): $\boldsymbol{r}_{1\,\mathrm{at}}$ bzw. $\boldsymbol{r}_{2\,\mathrm{at}}$ sei der Vektor vom Proton zum Elektron 1 bzw. 2. Dagegen sei $\boldsymbol{r}_1$ der Vektor von einem aus Elektron 2 und Proton gebildeten Wasserstoffatom zum Elektron 1, $\boldsymbol{r}_2$ entsprechend:

$$\boldsymbol{r}_1 = \boldsymbol{r}_{1\,\mathrm{at}} - \frac{\mu_e}{\mu_P + \mu_e}\boldsymbol{r}_{2\,\mathrm{at}}; \qquad \boldsymbol{r}_2 = \boldsymbol{r}_{2\,\mathrm{at}} - \frac{\mu_e}{\mu_P + \mu_e}\boldsymbol{r}_{1\,\mathrm{at}} . \tag{54.22}$$

Der Hamilton-Operator der Relativbewegung kann wahlweise in eine der beiden Gestalten gebracht werden:

$$H = \frac{\boldsymbol{p}_1^2}{2\mu} + H^{(0)}(2) + V(\boldsymbol{r}_1, \boldsymbol{r}_{2\,\mathrm{at}}) = \frac{\boldsymbol{p}_2^2}{2\mu} + H^{(0)}(1) + V(\boldsymbol{r}_2, \boldsymbol{r}_{1\,\mathrm{at}}) . \tag{54.23}$$

Die reduzierten Massen sind

$$\frac{1}{\mu} = \frac{1}{\mu_e} + \frac{1}{\mu_P + \mu_e}; \qquad \frac{1}{\mu_{\mathrm{at}}} = \frac{1}{\mu_e} + \frac{1}{\mu_P} . \tag{54.24}$$

Die Schrödinger-Gleichung lautet

$$\left(\Delta_1 + 2\mu\,\frac{E - H^{(0)}(2)}{\hbar^2}\right)\Psi = \frac{2\mu}{\hbar^2}\,V(\boldsymbol{r}_1, \boldsymbol{r}_{2\,\mathrm{at}})\,\Psi . \tag{54.25}$$

Hierin können wir aber ebensogut die Indices 1 und 2 vertauschen. Um die verschiedenen elastischen und unelastischen Anteile der Streuung zu berechnen, müssen wir uns für die Projektion des Zustandsvektors Ψ auf die Wasserstoff-Zustände des zweiten (ebensogut aber auch des ersten) Teilchens interessieren. Die Komponente von Ψ im Unterraum

n, l, m von Teilchen 2 ist:

$$\psi_{n,l,m}(\boldsymbol{r}_1) = \int d^3\boldsymbol{r}_{2\text{at}} \langle n, l, m | \boldsymbol{r}_{2\text{at}} \rangle \Psi(\boldsymbol{r}_{1\text{at}}, \boldsymbol{r}_{2\text{at}}). \tag{54.26}$$

Wir bilden von der ganzen Gl. (54.25) diese Komponente:

$$\begin{aligned}(\Delta_1 + k^2)\psi_{n,l,m}(\boldsymbol{r}_1) \\ = \frac{2\mu}{\hbar^2} \int d^3\boldsymbol{r}_{\text{at}} \langle n, l, m | \boldsymbol{r}_{\text{at}} \rangle V(\boldsymbol{r}_1, \boldsymbol{r}_{\text{at}}) \Psi(\boldsymbol{r}_1, \boldsymbol{r}_{\text{at}}).\end{aligned} \tag{54.27}$$

Die Streuwelle erhalten wir mit Hilfe der Greenschen Funktion:

$$\begin{aligned}&\psi_{n,l,m}(\boldsymbol{r}_1) \\ &= \frac{2\mu}{\hbar^2} \int d^3\boldsymbol{r}' \int d^3\boldsymbol{r}_{\text{at}} \frac{\mathrm{e}^{i k_n |\boldsymbol{r}_1 - \boldsymbol{r}'|}}{4\pi |\boldsymbol{r}_1 - \boldsymbol{r}'|} \langle n, l, m | \boldsymbol{r}_{\text{at}} \rangle V(\boldsymbol{r}', \boldsymbol{r}_{\text{at}}) \Psi(\boldsymbol{r}', \boldsymbol{r}_{\text{at}}).\end{aligned} \tag{54.28}$$

Wir haben keine Lösung einer homogenen Gleichung hinzugefügt, uns also auf die Berechnung der Wellenfunktionen beschränkt, welche zu der Ausgangsfunktion Ψ_0 hinzuzunehmen sind. $\psi_{n,l,m}(\boldsymbol{r}_1)$ ist die Streuamplitude von Teilchen 1, wenn Teilchen 2 den Zustand n, l, m annimmt; entsprechend kann man mit vertauschten Rollen aus der zweiten Gestalt der Wellengleichung die Streuamplitude von Teilchen 2 angeben, falls Teilchen 1 in diesen Unterraum geht. Die Summe ergibt die gesamte Streuung dieser Art.

In Bornscher Näherung setzt man auf der rechten Seite Ψ_0 für Ψ ein und berechnet sodann für $k r_1 \gg 1$ die Integrale explizit. Dabei ergibt sich:

$$\psi_{n,l,m}(\boldsymbol{r}) = \sqrt{2\pi} \frac{\mu}{\hbar^2} \frac{\mathrm{e}^{ikr}}{r} \{V_{n,l,m}(\boldsymbol{k}_n - \boldsymbol{k}_0) \pm W_{n,l,m}(\boldsymbol{k}_n, \boldsymbol{k}_0)\}. \tag{54.29}$$

Der erste Summand ist uns aus Gl. (54.13) bekannt. Der zweite Summand ist das Integral

$$\begin{aligned}W_{n,l,m}(\boldsymbol{k}, \boldsymbol{k}_0) = \frac{1}{(2\pi)^{\frac{3}{2}}} \int d^3\boldsymbol{r}' \int d^3\boldsymbol{r}\, \mathrm{e}^{-i\boldsymbol{k}_n \cdot \left(\boldsymbol{r}' - \frac{\mu_e}{\mu_P + \mu_e} \boldsymbol{r}\right)} \langle n, l, m | \boldsymbol{r} \rangle \\ \cdot \frac{e^2}{\varepsilon_0} \left\{ \frac{1}{4\pi |\boldsymbol{r}' - \boldsymbol{r}|} - \frac{1}{4\pi r'} \right\} \langle \boldsymbol{r}' | 1, 0, 0 \rangle\, \mathrm{e}^{i\boldsymbol{k}_0 \cdot \left(\boldsymbol{r} - \frac{\mu_e}{\mu_P + \mu_e} \boldsymbol{r}'\right)}.\end{aligned} \tag{54.30}$$

Greifen wir zunächst den schwierigsten Anteil heraus, der sich mit dem ersten Summanden in der geschweiften Klammer ergibt. Das Integral über $d^3\boldsymbol{r}'$ enthält die Greensche Funktion der Potentialgleichung. Daher läßt sich die Fourierdarstellung dieses Integrals in der Gestalt geben

$$\begin{aligned}&\int d^3\boldsymbol{r}' \frac{\mathrm{e}^{-i\left(\boldsymbol{k}_n + \frac{\mu_e}{\mu_P + \mu_e} \boldsymbol{k}_0\right) \cdot \boldsymbol{r}'}}{4\pi (\boldsymbol{r} - \boldsymbol{r}')} \langle \boldsymbol{r}' | 1, 0, 0 \rangle \\ &\quad = \frac{1}{(2\pi)^{\frac{3}{2}}} \int d^3\boldsymbol{K} \frac{\mathrm{e}^{i\boldsymbol{K} \cdot \boldsymbol{r}}}{K^2} \langle \boldsymbol{K} + \boldsymbol{k}_n + \frac{\mu_e}{\mu_P + \mu_e} \boldsymbol{k}_0 | 1, 0, 0 \rangle.\end{aligned}$$

Setzt man dies in das Integral über $d^3\boldsymbol{r}$ von (54.30) ein, dann entsteht noch zusätzlich eine Fourierkomponente des Endzustands, und wir erhalten

$$W_{n,l,m}(\boldsymbol{k}_n, \boldsymbol{k}_0) = \frac{e^2}{(2\pi)^{\frac{3}{2}}\varepsilon_0} \int d^3\boldsymbol{K} \langle n, l, m | \boldsymbol{k} + \boldsymbol{k}_0 + \frac{\mu_e}{\mu_P + \mu_e} \boldsymbol{k}_n \rangle$$
$$\cdot \frac{1}{K^2} \langle \boldsymbol{K} + \boldsymbol{k}_n + \frac{\mu_e}{\mu_P + \mu_e} \boldsymbol{k}_0 | 1, 0, 0 \rangle - \frac{e^2}{\varepsilon_0} \langle n, l, m | \boldsymbol{k}_0 + \frac{\mu_e}{\mu_P + \mu_e} \boldsymbol{k}_n \rangle \qquad (54.31)$$
$$\cdot \langle \boldsymbol{k}_n + \frac{\mu_e}{\mu_P + \mu_e} \boldsymbol{k}_0 | \frac{1}{r_{\text{at}}} | 1, 0, 0 \rangle .$$

Da im Integranden wegen des Auftretens von $\boldsymbol{K}$ sämtliche Fourierkomponenten der beiden Wellenfunktionen auftreten, können wir nicht mehr durch geschickte Wahl des Koordinatensystems die Beiträge von $m \neq 0$ zum Verschwinden bringen, wir müssen sie alle berechnen. — Wenn die Spineinstellung nicht mitbeobachtet wird, müssen die Streuquerschnitte über die möglichen Spineinstellungen gemittelt werden. Da es *einen* Zustand mit Gesamtspin 0, *drei* mit Gesamtspin 1 gibt, erhält man statt $|V|^2$ [s. (53.24)]

$$\tfrac{1}{4}|V + W|^2 + \tfrac{3}{4}|V - W|^2 = |V|^2 + |W|^2 - \operatorname{Re}(V W^*) .$$

Die Austauschterme liefern einen Zusatz, in welchem wir dann noch über die verschiedenen Einstellungen des Drehimpulses l zu summieren haben. Die Integrale von (54.31) sind jedoch nicht elementar berechenbar, deshalb brechen wir die Betrachtungen an dieser Stelle ab.

§ 55. Nichtstationäre Störungstheorie

Die bisher dargestellten Methoden der Störungs- und Streutheorie dienen im Grunde alle der näherungsweisen Berechnung von Spektralfunktionen. Die sog. nichtstationäre Störungstheorie, welche von *Dirac* stammt, setzt sich ein wesentlich anderes Ziel: Besteht der Hamilton-Operator eines Systems wieder aus einem ungestörten zeitunabhängigen Anteil $H^{(0)}$ und einem zusätzlichen Wechselwirkungsteil V:

$$H = H^{(0)} + V ; \qquad (55.1)$$

so soll die Wahrscheinlichkeit berechnet werden, daß das System aus einem Spektralzustand von $H^{(0)}$ unter dem Einfluß der kleinen Wechselwirkung V in andere Zustände des Spektrums von $H^{(0)}$ übergeht. Die Spektraldarstellung von $H^{(0)}$

$$F(H^{(0)}) = \int d\mu(\alpha)\, F(E_\alpha)\, |\alpha\rangle\langle\alpha| \qquad (55.2)$$

geht von einem durch eine Parameterschar α charakterisierten System von eigentlichen oder uneigentlichen Basisvektoren $|\alpha\rangle$ aus, für welche gilt

$$H^{(0)} |\alpha\rangle = E_\alpha |\alpha\rangle . \qquad (55.3)$$

Wir nehmen nun an, daß sich das System zur Zeit $t=0$ in einem diskreten Eigenzustand $\alpha=n$ befindet und verfolgen die zeitliche Entwicklung mit Hilfe der zeitabhängigen Schrödinger-Gleichung

$$\left(H^{(0)}+\frac{\hbar}{i}\frac{\partial}{\partial t}\right)|\psi\rangle=-V\,|\psi\rangle. \tag{55.4}$$

Es ist bequem, die Spektralvektoren $|\alpha\rangle$ wie $\exp\left(-iE_\alpha t/\hbar\right)$ von der Zeit abhängen zu lassen; dann gilt

$$\left(H^{(0)}+\frac{\hbar}{i}\frac{\partial}{\partial t}\right)|\alpha\rangle=0. \tag{55.5}$$

Soll, wie vorausgesetzt, der Zustandsvektor $|\psi\rangle$ zur Zeit $t=0$ mit $|n\rangle$ übereinstimmen, so hat er die Gestalt

$$|\psi\rangle=|n\rangle+\int d\mu(\alpha)\,a_\alpha(t)\,|\alpha\rangle;\qquad a_\alpha(0)=0. \tag{55.6}$$

Setzen wir dies in (55.4) ein, so folgt wegen (55.5)

$$\frac{\hbar}{i}\int d\mu(\alpha)\,\frac{d a_\alpha(t)}{dt}\,|\alpha\rangle=-V\,|n\rangle-\int d\mu(\alpha')\,a_{\alpha'}(t)\,V\,|\alpha'\rangle.$$

Fügt man rechts die Einheit in der Gestalt $I=\int d\mu(\alpha)\,|\alpha\rangle\langle\alpha|$ ein, so ergibt der Koeffizientenvergleich

$$\frac{\hbar}{i}\,\frac{d a_\alpha(t)}{dt}=-V_{\alpha n}-\int d\mu(\alpha')\,a_{\alpha'}(t)\,V_{\alpha\alpha'}, \tag{55.7}$$

wobei für die Matrixelemente die Abkürzung eingeführt ist

$$V_{\alpha\alpha'}\equiv\langle\alpha|\,V\,|\alpha'\rangle. \tag{55.8}$$

Gl. (55.7) ist noch streng, soll aber jetzt störungstheoretisch behandelt werden; die Wechselwirkung V betrachten wir als klein von erster Ordnung. Dasselbe gilt dann auch für die Koeffizienten $a_\alpha(t)$ — sie verschwinden für $t=0$ und entwickeln sich dann unter dem Einfluß der Wechselwirkung. Deshalb ist auf der rechten Seite von (55.7) das Integral klein von zweiter Ordnung und kann in erster Näherung vernachlässigt werden. Die rechte Seite (55.7) ist dann bekannt, $a_\alpha(t)$ läßt sich durch eine Quadratur berechnen. Wir nehmen an, daß die Wechselwirkung V nicht explizit von der Zeit abhängt und haben dann wegen (55.5) und (55.3)

$$V_{\alpha n}(t)=V_{\alpha n}(0)\,\mathrm{e}^{\frac{i}{\hbar}(E_\alpha-E_n)t}. \tag{55.9}$$

(55.7) geht genähert über in

$$\frac{\hbar}{i}\,\frac{d a_\alpha(t)}{dt}=-V_{\alpha n}(0)\,\mathrm{e}^{\frac{i}{\hbar}(E_\alpha-E_n)t}. \tag{55.10}$$

Dies ist elementar integrierbar; es ist zweckmäßig, dabei drei Fälle zu unterscheiden:

1. Diskrete Endzustände α, deren Energie $E_\alpha = E_n$ ist;
2. Diskrete Zustände $E_\alpha \neq E_n$;
3. Zustände α aus dem kontinuierlichen Spektrum von $H^{(0)}$.

Die diskreten Endzustände $E_\alpha = E_n$ können wir vorweg erledigen, indem wir $H^{(0)}$ und V in folgender Weise umdefinieren.

$$H^{(0)\prime} \equiv H^{(0)} + \Pi_{E_n} V \Pi_{E_n}; \qquad V' = V - \Pi_{E_n} V \Pi_{E_n}. \tag{55.11}$$

Π_{E_n} ist der Projektionsoperator auf den Unterraum der *diskreten* Zustände mit der Energie E_n. Ist dieser Unterraum von endlicher Dimension, so kann $H^{(0)}$ durch Auflösung einer Säkulardeterminante diagonalisiert werden. Der Zustand n sei dann einer der diskreten Eigenzustände von $H^{(0)\prime}$, die Matrixelemente (55.8) seien dementsprechend die von V'. Indem wir die Striche wieder unterdrücken, gehen wir in Gl. (55.10) ein — wir haben erreicht, daß alle $V_{\alpha n} = 0$ sind, welche zu diskreten Zuständen mit $E_\alpha = E_n$ gehören. Deshalb brauchen wir bei der Störungsrechnung erster Ordnung nurmehr den zweiten und dritten Fall zu betrachten. Gl. (55.10) wird dabei gelöst durch

$$a_\alpha(t) = \frac{1 - e^{\frac{i}{\hbar}(E_\alpha - E_n)t}}{E_\alpha - E_n} V_{\alpha n}(0). \tag{55.12}$$

Die Integrationskonstante ist so gewählt, daß gemäß der Voraussetzung $a_\alpha(0) = 0$ ist. Die Übergangswahrscheinlichkeit in den Endzustand α ergibt sich zu

$$w_\alpha(t) \equiv \frac{d}{dt} |a_\alpha(t)|^2 = \frac{2}{\hbar} |V_{\alpha n}|^2 \frac{\sin\left(\frac{E_\alpha - E_n}{\hbar} t\right)}{E_\alpha - E_n}.$$

Dies bedeutet einen periodischen Übergang aus dem Zustand n in den Zustand α und wieder zurück, wie man dies aus der Theorie gekoppelter Schwingungen durchaus kennt; anderseits entspricht das Ergebnis nicht der physikalischen Erwartung, daß aus dem Zustand $|\psi\rangle$, der fast mit dem Zustand $|n\rangle$ identisch ist, mit zeitlich fast konstanter Wahrscheinlichkeit ein Übergang in den Zustand $|\alpha\rangle$ erfolgen sollte. Um dieses Paradoxon aufzuklären, berechnen wir die gesamte Übergangswahrscheinlichkeit

$$w = \int d\mu(\alpha)\, w(\alpha) = \frac{2}{\hbar} \int d\mu(\alpha)\, |V_{\alpha n}|^2 \frac{\sin\left(\frac{E_\alpha - E_n}{\hbar} t\right)}{E_\alpha - E_n}.$$

Wir haben wieder zu unterscheiden zwischen solchen Bereichen der Parameterschar α, welche zu diskreten Energiewerten E_α gehören, und

Werten aus dem kontinuierlichen Energiespektrum. Das Schicksal diskreter Zustände α besteht tatsächlich darin, daß entsprechend Gl. (55.12) ihre Amplitude periodisch bis zu einem Maximalwert $2V_{\alpha,n}(0)/(E_\alpha - E_n)$ anklingt, wie sich dies für gekoppelte Schwingungsvorgänge von diskreter Eigenfrequenz gehört. Für Parameterbereiche α aus dem kontinuierlichen Energiespektrum führen wir E_α als eine der Integrationsvariablen ein, schreiben also

$$d\mu(\alpha) = dE_\alpha \cdot \frac{d\mu(\alpha)}{dE_\alpha}, \tag{55.13}$$

wobei $d\mu(\alpha)/dE_\alpha$ das Maßelement der restlichen Parameter ist. So ergibt sich

$$w = \frac{2}{\hbar}\int dE_\alpha \int \frac{d\mu(\alpha)}{dE_\alpha} |V_{\alpha n}|^2 \frac{\sin\left(\frac{E_\alpha - E_n}{\hbar} t\right)}{E_\alpha - E_n}.$$

Wir dürfen annehmen, daß das (positive) Integral $\int \frac{d\mu(\alpha)}{dE_\alpha} |V_{\alpha n}|^2$ als Funktion von E_α beschränkt ist. Das bedeutet, daß alle Beiträge zu w von Energieintervallen, deren Abstand von E_n endlich ist, mit wachsender Zeit $\to 0$ gehen, da $\sin\left(\frac{E_\alpha - E_n}{\hbar} t\right)$ für $t \to \infty$ als Funktion von E_α immer rascher oszilliert. Wegen der Kleinheit von $\hbar$ ist dabei jede makroskopische Zeit (also etwa jede Zeit $\gg 10^{-15}$ sec) schon groß genug, um das Integral unter jede interessante Grenze zu drücken. Dies ist Ausdruck der Energieerhaltung: Ein zeitlich konstantes Potential kann nur Übergänge verursachen, bei denen die Energie sich nicht ändert, es sei denn, man beobachtet nach so kurzer Zeit, daß die geänderte Energie von der ursprünglichen Energie wegen der Heisenbergschen Unschärferelation nicht unterschieden werden kann.

So bleibt schließlich als einzig interessanter Fall der, daß das System Zustände mit einem kontinuierlichen Spektrum besitzt, welches den Energiewert E_n überlappt. In diesem Fall führen wir anstelle der Energie E_α als neue Variable das Argument des Sinus, $\xi \equiv \frac{E_\alpha - E_n}{\hbar} t$ ein und erhalten

$$w = \frac{2}{\hbar}\int d\xi \int \frac{d\mu(\alpha)}{dE_\alpha} |V_{\alpha n}|^2 \frac{\sin\xi}{\xi}.$$

Im Integranden des ξ-Integrals haben wir einen Faktor $\int \frac{d\mu(\alpha)}{dE_\alpha} |V_{\alpha n}|^2$, der als Funktion von $E_\alpha = E_n + \frac{\hbar\xi}{t}$ gegeben ist. Nun ist, wie gesagt, $\hbar$ sehr klein, nämlich $\hbar = 10^{-34}$ Jsec. Dies bedeutet, daß für makroskopische Zeiten E_α von E_n sich erst bei Werten von ξ unterscheidet, welche wegen des Faktors $1/\xi$ keinen interessanten Beitrag zum Integral mehr liefern. Es ist deshalb berechtigt, für E_α den Wert E_n einzusetzen. Aus dem gleichen Grunde kann man für die Integrationsgrenzen von ξ, welche an sich mindestens auf einer Seite endlich sind, $\pm\infty$ einsetzen, ohne einen merklichen Fehler zu begehen. So folgt schließlich

$$w = \frac{2\pi}{\hbar} \int \frac{d\mu(\alpha)}{dE_\alpha} \, |V_{\alpha n}|^2 \Big|_{E_\alpha = E_n}. \tag{55.14}$$

Damit haben wir nun in der Tat eine zeitunabhängige Übergangswahrscheinlichkeit aus dem Zustand n in das Kontinuum, jedoch nur in die infinitesimale Nachbarschaft des Punktes $E_\alpha = E_n$; die Energie wird beim Übergang erhalten. Die Matrixelemente $V_{\alpha n}$ können für verschiedene Sorten von Übergängen verschieden sein. Greifen wir eine einzige Sorte von Übergängen mit festem Wert von $|V_{\alpha n}|^2$ heraus, dann schreibt sich (55.14):

$$w = \frac{2\pi}{\hbar} \varrho(E_\alpha) \, |V_{\alpha n}|^2. \tag{55.15}$$

Dabei ist

$$\varrho(E_\alpha) \equiv \int \frac{d\mu(\alpha)}{dE_\alpha}. \tag{55.16}$$

Die „Zustandsdichte pro dE" der betrachteten Endzustände. Gl. (55.15) ist unter dem Namen *goldene Regel* (golden rule) bekannt; sie besagt, daß die Übergangswahrscheinlichkeit proportional zu der Zustandsdichte der Endzustände und dem Absolutquadrat des Matrixelements ist. — Das wichtigste Anwendungsbeispiel der nichtstationären Störungstheorie ist der strahlende Übergang eines Atoms von einem diskreten Endzustand in einen anderen. Wir können dieses Beispiel jedoch erst behandeln, wenn wir die Quantentheorie des Strahlungsfeldes kennen.

KAPITEL V

Feldquantisierung

§ 56. Quantisierung der Hohlraumstrahlung

Eine der wesentlichen Erkenntnisse der Quantenphysik ist der Dualismus (s. Einleitung): jede Wellenstrahlung enthält Quanten, jeder Korpuskularstrahlung sind Wellen zugeordnet. Wir haben uns bisher ausschließlich damit beschäftigt, zu einer gegebenen Korpuskularmechanik den quantentheoretischen Formalismus zu entwickeln, welcher zur Wellenmechanik führt. Planck war ursprünglich den umgekehrten Weg gegangen: Er hatte postuliert, daß die Energie der elektromagnetischen Wellenstrahlung in Quanten auftritt. Wir wollen uns nunmehr davon überzeugen, daß der Formalismus, den wir am Beispiel der Punktmechanik entwickelt haben, auch von der Feldtheorie der elektromagnetischen Hohlraumstrahlung zur korpuskularen Mechanik führt. Wir betrachten zu diesem Zweck das elektromagnetische Strahlungsfeld in einem würfelförmigen Kasten der Länge L. Wir gehen aus von den Maxwellschen Gleichungen des freien Strahlungsfelds

$$\begin{aligned} \frac{1}{\mu_0}\frac{\partial}{\partial \boldsymbol{r}} \times \boldsymbol{B} = \varepsilon_0 \dot{\boldsymbol{F}}; \qquad \frac{\partial}{\partial \boldsymbol{r}} \times \boldsymbol{F} = -\dot{\boldsymbol{B}}; \\ \frac{\partial}{\partial \boldsymbol{r}} \cdot \boldsymbol{F} = 0; \qquad \frac{\partial}{\partial \boldsymbol{r}} \cdot \boldsymbol{B} = 0. \end{aligned} \tag{56.1}$$

$\boldsymbol{B}$ ist die magnetische Feldintensität; die elektrische Feldstärke haben wir, um Verwechslungen mit der Energie nicht aufkommen zu lassen, mit dem Buchstaben $\boldsymbol{F}$ bezeichnet. Die Gleichungen können wir erfüllen, wenn wir ein divergenzfreies Vektorpotential einführen durch die Beziehungen

$$\boldsymbol{B} = \frac{\partial}{\partial \boldsymbol{r}} \times \boldsymbol{A}; \quad \boldsymbol{F} = -\dot{\boldsymbol{A}}; \quad \frac{\partial}{\partial \boldsymbol{r}} \cdot \boldsymbol{A} = 0. \tag{56.2}$$

Die erste Gl. (56.1) liefert für das Vektorpotential die Differentialgleichung

$$\Delta \boldsymbol{A} - \varepsilon_0 \mu_0 \ddot{\boldsymbol{A}} = 0. \tag{56.3}$$

Die anderen Gln. (56.1) werden durch den Ansatz (56.2) identisch erfüllt. Zusätzlich zu Gl. (56.3) muß dafür gesorgt werden, daß $\boldsymbol{A}$ *zu allen Zeiten* divergenzfrei bleibt; dazu genügt es, in einem Anfangszeitpunkt die Divergenzfreiheit von $\boldsymbol{A}$ und von $\dot{\boldsymbol{A}}$ zu fordern. — Für das folgende benötigen wir den Ausdruck für die Gesamtenergie des Feldes; da diese später den Hamilton-Operator des Strahlungsfeldes liefert, wollen wir den Buchstaben H_{Str} verwenden:

$$\begin{aligned} H_{\text{Str}} &= \frac{1}{2}\int d^3\boldsymbol{r}\left(\varepsilon_0 \boldsymbol{F}^2 + \frac{1}{\mu_0}\boldsymbol{B}^2\right) \\ &= \frac{1}{2}\int d^3\boldsymbol{r}\left(\varepsilon_0 \dot{\boldsymbol{A}}^2 + \frac{1}{\mu_0}\left(\frac{\partial}{\partial \boldsymbol{r}}\times\boldsymbol{A}\right)^2\right). \end{aligned} \tag{56.4}$$

Wir beschreiben den Hohlraum nunmehr durch drei kartesische Koordinaten x_1, x_2, x_3 mit

$$0 \leqq x_k \leqq L; \qquad k = 1, 2, 3. \tag{56.5}$$

Da das Vektorpotential nur in einem endlichen Intervall jeder der Koordinaten definiert ist, kann es als Fouriersumme dargestellt werden:

$$\boldsymbol{A} = \frac{1}{\sqrt{\varepsilon_0 L^3}} \sum_{\nu, j} Q_\nu^{(j)}\, \mathrm{e}^{i\boldsymbol{k}_\nu\cdot\boldsymbol{r}}\, \boldsymbol{A}_\nu^{(j)}, \tag{56.6}$$

worin

$$\boldsymbol{k}_\nu = \frac{2\pi}{L}(\nu_1, \nu_2, \nu_3); \quad \nu_k \text{ ganz.} \tag{56.7}$$

$Q_\nu^{(j)}$ ist die Anregungsstärke der einzelnen „Eigenschwingung" und $\boldsymbol{A}_\nu^{(j)}$ ihr Polarisations-Einheitsvektor. Zu jedem Wert $\boldsymbol{k}_\nu$ gehören wegen der Transversalität zwei unabhängige Polarisationsvektoren ($j = 1, 2$), welche wir zueinander senkrecht wählen können. Damit $\boldsymbol{A}$ reell wird, setzen wir $Q_\nu^{(j)} = -Q_{-\nu}^{(j)*}$, $\boldsymbol{A}_\nu^{(j)} = \boldsymbol{A}_{-\nu}^{(j)}$ reell. Insgesamt gilt dann für die Polarisationsvektoren der folgende Satz von Bedingungen

$$\boldsymbol{A}_\nu^{(j)} = \boldsymbol{A}_{-\nu}^{(j)}; \quad \boldsymbol{A}_\nu^{(j)}\cdot\boldsymbol{A}_\nu^{(k)} = \delta_{jk}; \quad \boldsymbol{A}_\nu^{(j)}\cdot\boldsymbol{k}_\nu = 0. \tag{56.8}$$

Die letzte Bedingung (Transversalität) folgt aus der Divergenzfreiheit. — Die Schwingungsgleichung (56.3) liefert für die Amplitudenkoeffizienten $Q_\nu^{(j)}$ die Gleichung

$$\ddot{Q}_\nu^{(j)} + \omega_\nu^2 Q_\nu^{(j)} = 0; \qquad \omega_\nu^2 \equiv \frac{k_\nu^2}{\varepsilon_0\mu_0} = c^2 k_\nu^2. \tag{56.9}$$

Das Feld der Hohlraumstrahlung wird vollständig beschrieben durch Angabe der Amplituden $Q_\nu^{(j)}(t)$; diese sind somit die Koordinaten des Strahlungsfeldes, ihre Anzahl ist abzählbar unendlich, ihre Bewegungsgleichungen (56.9) gleichen denen des harmonischen Oszillators, dessen Behandlung uns aus § 28 bekannt ist. Allerdings sind die Koordinaten $Q_\nu = Q_{-\nu}^*$ komplex, sie entsprechen je einem Paar reeller Koordinaten. Deshalb haben wir Lagrange- und Hamilton-Funktion nicht wie in

§ 28 aus den Quadraten Q_ν^2, sondern aus $|Q_\nu|^2 = Q_{-\nu} Q_\nu$ aufzubauen. Wir können (56.9) als Lagrangesche Bewegungsgleichung zweiter Art aus folgender reeller Lagrangefunktion gewinnen

$$\mathscr{L}_{\text{Str}} = \frac{\Lambda}{2} \sum_{\nu, j} (\dot{Q}_{-\nu}^{(j)} \dot{Q}_\nu^{(j)} - \omega_\nu^2 Q_{-\nu}^{(j)} Q_\nu^{(j)}). \tag{56.10}$$

Ein konstanter Faktor Λ ist dabei zunächst frei, wir haben ihn aber so zu bestimmen, daß die Hamiltonfunktion mit (56.4) übereinstimmt. Aus (56.10) ergibt sich

$$H_{\text{Str}} = \sum_{\nu, j} \dot{Q}_\nu^{(j)} \frac{\partial \mathscr{L}}{\partial \dot{Q}_\nu^{(j)}} - \mathscr{L} = \frac{\Lambda}{2} \sum_{\nu, j} (\dot{Q}_{-\nu}^{(j)} \dot{Q}_\nu^{(j)} + \omega_\nu^2 Q_{-\nu}^{(j)} Q_\nu^{(j)}). \tag{56.11}$$

Andererseits erhalten wir durch Einsetzen von (56.6) in (56.4)

$$H_{\text{Str}} = \frac{1}{2\varepsilon_0 L^3} \sum_{\nu, j} \sum_{\mu, k} \int d^3\boldsymbol{r} \Big[\varepsilon_0 \boldsymbol{A}_\nu^{(j)} \cdot \boldsymbol{A}_\mu^{(k)} \dot{Q}_\nu^{(j)} \dot{Q}_\mu^{(k)}$$
$$- \frac{1}{\mu_0} (\boldsymbol{k}_\nu \times \boldsymbol{A}_\nu^{(j)}) \cdot (\boldsymbol{k}_\mu \times \boldsymbol{A}_\mu^{(k)}) Q_\nu^{(j)} Q_\mu^{(k)} \Big] \mathrm{e}^{i(\boldsymbol{k}_\nu + \boldsymbol{k}_\mu) \cdot \boldsymbol{r}}.$$

Die Raumintegrale sind elementar auswertbar; für $\boldsymbol{k}_\nu \neq -\boldsymbol{k}_\mu$ liefern sie Null. Wegen (56.8) verschwinden die beiden Skalarprodukte $\boldsymbol{A}_\nu^{(1)} \cdot \boldsymbol{A}_{-\nu}^{(2)}$ und $\boldsymbol{k}_\nu \times \boldsymbol{A}_\nu^{(1)} \cdot \boldsymbol{k}_{-\nu} \times \boldsymbol{A}_{-\nu}^{(2)}$, und wir erhalten schließlich

$$H_{\text{Str}} = \frac{1}{2} \sum_{\nu, j} (\dot{Q}_\nu^{(j)} \dot{Q}_{-\nu}^{(j)} + \omega_\nu^2 Q_\nu^{(j)} Q_{-\nu}^{(j)}). \tag{56.12}$$

Dies stimmt mit (56.11) überein, wenn wir wählen

$$\Lambda = 1. \tag{56.13}$$

Soll H_{Str} wirklich als Hamilton-Operator angesprochen werden, so müssen die $\dot{Q}$ durch die Impulse P ausgedrückt werden; da $P_\nu^{(j)} = \dot{Q}_{-\nu}^{(j)}$, ist

$$H_{\text{Str}} = \frac{1}{2} \sum_{\nu, j} (P_\nu^{(j)} P_{-\nu}^{(j)} + \omega_\nu^2 Q_{-\nu}^{(j)} Q_\nu^{(j)}). \tag{56.14}$$

In den einzelnen Summanden sind die Indizes $+\nu$ und $-\nu$ vermischt. Man kann sie trennen, indem man die folgenden Stufenoperatoren einführt

$$P_\nu^{(j)+} \equiv P_\nu^{(j)} + i\omega_\nu Q_{-\nu}^{(j)}; \qquad P_\nu^{(j)-} \equiv P_{-\nu}^{(j)} - i\omega_\nu Q_\nu^{(j)}. \tag{56.15}$$

Sie genügen den Vertauschungsrelationen

$$[P_\mu^{(k)-}, P_\nu^{(j)+}] = 2\hbar\omega_\nu \delta_{kj} \delta_{\mu\nu}; \quad [P_\mu^{(k)\pm}, P_\nu^{(j)\pm}] = 0. \tag{56.16}$$

Der Hamilton-Operator läßt sich umschreiben zu

$$H_{\text{Str}} = \tfrac{1}{2} \sum_{\nu, j} P_\nu^{(j)+} P_\nu^{(j)-}. \tag{56.17}$$

(56.17) unterscheidet sich nämlich von (56.14) um einen Zusatz

$$\sum_{\nu,j} i\omega_\nu (Q_{-\nu}^{(j)} P_{-\nu}^{(j)} - P_\nu^{(j)} Q_\nu^{(j)}) = 0 .$$

Die Summe verschwindet, weil sich die Summanden $+\nu$ und $-\nu$ kompensieren. — Aus (56.17) folgt mittels der Vertauschungsrelationen (56.16)

$$[H_{\text{Str}}, P_\nu^{(j)\pm}] = \pm \hbar\,\omega_\nu P_\nu^{(j)\pm}. \tag{56.18}$$

Dies hat die Gestalt (28.11), (28.12); $P_\nu^{(j)+}$ vergrößert, $P_\nu^{(j)-}$ verkleinert die Energie um ein Quant $h\omega_\nu$.

In der klassischen Theorie kommt es auf die Faktor-Reihenfolge in Gl. (56.17) nicht an; in der Quantentheorie eines kontinuierlichen Feldes hat man stets die *Energie-vernichtenden Operatoren rechts von den Energie-erzeugenden* zu stellen (sog. *Normal-Ordnung*). Man erreicht damit, daß H_{Str} den Eigenwert Null hat, wenn keiner der Oszillatoren (Eigenschwingungen) angeregt ist. Man nennt diesen Zustand Vakuum $|0\rangle$:

$$\text{Vakuum: alle } P_\nu^{(j)-}\,|0\rangle = 0; \qquad \langle 0|0\rangle = 1. \tag{56.19}$$

Die letzte Gleichung, die Normierung des Vakuumvektors auf Eins, haben wir zu Vereinfachung hinzugefügt. Durch einmalige Anwendung eines Erzeugungsoperators entsteht aus dem Vakuum ein Einquantenzustand:

$$|\nu, j\rangle \equiv \frac{1}{\sqrt{2\hbar\omega_\nu}} P_\nu^{(j)+}\,|0\rangle; \qquad H_{\text{Str}}|\nu, j\rangle = \hbar\omega_\nu |\nu, j\rangle. \tag{56.20}$$

Die Hilbert-Vektoren $|\nu, j\rangle$ bilden ein Orthonormalsystem; denn es gilt (beachte, daß $P_\nu^{(j)-}$ zu $P_\nu^{(j)+}$ in der klassischen Theorie konjugiert komplex, also in der Quantentheorie hermitesch adjungiert ist)

$$\langle \mu, k|\nu, j\rangle = \frac{1}{2\hbar\sqrt{\omega_\mu\omega_\nu}} \langle 0|\, P_\mu^{(k)-} P_\nu^{(j)+}\,|0\rangle .$$

Wegen (56.19) kann man das Produkt der beiden Operatoren durch ihren Kommutator ersetzen und erhält mittels (56.16)

$$\langle \mu, k|\nu, j\rangle = \delta_{kj}\,\delta_{\mu\nu}. \tag{56.21}$$

Durch erneute Anwendung von Erzeugungsoperatoren kann man aus dem Einquantenzustand Zwei- und Mehrquantenzustände erzeugen; alle so erzeugten Feldzustände sind untereinander wie auch zu $|0\rangle$ orthogonal (man weise dies nach!). Der Unterraum, welcher Vakuum und Einquantenzustände enthält, wird charakterisiert durch den Projektionsoperator

$$\Pi = |0\rangle\langle 0| + \sum_{\nu,j} |\nu, j\rangle\langle \nu, j|. \tag{56.22}$$

Er soll uns im folgenden § dazu dienen, die Ausstrahlung eines atomaren Systems als Beispiel zu § 55 nachzuholen. Daß die Quanten des Feldes als Teilchen (Photonen) interpretiert werden können, werden wir uns später in allgemeinerem Zusammenhang klarmachen. Wir werden dann auch nachweisen können, daß der Zustand $|j, \nu\rangle$ wirklich ein Quant ν, d. h. neben der Energie $\hbar\omega_\nu$ einen Impuls $\hbar \boldsymbol{k}_\nu$ aufweist [s. Kleindruck nach Gl. (58.8)].

§ 57. Ausstrahlung eines atomaren Systems

Wir nehmen nun an, wir haben ein atomares System (wir wollen kurz sagen „Atom"; es kann sich aber auch um ein komplizierteres Gebilde, etwa ein Molekül, handeln) in einem würfelförmigen Hohlraum der Kantenlänge L, welche sehr groß sei gegen die Abmessung des Atoms. Wir interessieren uns für Prozesse, bei denen das Atom anfänglich in einem diskreten Zustand und der Hohlraum im Vakuumzustand ist. Sodann erfolgt unter dem Einfluß der Wechselwirkung zwischen Atom- und Strahlungsfeld ein Übergang, bei dem das Atom einen anderen diskreten Zustand einnimmt und im Vakuum ein Quant $\hbar\omega$ angeregt ist. Als ungestörten Hamilton-Operator haben wir dabei die Summe der ungekoppelten Hamilton-Operatoren von Atom- und Strahlungsfeld

$$H^{(0)} = H_{\mathrm{at}} + H_{\mathrm{Str}}. \tag{57.1}$$

Das Atom enthalte eine Anzahl von Teilchen, durch einen Index β numeriert; die Ladung der Teilchen sei e_β, die Masse μ_β. Die Wechselwirkung zwischen Atom- und Strahlungsfeld ist dann nach Gl. (10.10)

$$V = -\sum_\beta e_\beta\, \boldsymbol{v}_\beta \cdot \boldsymbol{A}(\boldsymbol{r}_\beta) + \sum \frac{e_\beta^2}{2\mu_\beta} \boldsymbol{A}(\boldsymbol{r}_\beta) \cdot \boldsymbol{A}(\boldsymbol{r}_\beta). \tag{57.2}$$

$\boldsymbol{v}_\beta$ ist hierin

$$\boldsymbol{v}_\beta = \frac{i}{\hbar} [H^{(0)}, \boldsymbol{r}_\beta], \tag{57.3}$$

also der Geschwindigkeitsoperator des β-ten Teilchens, wie er sich ohne Wechselwirkung mit dem äußeren Strahlungsfeld ergibt. Ist die innere Wechselwirkung des Atoms allein durch eine potentielle Energie gegeben, so ist $\boldsymbol{v}_\beta = \boldsymbol{p}_\beta/\mu_\beta$, wir müssen aber im allgemeinen damit rechnen, daß auch die inneren Wechselwirkungen Vektorpotentiale, d. h. potentielle Impulse enthalten; dann ist nur der Ausdruck (57.3) für den Geschwindigkeitsoperator streng. Den Ausgangszustand des Gesamtsystems bezeichnen wir mit $|n_0; 0\rangle$; darin soll n_0 der Satz von Quantenzahlen sein, welcher den diskreten Ausgangszustand des Atoms beschreibt, 0 deutet den Vakuumzustand des Strahlungsfeldes an. Der Endzustand sei $|n_1; \nu, j\rangle$, d. h. Atom im diskreten Endzustand n_1, im Strahlungsfeld ein Quant der Frequenz ω_ν mit dem Polarisationsvektor $\boldsymbol{A}_\nu^{(j)}$ $(j=1, 2)$ angeregt. Der Übergang erfüllt die Voraussetzung für Anwendung der goldenen Regel; denn der Ausgangszustand des Gesamtsystems ist diskret, der Endzustand dagegen hat ein kontinuierliches Spektrum, weil die Frequenzen ω des Strahlungsfeldes einen kontinuierlichen Wertebereich haben, allerdings streng genommen nur dann, wenn wir das Strahlungsfeld des *unendlichen* Raums betrachten — im endlichen Würfel ist auch das Spektrum $\hbar\omega_\nu$ diskret; doch liegen diese Werte für sehr große L so dicht, daß wir die goldene Regel im folgenden übertragen können. Für deren Anwendung müssen wir die Matrixelemente berechnen

$$\begin{aligned}\langle n_1; \nu, j|\, V\,|n_0; 0\rangle &= -\sum_\beta e_\beta \langle n_1; \nu, j|\, \boldsymbol{v}_\beta \cdot \boldsymbol{A}(\boldsymbol{r}_\beta)\,|n_0, 0\rangle \\ &\quad + \sum_\beta \frac{e_\beta^2}{2\mu_\beta} \langle n_1; \nu, j|\, \boldsymbol{A}^2(\boldsymbol{r}_\beta)\,|n_0; 0\rangle .\end{aligned} \tag{57.4}$$

Dies können wir wesentlich vereinfachen, wenn wir beachten, daß Hilbert-Vektoren zu verschiedenen Quantenzahlen des Feldes orthogonal sind. Deshalb erhalten wir einen von Null verschiedenen Beitrag nur, wenn der Operator, welcher auf $|n_0; 0\rangle$ angewendet wird, genau *ein* Quant der Sorte ν, j erzeugt. $\boldsymbol{A}(\boldsymbol{r}_\beta)$ ist homogen linear in den Größen

$$Q_\sigma^{(l)} = \frac{P_{-\sigma}^{(l)} + i\omega_\sigma Q_\sigma^{(l)}}{2i\omega_\sigma} - \frac{P_{-\sigma}^{(l)} - i\omega_\sigma Q_\sigma^{(l)}}{2i\omega_\sigma}, \tag{57.5}$$

die wir so zerlegt haben, daß der erste Summand ein Erzeugungs-, der zweite ein Vernichtungsoperator ist. In (57.4) gibt nur die erste Summe unter Anwendung des Erzeugungsanteils von $Q_\nu^{(j)}$ einen von Null verschiedenen Beitrag. So folgt mit (56.6) und (56.20)

$$\langle n_1; \nu, j|\, V\,|n_0, 0\rangle = i\sqrt{\frac{\hbar}{2\varepsilon_0 L^3 \omega_\nu}} \sum_\beta e_\beta \langle n_1|\, \boldsymbol{v}_\beta \cdot \boldsymbol{A}_\nu^{(j)}\, \mathrm{e}^{i\boldsymbol{k}_\nu\cdot\boldsymbol{r}_\beta}\,|n_0\rangle . \tag{57.6}$$

Wir setzen jetzt voraus, daß die Wellenlänge der emittierten Strahlung viel größer ist als die Abmessung des Atoms; da Atome einen Durchmesser von der Größenordnung Å haben, ist dies für sichtbares und ultrarotes, aber auch für ultraviolettes Licht sehr gut erfüllt. Zu dem Matrixelement liefern deshalb nur solche $\boldsymbol{r}_\beta$ einen Beitrag, welche vom Atomschwerpunkt $\boldsymbol{r}_0$ nicht zu unterscheiden sind. Wir können den Faktor $\mathrm{e}^{i\boldsymbol{k}_\nu\cdot\boldsymbol{r}_\beta} \approx \mathrm{e}^{i\boldsymbol{k}_\nu\cdot\boldsymbol{r}_0}$ aus dem Matrixelement herausziehen und sodann für $\boldsymbol{v}_\beta$ den Kommutator (57.3) einsetzen. Da $|n_1\rangle$ und $|n_0\rangle$ Eigenfunktionen zu $H^{(0)}$ sind, ergibt dies

$$\begin{aligned}\langle n_1; \nu, j|\, V\,|n_0, 0\rangle &= -\frac{\exp(i\boldsymbol{k}_\nu\cdot\boldsymbol{r}_0)}{\sqrt{2\varepsilon_0 L^3 \hbar\,\omega_\nu}} (E_1 - E_0) \\ &\quad \cdot \boldsymbol{A}_\nu^{(j)} \cdot \sum_\beta \langle n_1|\, e_\beta \boldsymbol{r}_\beta\,|n_0\rangle .\end{aligned} \tag{57.7}$$

In Gl. (55.14) wird das Matrixelement nur benötigt für Endenergien, welche gleich E_0 sind, d.h. also für

$$E_0 = E_1 + \hbar\omega_\nu; \qquad \to \hbar\omega_\nu = E_0 - E_1. \tag{57.8}$$

Nur wenn $E_0 > E_1$ ist, läßt sich diese Bedingung erfüllen, dann aber bestimmt, wenigstens, wenn wir — wie besprochen — den Kasten so groß wählen, daß das Photonenspektrum praktisch kontinuierlich wird. Nach (56.7) ist der Niveauabstand des Photonenspektrums $2\pi\hbar c/L$; so kleine Energiedifferenzen sind nach der Unschärferelation nur beobachtbar in Zeitintervallen $\Delta t \gtrsim L/c$; Δt muß also groß genug sein, um ein am Rande des Würfels reflektiertes Signal zurückzuerhalten. Sind die Abmessungen des Würfels so groß, daß mit überwiegender Wahrscheinlichkeit der Übergang bereits erfolgt ist, bevor ein Rücksignal eintrifft, dann gilt für jeden Beobachtungszeitraum

$$\Delta t \ll L/c. \tag{57.9}$$

Das Energiespektrum kann dann von einem kontinuierlichen nicht unterschieden werden. — Die gesamte Übergangswahrscheinlichkeit wird somit nach Gl. (55.14)

$$w = \frac{2\pi}{\hbar} \frac{E_0 - E_1}{2\varepsilon_0 L^3} \sum_j \int \frac{d\mu(\nu)}{d(\hbar\omega_\nu)} \left| \boldsymbol{A}_\nu^{(j)} \cdot \langle n_1 | \sum_\beta e_\beta \boldsymbol{r}_\beta | n_0 \rangle \right|^2_{\hbar\omega_\nu = E_1 - E_0} \tag{57.10}$$

Das Lebesguesche Maßdifferential $d\mu(\nu)$ formen wir für unsere Zwecke um. Da das ν-Spektrum diskret ist, ist das Lebesgue-Integral eine Summe über ν, welche wir näherungsweise wegen der sehr kleinen Intervallgröße durch ein Integral ersetzen und mittels Gl. (56.7) auf ein dreidimensionales $\boldsymbol{k}$-Integral umrechnen können:

$$\int d\mu(\nu) = \sum_\nu \approx \int d^3\boldsymbol{\nu} = \left(\frac{L}{2\pi}\right)^3 \int_{(\infty)} d^3\boldsymbol{k}. \tag{57.11}$$

Wir spalten das Differential $d(\hbar\omega_\nu)$ ab und erhalten wegen $\hbar\omega = \hbar c k$:

$$\int \frac{d\mu(\nu)}{d\hbar\omega_\nu} \approx \left(\frac{L}{2\pi}\right)^3 \frac{1}{\hbar c} k^2 \int d\Omega_{\boldsymbol{k}}. \tag{57.12}$$

Die Übergangswahrscheinlichkeit wird schließlich

$$w = \frac{1}{8\pi^2\hbar\varepsilon_0} \left(\frac{E_0 - E_1}{\hbar c}\right)^3 \sum_j \int d\Omega_{\boldsymbol{k}} \left| \boldsymbol{A}_{\boldsymbol{k}}^{(j)} \cdot \langle n_1 | \sum_\beta e_\beta \boldsymbol{r}_\beta | n_0 \rangle \right|^2. \tag{57.13}$$

Hieraus entnehmen wir die differentielle Übergangswahrscheinlichkeit pro $d\Omega$ bei gegebenem Polarisationsvektor:

$$\frac{dw(\boldsymbol{A})}{d\Omega} = \frac{1}{8\pi^2\hbar\varepsilon_0} \left(\frac{E_0 - E_1}{\hbar c}\right)^3 |\boldsymbol{A} \cdot \boldsymbol{D}_{10}|^2. \qquad 14)$$

Dabei ist $\boldsymbol{D}_{10}$ das Matrixelement des elektrischen Dipolmoments des Atoms:

$$\boldsymbol{D}_{10} \equiv \langle n_1 | \sum_\beta e_\beta \boldsymbol{r}_\beta | n_0 \rangle . \qquad (57.15)$$

Die gesamte Übergangswahrscheinlichkeit des Atoms unter Aussendung eines Lichtquants in den Raumwinkel $d\Omega$ erhält man durch Summation über die beiden Polarisationen. Wegen der Transversalität gilt

$$\boldsymbol{A}^{(1)} \boldsymbol{A}^{(1)} + \boldsymbol{A}^{(2)} \boldsymbol{A}^{(2)} + \frac{\boldsymbol{k}\boldsymbol{k}}{k^2} = I . \qquad (57.16)$$

Man hat deshalb

$$\begin{aligned} \sum_{j=1}^{2} |\boldsymbol{A}^{(j)} \cdot \boldsymbol{D}_{10}|^2 &= \boldsymbol{D}_{10}^* \cdot (\boldsymbol{A}^{(1)} \boldsymbol{A}^{(1)} + \boldsymbol{A}^{(2)} \boldsymbol{A}^{(2)}) \cdot \boldsymbol{D}_{10} \\ &= \boldsymbol{D}_{10}^* \cdot \left(I - \frac{\boldsymbol{k}\boldsymbol{k}}{k^2} \right) \cdot \boldsymbol{D}_{10} . \end{aligned} \qquad (57.17)$$

Die gesamte differentielle Übergangswahrscheinlichkeit wird damit

$$\frac{dw}{d\Omega} = \frac{1}{8\pi^2 \hbar \, \varepsilon_0} \left(\frac{E_0 - E_1}{\hbar c} \right)^3 \left(|\boldsymbol{D}_{10}|^2 - \left| \frac{\boldsymbol{k}}{k} \cdot \boldsymbol{D}_{10} \right|^2 \right) . \qquad (57.18)$$

Auswahlregeln für Dipolstrahlung

Der Dipoloperator $\sum_\beta e_\beta \boldsymbol{r}_\beta$ hat einige Eigenschaften, welche dafür sorgen, daß die meisten Matrixelemente (57.15) verschwinden:

1. Er ist als Vektor eine dreidimensionale irreduzible Darstellung der Drehgruppe (die x-, y-, und z-Komponente bilden einen Darstellungsraum, der durch alle Drehungen des räumlichen Koordinatensystems nur in sich selbst übergeführt wird), also eine Ortsfunktion zum Drehimpuls 1.

2. Er ist eine Eigenfunktion des Paritätsoperators zum Eigenwert —1 (Vorzeichenwechsel aller räumlichen Koordinatenrichtungen bringt einen Vorzeichenwechsel des Operators).

Ist der Ausgangszustand $|n_0\rangle$ ein Eigenvektor des Drehimpulses mit dem Eigenwert j_0 und der Komponente m_0 bezügl. der Polarachse, besitzt er ferner die Parität π_0, so kann nach (A 31.1) $\sum_\beta e_\beta \boldsymbol{r}_\beta |n_0\rangle$ sich in den Drehimpulsquantenzahlen von j_0, m_0 höchstens um eins unterscheiden, die Parität ist $-\pi_0$. Das Matrixelement (57.15) kann deshalb nur von Null verschieden sein, wenn der Zustand $|n_1\rangle$ eine der folgenden Quantenzahlen besitzt:

$$j_1 = j_0;\ j_0 \pm 1; \qquad m_1 = m_0;\ m_0 \pm 1; \qquad \pi_1 = -\pi_0 . \qquad (57.19)$$

Sind $|n_0\rangle$ und $|n_1\rangle$ bereits Eigenvektoren des *Bahn*-Drehimpulses, so gelten die Drehimpulswahlregeln (57.19) für diesen allein. Besteht überdies das System nur aus zwei Teilchen, so sind Drehimpuls und Parität gekoppelt, es gilt nämlich, wie wir wissen [Gl. (32.22)], $\pi_0 = (-1)^{l_0}$. Damit scheidet die Möglichkeit $l_1 = l_0$ wegen des Paritätswechsels aus, und man hat

$$l_1 = l_0 \pm 1\,; \quad m_1 = m_0;\ m_0 \pm 1 \quad \text{für Zweiteilchen-System.} \tag{57.20}$$

§ 58. Kanonische Formulierung einer klassischen Feldtheorie

Ein klassisches Feld wird beschrieben durch ein oder mehrere Feldfunktionen $\psi_\alpha(\boldsymbol{r})$. Der Wert von ψ_α an einem gegebenen Raumpunkt $\boldsymbol{r}$ fungiert als Koordinate des Systems, die Anzahl der Bestimmungsstücke ist deshalb überabzählbar unendlich; der Ort $\boldsymbol{r}$ ist ebenso wie die Nummer α der betreffenden Feldfunktion Koordinaten-„Index“. Um die Mechanik eines solchen Systems von kontinuierlich vielen Freiheitsgraden geodätisch zu formulieren, muß man ein Wirkungselement dS einführen, welches neben den Koordinaten $\psi_\alpha(\boldsymbol{r})$ noch die Zeit t sowie die Änderungen $d\psi_\alpha(\boldsymbol{r})$ und dt als Argumente enthält: dS ist damit Funktion von t und dt und Funktional der Ortsfunktionen $\psi_\alpha(\boldsymbol{r})$ und $d\psi_\alpha(\boldsymbol{r})$. Lokale Feldtheorien, welche partiellen Differentialgleichungen 1. oder 2. Ordnung gehorchen, erhält man, wenn dS die spezielle Form hat

$$dS = \int d^3\boldsymbol{r}\, d\sigma\left(\psi(\boldsymbol{r}), \frac{d\psi(\boldsymbol{r})}{d\boldsymbol{r}}, d\psi(\boldsymbol{r});\ t, dt;\ \boldsymbol{r}\right).$$

Die Differentialform $d\sigma$ hängt außer von den Feldkoordinaten ψ_α am Integrationsort $\boldsymbol{r}$ und der Koordinate t sowie deren Differentialen noch von den Gradienten $d\psi_\alpha/d\boldsymbol{r}$ (als totale Ableitung geschrieben, da ψ_α nur den „Index“ $\boldsymbol{r}$ als Argument enthält) ab und kann darüber hinaus explizit Funktion von $\boldsymbol{r}$ sein. Die Abhängigkeit vom Gradienten impliziert, daß man die Feldfunktionen als differenzierbar voraussetzt. — Da $d\sigma$ in den Differentialen homogen von erstem Grade sein muß, kann man auch schreiben

$$dS = dt \int d^3\boldsymbol{r}\, L\left(\psi(\boldsymbol{r}), \frac{d\psi(\boldsymbol{r})}{d\boldsymbol{r}}, \frac{d\psi(\boldsymbol{r})}{dt};\ \boldsymbol{r}, t\right). \tag{58.1}$$

Das Raumintegral ist die Lagrange-Funktion

$$\mathscr{L}(\psi, t) = \int d^3\boldsymbol{r}\, L\left(\psi(\boldsymbol{r}), \frac{d\psi(\boldsymbol{r})}{d\boldsymbol{r}}, \frac{d\psi(\boldsymbol{r})}{dt};\ \boldsymbol{r}, t\right). \tag{58.2}$$

Sie ist Funktional der ψ_α und Funktion von t. Man beachte den Unterschied zwischen dem Gradienten $d\psi_\alpha/d\boldsymbol{r}$ (welcher durch die Feldfunktionen mitgegeben ist) und dem Steigungsverhältnis $d\psi_\alpha/dt$, welches erst durch den Bewegungsablauf bestimmt wird ($\psi_\alpha(\boldsymbol{r})$ enthält das Argument t

nicht, da ψ_α und t unabhängige Koordinaten sind). — Den Integranden L bezeichnet man als *differentielle Lagrangefunktion*.

Aus Gl. (58.1) können wir durch Anwendung des geodätischen Prinzips Feldgleichungen gewinnen. Wir haben zu fordern, daß

$$\delta S_{12} \equiv \delta \int_1^2 dS = \delta \int_{t_1}^{t_2} dt \int d^3\boldsymbol{r}\, L = 0. \tag{58.3}$$

Die Endpunkte 1 und 2 sind dabei im $\psi_\alpha(\boldsymbol{r})$-$t$-Raum festzuhalten, sie sind also durch feste Werte t_1 und t_2 der Zeit, wie auch durch feste Werte $\psi_\alpha(\boldsymbol{r})_1$ bzw. $\psi_\alpha(\boldsymbol{r})_2$ der Feldfunktionen für alle $\boldsymbol{r}$ charakterisiert. Eine Bahn des Systems beschreibt man, indem man $\psi_\alpha(\boldsymbol{r})$ und t als Funktion eines monotonen Bahnparameters angibt; hierfür bietet sich t selbst an. ψ_α wird damit eine Funktion von $\boldsymbol{r}$ *und* t, aus welcher man durch partielle Differentiation sowohl den Gradienten wie auch das Steigungsverhältnis $d\psi_\alpha/dt$ gewinnt. Das Variationsproblem nimmt so die Gestalt an

$$\delta S = \delta \int_{t_1}^{t_2} dt \int d^3\boldsymbol{r}\, L\left(\psi(x), \frac{\partial \psi}{\partial x}, x\right) = 0. \tag{58.3a}$$

x symbolisiere die vier Variablen $\boldsymbol{r}$ und t; die ursprüngliche Rolle von t als Koordinate der Feldmechanik ist scheinbar untergegangen; tatsächlich ist sie in Gestalt der Integrationsgrenzen t_1, t_2 noch konserviert — wir werden uns dessen bei der Herleitung der Feldenergie erinnern. — Der Übergang zu „Nachbarbahnen" des Systems wird dadurch vollzogen, daß die Zeitfunktionen $\psi_\alpha(\boldsymbol{r}, t)$ einen Zusatz $\delta\psi_\alpha(\boldsymbol{r}, t)$ erhalten. Die Variation der Wirkung wird dabei

$$\delta S = \int_{t_1}^{t_2} dt \int d^3\boldsymbol{r} \left\{ \frac{\partial L}{\partial \psi_\alpha} \delta\psi_\alpha + \frac{\partial L}{\partial \frac{\partial \psi_\alpha}{\partial x_j}} \frac{\partial\, \delta\psi_\alpha}{\partial x_j} \right\}.$$

Wir wollen annehmen, daß das Integral sich über den gesamten unendlichen $\boldsymbol{r}$-Raum erstreckt; der Integrand L von (58.2) muß im Unendlichen hinreichend stark verschwinden, damit das Integral existiert, und auch die Variation δL im räumlichen Unendlichen muß Null sein. Um die Variation des Integranden durch die unabhängigen Variationen $\delta\psi_\alpha(\boldsymbol{r}, t)$ auszudrücken, integriert man den zweiten Summanden partiell — die Beiträge von der räumlichen Oberfläche fallen weg, und man erhält

$$\delta S = \int_{t_1}^{t_2} dt \int d^3\boldsymbol{r} \left\{ \frac{\partial L}{\partial \psi_\alpha} - \frac{\partial}{\partial x_j} \cdot \frac{\partial L}{\partial \frac{\partial \psi_\alpha}{\partial x_j}} \right\} \delta\psi_\alpha + \left[\int d^3\boldsymbol{r} \frac{\partial L}{\partial \dot{\psi}_\alpha} \delta\psi_\alpha \right]_{t_1}^{t_2}. \tag{58.4}$$

Da die Endpunkte 1 und 2 festgehalten werden, verschwindet der letzte Summand; damit auch das Integral für alle zugelassenen Variationen $\delta\psi_\alpha(\boldsymbol{r}, t)$ verschwindet, muß gelten

$$\frac{\partial L}{\partial \psi_\alpha(\boldsymbol{r})} - \frac{\partial}{\partial x_j} \frac{\partial L}{\partial \frac{\partial \psi_\alpha(\boldsymbol{r})}{\partial x_j}} = 0. \tag{58.5}$$

Diese Gleichungen sind, mathematisch gesprochen, die Eulerschen Gleichungen des Variationsproblems (58.3a); physikalisch sprechen wir sie als *Feldgleichungen* des Feldes an. Sie sind weitgehend analog zu den Bewegungsgleichungen (2.9) der Punktmechanik; es tritt lediglich eine gewisse Komplikation dadurch ein, daß nach dem „Koordinatenindex" $\boldsymbol{r}$ differenziert wird. Ohne weiteres übertragen läßt sich jedoch das *Noethersche Theorem* in der Gestalt von Gl. (6.25) und (6.26): Ist dS invariant gegen eine infinitesimale Transformation, dann folgt daraus, daß die folgende Größe Konstante der Bewegung ist:

$$P = \int d^3\boldsymbol{r} \left(\frac{\partial \psi_\alpha}{\partial \varepsilon} \frac{\partial L}{\partial \dot{\psi}_\alpha} + \frac{\partial t}{\partial \varepsilon} L \right). \tag{58.6}$$

Man kann dies direkt den Variationsgleichungen (58.3a) und (58.4) ansehen. Variiert man ψ_α um $\varepsilon\,\partial\psi_\alpha/\partial\varepsilon$ und t um $\varepsilon\,\partial t/\partial\varepsilon$, so verschwindet auf der rechten Seite von (58.4) das Integral wegen der Feldgleichung (58.5). Dagegen verschwindet der letzte, ausintegrierte Term nicht; er führt vielmehr zu den ersten Summanden von (58.6), genommen zwischen den Grenzen t_1 und t_2. Die zusätzliche Variation von t wirkt sich in dem Integral (58.3a) als Variation der beiden Grenzen t_1 und t_2 aus und liefert daher den zweiten Summanden von (58.6), genommen zwischen t_1 und t_2. Falls voraussetzungsgemäß die gesamte Variation δS verschwindet, ergibt sich der Erhaltungssatz für die Größe P.

Wir wenden dies speziell an auf eine *räumliche Translation*, bei welcher der Nullpunkt des Koordinatensystems um einen Vektor $-\boldsymbol{\varepsilon}$ verschoben wird. $\psi_\alpha(\boldsymbol{r}, t)$ wird dabei ersetzt durch $\psi(\boldsymbol{r}+\boldsymbol{\varepsilon}, t)$, somit wird der Wert der Koordinate $\psi_\alpha(\boldsymbol{r})$ gleich dem, der vor der Transformation auf der Koordinate $\psi_\alpha(\boldsymbol{r}-\boldsymbol{\varepsilon})$ lag. Man ersetzt damit

$$\psi_\alpha(\boldsymbol{r}, t) \to \psi_\alpha(\boldsymbol{r}-\boldsymbol{\varepsilon}, t). \tag{58.7}$$

Die zugehörige Erhaltungsgröße ist (s. § 6, Ende) der *Linearimpuls*

$$\boldsymbol{P} = -\int d^3\boldsymbol{r} \frac{\partial \psi_\alpha}{\partial \boldsymbol{r}} \frac{\partial L}{\partial \dot{\psi}_\alpha}. \tag{58.8}$$

Als Beispiel berechnen wir den Impuls des freien Strahlungsfeldes von § 56. Wir haben drei ψ_α, nämlich die drei Komponenten der vektoriellen Feldfunktion $\boldsymbol{A}$. Die Lagrange-Funktion des Feldes ist durch (56.10) gegeben; sie unterscheidet sich von der Hamilton-Funktion (56.11) durch das Vorzeichen des zweiten Summanden.

Wir können diesen Vorzeichenwechsel auch in Gl. (56.4) ausführen und erhalten

$$\mathscr{L}_{\text{Str}} = \frac{1}{2} \int d^3\boldsymbol{r} \left(\varepsilon_0 \dot{\boldsymbol{A}}^2 - \frac{1}{\mu_0} \left(\frac{\partial}{\partial \boldsymbol{r}} \times \boldsymbol{A} \right)^2 \right)$$

und damit

$$\boldsymbol{P} = -\varepsilon_0 \int d^3\boldsymbol{r} \left(\frac{\partial}{\partial \boldsymbol{r}} \boldsymbol{A} \right) \cdot \dot{\boldsymbol{A}}\,(\boldsymbol{r}).$$

Setzt man die Fourier-Reihe (56.6) ein, so folgt

$$\boldsymbol{P} = -i \sum_{\nu, j} \boldsymbol{k}_\nu Q_\nu^{(j)} \dot{Q}_{-\nu}^{(j)} = -i \sum_{\nu, j} \boldsymbol{k}_\nu Q_\nu^{(j)} P_\nu^{(j)}.$$

Nunmehr überzeugt man sich leicht, daß die Stufenoperatoren $P_\nu^{(j)\pm}$ den Impuls $\hbar \boldsymbol{k}_\nu$ erzeugen bzw. vernichten, daß somit der Zustand $|\nu, j\rangle$ von Gl. (56.20) genau *ein* Quant der Sorte ν enthält.

Die *Energie* des Feldes erhalten wir durch Verlagerung des Zeitnullpunktes um $-\varepsilon$, wobei $t \to t + \varepsilon$, $\psi_\alpha(\boldsymbol{r}, t) \to \psi_\alpha(\boldsymbol{r}, t - \varepsilon)$. Die zugehörige Erhaltungsgröße (58.6) ist nach § 6 die negative Energie. Wir haben also

$$E = \int d^3\boldsymbol{r}\, \dot{\psi}_\alpha \frac{\partial L}{\partial \dot{\psi}_\alpha} - \mathscr{L}. \tag{58.9}$$

Schließlich bestimmen wir noch den Drehimpuls des Feldes. Zu diesem Zweck drehen wir das Bezugssystem um einen Drehwinkel $-\boldsymbol{\varepsilon}$. Die Feldfunktion transformiert sich dann infolge der Abhängigkeit vom Koordinatenvektor entspr. Gl. (32.1) ($d\boldsymbol{\alpha}$ haben wir dabei durch $-\boldsymbol{\varepsilon}$ zu ersetzen). Ist ψ_α extensiv, so kommt, entspr. Gl. (33.1), noch eine Linear-Kombination $-i\,\boldsymbol{\varepsilon} \cdot (\mathbf{s}\psi)_\alpha$ der Komponenten von ψ hinzu, so daß im ganzen ersetzt wird

$$\psi_\alpha \to \psi_\alpha - \boldsymbol{\varepsilon} \cdot \boldsymbol{r} \times \frac{\partial}{\partial \boldsymbol{r}} \psi_\alpha - i\,\boldsymbol{\varepsilon} \cdot (\mathbf{s}\psi)_\alpha,$$

d.h.:

$$\frac{\partial \psi_\alpha}{\partial \boldsymbol{\varepsilon}} = -\boldsymbol{r} \times \frac{\partial}{\partial \boldsymbol{r}} \psi_\alpha - i\, \mathbf{s}_{\alpha\beta} \psi_\beta. \tag{58.10}$$

Damit wird der Drehimpuls des Feldes

$$\boldsymbol{J} = -\int d^3\boldsymbol{r} \frac{\partial L}{\partial \dot{\psi}_\alpha} \left(\boldsymbol{r} \times \frac{\partial}{\partial \boldsymbol{r}} \delta_{\alpha\beta} + i\, \mathbf{s}_{\alpha\beta} \right) \psi_\beta. \tag{58.11}$$

Die Erhaltungsgrößen $\boldsymbol{P}$, E und $\boldsymbol{J}$ ergeben sich als Raumintegrale; die Integranden kann man als Impulsdichte, Energiedichte und Drehimpulsdichte ansprechen. Die Erhaltungssätze lassen sich auch als Kontinuitätsgleichungen für diese Dichten differentiell formulieren. Wir wollen dies für Energie und Impuls durchführen. Dazu gehen wir aus von dem folgenden Tensor

$$T_{jk} \equiv \delta_{jk} L - \frac{\partial L}{\partial \dfrac{\partial \psi_\alpha}{\partial x_j}} \frac{\partial \psi_\alpha}{\partial x_k}. \tag{58.12}$$

Seine Zeit-Zeit-Komponente ist die negative Energiedichte (s. Gl. (58.9)), die Zeitraumkomponenten sind die Komponenten der Impulsdichte entspr. (58.8). Man nennt ihn deshalb *Energie-Impuls-Tensor*. Für seine Divergenz errechnet man

$$\frac{\partial}{\partial x_j} T_{jk} = \frac{\partial L}{\partial x_k} + \frac{\partial L}{\partial \psi_\alpha} \frac{\partial \psi_\alpha}{\partial x_k} + \frac{\partial L}{\partial \frac{\partial \psi_\alpha}{\partial x_j}} \frac{\partial^2 \psi_\alpha}{\partial x_k \partial x_j} - \frac{\partial \psi_\alpha}{\partial x_k} \frac{\partial}{\partial x_j} \frac{\partial L}{\partial \frac{\partial \psi_\alpha}{\partial x_j}} - \frac{\partial L}{\partial \frac{\partial \psi_\alpha}{\partial x_j}} \frac{\partial^2 \psi_\alpha}{\partial x_k \partial x_j}.$$

Beachte, daß L als Funktion der ψ, $\partial \psi / \partial x$ und x gegeben ist, so daß die partielle Ableitung $\partial L / \partial x_k$ als explizite Ableitung nach dem Argument x_k bei festgehaltenen ψ und $\partial \psi / \partial x$ zu verstehen ist. — Der dritte und der letzte Summand kompensieren sich, wegen der Feldgleichung (58.5) auch der zweite und der vorletzte; man hat deshalb

$$\frac{\partial}{\partial x_j} T_{jk} = \frac{\partial L}{\partial x_k}. \tag{58.13}$$

Wählt man für x_k die Komponenten des Ortsvektors, so erhält man

$$\frac{\partial}{\partial t} T_{t\boldsymbol{r}} + \frac{\partial}{\partial \boldsymbol{r}} \cdot T_{\boldsymbol{r}\boldsymbol{r}} = \frac{\partial L}{\partial \boldsymbol{r}}. \tag{58.14}$$

Mit $x_k = t$ hat man

$$\frac{\partial}{\partial t} T_{tt} + \frac{\partial}{\partial \boldsymbol{r}} \cdot T_{\boldsymbol{r}t} = \frac{\partial L}{\partial t}. \tag{58.15}$$

Man kann somit $T_{\boldsymbol{r}\boldsymbol{r}}$ als Impulsstromdichte ansprechen, wobei der erste Index $\boldsymbol{r}$ sich auf die Richtung des Stroms, der zweite auf die Richtung des Impulses bezieht; soferne die differentielle Lagrange-Funktion nicht explizit von $\boldsymbol{r}$ abhängt, wird (58.14) dann die Kontinuitätsgleichung: Zeitableitung der Dichte plus Divergenz des Stromes gleich Null. $T_{\boldsymbol{r}t}$ ist die negative Energiestromdichte; falls L von t nicht explizit abhängt, ist (58.15) die Kontinuitätsgleichung für Energiedichte und Energieströmung.

§ 59. Klassisches Schrödinger-Feld

Ein klassisches Feld vom Typ der Schrödinger-Gleichung erhalten wir mit Hilfe der Lagrange-Dichte

$$L = \Lambda \left(\frac{1}{i} \frac{\partial \Psi^*}{\partial \boldsymbol{r}} + \boldsymbol{a} \Psi^* \right) \cdot \left(\frac{1}{i} \frac{\partial \Psi}{\partial \boldsymbol{r}} - \boldsymbol{a} \Psi \right) - \Psi^* v \Psi - \Psi^* \frac{1}{i} \dot{\Psi}. \tag{59.1}$$

Darin ist Λ eine Konstante, während die Funktionen $\boldsymbol{a}(\boldsymbol{r}, t)$ und $v(\boldsymbol{r}, t)$ die äußere Einwirkung auf das Feld angeben. Wir überzeugen uns zunächst, daß in der Tat aus (59.1) Feldgleichungen vom Schrödingerschen

Typ folgen. Als unabhängige Feldfunktionen könnten wir Real- und Imaginärteil von Ψ einführen, bequemer nehmen wir stattdessen Ψ und Ψ^*. Wir schreiben nun die Feldgleichungen (58.5) an, indem wir nacheinander Ψ^* und Ψ für ψ_α wählen. Wir haben

$$\frac{\partial L}{\partial \Psi^*} = \Lambda \boldsymbol{a} \cdot \left(\frac{1}{i} \frac{\partial \Psi}{\partial \boldsymbol{r}} - \boldsymbol{a} \Psi\right) - v\Psi - \frac{1}{i} \dot{\Psi};$$

$$\frac{\partial}{\partial t} \frac{\partial L}{\partial \dot{\Psi}^*} = 0; \qquad \frac{\partial}{\partial \boldsymbol{r}} \cdot \frac{\partial L}{\partial \frac{\partial \Psi^*}{\partial \boldsymbol{r}}} = \Lambda \frac{1}{i} \frac{\partial}{\partial \boldsymbol{r}} \cdot \left(\frac{1}{i} \frac{\partial \Psi}{\partial \boldsymbol{r}} - \boldsymbol{a} \Psi\right).$$

Führen wir dies in (58.5) ein, so folgt

$$\Lambda \left(\frac{1}{i} \frac{\partial}{\partial \boldsymbol{r}} - \boldsymbol{a}\right)^2 \Psi + v\Psi = -\frac{1}{i} \dot{\Psi}. \tag{59.2}$$

Dies ist in der Tat, wie der Vergleich mit Gl. (10.10) zeigt, vom Typ einer Schrödinger-Gleichung. Die genaue Identifizierung der Konstanten und der Wechselwirkungsgrößen in diesen beiderlei Gleichungen ergibt sich später bei der Quantisierung. — Eine zweite Feldgleichung erhalten wir mit $\psi_\alpha = \Psi$. Wir haben

$$\frac{\partial L}{\partial \Psi} = -\Lambda \boldsymbol{a} \cdot \left(\frac{1}{i} \frac{\partial \Psi^*}{\partial \boldsymbol{r}} + \boldsymbol{a} \Psi^*\right) - v\Psi^*;$$

$$\frac{\partial}{\partial t} \frac{\partial L}{\partial \dot{\Psi}} = -\frac{1}{i} \dot{\Psi}^*; \qquad \frac{\partial}{\partial \boldsymbol{r}} \cdot \frac{\partial L}{\partial \frac{\partial \Psi}{\partial \boldsymbol{r}}} = \Lambda \frac{1}{i} \frac{\partial}{\partial \boldsymbol{r}} \cdot \left(\frac{1}{i} \frac{\partial \Psi^*}{\partial \boldsymbol{r}} + \boldsymbol{a} \Psi^*\right).$$

Einsetzen in (58.5) führt auf

$$\Lambda \left(-\frac{1}{i} \frac{\partial}{\partial \boldsymbol{r}} - \boldsymbol{a}\right)^2 \Psi^* + v\Psi^* = \frac{1}{i} \Psi^*. \tag{59.3}$$

Diese Gleichung ist, wie es sein muß, konjugiert komplex zu (59.2). Es mag auffallen, daß die Bewegungsgleichungen symmetrisch bezügl. der beiden Funktionen Ψ und Ψ^* sind, obgleich L in dem Glied $-\Psi^* \frac{1}{i} \dot{\Psi}$ unsymmetrisch gebaut ist. Wir müssen aber bedenken, daß die Lagrange-Dichte nur bis auf eine vollständige Ableitung bestimmt ist, so daß wir statt dieses Terms auch hätten benützen können $\dot{\Psi}^* \frac{1}{i} \Psi$; dies unterscheidet sich von den vorigen durch die vollständige Zeitableitung von $\frac{1}{i} \Psi^* \Psi$. Für die Zwecke der späteren Quantisierung erweist sich die unsymmetrische Schreibweise (59.1) als zweckmäßig.

Die Lagrangedichte (59.1) kann im übrigen mit einem beliebigen konstanten Faktor multipliziert werden, ohne daß die Feldgleichungen sich ändern; auch die Feldfunktion Ψ ist durch die Feldgleichungen nur bis auf einen konstanten Faktor bestimmt. Eine Festlegung ergibt sich daraus, daß die Invarianten (58.8) und (58.9) Impuls und Energie sein sollen. Wir wollen die drei Invarianten $\boldsymbol{P}$, E und $\boldsymbol{J}$ mit der Lagrange-Funktion (59.1) explizit berechnen. Da L nur von $\dot{\Psi}$, dagegen nicht von $\dot{\Psi}^*$ abhängt, brauchen wir in all diesen Ausdrücken nur $\psi_\alpha = \Psi$ zu berücksichtigen und haben $\partial L/\partial \dot{\Psi} = i\Psi^*$. So ergibt sich

$$\boldsymbol{P} = \int d^3\boldsymbol{r}\, \Psi^* \frac{1}{i} \frac{\partial \Psi}{\partial \boldsymbol{r}}; \tag{59.4}$$

$$E = \int d^3\boldsymbol{r} \left\{ \Lambda \left| \frac{1}{i} \frac{\partial \Psi}{\partial \boldsymbol{r}} - \boldsymbol{a}\Psi \right|^2 + \Psi^* v\, \Psi \right\}. \tag{59.5}$$

$$\boldsymbol{J} = \int d^3\boldsymbol{r}\, \Psi^* \left(\frac{1}{i} \boldsymbol{r} \times \frac{\partial}{\partial \boldsymbol{r}} \right) \Psi. \tag{59.6}$$

Damit die Energiedichte des Feldes im wechselwirkungsfreien Fall positiv wird — was wir physikalisch zu verlangen haben —, muß die Feldkonstante Λ positiv sein.

Die Lagrange-Dichte (59.1) ist bilinear in Ψ^* und Ψ; dies hat eine zusätzliche Invarianz zur Folge, nämlich die Invarianz gegen die Phasentransformation

$$\Psi \to e^{i\varepsilon}\Psi; \qquad \Psi^* \to e^{-i\varepsilon}\Psi^*. \tag{59.7}$$

Nach Gl. (58.6) folgt hieraus ein Erhaltungssatz für die Größe

$$\tilde{N} \equiv \frac{1}{i} \int d^3\boldsymbol{r} \left(\frac{\partial L}{\partial \dot{\Psi}} \Psi - \Psi^* \frac{\partial L}{\partial \dot{\Psi}^*} \right) = \int d^3\boldsymbol{r}\, \Psi^* \Psi. \tag{59.8}$$

Man nennt einen derartigen Erhaltungssatz (wie er stets folgt, wenn die reelle Lagrange-Funktion komplexe Feldfunktionen enthält) eine *Ladungserhaltung*, bezeichnet also das Integral $\tilde{N}$ als *Ladung*, den Integranden als *Ladungsdichte*. Spezialfälle solcher Ladungen sind die elektrische Ladung des Schrödinger-Feldes, welches Kathodenstrahlen beschreibt, oder die „Nukleonenladung" des Schrödinger-Feldes einer Protonen- oder Neutronen-Strahlung.

§ 60. Quantisierung des skalaren Schrödinger-Feldes

Wir haben die Bewegungsgleichungen des Feldes in Analogie zu den Bewegungsgleichungen der Punktmechanik hergeleitet und können auch mit geringer Mühe die Quantisierung aus der Punktmechanik übertragen; sie ist im wesentlichen durchgeführt ist mit der Auffindung der Vertauschungsrelationen zwischen Koordinaten und kanonischen Impulsen:

$$[p_k, q^j] = \frac{\hbar}{i} \delta_k^j. \tag{60.1}$$

Die Variablen *des Feldes* sind nicht abzählbar; anstelle einer Summation über Indizes tritt die Integration über $\boldsymbol{r}$. Wir haben deshalb die Vertauschungsrelationen (60.1) zuerst in eine Gestalt zu bringen, welche sich auf kontinuierliche Indexmengen übertragen läßt. Dazu multiplizieren wir mit einer beliebigen Funktion $F(k)$ des Index k und summieren über alle k. Das Ergebnis ist die Identität

$$\sum_k F(k)\,[p_k, q^j] = \frac{\hbar}{i} F(j)\,. \tag{60.2}$$

Als zweites fragen wir uns, wie der zur Feldkoordinate $\psi_\alpha(\boldsymbol{r})$ konjugierte Impuls definiert sein kann[10]. Die Antwort ist schnell gefunden, wenn wir den punktmechanischen Ausdruck für die Energie $p_k\dot{q}^k - \mathscr{L}$ vergleichen mit (58.9). Wir finden dort als Koeffizienten von $\dot{\psi}_\alpha$ die Größe $d^3\boldsymbol{r}\,\partial L/\partial\dot{\psi}_\alpha$ und anstelle der Summe über k die „kontinuierliche Summation" $\int$. Deshalb lautet Gl. (60.2) sinngemäß für die Feldoperatoren

$$\sum_{\alpha'} \int F_{\alpha'}(\boldsymbol{r}') \left[d^3\boldsymbol{r}' \frac{\partial L}{\partial \dot{\psi}_{\alpha'}(\boldsymbol{r}')}, \psi_\alpha(\boldsymbol{r}) \right] = \frac{\hbar}{i} F_\alpha(\boldsymbol{r})\,. \tag{60.3}$$

Dies ist gleichbedeutend mit der folgenden Vertauschungsrelation für das quantisierte Feld:

$$\left[\frac{\partial L}{\partial \dot{\psi}_\alpha(\boldsymbol{r}')}, \psi_\beta(\boldsymbol{r}) \right] = \frac{\hbar}{i} \delta_{\alpha\beta}\,\delta(\boldsymbol{r}-\boldsymbol{r}')\,. \tag{60.4}$$

Die Lagrangefunktion des Schrödinger-Feldes liefert nur *eine* von Null verschiedene Ableitung nach $\dot{\psi}_\alpha$, nämlich

$$\frac{\partial L}{\partial \dot{\Psi}(\boldsymbol{r})} = -\frac{1}{i} \Psi^*(\boldsymbol{r})\,. \tag{60.5}$$

Der zu $\Psi(\boldsymbol{r})$ gehörige kanonische Impuls ist also bis auf einen konstanten Faktor gleich $\Psi^*(\boldsymbol{r})$; man darf deshalb Ψ^*, da es ja nun als Impuls auftritt, nicht mehr zu den Koordinaten rechnen. Aus diesem Grunde war es zweckmäßig, in (59.1) nicht etwa $-\Psi^* \frac{1}{i}\dot{\Psi}$ durch den symmetrisierten Ausdruck $\frac{1}{2i}(\dot{\Psi}^*\Psi - \Psi^*\dot{\Psi})$ zu ersetzen, da dann Ψ und Ψ^* beide als Koordinaten *und* Impulse aufgetreten wären, was die Formulierung der Quantentheorie unmöglich macht. Mit (60.5) erhalten wir eine einzige Vertauschungsrelation für das Schrödinger-Feld, nämlich

$$[\Psi(\boldsymbol{r}), \Psi^*(\boldsymbol{r}')] = \delta(\boldsymbol{r}-\boldsymbol{r}')\,\hbar\,. \tag{60.6}$$

---

10 Beachte, daß $\psi_\alpha(\boldsymbol{r})$ als quantenmechanischer Operator unabhängig von der Zeit definiert ist (im Schrödinger-Bild, s. § 25).

Hinzu kommt freilich, daß Koordinaten unter sich, also Ψ mit verschiedenen Indizes $\boldsymbol{r}$ und $\boldsymbol{r}'$, und ebenso Impulse Ψ^* unter sich vertauschen:

$$[\Psi(\boldsymbol{r}), \Psi(\boldsymbol{r}')] = 0; \qquad [\Psi^*(\boldsymbol{r}), \Psi^*(\boldsymbol{r}')] = 0. \tag{60.7}$$

Aus den Vertauschungsrelationen läßt sich folgern, daß die Operatoren Ψ und Ψ^* Stufenoperatoren für die Feldladung (59.8) sind, denn man hat

$$\int d^3\boldsymbol{r}'\, \Psi^*(\boldsymbol{r}')\, \Psi(\boldsymbol{r}') \times \Psi^*(\boldsymbol{r}) = \Psi^*(\boldsymbol{r}) \times \left\{\hbar + \int d^3\boldsymbol{r}'\, \Psi^*(\boldsymbol{r}')\, \Psi(\boldsymbol{r}')\right\}; \tag{60.8}$$

$$\int d^3\boldsymbol{r}'\, \Psi^*(\boldsymbol{r}')\, \Psi(\boldsymbol{r}') \times \Psi(\boldsymbol{r}) = \Psi(\boldsymbol{r}) \times \left\{-\hbar + \int d^3\boldsymbol{r}'\, \Psi^*(\boldsymbol{r}')\, \Psi(\boldsymbol{r}')\right\}. \tag{60.9}$$

Betrachtet man Zustände des Feldes, für welche der selbstadjungierte Operator $\tilde{N}$ einen Eigenwert besitzt, so kann man nach (60.8) diesen Eigenwert um $\hbar$ erhöhen, nach (60.9) um $\hbar$ erniedrigen, indem man den Operator $\Psi^*(\boldsymbol{r})$ bzw. $\Psi(\boldsymbol{r})$ anwendet. Da der Erwartungswert von (59.8) in jedem Zustand $|\Phi\rangle$ positiv ist (er läßt sich ja schreiben als $\int d^3\boldsymbol{r}\, \langle\Psi\Phi|\Psi\Phi\rangle$), kann es Zustände mit negativer Ladung nicht geben, die fortgesetzte Erniedrigung der Ladung nach (60.9) muß schließlich zu einem Zustand $|0\rangle$ mit niedrigster Ladung führen; die weitere Anwendung von $\Psi(\boldsymbol{r})$ muß identisch Null ergeben:

$$\Psi(\boldsymbol{r})\,|0\rangle = 0, \tag{60.10}$$

und zwar für die sämtlichen kontinuierlich vielen Variablen $\Psi(\boldsymbol{r})$ mit beliebigen Indizes $\boldsymbol{r}$. Hieraus folgt, daß auch $\tilde{N}$ den Eigenwert Null hat. Durch wiederholte Anwendung des Stufenoperators Ψ^* lassen sich Zustände mit der Ladung $n\hbar$ erzeugen. — Wir erhalten als erstes Ergebnis der Quantentheorie des Schrödinger-Feldes, daß die *Ladung nur ganzzahlige Vielfache von* $\hbar$ betragen kann. Zweckmäßig normiert man Ψ und Ψ^* so um, daß man anstelle der Ladung die Anzahl der Ladungsquanten erhält:

$$\psi(\boldsymbol{r}) \equiv \frac{1}{\sqrt{\hbar}}\, \Psi(\boldsymbol{r}); \qquad \psi^*(\boldsymbol{r}) \equiv \frac{1}{\sqrt{\hbar}}\, \Psi^*(\boldsymbol{r}); \tag{60.11}$$

und bildet damit den Operator

$$N \equiv \int d^3\boldsymbol{r}\, \psi^*(\boldsymbol{r})\, \psi(\boldsymbol{r}) = \tilde{N}/\hbar. \tag{60.12}$$

Seine Eigenwerte sind die nicht-negativen ganzen Zahlen. Man nennt ihn *Teilchenzahl*operator, da man, wie wir gleich genauer sehen werden, die Anzahl Ladungsquanten mit der Anzahl der Teilchen indentifizieren kann, welche in dem quantisierten Feld vorhanden sind. Für die umnormierten Feldgrößen gilt die Vertauschungsrelation

$$[\psi(\boldsymbol{r}), \psi^*(\boldsymbol{r}')] = \delta(\boldsymbol{r} - \boldsymbol{r}'). \tag{60.13}$$

Nunmehr untersuchen wir die Eigenschaften eines n-Teilchenzustandes $|n\rangle$, den wir allgemein in folgender Weise aus dem Nullteilchenzustand (Vakuum) erzeugen können

$$|n\rangle = \frac{1}{\sqrt{n!}} \int d^3\boldsymbol{r}_1 \int d^3\boldsymbol{r}_2 \ldots \int d^3\boldsymbol{r}_n f(\boldsymbol{r}_1, \boldsymbol{r}_2, \ldots, \boldsymbol{r}_n)\, \psi^*(\boldsymbol{r}_n) \ldots \psi^*(\boldsymbol{r}_1)\, |0\rangle \tag{60.14}$$

mit einer quadratintegrablen, doch sonst beliebigen Funktion $f(\boldsymbol{r}_1, \ldots, \boldsymbol{r}_n)$. Das Quadrat dieses Hilbert-Vektors ist

$$\langle n|n\rangle = \int d^3\boldsymbol{r}_1 \ldots \int d^3\boldsymbol{r}_n |f|^2 \langle 0|0\rangle. \tag{60.15}$$

(Man beweise dies mittels Gl. (60.10), indem man $\langle n|n\rangle$ explizit anschreibt und die dabei links auftretenden Operatoren ψ unter wiederholter Anwendung der Vertauschungsrelation (60.13) nach rechts durchzieht.) Ist also $\langle 0|0\rangle = 1$, so ist auch $|n\rangle$ auf 1 normiert, wenn das Integral über $|f|^2$ den Wert 1 hat. — Wir wollen nunmehr untersuchen, zu welchem Ergebnis die Anwendung des Impulsoperators (59.4) führt. Diesen formen wir zunächst mittels (60.11) sowie einer partiellen Integration um zu

$$\boldsymbol{P} = \int d^3\boldsymbol{r} \left(-\frac{\hbar}{i} \frac{\partial \psi^*}{\partial \boldsymbol{r}}\right) \psi(\boldsymbol{r}). \tag{60.16}$$

Wenden wir ihn nun auf (60.14) an, dann können wir den Faktor $\psi(\boldsymbol{r}')$ unter Beachtung von (60.13) nach rechts durchziehen bis zu dem Vektor $|0\rangle$, wo er nach (60.10) Null ergibt. Das Hinwegziehen über jeden der Faktoren $\psi^*(\boldsymbol{r}_\nu)$ liefert einen Kommutator, und das Endergebnis ist eine Summe von Gliedern, in welchen jeweils ein Faktor $\psi^*(\boldsymbol{r}_\nu)$ ersetzt ist durch $-\frac{\hbar}{i} \frac{\partial \psi^*(\boldsymbol{r}_\nu)}{\partial \boldsymbol{r}_\nu}$. Durch partielle Integration lassen sich die Differentiationen auf die Koeffizientenfunktion f abwälzen, so daß schließlich

$$\boldsymbol{P}|n\rangle = \frac{1}{\sqrt{n!}} \int d^3\boldsymbol{r} \sum_{\nu=1}^{n} \frac{\hbar}{i} \frac{\partial f}{\partial \boldsymbol{r}_\nu} \psi_n^*(\boldsymbol{r}_n) \ldots \psi_1^*(\boldsymbol{r}_1)\, |0\rangle. \tag{60.17}$$

Wir erkennen hieraus, daß die Koeffizientenfunktion f die Rolle einer *n-Teilchen-Schrödinger-Funktion* spielt; der Impuls des ν-ten Teilchens wird durch den Differentialoperator $\frac{\hbar}{i}\, \partial/\partial \boldsymbol{r}_\nu$ und der Gesamtimpuls durch die Summe über diese Operatoren repräsentiert. — Analog ergibt sich der Ausdruck für den Drehimpuls nach (59.6): Da ψ nicht extensiv ist, ist der Spin $s = 0$. Bei Anwendung von J auf $|n\rangle$ befreit man zunächst J durch partielle Integration von der an ψ ausgeführten Ableitung

$$\boldsymbol{J} = \int d^3\boldsymbol{r}\, \psi^*(\boldsymbol{r}) \left(-\frac{\hbar}{i} \boldsymbol{r} \times \frac{\overleftarrow{\partial}}{\partial \boldsymbol{r}}\right) \psi(\boldsymbol{r}). \tag{60.18}$$

Sodann zieht man den Faktor ψ über die ψ^* von (60.14) nach rechts weg, dann wälzt man die an ψ^* ausgeführte Ableitung durch partielle Integration wieder auf f ab. Das Ergebnis ist

$$J|n\rangle = \frac{1}{\sqrt{n!}} \int d^{3n}\boldsymbol{r} \sum_{\nu=1}^{n} \frac{\hbar}{i} \boldsymbol{r}_\nu \times \frac{\partial f}{\partial \boldsymbol{r}_\nu} \psi^*(\boldsymbol{r}_n) \ldots \psi^*(\boldsymbol{r}_1)\,|0\rangle. \tag{60.19}$$

Es wird also der bekannte Operator für den Bahndrehimpuls auf die Koeffizientenfunktion f angewandt. — Schließlich berechnen wir nach demselben Schema aus (59.5) die Energie mit dem Ergebnis

$$\begin{aligned} E|n\rangle = \frac{1}{\sqrt{n!}} \int d^{3n}\boldsymbol{r} \sum_{\nu=1}^{n} \left\{ \frac{\Lambda}{\hbar} \left(\frac{\hbar}{i} \frac{\partial}{\partial \boldsymbol{r}_\nu} - \hbar \boldsymbol{a}(\boldsymbol{r}_\nu) \right)^2 f + \hbar v(\boldsymbol{r}_\nu) f \right\} \\ \cdot \psi^*(\boldsymbol{r}_n) \ldots \psi^*(\boldsymbol{r}_1)\,|0\rangle. \end{aligned} \tag{60.20}$$

Auch hier wird auf f der Hamilton-Operator des n-Teilchensystems angewandt, und zwar für Teilchen der Masse μ in einem äußeren Kraftfeld mit potentiellem Impuls $\boldsymbol{A}$ und potentieller Energie V, welche gegeben sind durch

$$\mu = \frac{\hbar}{2\Lambda}; \quad \boldsymbol{A} = \hbar \boldsymbol{a}; \quad V = \hbar \boldsymbol{v}. \tag{60.21}$$

Da $E \equiv -\frac{\hbar}{i} \frac{\partial}{\partial t}$, ist (60.20) gleichbedeutend mit der n-Teilchen-Schrödinger-Gleichung für f:

$$-\frac{\hbar}{i} \frac{\partial f}{\partial t} = \sum_{\nu=1}^{n} \left\{ \frac{1}{2\mu} \left(\frac{\hbar}{i} \frac{\partial}{\partial \boldsymbol{r}_\nu} - \boldsymbol{A}(\boldsymbol{r}_\nu) \right)^2 + V(\boldsymbol{r}_\nu) \right\} f. \tag{60.22}$$

Die Quantisierung des Schrödinger-Feldes liefert nur ganze nichtnegative Werte für die Teilchenzahl, zum anderen aber zu gegebener Teilchenzahl die vollständige n-Teilchen-Schrödinger-Theorie, wie wir sie auch durch Quantisierung der klassischen Mechanik erhalten haben. Darüber hinaus ergibt sich eine Aussage über die Symmetrie der Vielteilchenfunktion: Die Definition der Zustandsvektoren $|n\rangle$ enthält n Faktoren ψ^*, welche nach (60.7) untereinander vertauschen. Dies hat zur Folge, daß man den Zustandsvektor darstellen kann mit Hilfe einer Funktion $f(\boldsymbol{r}_1, \ldots, \boldsymbol{r}_n)$, welche gegen *sämtliche Teilchenvertauschungen invariant* ist; solche Vertauschungen lassen sich ja durch Umbenennung der Integrationsvariablen rückgängig machen. Die Vertauschungsrelationen (60.6) und (60.7) führen somit zur Quantentheorie eines *n-Bosonensystems*. Die Bosonen sind als Quanten des Feldes grundsätzlich nicht unterscheidbar bzw. numerierbar, die Wellenfunktion f bleibt bei Vertauschung je zweier Teilchennummern ungeändert. Daraus folgt dann allerdings, daß die Theorie nicht für das Schrödinger-Feld eines Kathodenstrahls bzw. eines Elektronensystems paßt, da für *Elektronen* das

Paulische Ausschließungsprinzip gilt, dessen mathematische Formulierung (s. § 27) die *Antisymmetrie* der Vielteilchen-Schrödinger-Funktion ist; die Schrödinger-Funktion wechselt bei Vertauschung zweier Teilchennummern das Vorzeichen. Um eine vernünftige, wenn auch noch nicht-relativistische Theorie eines Fermionenfeldes darzustellen, müssen wir freilich berücksichtigen, daß die Feldfunktionen von Fermionen grundsätzlich extensiv sind, da sie zu halbzahligem Spin gehören (s. § 61).

Die n-Teilchenzustände $|n\rangle$ bilden einen Hilbert-Raum, isomorph zu dem H. R. der (symmetrischen) Vielteilchenfunktion f. Der gesamte H. R. des Feldes ist das Produkt aller n-Teilchen-Hilbert-Räume, der allgemeine Hilbert-Vektor eine Überlagerung von n-Teilchen-Vektoren; in einem solchen Zustand ist die Teilchenzahl nicht mit Sicherheit bekannt.

§ 61. Quantisierung der Pauli-Gleichung

Wir gehen aus von der Paulischen Darstellung des Elektronenfeldes durch eine zweispaltige Matrix (33.3), welche bei infinitesimalen Drehungen mittels der Spinmatrizen (33.4) transformiert werden. Dadurch ändert sich an der Lagrange-Dichte (59.1) zunächst nichts weiter, als daß sie sich aus zwei gleichgebauten Summanden für $\Psi_\uparrow$ und $\Psi_\downarrow$ zusammensetzt. Nach dem experimentellen Befund hat das Elektron ein magnetisches Moment bzw. eine magnetische Momentendichte, welche sich von der Spindichte [zweiter Summand in (58.11)] um einen gyromagnetischen Faktor G unterscheidet, dessen numerischer Wert mit $1{,}76\times 10^8$ Coul/gr bekannt ist. Deshalb ist das Produkt von $G\times$ Spindichte $\times$ magnetischer Feldvektor $\boldsymbol{B}$ zur Lagrange-Funktion hinzuzunehmen.

$$L_{\text{Pauli}} = \Lambda\left(\frac{1}{i}\,\frac{\partial\Psi}{\partial\boldsymbol{r}} + \boldsymbol{a}\Psi\right)\cdot\left(\frac{1}{i}\,\frac{\partial\Psi}{\partial\boldsymbol{r}} - \boldsymbol{a}\Psi\right) - \Psi^* v\Psi - \Psi^*\frac{1}{i}\dot{\Psi} + G\Psi^*\mathbf{s}\cdot\boldsymbol{B}\Psi. \tag{61.1}$$

Ψ ist dabei Zweier-Spalte $\begin{pmatrix}\Psi_\uparrow\\ \Psi_\downarrow\end{pmatrix}$, Ψ^* Kolonne $(\Psi_\uparrow^*, \Psi_\downarrow^*)$, und das Produkt $\Psi^*\Psi$ das Skalarprodukt dieser beiden „Spinoren". Wenden wir auf Gl. (61.1) den Formalismus des vergangenen § an, so erhalten wir für jede der beiden Komponenten von Ψ bzw. Ψ^* für sich die Vertauschungsrelationen (60.6) und (60.7), während Größen der Komponente $\uparrow$ mit Größen der Komponente $\downarrow$ vertauschen. Wir gelangen zu n-Teilchen Zuständen $|n\rangle$ von der Gestalt

$$|n\rangle = \frac{1}{\sqrt{n!}}\int d^{3n}\boldsymbol{r}\sum_\nu f_{\alpha_1,\alpha_2,\ldots,\alpha_n}(\boldsymbol{r}_1,\boldsymbol{r}_2,\ldots\boldsymbol{r}_n)\,\psi_{\alpha_n}^*(\boldsymbol{r}_n)\ldots,\psi_{\alpha_1}^*(\boldsymbol{r}_1)\,|0\rangle, \tag{61.2}$$

die sich von (60.14) nur dadurch unterscheiden, daß die einzelnen Stufenoperatoren $\psi_{\alpha_\nu}^*(\boldsymbol{r}_\nu)$, deren Index α_ν die Werte $\uparrow$ und $\downarrow$ annehmen kann,

Quanten der beiden Felder ↑ und ↓ erzeugen, weshalb auch die Koeffizientenfunktionen mit α_ν zu indizieren sind; im allgemeinen sind beliebige Kombinationen der α_ν zu überlagern. Doch bleibt eine Umbenennung der Teilchen (d.h. Koordinaten $\boldsymbol{r}_\nu$ und Indizes α_ν) ohne Einfluß auf den gesamten Ausdruck, wenn die Größen ψ^* untereinander alle vertauschen. Deshalb hat es auch hier nur Sinn, Funktionen f zu betrachten, welche bei einer Teilchenvertauschung *ungeändert* bleiben. Um stattdessen das Pauli-Prinzip erhalten, muß man nach der Idee von Jordan und Wigner (1928) die Vertauschungsrelationen (60.6) und (60.7) abändern, indem man den Kommutator der Feldgrößen jeweils durch den „*Anti-Kommutator*" ersetzt:

$$[\Psi_\alpha(\boldsymbol{r}), \Psi^*_{\alpha'}(\boldsymbol{r}')]_+ \equiv \Psi_\alpha(\boldsymbol{r})\,\Psi^*_{\alpha'}(\boldsymbol{r}') + \Psi^*_{\alpha'}(\boldsymbol{r}')\,\Psi_\alpha(\boldsymbol{r}) = \hbar\,\delta_{\alpha\alpha'}\cdot\delta(\boldsymbol{r}-\boldsymbol{r}'). \quad (61.3)$$

$$[\Psi_\alpha(\boldsymbol{r}), \Psi_{\alpha'}(\boldsymbol{r}')]_+ = 0; \qquad [\Psi^*_\alpha(\boldsymbol{r}), \Psi^*_{\alpha'}(\boldsymbol{r}')]_+ = 0. \quad (61.4)$$

Da nun die Ψ^* untereinander *alternieren,* hat man auch die $f_{\alpha_1,\ldots,\alpha_n}(\boldsymbol{r}_1,\ldots)$ alternierend zu wählen, wie es das Pauli-Prinzip verlangt. Man überzeugt sich mit geringer Mühe, daß sich an den Ausdrücken (60.17) und (60.20) für Impuls und Energie nichts ändert außer der Indizierung ↑, ↓ und dem Beitrag des Paulischen Zusatzterms in (61.1) zur Energie:

$$\begin{aligned} E_{\text{Pauli}}\,|n\rangle = \frac{1}{\sqrt{n!}} \int d^{3n}\boldsymbol{r} \sum_{\alpha_1,\ldots,\alpha_n} \psi^*_{\alpha_n}(\boldsymbol{r}_n)\,\ldots\,\psi^*_{\alpha_1}(\boldsymbol{r}_1) \\ \cdot \sum_{\nu=1}^{n} \left\{ \left[\frac{A}{\hbar}\left(\frac{\hbar}{i}\frac{\partial}{\partial \boldsymbol{r}_\nu} - \hbar\,\boldsymbol{a}(\boldsymbol{r}_\nu)\right)^2 + \hbar\,v(\boldsymbol{r}_\nu)\right] f_{\alpha_1,\ldots,\alpha_n} \right. \qquad (61.5) \\ \left. - \hbar G \boldsymbol{B} \cdot \sum_\beta \mathbf{s}_{\alpha_\nu \beta}\, f_{\alpha_1,\ldots,\alpha_{\nu-1}\beta\alpha_{\nu+1},\ldots,\alpha_n} \right\}. \end{aligned}$$

Man hat also die folgende *Vielteilchen-Pauligleichung* für f:

$$-\frac{\hbar}{i}\frac{\partial f}{\partial t} = \sum_{\nu=1}^{n} \left\{ \frac{1}{2\mu}\left(\frac{\hbar}{i}\frac{\partial}{\partial \boldsymbol{r}_\nu} - \boldsymbol{A}(\boldsymbol{r}_\nu)\right)^2 + V(\boldsymbol{r}) - \hbar G \boldsymbol{B}\cdot\mathbf{s}_\nu \right\} f. \quad (61.6)$$

Da die Teilchen des Feldes Folge der Quantisierung sind, sind alle ihre Eigenschaften klein von der Größenordnung $\hbar$, nicht nur die nach (60.21) eingeführten Größen $\boldsymbol{A}, V, \mu,$ sondern auch das magnetische Moment $\boldsymbol{\mu}_{\text{magn}}$, welches im letzten Term von (61.6) in der Gestalt $\hbar G \mathbf{s}$ enthalten ist. Die Kopplungskonstante G ist im übrigen erfahrungsgemäß gleich Ladung durch Masse, wir haben also

$$G = \frac{e}{\mu}; \qquad \mu_{\text{magn}} = \frac{\hbar G}{2} = \frac{\hbar e}{2\mu} \quad (61.7)$$

(Bohrsches Magneton).

Sowohl die Schrödinger-Gleichung wie auch die Pauli-Gleichung in der bisher benützten Gestalt führen auf Feldquanten, welche untereinander nicht wechselwirken. Die konsequente Methode, elektromagnetische Wechselwirkung zwischen den Teilchen einzuführen, besteht darin, daß man $\boldsymbol{a}$ und $\boldsymbol{v}$ proportional zu den Potentialen des elektromagnetischen Feldes annimmt und dieses selbst durch die Ladungen erzeugt denkt. Will man nur die statische Coulomb-Wechselwirkung berücksichtigen, so genügt der folgende Ansatz für die Lagrange-Funktion

$$\mathscr{L} = \int L_{\mathrm{Pauli}} d^3\boldsymbol{r} - \frac{1}{2}\Omega \int d^3\boldsymbol{r} \int d^3\boldsymbol{r}' \sum_{\alpha,\beta} \frac{\Psi_\alpha^*(\boldsymbol{r})\,\Psi_\beta^*(\boldsymbol{r}')\,\Psi_\beta(\boldsymbol{r}')\,\Psi_\alpha(\boldsymbol{r})}{|\boldsymbol{r}-\boldsymbol{r}'|}. \tag{61.8}$$

Der letzte Ausdruck ist eine potentielle Energie, die dadurch entsteht, daß die Volumelemente am Ort $\boldsymbol{r}$ und $\boldsymbol{r}'$ ein Wechselwirkungspotential proportional $1/|\boldsymbol{r}'-\boldsymbol{r}|$ besitzen. Führt man den Zusatz in die Feldenergie [Gl. (58.9)] ein, so folgt

$$\begin{aligned} E\,|n\rangle &= E_{\mathrm{Pauli}}\,|n\rangle \\ &+ \frac{1}{2\sqrt{n!}}\,\Omega\hbar^2 \int d^3\boldsymbol{r}_n \sum_{\alpha_1,\ldots,\alpha_n} \sum_{\nu\neq\mu} \frac{1}{|\boldsymbol{r}_\mu-\boldsymbol{r}_\nu|} f_{\alpha_1,\ldots,\alpha_n}(\boldsymbol{r}_1\ldots\boldsymbol{r}_n)\cdot\psi_{\alpha_1}^*\ldots\psi_{\alpha_n}^*\,|0\rangle. \end{aligned} \tag{61.9}$$

Man rechnet dies nach, indem man (61.8) auf den Ansatz (61.2) anwendet und die beiden Faktoren $\psi_\beta(\boldsymbol{r}')$ und $\psi_\alpha(\boldsymbol{r})$ nach rechts durchzieht. Man hat dabei Ausdrücke der Art

$$\int d^3\boldsymbol{r} \int d^3\boldsymbol{r}'\, \psi_\alpha^*(\boldsymbol{r})\,\psi_\beta^*(\boldsymbol{r}')\,\psi_\beta(\boldsymbol{r}')\,\psi_\alpha(\boldsymbol{r})\,\psi_{\alpha_2}^*(\boldsymbol{r}_2)\,\psi_{\alpha_1}^*(\boldsymbol{r}_1)\,f_{\alpha_1\alpha_2}(\boldsymbol{r}_1,\boldsymbol{r}_2)\ldots.$$

Man erhält bei dem Hinüberschieben von ψ_β, ψ_α einmal den Kommutator von ψ_α mit $\psi_{\alpha_2}^*$ und von ψ_β mit $\psi_{\alpha_1}^*$, ein andermal von ψ_α mit $\psi_{\alpha_1}^*$ und von ψ_β mit $\psi_{\alpha_2}^*$; zusammen ergibt sich:

$$[\psi_{\alpha_2}^*(\boldsymbol{r}_2)\,\psi_{\alpha_1}^*(\boldsymbol{r}_1) - \psi_{\alpha_1}^*(\boldsymbol{r}_1)\,\psi_{\alpha_2}^*(\boldsymbol{r}_2)]\,f_{\alpha_1\alpha_2}(\boldsymbol{r}_1,\boldsymbol{r}_2).$$

Wegen des alternierenden Verhaltens der ψ^* sind die zwei Terme gleich. Auf diese Weise ergeben sich die Summanden $\mu=1$, $\nu=2$ und $\mu=2$, $\nu=1$ von (61.9). — Wir erhalten so die Coulomb-Wechselwirkung zwischen je zweien unserer n Feldquanten (Elektronen). Ihre Ladung müssen wir mit der Feldkonstanten Ω in den Zusammenhang setzen

$$\frac{e^2}{4\pi\varepsilon_0} = \hbar\Omega$$

oder

$$e = \hbar\sqrt{4\pi\varepsilon_0\Omega}. \tag{61.10}$$

Wie zu erwarten, ist auch diese Größe proportional zu $\hbar$ und verschwindet im klassischen Grenzfall ($\hbar \to 0$).

Mit der Feldquantisierung rundet sich das Bild der nichtrelativistischen Quantenmechanik ab. Wir erkennen, daß die Vorschriften der Quantentheorie den Zusammenhang zwischen den beiden Seiten des

Dualismus, nämlich der korpuskularen und der feldmäßigen Beschreibung der physikalischen Erscheinungen, vermitteln, und zwar *in beiden Richtungen:* Durch Quantisierung der klassischen Punktmechanik erhält man die wellenmechanische Feldbeschreibung, durch Quantisierung einer klassischen Feldgleichung gelangt man zur Wellenmechanik des Punktsystems zurück, von dort durch Grenzübergang zur *klassischen* Punktmechanik. In der Literatur wird die Feldquantisierung häufig als „zweite Quantisierung" bezeichnet, was bedeuten soll, daß die durch Quantisierung der Punktmechanik erhaltenen Gleichungen der Wellenmechanik nun erneut den Vorschriften der Quantentheorie unterworfen werden. Diese Darstellung des Sachverhaltes ist jedoch, wie schon in § 11 betont, irreführend; man hat nicht eine Hierarchie von aufeinanderfolgenden Quantisierungen, sondern man quantisiert hin und zurück von der Punktmechanik zum Feld bzw. vom Feld zur Punktmechanik. Genauer ausgedrückt: man gelangt sowohl von der klassischen Punktmechanik wie auch von klassischen Feldgleichungen zu der n-Teilchen-Schrödinger-Gleichung. Von ihr führen zwei verschiedene Grenzübergänge zur klassischen Theorie: wenn alle Teilcheneigenschaften [wie (60.21) und (61.10)] $\sim\hbar$ gegen Null streben, dafür die Teilchenzahl (60.12) $\sim 1/\hbar$ gegen ∞, ergibt sich die klassische Feldtheorie. Hält man dagegen all diese Größen (insbesondere N) fest, so führt der Limes $\hbar\to 0$ gem. § 15 zur Punktmechanik.

Namen- und Sachverzeichnis